Biosoja versus Gensoja

AF820041

Arbeit, Bildung & Gesellschaft

Herausgegeben von György Széll,
Heinz Sünker, Anne Inga Hilsen
and Francesco Garibaldo

Band 6

PETER LANG
Frankfurt am Main · Berlin · Bern · Bruxelles · New York · Oxford · Wien

Antônio Inácio Andrioli

Biosoja versus Gensoja

Eine Studie über Technik
und Familienlandwirtschaft
im nordwestlichen Grenzgebiet
des Bundeslandes
Rio Grande do Sul (Brasilien)

PETER LANG
Europäischer Verlag der Wissenschaften

Bibliografische Information der Deutschen Nationalbibliothek
Die Deutsche Nationalbibliothek verzeichnet diese Publikation in der Deutschen Nationalbibliografie; detaillierte bibliografische Daten sind im Internet über <http://www.d-nb.de> abrufbar.

Zugl.: Osnabrück, Univ., Fachbereich Sozialwissenschaften, Diss., 2006

Gedruckt mit Unterstützung des
Evangelischen Entwicklungsdienstes e.V. (Bonn).

D 700
ISSN 1861-647X
ISBN-10: 3-631-56113-X
ISBN-13: 978-3-631-56113-3

© Peter Lang GmbH
Europäischer Verlag der Wissenschaften
Frankfurt am Main 2007
Alle Rechte vorbehalten.

Das Werk einschließlich aller seiner Teile ist urheberrechtlich geschützt. Jede Verwertung außerhalb der engen Grenzen des Urheberrechtsgesetzes ist ohne Zustimmung des Verlages unzulässig und strafbar. Das gilt insbesondere für Vervielfältigungen, Übersetzungen, Mikroverfilmungen und die Einspeicherung und Verarbeitung in elektronischen Systemen.

www.peterlang.de

Vorwort

Es ist mir eine besondere Freude, dieses Vorwort zu der Veröffentlichung der Dissertation von Antônio Inácio Andrioli zu verfassen, denn er ist mir seit unserer ersten Begegnung anlässlich des zweiten Kongresses des internationalen Netzwerks „Regionale und lokale Entwicklung von Arbeit" in Rio de Janeiro im November 2000 zu einem echten Freund geworden. Er ist, um dieses Treffen zu ermöglichen und als Doktorand angenommen zu werden, jeweils 19 Stunden mit dem Bus von und nach Santa Rosa gefahren. Welcher deutsche Student würde eine solche Mühe auf sich nehmen?
Der Autor stammt selbst aus einer Bauernfamilie, die seit vielen Jahrzehnten im Untersuchungsbereich Sojaanbau betreibt. Er studierte zuerst Agrarwissenschaften und war anschliessend selbst als Agrarberater tätig, bevor er ein Studium der Philosophie an der Universität Ijuí aufnahm und im Jahr 2000 mit dem Magister abschloss. Die Magisterarbeit wurde veröffentlicht. Er hat darüber hinaus in den letzten Jahren zahlreiche Veröffentlichungen zur neueren politischen Entwicklung sowohl Brasiliens als auch Deutschlands vorgelegt. Die vorliegende Dissertation wurde vom Evangelischen Entwicklungsdienst mit einem Stipendium seit dem Jahre 2001 gefördert. Die Arbeit ist insofern das Ergebnis eines längeren Forschungsprozesses. In der Einleitung werden das Erkenntnisinteresse sowie die Ausgangslage thematisiert. Zutreffend wird darauf hingewiesen, dass die Landwirtschaft die Geschichte und Wirtschaftsstruktur Brasiliens prägten und die kapitalistische Modernisierung bisher die Wirtschaftsstruktur nicht aufgelöst habe. Seit Mitte der 1950er Jahre wurde Soja mittlerweile zum wichtigsten Exportprodukt Brasiliens. Der besondere Untersuchungsbereich, das Bundesland Rio Grande do Sul, ist seither durch die Dominanz des Sojaanbaus gekennzeichnet. Die Besonderheit besteht darin, dass bis heute kleinbäuerliche Familienlandwirtschaft in dieser Region vorherrscht. Die Entwicklung der letzten Jahrzehnte hat jedoch im Gegensatz zu Versprechungen der Agrarexperten zu massiver Landflucht und erheblichen Verarmung der Kleinbauern geführt.

Die neueste Entwicklung der letzten Jahre im Bereich der Sojaproduktion ist durch die Einführung von Gensoja charakterisiert, die die Abhängigkeit der Bauern von den grossen Konzernen weiter verstärkt. Nach Auffassung des Verfassers bestätigt dieser Prozess die Marxsche Prognose, dass die Landwirtschaft endgültig zu einem bloßen Industriezweig und ganz vom Kapital beherrscht werde. Die Arbeit ist, um die Machbarkeit zu gewährleisten, als Fallstudie angelegt.

Antônio Inácio Andrioli teilt die zwei dominierenden Paradigmen in der brasilianischen Agrarsoziologie wie folgt ein: „a) die durchaus erlaubte, positivistisch-funktionalistische Betrachtungsweise, die seit der Militärdiktatur (1964-1985) mit den liberalen Modernisierungstheorien der „Grünen Revolution" identifiziert ist; b) die mehrmals verbotene Marxsche Gesellschaftstheorie, die nach wie vor stark mit sozialkritischen Bewegungen auf dem Lande verbunden ist." Innerhalb der Marxschen Orientierung unterscheidet er wiederum zutreffend drei Untergruppen. Im weiteren Verlauf gelangt er zu der Arbeitshypothese, dass die Biosojaproduktion scheinbar eine dritte Alternative neben dem traditionellen und Gensojaanbau zu werden scheint. Im Hinblick auf die Fragestellung und Zielsetzung gelangt er zu folgenden Hypothesen: „a) Die Einführung der Sojaproduktion spielt eine wichtige Rolle in der Region. ...; b) die Steigerung der Produktionskosten in den landwirtschaftlichen Familienbetrieben durch die Einführung ‚moderner' Agrartechnologien ist eine Erklärung für die Verschuldung und Verarmung der Bauern und die zunehmende Landflucht; c) die Agrarökologie ist eine Alternative zur Verringerung der Produktionskosten, Bewahrung der natürlichen Ressourcen und Aufwertung der Bauernarbeit für die in der Region tätigen landwirtschaftlichen Familienbetriebe." (S. 8) Diese Hypothesen werden im nächsten Schritt zu forschungsleitenden Fragen umformuliert. Schließlich werden auch die Rolle von Wissenschaft und Technologie in diesem Kontext kritisch hinterfragt.

Das Erkenntnisinteresse wird sowohl als theoretisch als auch als sozial engagiert definiert, dabei sind Wissen und Technik nie nur als Produktionsfaktoren, sondern Bezug nehmend auf Herbert Marcuse und Jürgen Habermas auch als Herrschafts- und Machtverhältnis zu verstehen. Dabei seien mit Bent Flyvbjerg die Kontextabhängigkeit entscheidend und mit Kosik das Prinzip der „konkreten Totalität" zu beachten.

Die Arbeit zeichnet sich durch ihre empirische Fundiertheit aus. So wurden zwischen 2003 und 2005 verschiedene Feldforschungen in Brasilien durchgeführt. So wurde nach ersten explorativen Studien im Jahre 2003 eine Repräsentativbefragung von 175 Bauern im Jahre 2005 durchgeführt. Die Arbeit ist überzeugend gegliedert, verbindet theoretische Reflexion und empirische Argumentation in geradezu vorbildlicher Weise. In den Schlussfolgerungen und Perspektiven wird deutlich, dass die derzeitige Debatte um Gen- oder Biosojaanbau tatsächlich das zentrale Thema der Agrarreform ist, in der sich letztendlich auch die gesellschaftliche Machtfrage stellt. Das Thema ist jedoch auch eingebettet in die weltweiten Zusammenhänge von Konzentration im Ernährungsbereich, Monopolisierung des agroindustriellen Komplexes und die Tendenz zum Freihandel im Agrarsektor. Der Verfasser weiss dabei nachzuweisen, dass seine beiden ersten Hypothesen a) zur Rolle der Einführung der Sojaproduktion als Bestimmungsfaktor der Regionalentwicklung und b) gleichzeitig damit dies die Ursache zur Verschuldung und Verarmung der Landbauern und daraus folgend von Landflucht nicht widerlegt werden konnten. Demgegenüber wurde die dritte Hypothese, dass die Agrarökologie als Alternative zur Verringerung der Produktionskosten, Bewahrung der natürlichen Ressourcen und Aufwertung der Bauernarbeit für die in der Region tätigen landwirtschaftlichen Familienbetriebe – obwohl gerade sie als Hoffnung für eine sowohl soziale als auch ökologisch nachhaltige Entwicklung formuliert war – widerlegt. Trotz einiger Erfolge in dieser Hinsicht bei einer Reihe von Produzenten, da sowohl weder die objektiven noch die subjektiven Voraussetzungen gegeben seien. Die Untersuchung der Gründe bedürfte eines weiteren Forschungsvorhabens, wie der Verfasser zu Recht feststellt.

Aus diesem Ergebnis formuliert der Autor eine Reihe von Forschungsfragen, die zweifelsohne von höchster Relevanz. Er stellt die Frage nach neuen genossenschaftlichen Organisationsformen, die Produzenten und Konsumenten zusammen brächten, um die Marktmacht der Monopole zumindest teilweise aufzubrechen. Denn es ist ja auffällig, dass die meisten KonsumentInnen in Europa – dem Hauptexportgebiet für brasilianische Soja – Gensoja ablehnen, jedoch quasi gezwungen werden, ihn zu konsumieren. Die Grenzen dafür erkennt der Verfasser jedoch selber sehr klar: „Ein solches Konzept politisch durchzusetzen, scheint in Brasilien jedoch sehr schwierig zu sein, wo die Interessen des auf Export ausgerichteten Agrobusiness größtenteils das Handeln von Regierungen bestimmen, stark im Parlament und in der Judikative vertreten sind und einen erheblichen Einfluss auf die Gesellschaft insbesondere durch die Medien ausüben."

Nichtsdestotrotz setzt Antônio Andrioli auf das aristotelische Konzept der Phrónêsis, d.h. der Lehre von der Guten Gesellschaft (Flyvbjerg 2001): „Die Selbstorganisation der von der kapitalistischen Modernisierung der Landwirtschaft betroffenen Menschen würde einen gemeinsamen Lern-, Politisierungs- und sozialen Mobilisierungsprozess erlauben, der die Voraussetzung für eine andere Entwicklungsdynamik wäre." Die Arbeit ist inhaltlich fast absolut fehlerfrei, systematisch aufgebaut, reflektiert kritisch den derzeitigen Forschungsstand und geht weit darüber hinaus, in dem der eigene, eingangs formulierte Anspruch überzeugend eingelöst wird, nämlich die Verbindung zwischen Technik und Landwirtschaft am Fall des nordwestlichen Grenzgebiets des brasilianischen Bundeslandes Rio Grande do Sul am Beispiel der Sojaproduktion stringent herausgearbeitet wird.

Zusammenfassend ist festzustellen, dass Antônio Inácio Andrioli eine sehr gute Dissertation verfasst hat, die in weit überdurchschnittlichem Masse die Anforderungen an einen wissenschaftlichen Beitrag im Feld der Agrarsoziologie und darüber hinaus erfüllt. Ich halte die Arbeit für den wissenschaftlichen und politischen Diskurs für so relevant, dass es wünschenswert wäre, wenn sie baldmöglichst auch auf Portugiesisch veröffentlicht werden könnte. Aber auch dieser deutschen Originalausgabe wünsche ich den Erfolg, der durch die auch bei uns anhaltende Debatte über genmanipulierte Nahrungsmittel sehr wünschenswert ist. Die hier aufgezeigten Probleme und Konflikte sind nicht nur diejenigen einer bestimmten Region Brasiliens, sondern haben exemplarischen Wert für den Rest der Welt.

Osnabrück, September 2006 — György Széll

Danksagung

Ich danke besonders den Dozenten des Fachbereichs Sozialwissenschaften der Universität Osnabrück, insbesondere Prof. Dr. György Széll, Betreuer dieser Doktorarbeit, für die Unterstützung, die kritischen Bemerkungen und die Bereitschaft, mich stets zum dialektischen Denken zu motivieren. Auch für die guten Diskussionen mit den Kollegen während des DoktorandInnenseminars *Wirtschaftlich-technische Entwicklung und Gesellschaftsstruktur* bedanke ich mich, denn unser Meinungsaustausch beeinflusste diese Arbeit. Meinen herzlichen Dank auch an Prof. Dr. Walter Frantz, Zweitgutachter dieser Dissertation, der mich dazu motivierte, in Deutschland zu promovieren.

Für die Korrekturen und die Hilfe bei der Überarbeitung für die Schlussfassung möchte ich mich ganz besonders bei Gesine Mattel und Hermann Dierkes bedanken.

Nicht zuletzt gilt mein Dank dem Evangelischen Entwicklungsdienst e. V. (EED) für das Stipendium und die freundliche Unterstützung des Stipendienreferats während meines Aufenthalts in Deutschland.

Schließlich möchte ich mich bei allen bedanken, die an dieser Studie mitgewirkt haben, insbesondere den Kleinbauern aus dem nordwestlichen Grenzgebiet des brasilianischen Bundeslands Rio Grande do Sul, mit denen ich gelernt habe, weiter darauf zu hoffen, dass Wissen entscheidend beitragen kann zur Verbesserung der Lebensverhältnisse, der Beziehungen zwischen den Menschen untereinander und mit der Natur. Allen, die an den Feldforschungen beteiligt waren und den vielen, die mich zu kritischen Reflexionen anregten, meinen besten Dank.

Osnabrück, Oktober 2006

Inhaltsverzeichnis

Einleitung

1. Auswahl und Begrenzung des Themas

Die Landwirtschaft prägt die Geschichte und die Wirtschaftsstruktur Brasiliens. Diese Tatsache hängt mit der kontinentalen Größe des Landes, der Verfügbarkeit über enorme Naturressourcen und den sehr unterschiedlichen Klimazonen zusammen, die eine riesige biologische Vielfalt hervorgebracht haben und den Anbau der meisten Pflanzenarten der Welt ermöglichen. Diese natürlichen Potenziale wurden seit der Kolonisierung des Landes durch die Portugiesen erkannt, die nach der Vertreibung und Vernichtung großer Teile der Indianerbevölkerung mit der wirtschaftlichen Ausnutzung begannen. Die Entdeckung von Edelmetallen und Edelhölzern sowie der danach folgende Anbau von Monokulturen wie Zuckerrohr, Kaffee, Kakao und Baumwolle, – offiziell bis 1888 noch mit dem Einsatz afrikanischer Sklaven durchgeführt –, bestimmen die meisten Exporte Brasiliens, u.a. nach Europa bis in die Gegenwart.

Die im 20. Jahrhundert begonnene kapitalistische Modernisierung[1] der brasilianischen Landwirtschaft hat diese Wirtschaftsstruktur nicht aufgelöst. Im Gegenteil, sie basiert auf einer exportorientierten Strategie von Regierungen, um internationale Devisen zu erlangen und dadurch die Industrialisierung des Landes voranzutreiben. Insbesondere ab den 1950er Jahren wird neben den bekannten Monokulturen eine aus Asien stammenden Pflanze angebaut, die schrittweise zum inzwischen wichtigsten Exportprodukt Brasiliens wurde: die Sojabohne *Glycine max*, die seit Jahrtausenden in China gezüchtet wurde und dort breite Verwendung in der Ernährung findet. Riesige internationale Kredite wurden aufgenommen, um die Sojamonokultur einzuführen und den Bauern durch ein von der Regierung neu errichtetes Genossenschaftssystem subventioniert zur Verfügung gestellt. Die Bedingungen zur Bereitstellung der Kredite waren dennoch klar: Sie sollten zur Einführung der Sojaproduktion im Verbund mit dem Einsatz „moderner“ Agrartechnologien beitragen. Infolgedessen wurden Maschinen und Ausrüstungen, modernes Saatgut, chemische Düngemittel und Pestizide eingesetzt mit dem Ziel, die Arbeitsproduktivität in der Landwirtschaft und die Agrarexporte des Landes zu steigern. Ein Detail, das einen wichtigen Hinweis auf den Zusammenhang zwischen dem Technikeinsatz und der Sozialstruktur gibt, besteht darin, dass die zunehmende Sojaproduktion durch die sel-

---

[1] Wir benutzen den Begriff Modernisierung in Bezug auf die „Grüne Revolution“, wodurch „moderne“ Agrartechniken in die Landwirtschaft eingeführt wurden, die jedoch letztendlich zur Aufrechterhaltung der bestehenden Agrarstruktur Brasiliens führten. Der Begriff Modernisierung ist „in bezug auf das brasilianische Agrarmodell nicht mit ‚Neuordnung‘, sondern eigentlich mit der Konsolidierung der in den 50er und 60er Jahren vollzogenen ‚konservativen Modernisierung‘, also lediglich mit einer weiteren ‚Implementierung des status quo ante‘ gleichzusetzen“. (Calcagnotto/Gottwald 2003: 36)

ben landwirtschaftlichen Genossenschaften vermarktet wurde, die den Bauern gleichzeitig Agrarberatung anboten und Betriebsmittel bereitstellten.

Das nordwestliche Grenzgebiet des Bundeslandes Rio Grande do Sul steht im Mittelpunkt der Einführung der Sojamonokultur in Brasilien. Zunächst wurde die Pflanze als Futtermittel für die Schweineproduktion verwendet, und später, mit dem Zugang zu günstigen Krediten, dem Aufbau einer Lagerstruktur für den Agrarexport sowie den steigenden Weltmarktpreisen, wurde die Sojaproduktion sehr schnell zur wichtigsten landwirtschaftlichen Aktivität der Region, die durch die Ansiedlung einer Landmaschinenindustrie und einer Vermarktungs- und Dienstleistungsstruktur für die Soja einen wirtschaftlichen Aufschwung erlebte. Auf diesem Hintergrund wurde Santa Rosa zur größten Stadt der Region. Sie veranstaltet seit 1966 die nationale Sojamesse Brasiliens, wodurch sie weithin als „Hauptstadt der Soja" bekannt ist. Ein weiteres Merkmal dieser Region ist, dass nach wie vor überwiegend Kleinbauern Soja produzieren, was für diese Monokultur in Brasilien eine Ausnahme darstellt. Schon die Tatsache, dass in einer Region Brasiliens ein so großer Anteil an landwirtschaftlichen Familienbetrieben zu finden ist, macht sie zu einer Besonderheit für das lateinamerikanische Land.

Doch durch die Krise der Sojamonokultur in den achtziger Jahren wurden die negativen Auswirkungen der „Modernisierung" der Landwirtschaft für die in der Region zahlreichen Familienbetriebe deutlich. Der bis in die fünfziger Jahre noch große Anteil an Urwald und die diversifizierte Landwirtschaft wurden weitgehend durch die Ausbreitung der Sojamonokultur zerstört. Immer größere Anbauflächen wurden dafür nötig, was die Schwierigkeiten der Kleinbauern in dem Maße vergrößerte, dass viele bis heute gezwungen werden, ihre Produktion aufzugeben. Kleinbauern, die sich an das von der Agrarberatung empfohlene Modell anpassten, wurden dazu gezwungen, ihre Anbaufläche ständig zu vergrößern, wobei sie weitere Kredite aufnehmen mussten und Ländereien der Nachbarn aufkauften oder in anderen Regionen Brasiliens investierten, in denen es billiger und rentabler war, Soja in großem Stil zu produzieren. Die sinkenden Preise der Soja und die Notwendigkeit zunehmender Investitionen zur Ertragssteigerung und/oder Einkauf weiterer Anbauflächen führten im Zusammenhang mit dem Ende der subventionierten Kredite und der Erhöhung der Zinsen ab den achtziger Jahren in eine wirtschaftliche Sackgasse, deren sichtbarste Folgen die Landflucht und Verarmung von Kleinbauern sind. Vor allem diese Tatsachen erklären die allmählich einsetzende wirtschaftliche und soziale Krise der Region.

Die Senkung der Erträge trotz zunehmender Investitionen in „moderne" Agrartechnik weist auf die destruktiven Auswirkungen der Sojamonokultur hin, die historisch mit der auf Agrarexporte basierenden Wirtschaftsstruktur Brasiliens verbunden ist. Die Reduzierung der Bodenfruchtbarkeit und die größere Anfälligkeit der Monokultur für Schädlinge, Krankheiten, Unkräuter und klimatische

Beeinträchtigungen erhöhen das wirtschaftliche Risiko dieser Produktionsform besonders für Kleinerzeuger, die über nur geringe Investitionsmittel verfügen und durch den Rückgang an eigener Lebensmittelproduktion zunehmend von der Sojaproduktion abhängig werden. Um die der Monokultur innewohnenden zerstörerischen Auswirkungen zu bewältigen, sind die Bauern gefordert, ständig in weiteren technischen Angeboten der mit der Sojaproduktion verbundenen Agrarkonzerne zu investieren, was wiederum zur Erhöhung der Betriebskosten führt, zugleich weitere Natur zerstörende Kräfte freisetzt und tendenziell zur Verschärfung ihrer Probleme beiträgt.

Auf diesem Hintergrund ist die gegenwärtige Ausbreitung der Gentechnik[2] in der Sojaproduktion zu beobachten, die seit 1999 durch eingeschmuggeltes Saatgut aus Argentinien in den Grenzgebieten stattfindet. Mit der Hoffnung, die Unkrautbekämpfung durch die Anwendung von Herbizid und geringerem Arbeitseinsatz zu erleichtern, zu verbilligen und dadurch den Ertrag zu steigern, wird in immer größerem Umfang die herbizidresistente Soja angebaut. Die angebliche Lösung für die existenziellen Probleme der Bauern wird mit einer Wiederholung von Argumenten der „Grünen Revolution“ begleitet, enthält jedoch eine neue Qualität: Indem gentechnisch verändertes Saatgut als Eigentum eines Agrarkonzerns patentiert ist und durch die Verseuchung von Feldern eine herkömmliche Produktion verhindert wird, wird die Abhängigkeit der Bauern von technischen Inputs vollständig, da deren Einsatz schon von der Aussaat an vorprogrammiert ist. Diese Entwicklung scheint uns die Marxsche Prognose zu bestätigen, in der die Landwirtschaft endgültig zu einem bloßen Industriezweig und ganz vom Kapital beherrscht wird. (Marx 1967a) Um gegen diesen Trend anzugehen, haben seit 1999 Bauern ausgerechnet in dieser Region damit begonnen, Biosoja zu produzieren, unterstützt von einer regionalen Genossenschaft, der einzigen in Rio Grande do Sul überhaupt, die sich während der Periode des Einschmuggelns von Saatgut öffentlich gegen den Gensojaanbau äußerte.

Diese Auseinandersetzung über Technik und Familienlandwirtschaft haben wir als Thema der vorliegenden Dissertation ausgewählt, um in Form einer Fallstudie zu untersuchen, ob die Biosoja eine Perspektive für die Kleinbauern im nordwestlichen Grenzgebiet von Rio Grande do Sul als Alternative zu der Ausbreitung der Gensojaproduktion bieten kann. Um den Hintergrund zur Auswahl des Themas zu verdeutlichen, scheint es uns wichtig, am Anfang dieser Arbeit zu erklären, dass der Autor selbst als Bauernsohn in der Realität der Sojaproduktion aufgewachsen ist, Agrarwissenschaften studierte, als Bauer und Agrarberater in der erwähnten Region tätig war, umfangreiche Erfahrungen gesammelt und sich jahrelang direkt mit der Problematik der betroffenen Kleinbauern beschäftigt hat. Dies sollte nicht die Objektivität einer wissenschaftlichen Studie

---

2 Der Begriff Gentechnik wird hier für die verfügbare artüberwindende Gentransfertechnik benutzt.

schmälern, sondern sie eher bereichern. Ausgehend von seiner beruflichen und praktischen Erfahrung wird der Autor allerdings dazu tendieren, viele Probleme aus Sicht der betroffenen Bauern anzugehen. Andrerseits liegt unseres Erachtens darin auch ein Vorteil: Es erlaubt dem Autor, Besonderheiten zu erkennen und zu verstehen, die eine Nähe zur Realität erfordern.

Die physische Entfernung vom Gegenstand der Studie und die Chance, in einem anderen Land zu leben und zu studieren, mit einer anderen Kultur konfrontiert zu sein und die Dissertation in Deutschland zu schreiben, haben sich ohne Zweifel entscheidend auf die Form, den Inhalt und die Ergebnisse dieser Arbeit ausgewirkt. Handelt es sich doch hier um eine Studie über einen Gegenstand, der sehr mit der eigenen Erfahrung des Autors verbunden ist, mit dem Ziel, damit nach seiner Rückkehr einen Beitrag für die Wissenschaft und die Praxis in der untersuchten Region leisten zu können.

2. Stellenwert der Forschung für Praxis und Wissenschaft

Die Landwirtschaft ist in Brasilien schon seit längerer Zeit Gegenstand sozialwissenschaftlicher Studien. Da die Agrarstruktur des Landes seit der Kolonialgeschichte von Landkonzentration und Agrarexport gekennzeichnet ist, werden durch deren Analyse wichtige Kontraste und Widersprüche deutlich, die größtenteils die soziale Ungleichheit und Herrschaftsverhältnisse in Brasilien bis in die Gegenwart hinein bestimmen. Indem Grundbesitz mit politischer Macht verbunden ist und als Wertreserve elitärer Gruppen dient, wird auch die gesamte brasilianische Agrarpolitik tendenziell von deren Interessen gesteuert zuungunsten zunehmend sozial marginalisierter Gruppen wie Indianervölker, Kleinbauern und Landlosen, die in den Städten eine neue Lebensperspektive suchen und dort die Zahl der Arbeitslosen, Armen und sozial Ausgeschlossenen erhöhen.

Die kritische Betrachtung der brasilianischen Agrarstruktur wurde jedoch oftmals von herrschenden Gruppen im Lande und autoritäre Regierungen unterdrückt, sowohl durch Bedrohung, Verfolgung und Exil wichtiger Wissenschaftler, als auch durch das Verbot von Studiengängen, Publikationen und den öffentlichen Zugang zu kritischen Texten. Die brasilianische Agrarsoziologie konnte demnach in zwei große Paradigmen aufgeteilt werden: a) die durchaus erlaubte, positivistisch-funktionalistische Betrachtungsweise, die seit der Militärdiktatur (1964-1985) mit den liberalen Modernisierungstheorien der „Grünen Revolution" identifiziert ist; b) die mehrmals verbotene marxsche Gesellschaftstheorie, die nach wie vor stark mit sozialkritischen Bewegungen auf dem Lande verbunden ist[3]. Mit dem Ende der Militärdiktatur und bezüglich der sichtbaren negati-

[3] Eine ähnliche Aufteilung kann in den meisten lateinamerikanischen Ländern betrachten werden. (Vgl. Hochmann/Sonntag 1971) Eine wichtige Besonderheit des Kontinents ist die Koexistenz von Produktionsweisen, obwohl der Kapitalismus sich als grundlegend herausbildete, und worauf das meiste kritische Denken sich schwerpunktmäßig konzentrierte. „Mit dem Ein- und Vordringen des Kapitalismus in Lateinamerika veränderten sich die so-

ven Auswirkungen der kapitalistischen Modernisierung der Landwirtschaft in den achtziger Jahren nahm die Kritik an der „Grünen Revolution" erheblich zu – beeinflusst von der in den siebziger Jahren weltweit entwickelten Kritik an der industriellen Technik und der Ökologiebewegung – und die Agrarökologie gewann seitdem erheblich an Bedeutung in der Auseinandersetzung über die brasilianische Agrarstruktur und sinnvolle Entwicklungsperspektiven.

Während die meisten liberalen Autoren weiterhin hinter dem Konzept der „Grünen Revolution" stehen und seine Fortsetzung befürworten, kann unter den kritischen Autoren inzwischen eine neue Aufteilung beobachtet werden: a) die meisten marxistischen[4] Autoren – die stark von Kautskys und Lenins Theorien der kapitalistischen Differenzierung in der Landwirtschaft geprägt sind – konzentrieren ihre Kritik der „Grünen Revolution" auf ihre sozialen Folgen und neigen dazu, die Familienlandwirtschaft ausschließlich als aussterbende Produktionsform zu betrachten und die „moderne" Agrartechnik schwerpunktmäßig in ihrer Anwendung und hinsichtlich des mangelnden Zugangs seitens der Mehrheit der Bauern zu thematisieren, wobei ökologische Auswirkungen größtenteils vernachlässigt werden; b) eine zweite Gruppe entfernt sich teilweise von der klassischen marxistischen Analyse der Landwirtschaft (insbesondere von Kautskys Konzept der technischen Überlegenheit großer Betriebe), indem sie sich mit der Theorie der bäuerlichen Familienwirtschaft von Tschajanow identifiziert und sich neuerlich der Auffassung einer Multifunktionalität[5] der Landwirtschaft anschließt; c) die meisten agrarökologischen Ansätze entwickeln sich nach der Diskreditierung des Sozialismus (oder dessen was sich so nannte) – begünstigt durch den Zusammenbruch der ehedem nichtkapitalistischen Staaten Osteuropas und Sowjetunion – weitgehend fern von der Marxschen Gesellschaftstheorie und tendieren aufgrund ihrer mangelnden soziologischen Grundlage dazu, Elemente der positivistisch-funktionalistischen Betrachtungsweise der Gesellschaft zu akzeptieren und zu integrieren. (Wolff 1992)

Diese Aufteilung gilt heute nicht nur für die meisten wissenschaftlichen Auseinandersetzungen zur brasilianischen Landwirtschaft, sondern sie bestimmt auch eine grundsätzliche Trennung, die zwischen ökologischen und sozialen Bewe-

---

zioökonomischen Strukturen derart, daß mehrere Produktionsweisen und dem zufolge auch gesellschaftliche Systeme nebeneinander existierten". (Ebenda: 126)

4 Als marxistisch bezeichnen wir in der vorliegenden Dissertation Autoren, die sich auf den Marxschen theoretischen Ansatz beziehen, also entsprechend der üblichen Verwendung des Begriffes in Brasilien.

5 Im Allgemeinen wird darunter verstanden, dass die Landwirtschaft neben der Nahrungsmittelproduktion zugleich für andere gesellschaftlich wichtige Leistungen zuständig ist wie den Erhalt der Kulturlandschaft und der biologischen Vielfalt, die im Kapitalismus keine unmittelbare kommerzielle Bedeutung haben. Auf diesem Hintergrund wird die staatliche Unterstützung der Familienlandwirtschaft im Hinblick auf deren Beitrag zur regionalen Entwicklung, Lebensqualität ländlicher Gemeinden und Ernährungssicherheit eines Landes gefordert. (Abramovay 2002)

gungen auf dem Lande stattfindet, wobei beide jedoch eine Reaktion auf Auswirkungen der kapitalistischen Modernisierung der Landwirtschaft sind. Diesbezüglich stellen wir am aktuellen Stand der Wissenschaft und Praxis einen Mangel an kritischer Betrachtung der gegenwärtigen Problematik der brasilianischen Familienlandwirtschaft in Bezug auf die Agrartechnik, die Anbaumethoden und Rahmenbedingungen fest, indem soziale und ökologische Probleme anhand der Marxschen Gesellschaftstheorie in einem Zusammenhang thematisiert werden mussten. Dies halten wir indessen für notwendig für die fruchtbare Auseinandersetzung über die Lage und die Perspektiven der Familienlandwirtschaft.

Mit dieser Studie möchten wir einen Beitrag dazu leisten, um die Konsequenzen der weiteren Ausbreitung der Gentechnik für die Kleinbauern umfassender ermessen zu können. Dabei gehen wir bei der vorliegenden Analyse über die zur Zeit stattfindende Ausbreitung der Gensoja in Brasilien davon aus, dass grundlegend zwei Paradigmen in der Debatte zu berücksichtigen sind, nämlich ein liberaler und ein auf Marx basierender theoretischer Ansatz, wodurch übrigens auch der politisch-ideologische Charakter der Auseinandersetzung erklärt werden kann, nach deren Konzepten und Betrachtungsweisen gegensätzliche Perspektiven entwickelt werden. Während liberale Autoren (meistens auf naturwissenschaftliche und wirtschaftswissenschaftliche Erkenntnisse beschränkt) die Gentechnik als Chance für erhöhte Kapitalinvestitionen, gesteigerte Konkurrenzfähigkeit und landwirtschaftliche Produktivität betrachten und von daher eine Welle von Euphorie und Begeisterung auch unter den Kleinbauern verbreiten, beschränken sich die meisten kritischen Studien zu dem Thema jedoch weiterhin auf die Risiken für die Umwelt und die menschliche Gesundheit, ohne die soziale Problematik der Kleinbauern dabei ernsthaft zu thematisieren.

Als Alternative zur Gensoja wird demnach meistens von kritischen Autoren weiterhin auf die Bedeutung des herkömmlichen Sojaanbaus verwiesen (und damit auf den Erhalt der bestehenden Agrartechnik) und neuerlich auf die Biosojaproduktion (durch Anwendung agrarökologischer Methoden in der Sojaproduktion), die aufgrund der weltweit steigenden Nachfrage eine Marktchance darstelle. Die Ablehnung der Gensoja durch die Mehrheit der Konsumentinnen und Konsumenten (besonders in Europa) stelle dementsprechend ein Hemmnis für gesteigerte Sojaexporte dar und die herkömmliche Sojaproduktion und die Umstellung auf die Biosoja böten eine Lösung, besonders für die Kleinbauern.

Von dieser Arbeitshypothese ausgehend, die den Stand der Forschung und der Auseinandersetzung über die Ausbreitung der Gensoja in Brasilien darstellt, begründen wir unser Studienvorhaben, das anhand der klassischen und gegenwärtigen Debatte zum Thema Technologie und Familienlandwirtschaft in der kapitalistischen Entwicklung sowie anhand empirischer Untersuchungen in einer traditionell von Kleinbauern geprägten Region der brasilianischen Sojaproduktion durchgeführt wurde. Ein wichtiges Element, das durchgehend im Mittelpunkt unserer Analyse steht, ist die Betrachtung der steigenden Betriebskosten als zentrale Herausforderung für die Familienlandwirtschaft, der gegenüber Kleinbauern nicht in der Lage sind, dem für große Betriebe eingeführten technologischen Modell zu folgen und deshalb tendenziell vom Produktionssystem ausgeschlossen werden. Die wirtschaftliche Überlebensfähigkeit ihrer landwirtschaftlichen Betriebe scheint also mit der Logik sogenannter moderner Agrartechnologien nicht vereinbar zu sein, da in der Familienlandwirtschaft der Arbeitseinsatz eine besondere Rolle spielt und die Diversifizierung der Produktion zugleich zur Selbstversorgung beiträgt, Faktoren, die durch die kapitalistische Modernisierung der Landwirtschaft völlig vernachlässigt werden. Wir vertreten hier die Position, dass der Bauer fortlaufend zu einem Verbraucher[6] und Ausführenden des agroindustriellen Komplexes gemacht wird und diese Abhängigkeit von immer teureren Produktionsfaktoren kombiniert mit dem Sinken der Preise landwirtschaftlicher Produkte[7] dazu führt, dass Kleinbauern Zug um Zug dazu gezwungen werden, ihre Aktivität aufzugeben.

3. Fragestellung und Zielsetzung der vorliegenden Arbeit

Das Verhältnis zwischen Technologie und Familienlandwirtschaft stellt also den Kern dieser Studie dar, in der ökologische und soziale Probleme der Sojaproduktion im nordwestlichen Grenzgebiet des südbrasilianischen Bundeslandes Rio Grande do Sul in einem Zusammenhang betrachtet werden. Folgende Hypothesen werden dabei untersucht: a) Die Einführung der Sojaproduktion spielt eine wichtige Rolle in der Entwicklung der Region. Sie bezieht sich allerdings auf Interessen multinationaler Konzerne, die am meisten davon profitieren; b) die Steigerung der Produktionskosten in den landwirtschaftlichen Familienbetrieben durch die Einführung „moderner" Agrartechnologien ist eine Erklärung für die Verschuldung und Verarmung der Bauern und die zunehmende Landflucht in der Region; c) die Agrarökologie ist eine Alternative zur Verringerung der Produktionskosten, Bewahrung der natürlichen Ressourcen und Aufwertung der Bauernarbeit für die in der Region tätigen landwirtschaftlichen Familienbetriebe. Indem unsere Untersuchung auf die Sojaproduktion in einer ausgewählten Region begrenzt wurde, wird auf die für uns zentrale Frage eingegangen, welchen Einfluss die Einführung der Gensoja auf die Abhängigkeit und Marginalisierung von Kleinbauern im nordwestlichen Grenzgebiet von Rio Grande do Sul hat. Als Perspektive wird die dritte Hypothese am Beispiel des Biosojaanbaus (auf dessen Grundlage Kleinbauern in der Region derzeit versuchen, der Ausbreitung der Gensoja zu widerstehen) untersucht und problematisiert, um ihr Potenzial zur Überwindung der Sojamonokultur einzuschätzen.

Dabei begleiten uns durchgehend folgende forschungsleitenden Fragen: a) Welche Konzepte begründen die Auseinandersetzung mit dem technischen Fortschritt in der kapitalistischen Landwirtschaft, und wie hängen sie mit der Debat-

6 Vgl. Lutzenberger 2002.
7 Vgl. Gliessmann 2001.

te über Gensoja und Biosoja zusammen? b) Was wird unter dem Begriff Familienlandwirtschaft verstanden, und welche Rolle spielt diese Organisationsform in der regionalen Debatte über Gensoja und Biosoja? c) Welche Rolle spielt die Agrarökologie als Produktionsform im Hinblick auf technischen Fortschritt und Familienlandwirtschaft in der kapitalistischen Entwicklung? d) Warum bauen Kleinbauern in der Region eigentlich Gensoja oder Biosoja an? e) Welche Rolle spielen Genossenschaften, Gewerkschaften und Agrarberatung bei der Entscheidung über den technischen Einsatz in der regionalen Familienlandwirtschaft? f) Besteht ein Zusammenhang zwischen Technikeinsatz und Erhaltung der Familienlandwirtschaft in der Region? g) Welche Chancen und Zukunftsperspektiven haben die Kleinbauern in der Region?

Begleitet von diesen Fragen streben wir mit dieser Fallstudie danach, am Beispiel der Sojaproduktion die Rolle von Wissenschaft und Technologie in Bezug auf die brasilianische Familienlandwirtschaft zu analysieren, den Zusammenhang zwischen sozialen und ökologischen Folgen der kapitalistischen Modernisierung der Landwirtschaft zu erhellen und aus der Analyse mögliche Perspektiven für die Kleinbauern in der Region zu entwickeln. Da die brasilianische Biosojaproduktion nach unserem Wissen bisher noch nicht Gegenstand einer sozialwissenschaftlichen Studie war, möchten wir hiermit zugleich auch einen Beitrag zur kritischen Betrachtung dieser gegenwärtig in der Öffentlichkeit häufig erwähnten Perspektive für die Kleinbauern leisten.

4. Vorgehensweise und Methode

Die Problemstellung, von der wir ausgehen und unser Erkenntnisinteresse sind einerseits theoretischer Natur und hängen zugleich mit sozialen Ereignissen zusammen, die sich historisch verändern und uns selbst als in der untersuchten Region engagierter Mensch beeinflussen. Da wir als Autor aus der Region teilweise selbst als Gegenstand unseres Forschungsprozesses zu betrachten sind, spielt die Vorgehensweise eine entscheidende Rolle für unsere Untersuchung, damit wir trotz unserer Grenzen über eigene Vorurteile und vorherige Erkenntnisse hinausgehen können. Weil die Methode die Wissenschaftlichkeit unserer Studie bestimmt, soll deshalb die bewusste Herausarbeitung unserer theoretischen Grundannahme als Ausgangspunkt unserer Fragestellung dazu dienen, unsere Betrachtungsweise zu verdeutlichen.

Im Gegensatz zu dem weiterhin dominierenden Trend einer traditionellen Ansicht der Agrartechnik (und darin der Gentechnik) als Innovation und Chance sehen wir Wissen und Technik in der kapitalistischen Gesellschaft sowohl als Produktionsfaktor als auch als Element eines Herrschafts- und Machtverhältnisses an, das mit der sozialen Ungleichheit der Menschen zusammenhängt. In diesem Sinne interessiert uns insbesondere die soziale Dimension von Wissen, da sich die Gentechnik auf die Familienlandwirtschaft mit einer herrschaftslegitimierenden Funktion[8] auswirken kann. Zusammengefasst sind für uns also zwei zentrale, leitende Fragen dabei wichtig: a) Welche Transformationen finden durch den Einsatz der Gentechnik in der Familienlandwirtschaft statt? b) Inwieweit kann die Agrarökologie eine Möglichkeit zur Erhaltung der Familienlandwirtschaft in der kapitalistischen Gesellschaft sein? Verstehen wollen wir insbesondere, warum Kleinbauern Gensoja anbauen, und welche Rolle der Anbau von Biosoja für sie spielen könnte; wie Kleinbauern über die Anwendung von Technik in der Landwirtschaft entscheiden; wie und warum die Gensoja sich durchsetzt; welche Widerstände darin zu erkennen sind, und welche Interessen dabei eine entscheidende Rolle spielen.

Um diese Fragen wissenschaftlich beantworten zu können und nicht den Anschein der untersuchten Phänomene zu reproduzieren, kommt es darauf an, unseren Untersuchungsgegenstand in seiner historischen, materiellen und dialektischen Dimension zu betrachten. „Wenn es diesen Unterschied zwischen Phänomenen und ihren Bewegungsgesetzen nicht gäbe, brauchten wir keine Wissenschaft." (Széll 1984: 22) Wir schließen uns also der Marxschen dialektischen Methode an, womit wir zwischen der Theorie (im Allgemeinen) und Empirie (in den Besonderheiten) pendeln, um Widersprüche (Gesetze sozialer Phänomene, Trends und Kräfte) in ihrem historischen Veränderungsprozess und Perspektiven zur Veränderung der untersuchten Realität entdecken zu können. Da die allgemeine Theorie nicht die Besonderheiten der Realität erfassen kann und deren Entdeckung sich wiederum auf die Theorie auswirkt, ist die Untersuchung des materiellen Partikulären entscheidend für die Erfassung des realen Gesamten: "Es gibt allen Produktionsstufen gemeinsame Bestimmungen, die vom Denken als allgemeine fixiert werden; aber die sogenannten allgemeinen Bedingungen aller Produktion sind nichts als diese abstrakten Momente, mit denen keine wirkliche geschichtliche Produktionsstufe begriffen ist". (Marx 1941: 10) Zwischen dem Forschungsprozess (dialektischer Spannung zwischen Abstraktem und Konkretem, Theorie und Empirie, Allgemeinem und Besonderem, Qualitativem und Quantitativem, Deduktivem und Induktivem) und dessen Darstellung besteht nach Marx jedoch ein formeller Unterschied: „Die Forschung hat den Stoff sich im Detail anzueignen, seine verschiednen Entwicklungsformen zu analysieren und deren innres Band aufzuspüren. Erst nachdem diese Arbeit vollbracht, kann die wirkliche Bewegung entsprechend dargestellt werden. Gelingt dies und spiegelt sich nun das Leben des Stoffs ideell wider, so mag es aussehen, als habe man es mit einer Konstruktion a priori zu tun". (Marx 1983a: 27)

Da die Wirklichkeit sozialer Ereignisse als Bewegung angenommen wird, kann sie logischerweise nur historisch erfasst werden. Die Betrachtung sozialer Ereignisse in ihrer Historizität setzt voraus, dass es eine gesellschaftliche Entwick-

[8] Wir nehmen hier den von Herbert Marcuse und Jürgen Habermas verwendeten Begriff, der allerdings nicht auf die Agrartechnik, sondern auf die industrielle Technik bezogen ist. (Vgl. Marcuse 1984 und Habermas 1968)

lung nach vorne und nach hinten gibt, „die ‚man made' ist, d.h. von Menschen gestalt- und veränderbar". (Széll 2002: 1661) Wir sehen deshalb die Vergangenheit nicht als determinierend an, die Entdeckung ihrer Auswirkungen jedoch als grundlegend für mögliche Optionen, die für die Gegenwart und Zukunft offen bleiben[9]. Deshalb bildet die Analyse der liberalen und marxistischen Literatur zum Thema Technologie und Familienlandwirtschaft (in dieser historischen Reihenfolge) die Grundlage unserer Untersuchung, wobei wir wichtige Zusammenhänge herausarbeiten, die im Allgemeinen für die gegenwärtige theoretische Auseinandersetzung unseres Erachtens weiterhin aktuell sind. Aus der historisch grundsätzlichen theoretischen Debatte über den Zusammenhang zwischen Technik und Landwirtschaft in der kapitalistischen Entwicklung interessiert uns insbesondere, wie sich aus der Spannung zwischen zwei Paradigmen, die sich dialektisch gegenüber stehen, Widersprüche und Einheiten ergeben, die weiterhin die wissenschaftliche Auseinandersetzung zu dem Thema begleiten und begründen. Nach der Identifizierung von theoretischen Grundprinzipien und Kategorien in der klassischen Literatur zu unserem Thema, die wir als universell übertragbar einschätzen, betrachten wir die Landwirtschaft in ihrer Besonderheit und in ihrem brasilianischen und regionalen Kontext, denn Sozialwissenschaften sind historisch und kulturell kontextabhängig. (Flyvbjerg 2001) Mit Hilfe einer deskriptiv-historischen Darlegung der Landwirtschaft in der untersuchten Region kommen wir danach zur Analyse der gegenwärtig zugespitzten Diskussion zum Thema Gensoja, um im Spannungsfeld zwischen der auf der Modernisierungstheorie basierten Befürwortung und deren Kritik, die wichtigsten Auswirkungen für die Kleinbauern zu identifizieren.

Mit dieser deduktiven Annäherung an die zu untersuchende Perspektive der Biosojaproduktion haben wir uns von einer universell-theoretischen zu einer partikulär-konkreten Dimension bewegt und kommen stets von der Theorie zur Empirie. Die Methode diente uns bis dahin dazu, dass während der Feldforschung Konkretes durch Abstraktes vermittelt werden konnte, da wir uns (auch immer von zeitlichen Restriktionen und dem Kriterium der Machbarkeit bedingt) eine aus der gesamten Wirklichkeit (Totalität) isolierte Besonderheit zum Gegenstand einer Fallstudie machten. „Der Mensch kann den Kontext der Wirklichkeit nicht anders erkennen, als indem er die Fakten aus dem Kontext herausholt, isoliert und relativ verselbstständigt. (...) Jedes Erkennen ist eine dialektische Oszillation zwischen den Fakten und ihrem Kontext, wobei das vermittelnde aktive Zentrum die Forschungsmethode ist". (Kosik 1976: 52) Die Fragestellung für das Formular, die Interviews und die Auswertung der Feldforschungen wurden deshalb weiter von den allgemeinen theoretischen Kategorien geleitet und be-

---

9 Im Sinne der Kontingenz, d.h. soziale Ereignisse geschehen weder zufällig noch linear determiniert. Auch die Erforschung einer Evolution der Produktionsformen muss deshalb ihren einzigartigen Verlauf historisch betrachten. „Kontingenz heißt: Es hätte auch anders kommen können, aber natürlich nicht beliebig anders, sondern innerhalb eines mehr oder minder stark eingegrenzten Möglichkeitsraumes". (Ortmann 1995: 23)

gleitet, damit Besonderes und Allgemeines schließlich wieder verbunden werden kann, d.h. dass bekanntes Wissen zur Entwicklung neuer Erkenntnisse führt.

Da die Wirklichkeit aber nicht teilbar ist, ist die Isolierung eines Gegenstandes für eine Fallstudie nur durch Abstraktion möglich, in der eine konkrete Situation untersucht wird, die am besten unserem Erkenntnisinteresse entspricht (dies ist für uns, wie oben erwähnt, das Spannungsfeld zwischen Gensoja und Biosoja). Dabei setzen wir voraus, dass die Analyse des Besonderen zur Erfassung des Gesamten beiträgt, d.h. je mehr wir uns durch allgemeine abstrakte Kategorien dem Besonderem nähern, um so besser können wir uns der Konkretheit der Totalität in ihren vielfältigen und vernetzten Beziehungen nähern. Soziale Ereignisse entstehen und verändern sich ständig und können deshalb nur in ihrer Beziehung zu anderen Ereignissen und ihrem Kontext verstanden werden, den sie integrieren. Es ist also wissenschaftlich möglich, die Beziehungen der Ereignisse untereinander und ihre Einzelheiten in Bezug auf die Totalität rationell zu begreifen, was Kosik als das Prinzip der konkreten Totalität bezeichnet: „Das methodologische Prinzip der dialektischen Erforschung der gesellschaftlichen Wirklichkeit ist das der konkreten Totalität, was vor allem bedeutet, daß jede Erscheinung als Moment des Ganzen begriffen werden kann". (Kosik 1976: 42) Und gerade diese Möglichkeit stellt die Besonderheit der Sozialwissenschaften dar, was zugleich aber auch zusätzlich bedeutet „daß gerade die Unterschiede und Wechselwirkungen zwischen verschiedenen Gesellschaftsformationen in historischer und augenblicklicher Perspektive herausgearbeitet werden müssen. Das bedeutet für das methodische Vorgehen, ‚das Aufsteigen vom Abstrakten zum Konkreten', wie Marx es formuliert hat". (Széll 1984: 23)

Nach der Marxschen dialektischen Methode werden also Subjekte und Gegenstände der Forschung auf der realen Grundlage erforscht, wie sie geschichtlich verbunden sind, was deshalb nicht statisch oder linear gegeben ist, sondern als veränderbarer Prozess, der aus dessen objektiver Bewegung abstrahiert werden muss. Dies erfordert, dass theoretische Reflexion und empirische Insertion durchgehend methodisch artikuliert sind, damit Gedanken vom Abstrakten zum Konkreten durch die Empirie vermittelt werden und eine Oszillation zwischen Theorie und Praxis zustande kommt, um sich nicht von den oberflächlichen Erscheinungen des Forschungsgegenstands ablenken zu lassen.

Sozialwissenschaftliche Erkenntnisse sind deshalb nur aus dem gesellschaftlichen Zusammenhang möglich, in dem sie selbst sowie der Autor einer Studie einen Teil darstellen und auch vom Kontext beeinflusst werden. Angesichts dieser relativen Grenze zur objektiven Erfassung sozialer Ereignisse kann der gesellschaftliche Zusammenhang nur objektiv in dem Sinne betrachtet werden, wie er eigentlich real existiert, also materiell, dialektisch und historisch, was die Einheit zwischen quantitativen und qualitativen Methoden erfordert. Wie Flyvbjerg die Sozialwissenschaften versteht, geht es darum, zwischen Grundlagenforschung (Episteme) und angewandter Wissenschaft (Techne), ein durch kontextgebundene Erfahrung angeleitetes praktisches Wissen (Phronesis) zu entwickeln. Die Sozialwissenschaften sind geschichtlich aus der Kritik an bestehenden Wissenschaften entstanden und nach Flyvbjerg, liegt ihre Stärke genau da, wo die Naturwissenschaften wenig anzubieten haben. (Flyvbjerg 2001)

Bei der vorliegenden Studie werden wir Technik bezüglich der Folgen der Umsetzung einer bestimmten naturwissenschaftlichen Erkenntnis, nämlich der Gensoja, kritisch untersuchen. Dafür haben wir als Gegenstand unserer empirischen Untersuchungen Bauern (die ökologisch, herkömmlich und gentechnisch veränderte Soja produzieren) und Organisationen (Gewerkschaften, Genossenschaften und Agrarberatung) ausgewählt. Dabei werden wir interdisziplinär auf Besonderheiten des Untersuchungsgegenstandes eingehen, um die Konflikte und Probleme zu analysieren und Widersprüche, die einen möglichen Widerstand zufolge haben können, zu identifizieren. Methodisch wurde in einer Makroebene auf strukturelle Elemente der Gesellschaft, in einer Mesoebene auf den Einfluss von regionalen Organisationen und in einer Mikroebene auf subjektive Elemente bezüglich der Handlungsautonomie betroffener Individuen eingegangen.

Der empirische Teil unserer Arbeit ist in drei Momente aufgeteilt: a) eine explorative Studie mit biosojaproduzierenden Bauern; b) Interviews mit Vertretern von Genossenschaften, Gewerkschaften und Agrarberatung; c) eine Feldforschung, die mit Hilfe eines standardisierten Fragebogens mit sojaproduzierenden Bauern durchgeführt wurde. Für die explorative Studie haben wir ein Formular[10] mit Leitfragen entwickelt, das zwischen dem 15. Februar und dem 15. März 2003 bei 18 sojaproduzierenden Bauern in der Region eingesetzt wurde[11]. Diese Bauern wurden aus der von der Genossenschaft COTRIMAIO zur Verfügung gestellten Liste[12] ihrer 149 biosojaproduzierenden Bauern ausgewählt. Von den 18 ausgewählten Bauern haben drei während der Periode unserer Untersuchung im Jahre 2003 mit der Biosojaproduktion aufgehört, die wir als isolierte Gruppe betrachteten. Außerdem haben wir 4 Bauern aus der Südwest-Region des Bundeslandes Paraná befragt, die in Brasilien als erste in die Biosojaproduktion eingestiegen sind. Zwischen dem 17. Januar und 07. Februar 2005 wurde die Befragung zur Aktualisierung der Angaben mit 7 aus derselben Liste ausgewählten Bauern wiederholt. Die Gespräche[13] sind am Wohnort der Bauern durchgeführt und mit Hilfe eines Diktiergeräts aufgezeichnet worden. Danach wurden die Antworten kategorisiert zusammengefasst und in der Form von Diagrammen

---

[10] Siehe Anhang 1. (S. 219)

[11] Alle empirischen Untersuchungen sind auf Portugiesisch durchgeführt und die Ergebnisse wieder ins Deutsche übersetzt worden. Alle für diese Dissertation notwendigen Übersetzungen stammen vom Verfasser.

[12] Quelle: Lista de produtores e endereços. Produtores que plantaram soja orgânica na safra 2001/2002. Três de Maio: Cotrimaio, 2003.

[13] Abgesehen von den Interviews mit Bauern aus Paraná, die Ende Januar 2003 während des 3. Weltsozialforums in Porto Alegre befragt wurden.

dargestellt. Weitere Interviews[14] wurden nach einem dafür entwickelten Gesprächsleitfaden[15] mit Vertretern der Genossenschaften COTRIMAIO, COTRIROSA, COOPERMIL und SICREDI, mit dem Präsidenten der regionalen Vereinigung der Kleinbauerngewerkschaften und mit dem regionalen Geschäftsführer des Agrarberatungsinstitutes EMATER zwischen dem 15. Februar und dem 15. März 2003 durchgeführt.

Die wichtigste empirische Untersuchung wurde im Januar 2005 in der Region durchgeführt und orientierte sich an einem standardisierten Fragebogen, dessen Aufbau sich auch an unseren Zielen, Erkenntnisinteressen, Hypothesen und theoretischen Grundlagen orientierte. Danach wurde das Formular durch eine Probebefragung getestet, um mögliche Missverständnisse und Fehler zu vermeiden, die die Ergebnisse der Untersuchung beeinträchtigen könnten. Zugleich diente diese Probebefragung zur Vorbereitung der Interviewer zur Durchführung der Feldforschung[16]. Nach diesem Probetest wurden manche Fragen geändert, ergänzt, anders aufgeteilt und neu in die endgültige Fassung des Fragebogens[17] aufgenommen. In einem weiteren Schritt wurde das Publikum der Befragung bestimmt, um die 26.945 landwirtschaftlichen Betriebe im nordwestlichen Grenzgebiet von Rio Grande do Sul repräsentativ zu untersuchen. Die Größe unserer repräsentativen Untersuchungsprobe wurde nach der von Cochran (1965) entwickelten Statistikformel mit einer möglichen Fehlerabweichung von maximal 5% dimensioniert[18]. Um die Repräsentativität und Zuverlässigkeit der Untersuchung zu gewährleisten, wurde die untersuchte Population nach der Zahl von landwirtschaftlichen Betrieben in jeder Kommune im Verhältnis so aufgeteilt, dass nach der Auswahl eine Chancengleichheit in jeder regionalen Schicht wie folgt bestand (Tabelle 1).

Tabelle 1: Distribution der untersuchten landwirtschaftlichen Betriebe

Kommunen	Zahl der Betriebe	Nh/N[19]	Vorgesehen	Realisiert
Alecrim	2.166	0,080386	14	13
Alegria	1.239	0,045983	8	6
Boa Vista do Buricá	1.399	0,051921	9	8

14 Auch diese Gespräche wurden aufgenommen und später zusammengefasst dargestellt.
15 Siehe Anhang 2. (S. 220-221)
16 Bei der Durchführung der Feldforschung begleitete uns João Teodoro Bourscheid des Meinungsforschungsinstituts Opinião aus Ijuí.
17 Siehe Anhang 3. (S. 222-229)
18 Dabei wurden wir von Dr. Ruth Marilda Fricke, Dozentin für Statistik an der UNIJUÍ, unterstützt.
19 Verhältnis zwischen der Zahl landwirtschaftlicher Betriebe in jeder Kommune und der Zahl landwirtschaftlicher Betriebe in der Region.

Campina das Missões	1.476	0,054778	9	10
Cândido Godói	1.588	0,058935	10	13
Dr. Maurício Cardoso	1.472	0,054630	9	8
Horizontina	1.135	0,042123	7	5
Independência	1.239	0,045983	8	9
Nova Candelária	900	0,033401	6	6
Novo Machado	1.264	0,046910	8	4
Porto Lucena	1.290	0,047875	8	8
Porto Mauá	530	0,019670	3	5
Porto Vera Cruz	573	0,021266	4	2
Santa Rosa	2.049	0,076044	13	18
Santo Cristo	2.282	0,084691	15	16
São José do Inhacorá	499	0,018519	3	5
Senador Salgado Filho	786	0,029171	5	2
Três de Maio	2.234	0,082910	14	19
Tucunduva	995	0,036927	6	9
Tuparendi	1.829	0,067879	12	9
Region	26.945	1,000000	173	175
Quelle: Andrioli, A. Feldforschung 2005.				

Es handelt sich hier also um eine relativ große Untersuchungsprobe mit 175 Befragten. Da wir anders als bei der explorativen Studie nicht über eine Liste der zu untersuchenden Bauern verfügten, wurden die untersuchten landwirtschaftlichen Betriebe nach der für jede Kommune vorgesehenen Zahl nach Zufall in möglichst verschiedenen Dörfern ausgewählt. Alle Interviews wurden nach der im standardisierten Formular vorgesehenen Reihenfolge von Fragen individuell am Wohnort der Bauern durchgeführt.

Um einen möglichen Einfluss der Reihenfolge der standardisierten Angaben auf die Antworten der Befragten zu verhindern, wurde bei jeder Frage mit Hilfe einer dafür entwickelten Wählscheibe[20] gearbeitet, bei der alle Angaben zirkulär

[20] Die Angaben wurden zirkulär auf einer CD präsentiert, wobei die Befragten einfach eine auswählen konnten. Diese Methode wird inzwischen auch zunehmend in der Wahlforschung verwendet.

(also ohne Reihenfolge) erschienen. Immer, wenn mehrere Antworten gegeben wurden, sind sie nach Prioritäten eingeordnet worden und, falls keine der vorgegebenen Angaben passte, wurde die Antwort in der Option „andere[21]" eingegeben.

Nach der Datensammlung wurden die Informationen statistisch systematisiert, damit „die Zusammenhänge zwischen den Variablen eingeschätzt werden können, was ‚mit bloßem Auge' nicht möglich ist". (Fricke 2005: 3) Die Datenbank haben wir mit dem Programm Excel[22] eingerichtet, und die statistische Bearbeitung der Informationen wurde mit Hilfe der Software SPSSWIN[23] durchgeführt. Die Informationen wurden in Tabellen[24] zusammengefasst, um sie im Zusammenhang und in Bezug auf unser Erkenntnisinteresse interpretieren zu können.

Der Vergleich zwischen unterschiedlichen Variablen orientierte sich nach folgenden Aspekten, die bezüglich unseres Erkenntnisinteresses von besonderer Bedeutung sind: a) persönliches Profil; b) Charakterisierung des Betriebs und Produktionsprozesses; c) Teilnahme an sozialen Aktivitäten und Einfluss der Organisationen; d) Beziehung zur Technik; e) Begriffe und Positionen. Schließlich wurden die aus der statistischen Bearbeitung gewonnenen Daten in Tabellen und Diagrammen eingeordnet und in den empirischen Teil der Dissertation integriert.

Danach sind wir induktiv zur Theorie zurückgekehrt, indem wir die durch die empirischen Untersuchungen gelieferten Ergebnisse anhand unserer theoretischen Grundlage interpretierten. Und so kamen wir zu den Schlussfolgerungen unserer Studie, die im Zusammenhang mit möglichen Perspektiven für die Zukunft der Familienlandwirtschaft in der Region dargestellt werden, in dem Sinne, „daß alle Theorie von der Praxis auszugehen und auf einer nächsten Stufe nach der theoretischen Reflexion (Aufsteigen vom Abstrakten zum Konkreten) zu ihr zurückzukehren habe". (Széll 1984: 23)

Es ist dieser Beitrag, den wir für den Fortschritt der Agrarsoziologie und der Praxis in den folgenden fünf Kapiteln anbieten können, im Bewusstsein unserer eigenen Grenzen, der Gefahren der Sozialdaten und des Umganges damit, der historischen und kontextbezogenen Bedingungen einer paradoxen Wirklichkeit und der zeitlichen Restriktionen, die den Rahmen dieser Dissertation durchaus gestaltet haben.

---

[21] Dies geschah jedoch seltener als erwartet, denn die meisten Befragten entschieden sich für die von uns vorgegebenen Angaben.

[22] Version 2000.

[23] Version 8.0.

[24] Einfache Tabelle, in denen eine einzelne Variable (also die gesamten Angaben für eine unserer Fragen) isoliert dargestellt wurde; und gekreuzte Tabellen, bei denen zwei Variablen gekreuzt wurden, um mögliche Zusammenhänge unter ihnen zu entdecken.

5. Gliederung der Arbeit

Im ersten Kapitel geht es um das Verhältnis zwischen Technologie und Familienlandwirtschaft in der kapitalistischen Entwicklung. Anhand der für uns grundsätzlichen Paradigmen zur Analyse der kapitalistischen Gesellschaft, nämlich der liberalen und Marxschen Gesellschaftstheorie, gehen wir auf die Rolle von Technik und Umwelt in Bezug auf die Veränderungen kleinbäuerlicher Landwirtschaft ein. Im Rahmen unserer Literaturrecherche werden Zusammenhänge und Widersprüche zwischen und in den Paradigmen historisch identifiziert, um wichtige Erkenntnisse zum Aufbau der theoretischen Grundlage dieser Arbeit zu gewinnen. Neben der liberalen Betrachtungsweise zum Thema Agrartechnik, die weiterhin die Grundlage für die Verfechter der Gentechnik darstellt, interessieren uns insbesondere die historischen Auseinandersetzungen zwischen den sich auf Marx berufenden Autoren in Bezug auf die Erhaltung oder Zerstörung der Familienlandwirtschaft aufgrund technischer Innovationen. Inwieweit die Frage der Umwelt darin eine Rolle spielt, wird am Ende des Kapitels hinsichtlich beider Paradigmen diskutiert, um mit Hilfe der hier ausgewählten Begriffe und Erkenntnisse die spezifische Situation der Familienlandwirtschaft in Brasilien zu problematisieren.

Das zweite Kapitel beschäftigt sich mit dem Charakter und der Funktion von Technik in der Landwirtschaft und ihren Auswirkungen auf die kleinbäuerliche Familienlandwirtschaft. Zunächst wird der Frage nachgegangen, durch welche spezifischen Merkmale die Anwendung von Technik in der Landwirtschaft charakterisiert ist und nach welchen Interessen sie entwickelt und eingeführt wird. Demzufolge wird die Agrartechnik in Bezug auf den Technikeinsatz in der Industrie verglichen und die Vielfalt bisher existierender technischer Innovationen dargestellt. Dabei wird auch die Agrarökologie als technische Innovation präsentiert und im Zusammenhang mit der Frage des Erhalts der Familienlandwirtschaft diskutiert. Schließlich werden diese Erkenntnisse zusammengefasst in einer Analyse der brasilianischen Landwirtschaft und auf die Einführung der Gentechnik in der Sojaproduktion angewendet.

Beim dritten Kapitel wird auf die Entwicklung der Familienlandwirtschaft im nordwestlichen Grenzgebiet von Rio Grande do Sul eingegangen, um die Widersprüche der Sojamonokultur im Zusammenhang mit der Logik der Familienlandwirtschaft und der Einführung technischer Innovationen zu verstehen. Außerdem werden Interessen thematisiert, die den technischen Fortschritt in der regionalen Landwirtschaft begleiten. Die Erläuterung der regionalen Geschichte beginnt mit dem Besiedlungsprozess der Region und der diversifizierten Landwirtschaft, es folgt eine Darlegung der Einführung der Sojaproduktion ab den fünfziger Jahren und endet mit der Charakterisierung der Krise dieser Monokultur, wobei die Steigerung der Produktionskosten, die Verarmung und Verschuldung der Bauern, die schädlichen Umweltauswirkungen und die zunehmende Landflucht im Mittelpunkt stehen.

Das vierte Kapitel beschäftigt sich mit der spezifischen Frage der Gentechnik in der Sojaproduktion, wodurch das Modell der „Grünen Revolution" ab Ende der neunziger Jahre fortgesetzt wird und zur verstärkten Abhängigkeit von Kleinbauern in der Region führt. Die von den Konzernen und Teilen der Agrarberatung versprochenen Vorteile des Gensojaanbaus, wie Ertragserhöhung, Verringerung der Produktionskosten, Konkurrenzfähigkeit beim Export, Hungerbekämpfung und Schonung der Umwelt werden kritisch untersucht, um die gegenwärtigen Probleme der Familienlandwirtschaft mit den „modernen" Technologien darzustellen. Die Auswirkungen auf Umwelt und Gesundheit und die zunehmende Abhängigkeit der Bauern werden als gravierendste Probleme des Gensojaanbaus zusammenfassend dargestellt, worauf die ökologische Sojaproduktion in der Region als eine Form von Widerstand entwickelt wurde, begünstigt durch die höheren Preise nicht gentechnisch veränderter Soja auf dem Weltmarkt.

Ob die Agrarökologie eine Alternative für die regionale Familienlandwirtschaft sein kann, wird im fünften Kapitel am Beispiel der Biosoja diskutiert. Die Studie geht davon aus, dass die meisten Kleinbauern in der Region nicht in das gesamte Projekt der „Modernisierung" der Landwirtschaft integriert wurden, obwohl die Sojamonokultur ihre wichtigste Aktivität darstellt. Das Biosojaprojekt der Genossenschaft Cotrimaio wird im Zusammenhang mit der historischen Situation der Bauern untersucht, um die Gründe der ökologischen Sojaproduktion zu verstehen. In dieser Hinsicht werden drei Dimensionen ökologischer Sojaproduktion dargestellt: Die Lebensqualität, die wirtschaftliche Tragfähigkeit und die Frage der Arbeit. Danach werden mit Hilfe empirischer Untersuchung die Hintergründe der zunehmenden Ausbreitung der Gensoja im Hinblick auf die Tendenz kapitalistischer Durchdringung in der Landwirtschaft, interne Gründe der technischen Modernisierung und den Einfluss regionaler Organisationen problematisiert.

Die Folgen einer Fortsetzung der „Grünen Revolution" werden hinsichtlich ihrer ökologischen Auswirkungen thematisiert, die die Lebensqualität der Kleinbauern beeinträchtigen und zur Erhöhung ihrer Produktionskosten führen. Und zum Schluss werden mit Hilfe der Ergebnisse unserer Studie die Probleme und Chancen der Kleinbauern in der Region zusammengefasst dargestellt. Da nach unserer Studie die meisten untersuchten Bauern von der Ausbreitung der Gensoja in ihrer Existenz bedroht und in ihrer Lebensqualität beeinträchtigt sind, diskutieren wir schließlich Perspektiven, die den Betroffenen einen Weg in Richtung sozialer Selbstorganisation auf der Suche nach einer „Guten Gesellschaft"[25] eröffnen könnte.

---

[25] Vgl. Flyvbjerg 2001.

Kapitel I – Technologie und Familienlandwirtschaft in der kapitalistischen Entwicklung

Technischer Fortschritt wird normalerweise in direkter Verbindung mit der Verbesserung der Lebensqualität einer Gesellschaft gesehen. Die Erleichterung der menschlichen Arbeit, die Steigerung ihrer Produktivität und die Schaffung von materiellen Grundlagen für menschenwürdige Lebensverhältnisse, die Ausbreitung des Warenverkehrs, die Entwicklung der Industrie, der Verkehrsmittel und -infrastruktur sowie der Kommunikationsnetze wären ohne den Einsatz und den Fortschritt von Wissenschaft und Technik nicht möglich gewesen. Eine historische Entwicklung, die insbesondere seit Beginn der kapitalistischen Industrialisierung auch immer größere Schattenseiten hat: Fortschritt und Zerstörung sind vielfach nur zwei Seiten ein und derselben Medaille.

Die bisherigen historischen Versuche, andere, nichtkapitalistische Gesellschaften aufzubauen, sind im Großen und Ganzen gescheitert und haben keinen Fortschritt im Fortschritt hervorgebracht. Ressourcenverbrauch und -vernichtung der verschiedensten Art, gewaltige Umweltbelastungen von Luft, Wasser und Boden durch Freisetzung und Verbreitung von künstlichen Stoffen und chemischen Kombinationen, Klimabeeinträchtigung und globale Erwärmung, die massenhafte Anwendung von fragwürdigen Technologien bis hin zum Auftauchen von technologischen Sackgassen, kriegerische Zerstörungen und die potenzielle Auslöschung der menschlichen Zivilisation durch Massenvernichtungswaffen sind ebenso auf immer umfangreichere Eingriffe in die Natur und die Anwendung ihrer Gesetze durch die Technik zurückzuführen. Auf diesem Hintergrund hat sich die umweltpolitische und technologiekritische Diskussion der letzten Jahrzehnte entwickelt. Das Potenzial eines anderen Fortschritts ist dabei immerhin deutlich geworden. Seine Prinzipien sind Nachhaltigkeit, ganzheitliche Konzepte und menschliches Maß. Die politischen und gesellschaftlichen Voraussetzungen für seine globale Durchsetzung sind allerdings noch nicht geschaffen.

In der Landwirtschaft wird die Technik direkt mit der Natur konfrontiert. Aufgrund der spezifischen Eigenschaften der Landwirtschaft ist allerdings eine sogenannte Industrialisierung nur teilweise möglich, denn die Übertragbarkeit einer industriellen Logik wird durch die Abhängigkeit von biologischen und natürlichen Prozessen gehemmt. Dennoch ist eine Industrialisierung der Landwirtschaft im Gange, die es erlaubt, mit immer weniger Arbeitskraft mehr zu produzieren und die Grenzen der Natur soweit wie möglich zu überwinden. Wie Henri Lefèbvre bemerkte, hat „der technische Fortschritt der Landwirtschaft zu ihrer Auflösung geführt". (Lefèbvre 1972: 189) Dies ist jedoch kein linear determinierter Prozess, denn anders als von vielen erwartet, hat der Kapitalismus sich weltweit gesehen bis heute nicht in reiner Form durchgesetzt, sondern hat auch ältere, vor- und halbkapitalistische Produktionsstrukturen an sich angepasst und teilweise eingefroren. Alte Produktionsformen bleiben im Rahmen der vorherrschenden Produktionsweise weiter erhalten und versuchen, ihre Existenz mit der Entwicklung der kapitalistischen Gesellschaft zu vereinbaren.

Die Familienlandwirtschaft, die sowohl den Grundbesitz wie die Arbeit an die Familie bindet, kann einerseits als Hindernis in der Entfaltung des Kapitalismus gesehen werden und von daher als aussterbende Organisationsform der Produktion; sie spielt aber andrerseits in vielen Ländern noch eine wichtige Rolle in der billigen Versorgung mit Lebensmitteln und zum Transfer von Mehrwert an die Agrarindustrie, was sie vorteilhaft für das gesamte System macht, – zumindest solange sie noch existiert. Da die Familienlandwirtschaft keinen Arbeitslohn und keinen Profit im klassischen Sinne kennt, kann sie als eine Produktionsform innerhalb des Kapitalismus bezeichnet werden, die gleichzeitig eine große Widerstandskraft und eine Fähigkeit zur Selbstausbeutung besitzt. Eigenschaften, die ihr bisheriges Überleben erklären helfen. Dennoch ist die Familienlandwirtschaft abhängig von der gesamten Produktionslogik der kapitalistischen Gesellschaft, deren Veränderungen an den Produktivkräften die Produktionsverhältnisse innerhalb der Familie ständig beeinflussen. Die zunehmende Integration der Familienlandwirtschaft in die kapitalistische Marktwirtschaft fordert ihre Anpassung und die Notwendigkeit, konkurrenzfähig zu werden, indem sie dem technischen Fortschritt „moderner" Landwirtschaft folgt, wodurch wiederum die widersprüchlichen Elemente von Koexistenz und Auflösung deutlich werden.

Die gesellschaftliche Sichtweise einer sozialen und ökonomischen Theorie bestimmt in großem Maße ihre Auffassung von der Rolle der Akteure, den Strukturen und deren Potenzial zur sozialen Veränderung. Für liberale Autoren steht der Markt im Mittelpunkt ihres gesellschaftlichen Modells. Eine ideale Konstruktion, an der sich die verschiedenen Akteure orientieren sollen, um mit dem Beitrag jedes einzelnen Individuums die Gesellschaft in Richtung „Fortschritt" zu entwickeln. Mögliche Probleme werden nicht als Ergebnis der gesellschaftlichen Struktur, sondern als Folge des Fehlverhaltens und der mangelnden Anpassung einzelner Individuen an die fortschrittlich orientierte Logik der Marktwirtschaft gesehen. Die Wissenschaft soll sich insofern aus Sicht des Liberalismus an der sogenannten wirtschaftlichen Vernunft orientieren und sich mit der Korrektur des Verhaltens von Individuen und mit der Beseitigung einzelner Störfaktoren beschäftigen, damit die Entwicklung des idealen Kapitalismus fortschreiten kann.

Für marxistische Autoren ist die Struktur der kapitalistischen Klassengesellschaft, die auf Privateigentum an den Produktionsmitteln, Lohnarbeit, allgemeine Warenproduktion und Marktverhältnisse sowie profitgesteuerte Investitionsentscheidung und private Aneignung von Mehrwert (und damit des gesellschaftlichen Reichtums) ausgerichtet ist, verantwortlich für die Ausbeutung, Entfremdung und Entäußerung des Menschen. Die Beseitigung der Ungleichheit und Ungerechtigkeit in der bürgerlich-kapitalistischen Gesellschaft sind demzufolge nur durch ihre Überwindung und den Aufbau einer Gesellschaft ohne Klassen möglich. Die objektive Möglichkeit schaffe der Kapitalismus dazu selbst, und zwar zum einen durch die Entwicklung der Produktivkräfte – deren wichtigste die Arbeiterklasse ist – zum andern durch die wachsenden Widersprüche zwischen Produktivkräften und Produktionsform, zwischen gesellschaftlicher Produktion und privater Aneignung. Die Befreiung des Menschen und der Natur vom ausbeuterischen und in der Tendenz zerstörerischen Charakter der kapitalistischen Gesellschaft ist der marxistischen Theorie zufolge allerdings vom subjektiven Faktor, d.h. vom Bewusstsein der Arbeiterklasse abhängig. Im laufenden Klassenkampf gegen die aneignende Klasse kann die Arbeiterklasse ihr revolutionäres Potenzial herausbilden, um in einem längeren historischen Prozess die Enteigner weltweit zu enteignen.

Die bisherige theoretische Debatte zum Verhältnis zwischen Technologie und Familienlandwirtschaft in der kapitalistischen Gesellschaft basiert hauptsächlich darauf, die Veränderungen dieser Produktionsform aufgrund des technischen Fortschritts zu untersuchen, um daraus mögliche Konsequenzen für die Zukunft kleinbäuerlicher Produktion zu ziehen. Mit Hilfe von Begriffen und Kategorien der wirtschaftlichen Entwicklung kapitalistischer Industriegesellschaften wird die Familienlandwirtschaft als eine aussterbende Produktionsform eingeschätzt, die sich in dem Maße verändert, wie sie in die Marktwirtschaft integriert wird und gezwungen ist, sich an den technischen Fortschritt anzupassen. Dennoch schreitet ihr Aussterben sehr langsam fort, was die Prognosen der meisten Theoretiker teilweise in Frage gestellt und zur Erneuerung der Debatte geführt hat.

Wie wird diese Debatte geführt und welche Zusammenhänge und Widersprüche kommen in den wichtigsten theoretischen Paradigmen zu dem Thema vor? Gibt es ein eigenständiges Bauernverhalten hinsichtlich des Technikeinsatzes in Familienbetrieben? Inwiefern betrifft diese Auseinandersetzung die Anwendung von herkömmlichen, sogenannten modernen und ökologischen Technologien in der Landwirtschaft? Im Folgenden wird durch eine Untersuchung der liberalen und marxistischen Ansätze zum Thema technischer Fortschritt in der Landwirtschaft auf diese Fragen eingegangen.

1.1. Technologie und Familienlandwirtschaft in der liberalen Literatur

Der liberale Ansatz zum technischen Fortschritt in der Landwirtschaft basiert auf anthropologischen, agrarsoziologischen und wirtschaftlichen Studien, die als Modernisierungstheorien bezeichnet werden können. Sie gehen von der Notwendigkeit einer induzierten Modernisierung im ländlichen Bereich aus, um die herkömmlichen Produktionsmethoden der Bauern mit Hilfe wissenschaftlich-technischer Erkenntnisse zu überwinden. Durch die Transformation der herkömmlichen Landwirtschaft soll den Bauern ein neuer Weg in Richtung „moderner“ Landwirtschaft im Sinne der Spezialisierung und Intensivierung der Produktion nach dem Vorbild der industriellen Gesellschaft eröffnet werden.

Der Ausgangspunkt des liberalen Ansatzes in der Landwirtschaft ist das ökonomische Gedankensystem von Adam Smith[26] und David Ricardo[27], das wirtschaftlichen Fortschritt als eine Folge der Arbeitsteilung versteht und welches auf dem Freihandel als erfolgreichstem Modell für die gesellschaftliche Entwicklung basiert. Das zentrale Postulat des Freihandels ist, dass durch eine zunehmende Spezialisierung wirtschaftlicher Aktivität der Wohlstand in der Gesellschaft steigt. Bezogen auf den Freihandel zwischen den Nationen soll jedes Land seine Produktionskapazitäten auf bestimmte Güter spezialisieren, bei denen es in der Lage ist, sie am billigsten und mit dem geringsten Arbeitsaufwand zu erzeugen. (Smith 1999) Ricardo entwickelte Smiths Idee über die absoluten Vorteile der Arbeitsteilung weiter mit dem Begriff der komparativen Vorteile. Damit ist folgendes gemeint: Auch wenn ein Land in der Lage sei, eine Reihe von Gütern vergleichsweise am billigsten und mit dem geringsten Arbeitsaufwand zu produzieren, lohne es sich lediglich, sich auf bestimmte Produkte zu spezialisieren, bei denen die Arbeitseinheiten am produktivsten eingesetzt werden können. (Ricardo 1994) Der Wettbewerb zwischen den Konkurrenten im Freihandel würde nach den liberalen Vorstellungen dazu führen, dass die Produktionsfaktoren am effektivsten eingesetzt werden. Indem er sich auf das konzentriert, was er am besten kann und ausschließlich den individuellen Gewinn anstrebt, würde jeder Produzent durch die „unsichtbare Hand“ des freien Markts geleitet und damit zum Wohlstand des Gemeinwesens am effektivsten beitragen. Dabei wird von der Vorstellung einer idealisierten freien Marktwirtschaft ausgegangen, in der international nur Waren ausgetauscht werden, jedoch nicht die Produktivkräfte (v.a. Kapital und Arbeit), und von der Existenz von Nationalstaaten, die sich für den Freihandel und dessen angeblicher komparativer Vorteile einsetzen. (Bärtschi/Jacobsen 1976: 22)

Mit dem Versuch, diese Ansätze des Freihandels auf die Landwirtschaft zu übertragen, stoßen die liberalen Theoretiker auf die Situation der traditionellen bäuerlichen Landwirtschaft, die nicht auf eine Spezialisierung für den Markt ausgerichtet ist, sondern auf eine diversifizierte Produktion, die größtenteils auf Selbstversorgung beruht. Insofern geht es den liberalen Modernisierungstheoretikern im Grunde um die Ablehnung alter bäuerlicher Produktionsmethoden und den Transfer von sogenannten modernen Techniken in die Landwirtschaft. Die herkömmlichen und modernen Systeme werden als sich gegenseitig ausschließend betrachtet, da unter ihnen permanenter Konflikt stattfinde. Das Ziel soll die Erhöhung der landwirtschaftlichen Produktivität sein, wobei die Möglichkeit der Hungerbekämpfung angesichts einer ständig wachsenden Weltbevölkerung propagiert wird. Die wichtigsten Autoren dieser Theorie sind Theodore Schultz, Everett Rogers, Edward Banfield und George Foster, die die theoretische Grundlage für das Projekt der „Grünen Revolution“ lieferten. Das Konzept der meisten

---

[26] Vgl. Smith 1999.
[27] Vgl. Ricardo 1994.

internationalen Programme zur „Entwicklung der Dritten Welt" gehen zurück auf den liberalen Ansatz, nämlich die dichotome Vorstellung von „Rückständigkeit" und „Moderne". Eine moderne Gesellschaft könne demnach durch den Einsatz industrieller Technologien in der Landwirtschaft erreicht werden.

Edward Banfield entwickelt ein anthropologisches Konzept des „amoralischen Familismus" der Bauern, nachdem er zahlreiche empirische Untersuchungen in einer italienischen Bauerngemeinde durchführte, wobei es um die Analyse der notwendigen Faktoren zur Entwicklung von landwirtschaftlichen Genossenschaften ging. Banfield ist von der Existenz einer Bauernkultur überzeugt, die sich im Grunde dadurch charakterisiere, dass Mitglieder einer Bauerngemeinde unfähig seien, zusammenzuarbeiten, um gemeinsam Wohlstand zu erreichen oder um einen gemeinsamen Zweck zu erfüllen, der über die unmittelbaren Interessen der atomisierten Familie hinaus geht. Er beschreibt das, was er für ein typisches Verhalten der Bauern in einer Gemeinde hält: Die Bauern tendierten in ihrem Handeln dazu, die kurzfristigen materiellen Vorteile ihrer atomisierten Familie zu maximieren. Das sei das amoralische Handeln – von Banfield als „amoralischer Familismus" bezeichnet, also das individualistische Verhalten gegenüber den anderen, die nicht zur Familie gehören. Das Misstrauen und die Verdächtigung gegenüber Außenstehenden sei typisch für das Verhalten einer Bauerngemeinde im Vergleich zu den Mitgliedern einer städtischen Gemeinde, die eher gastfreundlich und vertraulich miteinander umgingen. Außerdem seien die Familien- und Freundeskreise in der Stadt offener und im ländlichen Bereich geschlossener. Diese Faktoren werden als determinierend für die Konkurrenz zwischen den Mitgliedern einer Bauerngemeinde festgestellt. (Banfield (1958)

Es ist zunächst bemerkenswert, dass Banfield überhaupt keine Rücksicht auf die Gesellschaftsstruktur der Bauerngemeinde nimmt und ausschließlich am Verhalten einzelner Bauernfamilien eine Verallgemeinerung und Typisierung der Bauern vornimmt. Wie Moore treffend bemerkt, ist das Fehlen kooperativer Beziehungen oder der Typus schwacher Solidarität ein Phänomen des modernen Dorfes, also genau das Gegenteil vom mittelalterlichen Bauerndorf und entspricht nur wenig der Realität anderer Dörfer Italiens: „Der Ursprung des ‚amoralischen Familismus' – eine Karikatur des Kapitalismus – liegt in der spezifischen Vorgeschichte dieses Dorfes, einer extremen Entwicklung, die im Gegensatz zu mehr kooperativen Beziehungen in anderen Teilen Italiens steht". (Moore 1969: 547) Die Situation des von Banfield untersuchten Dorfes entspricht dem, was im 19. Jahrhundert in vielen Bauerngemeinden Westeuropas zu finden war und worauf sich der berühmte Vergleich von Marx im *Achtzehnten Brumaire des Luis Bonaparte* bezieht, als er die kleinbäuerlichen Dörfer in Frankreich mit Kartoffelsäcken verglich. (Marx 1960) Bei Banfield ist jedenfalls schwierig zu verstehen, warum das beschriebene individualistische Verhalten der Logik der Marktwirtschaft schaden sollte, weil diese doch gerade auf Konkurrenz basiert und diese Haltung auch bei den Konkurrierenden voraussetzt.

Die Charakterisierung des Bauernverhaltens ist nicht auf Banfields Theorie begrenzt geblieben. Auch George Foster versucht es aus anthropologischer Sicht zu erklären. Seine Theorie geht von einer Vorstellung der begrenzten Mittel in Bauerngemeinden aus, d.h. der Bauer habe eine besondere Vorstellung von Natur und Ökonomie nach dem Motto: Alles das, was der Mensch sich zum Leben wünscht (wie Land, Gesundheit, Reichtum, Freundschaft, Liebe, Fruchtbarkeit, Ruhm, Respekt, Macht und Einfluss, Sicherheit und Schutz) sei begrenzt. Auf diesem Hintergrund hielten die Bauern an der Idee fest, dass diese Mittel in einer endlichen, begrenzten und stets knappen Menge zur Verfügung stehen und keine Möglichkeit besteht, sie zu vergrößern. Diese Grundannahme führe dazu, dass der Wohlstand eines Individuums oder einer Familie nur auf Kosten anderer möglich sei. Das Verhalten, das ein Bauer vorzieht, sei eins, das ihm eine maximale Sicherheit bringt und seine relative Position in der traditionellen „Ordnung der Dinge" aufrechterhält. (Vgl. Foster 1974: 71)

Nach Foster sieht ein Bauer seine Gemeinde als geschlossenes System und ihre Existenz ist unmittelbar durch die nur begrenzt verfügbaren natürlichen und sozialen Ressourcen bestimmt. Eine bessere Lebensqualität des Einzelnen in der Gemeinde werde als Bedrohung für die anderen Mitglieder gesehen. Die Reaktion sei ein extremer Individualismus, wobei jede soziale Einheit sich in einem ewigen und zähen Kampf mit ihren Zeitgenossen befinde um den Besitz und die Kontrolle ihres Anteils an den für knapp eingeschätzten Ressourcen. Das normative Verhalten einer Gruppe sei durch ihre Weltanschauung zu verstehen, denn die konservative Haltung der Bauern erscheine ihnen rationell und sinnvoll. Nach Foster fehle den bäuerlichen Gesellschaften die ökonomische Rationalität der Moderne und dies sei der Grund für mangelnden wirtschaftlichen Fortschritt eines Landes. Um dies zu ändern, müssten die Bauern dazu motiviert werden, ihre traditionelle und zunehmend irreale kognitive Orientierung gegen eine neue zu tauschen, die die Wirklichkeit der modernen Welt widerspiegelt. (Vgl. Ebenda: 64) Wieder erscheint also das Bild eines Bauern, der angeblich die Marktlogik stört, wenn er sich als Konkurrent verhält und durch seinen Individualismus nicht anders handelt, als es der Markt von den Konkurrierenden eigentlich erfordert.

Die Notwendigkeit, das Bauernverhalten nicht nur zu interpretieren, sondern auch zu verändern, tritt erst beim US-Amerikanischen Agrasoziologen Everett Rogers deutlich hervor. Im Interesse der Modernisierung der ländlichen Gemeinden versucht er die sozialen und psychologischen Barrieren der Bauern gegen Transformationen heraus zu finden, um die effektivsten Mittel zu entwickeln, die zur beschleunigten Modernisierung der Landwirtschaft eingesetzt werden sollen. Rogers ist einer der weltweit wichtigsten Theoretiker der Agrarberatung und Zuweisung von Technologien. Auch er geht von einer rückständigen Bauernkultur aus, die er als Subkultur bezeichnet und die durch die Wirkung von modernen Technologien überwunden werden soll. Es sei notwendig, die Bauern von den Vorteilen der neuen Ideen im Vergleich zu den herkömmlichen Anwendungen zu überzeugen. (Vgl. Rogers 1962: 30) Rogers' Konzept des Diffusionsparadigmas prägt weltweit die Agrarberatung, die auf Transfer von Technologien beruht. Der zentrale Punkt in seinem Paradigma ist die Annahme, dass Agrarwissenschaften Technologien entwickeln, die das Leben der Bauern verbessern. Dabei wird davon ausgegangen, dass technische Innovationen prinzipiell von Vorteil sind.

Auch wenn Unterschiede zwischen den verschiedenen Ländern berücksichtigt werden, hat Rogers einen allgemeinen Standard des bäuerlichen Verhaltens und Lebensstils in zehn Punkten entwickelt. Eigentlich fasst er vieles zusammen, was Banfield und Foster bereits veröffentlicht haben, um die sogenannte Subkultur der Bauern zu charakterisieren: a) ein gegenseitiges Misstrauen in persönlichen Beziehungen; b) eine Vorstellung des Guten als begrenzt; c) eine Abhängigkeit und Feindseligkeit gegenüber dem Staat; d) die starke Beziehung zur Familie; e) den Mangel an innovativem Geist; f) die Tendenz zum Fatalismus; g) das begrenzte Streben nach Verbesserungen; h) die mangelnde Problemlösungsorientierung; i) die begrenzte Weltanschauung; j) das mangelnde Einfühlungsvermögen.

Das Neue bei Rogers ist die Entwicklung von Strategien, die die angeblich beschränkte Denkweise der Bauern überwinden sollen. Der Fatalismus der Bauern sei eine Folge der negativen kulturellen Konditionierung bäuerlicher Generationen und ihrer beschränkten Weltanschauung, – die Erklärung dafür, dass Bauern sich generell zurückhaltend gegenüber neuen Ideen verhielten. Die Annahme des Fatalismus und das Bild der Begrenztheit des Guten und der Möglichkeiten hätten dazu geführt, dass die Bauern ein niedriges Niveau an Fortschrittsstreben haben. (Vgl. Ebenda: 37) Nur durch Kommunikationsstrategien könnte den Bauern geholfen werden, ihre Weltanschauung umfassender auszubilden und sie von der Notwendigkeit der Transformationen zu überzeugen, denn ihr Verhalten sei nicht vollständig und durchgängig von wirtschaftlichen Werten geprägt.

Der Bauer ist nach Rogers ein Hemmnis für die wirtschaftliche Entwicklung, besonders in den Entwicklungsländern. Um die Bauern zu modernisieren, sollte ihnen die Anwendung von chemischer Düngung, verbessertem Saatgut, von Maschinen und Bewässerungstechniken beigebracht werden. Dies sei der Schlüssel zur Beschleunigung des wirtschaftlichen Entwicklungsprozesses und zur Lösung des zunehmenden Mangels an Nahrungsmitteln in den Entwicklungsländern. Damit ein Land die Modernisierung fortsetzt, müsse ihre Bevölkerung ihren Lebensstil ändern. Dadurch würden die Bauern nicht mehr Hemmnisse für die wirtschaftliche Entwicklung eines Landes darstellen, sondern sich als aktive Subjekte in die industrielle Gesellschaft integrieren.

In die gleiche Richtung geht die Theorie von Theodore Schultz, der allerdings zeigt, dass die Rückständigkeit der Landwirtschaft in den Entwicklungsländern nicht an kulturellen Barrieren der Bauern gegen die Diffusion rationeller technischer Methoden liege, sondern an ihrem Mangel an Chancen auf rentable Investitionen. Wenn die Bauern trotz ihrer Effizienz arm bleiben, liege dies an der Produktivitätsgrenze ihres technologischen Niveaus. Um den Bauern rentablere Investitionschancen zu ermöglichen, sollten ihnen moderne Betriebsmittel angeboten werden. Dies war im Grunde das Konzept der „Grünen Revolution", die sich durch die Einführung neuer Pflanzensorten, Maschinen und die Chemisierung der Landwirtschaft auszeichnete, was durch staatliche Unterstützung ermöglicht wurde.

Schultz, der 1979 den Nobelpreis für Ökonomie erhielt, ist der wichtigste Vertreter der neoklassischen Ökonomie in der Agrarfrage und sicherlich auch der einflussreichste. Mit der berühmten Charakterisierung der Bauern als „arm, dennoch effizient" basiert sein Konzept darauf, dass das Bauernverhalten nicht durch Irrationalität, sondern durch Profitmaximierung und optimierte Anwendung begrenzter Ressourcen charakterisiert werden kann. Er betont die Effizienz der Bauern im Umgang mit traditionellen Ressourcen, die sehr gut kombiniert werden. „Was die Distribution der Produktionsfaktoren in ihren möglichen Anwendungen betrifft, gibt es relativ wenig Ineffizienz in der herkömmlichen Landwirtschaft". (Schultz 1964: 32)

Nach Schultz sind die Bauern nicht nur rationell und effizient bei der Anwendung ihrer vorhandenen Ressourcen, sondern sie strebten auch so wie jeder kapitalistische Unternehmer danach, die maximale Befriedigung ihrer Bedürfnisse und die höchste Profitrate bei der Produktion und beim Verkauf ihrer Produkte zu erzielen. Auch in einer Situation, in der es an Geld mangele, seien die Kombination der verfügbaren Betriebsmittel und die Resultate ihrer Organisation vergleichbar mit den modernsten Betrieben. Es sei unvorstellbar, dass ein Bauer sich nicht darum bemühen würde, das Maximale aus seinen knappen Ressourcen herauszuholen. Von daher lehnt Schultz das Konzept einer eigenständigen Bauernkultur, wonach sich das Verhalten der Bauern von den üblichen Unternehmen im Kapitalismus unterscheidet, völlig ab.

In seinem 1964 veröffentlichen Buch *Transforming traditional agriculture* geht er auf das ein, was er für das zentrale Problem der Bauern hält: Die niedrige Rentabilität herkömmlicher Betriebsmittel. Die Erklärung für die Armut der Bauern sei nicht der Mangel an kapitalistischer Rationalität bei der Anwendung von Produktionsfaktoren, sondern die angewandten Produktionsfaktoren selbst, die es nicht ermöglichten, mehr zu produzieren. Die Bauern hätten also die Produktionsgrenze ihrer Produktionsfaktoren erreicht, die sich im aktuellen Stand der Technik nicht mehr als rentabel erwiesen. Er sieht das Problem der armen Länder nicht in der Kombination verfügbarer Betriebsmittel, sondern in deren niedriger Produktivität. Es könne keine bessere Anwendung der herkömmlichen Technik geben als die, die auf jahrhundertelanger Erfahrung der Bauern basiere.

Für Schultz gibt es also keine Möglichkeit, die Anwendung oder die Kombination der vorhandenen Produktionsfaktoren zu verbessern. Noch nicht einmal der beste Agrartechniker könnte den Bauern eine bessere Kombinationsform der herkömmlichen Produktionsfaktoren beibringen. Es gebe also keine Möglichkeit für eine Entwicklung der Landwirtschaft von innen heraus. Deswegen sei der Weg nicht in Richtung Verbesserung, sondern in Richtung Transformation vorgegeben. Ausschließlich durch Modernisierungsprogramme von außen sei es möglich, aus der herkömmlichen Landwirtschaft einen produktiveren Sektor zu entwickeln. Und dort sollte der Staat eingreifen, besonders durch die Einrichtung von Institutionen, die sich auf Forschungsaktivitäten und die Anpassungsmöglichkeiten moderner Technologien konzentrieren, um den Weg für private Investitionen im landwirtschaftlichen Bereich zu öffnen.

Um die Bauern von der Armut zu befreien, sei die Umstellung von Produktionsfaktoren notwendig. Die Bauern sollten dazu gebracht werden, rentablere Produktionsfaktoren anzuwenden, die auf dem modernsten Stand der Technik und Wissenschaft basieren. „Diese Produktionsfaktoren zu entwickeln und zu verkaufen sowie das Lernen, wie effektiv mit ihnen umzugehen ist, ist eine Frage der Investitionen sowohl in materielles wie in humanes Kapital". (Ebenda 1964: 3) Nur moderne Maschinen und industriell hergestellte Inputs, kombiniert mit dem Einsatz einer effektiven Agrarberatung, könnten also die Produktivität der Bauernarbeit erhöhen und erlauben, dass Arbeitskräfte im ländlichen Bereich für die städtische Industrie freigesetzt werden, ohne dass es zu Versorgungsproblemen komme. Immerhin weist Schultz darauf hin, dass sein Konzept Landflucht befürchten lässt und dass gleichzeitig nur ein Teil der Bauern von der Modernisierung der Landwirtschaft profitieren würde.

Die Aufgabe eines Agrarberaters sei es im übrigen nicht, endogene Lösungen innerhalb einer Gemeinde zu suchen, sondern sich auf das wichtigste Problem der Landwirtschaft zu konzentrieren, nämlich deren Modernisierung. Humanes Kapital solle dazu vorbereitet werden, mit dem materiellen Kapital korrekt umzugehen, das von außen durch den Markt ermöglicht werden kann. Die Anbieter von modernen Technologien hätten den Schlüssel zum wirtschaftlichen Wachstum im ländlichen Bereich. Den Übergang zu einer modernen Landwirtschaft sieht Schultz als einen linearen Entwicklungsprozess, in dem ein radikaler Bruch mit der technologischen Basis und den Erfahrungen und dem hergebrachten Wissen der Bauern stattfindet und eine neue und moderne Art Landwirtschaft angenommen wird, die auf Betriebsmitteln basiert und ein höheres Potenzial an Rentabilität ergibt. Bauern, die vorher mit der herkömmlichen Landwirtschaft vertraut waren, sollen dazu bereit werden, eine Reihe neuer, rentablerer Produktionsfaktoren anzunehmen, einzusetzen und lernen effektiv damit umzugehen. (Vgl. Ebenda: 124)

Michael Lipton geht ebenfalls von der Rationalität der Bauern hinsichtlich einer effizienten Kombination der vorhandenen Produktionsfaktoren aus, was er aber nicht als Maximierung von Profit, sondern als Maximierung von Überlebenschancen bezeichnet. Er kritisiert Schultzes Konzept der Profitmaximierung, indem er auf die Risikounterschiede zwischen modernen und herkömmlichen landwirtschaftlichen Betrieben hinweist. Da in den Entwicklungsländern größere Risiken für Bauern bestünden als in den kapitalistisch hoch entwickelten Ländern, charakterisiert Lipton die Kleinbauern durch ihren Trend zur Risikominimierung. Ein wichtiger Unterschied der Landwirtschaft in vielen Entwicklungsländern seien die riesigen tropischen Klimavariationen, die dazu führten, dass die Investitionen stark von unvorhersehbaren naturbedingten Katastrophen geprägt seien. Ernteverluste würden bei Kleinbauern ihre Überlebensfähigkeit beeinträchtigen, so dass sie nicht bereit seien, einer profitmaximierenden Strategie zu folgen, wenn sie mit einer großen Risikowahrscheinlichkeit bei den Investitionen rechnen. Ein anderer wichtiger Faktor zur Risikominimierung sei der geringe Zugang der Kleinbauern zu Informationen über die Preisbildung ihrer Produkte am Markt, was die Unsicherheit der Investitionen erhöhen würde.

Aber auch die familiäre Struktur der Kleinbauern selbst sei für die Risikominimierung ihres wirtschaftlichen Verhaltens mitverantwortlich, denn die Vererbung habe eine proportionale Verteilung der produktivsten Grundflächen unter den Kindern zu Folge, so dass die Ländereien kontinuierlich an Wettbewerbsfähigkeit verlieren und die Investitionen der Bauern sich an der Subsistenz der Familie orientieren würden. Die Verhinderung der Konkurrenzfähigkeit, die große Furcht vor dem Markt und die klimatischen Unsicherheiten würden ein Profitmaximierungsverhalten der Kleinbauern verhindern und ihre Investitionen auf Subsistenzprinzipien und Risikominimierung bei der Produktion beschränken. (Vgl. Lipton 1968: 331) Das Risikominimierungsverhalten verhindere also eine rationelle Ausnutzung der vorhandenen Produktionsfaktoren. Die daraus resultierende Unternutzung der verfügbaren Ressourcen ist für Lipton entscheidend für die Gestaltung einer wirksamen Entwicklungspolitik, denn die optimale Organisation eines landwirtschaftlichen Betriebs würde zu wirtschaftlichem Wachstum führen, vorausgesetzt, dass die Bauern von den blockierenden institutionellen Bedingungen befreit würden.

Das Bestreben der Kleinbauern zur Risikominimierung wurde auch von James Scott aufgegriffen, der darin den Grund ihres Widerstands gegenüber technischen Innovationen sieht. Es gebe eine Art Subsistenzethik der Kleinbauern, die durch ein *safety-first* (Sicherheitsprinzip) begründet sei, d.h. ein Bauer strebe danach, die Risiken in der landwirtschaftlichen Aktivität möglichst zu reduzieren, so dass er den Einsatz von Mitteln, die die Wahrscheinlichkeit einer Katastrophe vermindern, vorziehen würde, anstatt seinen durchschnittlichen Profit zu maximieren. Technische Innovationen seien für einen Kleinbauern Austritt aus einem effizienten System zur Minimierung des Katastrophenrisikos und Eintritt in ein anderes mit erhöhter Risikowahrscheinlichkeit. Nach dem Sicherheitsprinzip neigten Kleinbauern dazu, in Aktivitäten und Techniken zu investieren, die am effektivsten und stabilsten die Entlohnung der Familienarbeit und folglich deren Subsistenz gewährleisten. (Scott 1976)

Für Salter, der das Modell der induzierten technischen Innovationen stark kritisierte, ist das Kriterium einer Verringerung der Produktionskosten entscheidend für die technischen Innovationen in der Landwirtschaft. Er setzt voraus, dass jeder Unternehmer sich dennoch für eine Verringerung der gesamten Produktionskosten und nicht nur für die Kosten eines isolierten Produktionsfaktors interessiert. Wenn die Arbeitskosten steigen, sei jede Innovation zur Verringerung der Gesamtkosten willkommen, sei sie arbeits- oder kapitalsparend. In einer wachsenden Wirtschaft gebe es hauptsächlich zwei Kräfte, nach denen die Einführung neuer Techniken sich richtet: 1) der technisch-wirtschaftliche Fortschritt im allgemeinen, der die technischen Möglichkeiten verbreitet; 2) die Veränderung der durchschnittlichen Preise der Produktionsfaktoren, die eine Auswahl der technischen Alternativen beeinflusst. (Vgl. Salter 1960: 43)

Es wäre dennoch sehr schwierig einzuschätzen, welcher diese Faktoren entscheidend ist. Fest steht, dass eine Erhöhung der Arbeitskosten die Einführung von Technik sehr stark beeinflusst. Normalerweise wird durch den Techniceinsatz sowohl an Arbeit als auch an Kapital gespart und der Zwang zur technischen Innovation ist nach Einschätzung liberaler Autoren immer ökonomischer Art. Nach Schmookler ist das Interesse an technischen Innovationen so wie das Interesse, ein bestimmtes Produkt zu produzieren durch die Gewinnaussichten bestimmt[28], die von den Möglichkeiten einer ökonomischen Entwicklung abhängen. Dabei spiele die Reduzierung der Produktionskosten eine wichtige Rolle. (Schmookler 1962)

Dass die technische Veränderung als ein endogener Faktor einer wirtschaftlichen Entwicklung gesehen wird, bedeutet dennoch nicht, dass der technische Fortschritt von einer „unsichtbaren Hand“ der relativen Preise in Richtung der effizienteren Techniken gesteuert wird, denn neues Wissen, das zu technischen Veränderungen erforderlich ist, wird von Institutionen bestimmt, seien sie öffentlich oder privat. Hayami und Ruttan sind auch der Ansicht, dass technische Innovationen ausschließlich wirtschaftlich motiviert seien. Aber für sie sind die Marktpreise der Produktionsfaktoren entscheidend, wobei die Zusammenarbeit staatlicher und privater Institutionen den Einsatz moderner Betriebsmittel für die Bauern attraktiv mache. Eine technische Veränderung werde durch die Signale der Marktpreise gesteuert, vorausgesetzt, dass sie tatsächlich die Veränderungen an Angebot und Nachfrage der Produkte und Faktoren widerspiegeln, und dass eine effektive Interaktion zwischen Grundbesitzer, öffentlichen Forschungsinstituten und den Unternehmen zur Versorgung mit Betriebsmitteln und landwirtschaftlichen Ausrüstungen besteht. (Vgl. Hayami/Ruttan 1985: 57)

Durch den Einsatz der Technik wird versucht, am teuersten Produktionsfaktor zu sparen. Das Modell der induzierten Innovationen beruht darauf, technische Faktoren einzuführen, erklärt allerdings nicht die Gründe für ihre Auswahl,

[28] Wie übrigens auch aus Sicht der marxistischen Theoriebildungen, mit denen wir uns im Folgenden beschäftigen werden.

wenn andere Alternativen vorhanden waren. Hayami und Ruttan argumentieren, dass sich in einer freien Marktwirtschaft die effektivsten technischen Produktionsfaktoren durchsetzen würden. Sie sehen die Technologie der „modernen“ Landwirtschaft also als die effektivste Antwort auf die Notwendigkeit, die Produktivität der Arbeit und des Bodens zu steigern. Das Modell basiert auf ihrem zentralen Postulat, dass die wirtschaftlichen Akteure sensibel auf Variationen der Preise der Produktionsfaktoren reagieren und versuchen, technische Innovationen einzusetzen, die den teuersten Produktionsfaktor sparen.

Der liberale Ansatz basiert auf dem Transfer von Technologien, um eine Basis zur Beschleunigung der Einführung kapitalistischer Verhältnisse in der Landwirtschaft zu schaffen. Das Modell wählt einen Teil der Bauern aus, die bereit sind, die Innovationen schneller umzusetzen. Es priorisiert solche Bauern, die ein größeres Potenzial und bessere Bedingungen zur Ausweitung der Produktion und der Produktivität darstellen. Also Großbauern, die über Kapital verfügen, Zugang zu Krediten haben, gute Bodenqualität, Bewässerungsmöglichkeiten usw.

Die Kleinbauern werden vernachlässigt, und ihr Ausschluss wird damit begründet, dass sie unfähig seien, Investitionen durchzuführen. Die Versuche, das Bauernverhalten ohne Rücksicht auf die sozioökonomische Struktur der Gesellschaft zu erklären, beweist die ideologische Dimension des liberalen Ansatzes. Indem die Bauern selbst für ihren Misserfolg beschuldigt werden aufgrund der Anwendung konservativer Ansätze, versuchen die liberalen Autoren ohne Erfolg, die große Lücke in ihrer Theorie zu schließen, nämlich das Fehlen einer kulturellen und sozialen Dimension ihrer Analyse. Mit der Beschränkung auf die Wirtschaft werden soziale Probleme als externe Probleme betrachtet, die aber eigentlich durch ihr eigenes Modell verursacht werden.

Effekte wie die Landflucht, die soziale Ausgeschlossenheit, das gänzliche Fehlen oder die schwache Ausprägung von zivilen und sozialen Rechten, die Armut und der Hunger werden externalisiert, als seien sie nur eine Folge der fehlenden Anpassung des Individuums. Sozio-strukturelle Probleme der Gesellschaft werden so nicht in Zusammenhang mit den tatsächlichen Ursachen gebracht, sondern es wird versucht, das gesamte System zu verbessern und zu vertiefen in der Erwartung, durch wirtschaftliches Wachstum einen besseren Lebensstandard für alle zu schaffen, auch wenn das System auf wachsender Konzentration und Ungleichheit basiert.

1.2. Technologie und Familienlandwirtschaft in der marxistischen Literatur

Die meisten Autoren, die sich auf den Marxschen Ansatz beziehen, setzen generell die Entwicklung des technischen Fortschritts in der Landwirtschaft analog zu dem in der Industrie, obwohl sie darin auch Unterschiede erkennen. Die Transformationen im ländlichen Bereich werden als unvermeidbar beschrieben, als eine Folge der kapitalistischen Produktionsweise. Die Arbeitsteilung, die die technische Grundlage kapitalistischer Produktion bildet, sei nicht nur das Resultat eines rationalen Versuchs, die Arbeit produktiver, rentabler und mit weniger Anstrengungen zu gestalten, sondern die Folge der logischen Priorität des Kapitals für ein produktives System, dass den Arbeitern die Möglichkeit zur Entscheidung und Kontrolle über ihre eigene Arbeitskraft nimmt und sie an Unternehmenshierarchie und Kapitalinteressen bindet.

Sowohl im Kapitalismus insgesamt als auch in der Landwirtschaft finde ein zunehmender Entfremdungsprozess der Arbeit statt, indem der auf Lohnarbeit und Maschinen basierte industrielle Produktionsprozess sich durchsetzen und die Familienwirtschaft und die Manufaktur zerstören werde. Die Koexistenz kapitalistischer und vorkapitalistischer Produktion in der Landwirtschaft wurde ursprünglich abgelehnt, ist aber heute wieder umstritten. Kleinbauern existieren weiter und dies sogar in den hoch entwickelten Industrieländern. „Übrigens hat die Produktion von landwirtschaftlichen Waren nirgends die Erzeugung von Gebrauchswerten völlig verdrängt, denn selbst in hochindustrialisierten Ländern wie den USA, Deutschland und Belgien bestehen heute noch *Subsistence Farmers*, d. h. Bauern, die lediglich den Überschuss ihrer Produktion auf dem Markt verkaufen". (Mandel 1972: 316)

Ein weiterer Streitpunkt in der marxistischen Debatte über technische Innovationen betrifft die Einschätzung des technischen Fortschritts im Verhältnis zu den Produktionsverhältnissen. Verläuft die Entwicklung der Produktivkräfte objektiv und gerät sie in Widerspruch zu den Produktionsverhältnissen, um sie anzupassen bzw. zugunsten neuer zu überwinden; oder sind die Produktivkräfte ihrerseits von den herrschenden Produktionsverhältnissen zwar geprägt und abhängig, geraten aber dennoch in Widerspruch zu ihnen und ist der Ausgang dieses Konflikts offen? Im ersten Fall lauert zum einen eine deterministische Interpretation von Marx' Ideen, wenn davon ausgegangen wird, dass durch eine progressive Entwicklung der Produktionskräfte der Kapitalismus selbst überwunden wird; zum zweiten eine unkritische, objektivistische Sicht der Produktionskräfte allgemein, die es nur zu übernehmen und in einer neuen Gesellschaft weiter zu entfalten gälte.

Die zweite Interpretation basiert auf einem dialektischen Verhältnis zwischen den Produktivkräften und den Produktionsverhältnissen, nach dem beide einander beeinflussen, obwohl die Entwicklung der Produktivkräfte die determinierende, tendenziell systemsprengende Rolle spielt. Nach diesem Konzept wird die Technologie im real existierenden Kapitalismus nicht objektiviert und nicht lediglich dafür verantwortlich gemacht, soziale Verhältnisse zu erzeugen, sondern sie ist auch selbst ein Resultat der kapitalistischen, d.h. warenförmiger, profitorientierter Produktionsverhältnisse. Die erste dieser beiden unterschiedlichen Interpretationen war übrigens in der Geschichte von Bewegungen und Staaten, die sich auf die Marxsche Lehre bezogen haben oder ursprünglich aus ihr hervorgegangen sind, lange Zeit vorherrschend. Sie lag dem (europäischen) sozialdemokratischen Geschichtsfatalismus ebenso zugrunde wie dem Stalinismus.

Die Funktion von Technik und Produktionsorganisation ist ihrerseits auch eine doppelte: Sie dient der Verringerung der Produktionskosten und der Kontrolle des Arbeitsprozesses. Die Technik fungiert also im Kapitalismus nicht einfach als Arbeitsmittel, sondern als Grundlage zur Erzeugung von unbezahlter Mehrarbeit, die durch die Erhöhung der Produktivität mittels Verlängerung der Arbeitszeit und Intensivierung der Arbeit möglich ist.

Es ist das Streben nach Profit, was den Einsatz der Technik und ihre Ausprägung bestimmt. Das Auswahlkriterium auf Seiten des Kapitals ist das Potenzial einer Technik zur Mehrwerterzeugung, auch wenn es dazu bessere Alternativen im Hinblick auf ihre soziale Nutzung, ihren Energieverbrauch und ihre Umweltfolgen gibt. Es geht also an erster Stelle darum, die Produktivität der Arbeit zu steigern.

Die Technik ist aber auch ein Mittel der sozialen Kontrolle, da sie dazu eingesetzt wird, die Arbeitskraft möglichst durchgängig und stets intensiver zu beschäftigen. Der Arbeitsprozess wird so organisiert, dass die Arbeiter möglichst keine Kontrolle über Rhythmus, Quantität und Qualität ihrer Arbeit haben und total der Herrschaft der im Besitz des Kapitalisten stehenden Produktionsorganisation unterworfen sind.

Auch wenn der technische Fortschritt eine Verbesserung der Arbeitsbedingungen real oder potenziell erlaubt, liegt es in der Logik ihrer kapitalistischen Anwendung, die Ausbeutung der Arbeit absolut und vor allem relativ zu steigern. Durch die Technik wird es möglich, die Überwachung der Arbeiter durch Beauftragte des Kapitals zu reduzieren und damit die üblichen direkten Konflikte zwischen Unternehmensleitung und Arbeiterschaft zu vermeiden. Es wird möglichst versucht, die Arbeiter für ihre Arbeit selbst verantwortlich zu machen, kontrolliert durch die „Logik der Maschine" bzw. der Arbeitsorganisation.

Dies findet auch in der Landwirtschaft statt, indem die Bauern für ihre Arbeit selbst verantwortlich scheinen, während der gesamte Produktionsprozess allmählich von der Logik des am kapitalistischen Verwertungsinteresse orientierten technischen Fortschritts bestimmt wird, der von den Agrarkonzernen beherrscht und kontrolliert wird. Dies ist auch nach Marxschen Analysen ein Grund für die Transformation der Bauern in ländliche Lohnarbeiter. „Wenn der Gebrauch der Maschinerie im Ackerbau großenteils frei ist von den physischen Nachteilen, die sie dem Fabrikarbeiter zufügt, wirkt sie hier noch intensiver und ohne Gegenstoß auf die ‚Überzähligmachung' der Arbeiter". (Marx 1983a: 527)

1.2.1. Marx: Technischer Fortschritt als Folge der Entwicklung der Produktivkräfte

Für Marx betrifft der technische Fortschritt sowohl die Industrie als auch die Landwirtschaft infolge der Entwicklung der Produktivkräfte in der kapitalistischen Gesellschaft. Wissenschaftliche Erkenntnisse werden im Kapitalismus auch in der Landwirtschaft angewandt, womit sie von der Unterentwicklung früherer Produktionsweisen befreit werden könnte. Zu den Auswirkungen der Technik in der Landwirtschaft hat Marx einige Anmerkungen gemacht, die sich im Wesentlichen nicht von seiner Auffassung des technischen Fortschritts in der Industrie unterscheiden. Je schneller die Großindustrie sich entwickelt, umso mehr würden ihre Auswirkungen die Landwirtschaft betreffen, die auch dazu gezwungen würde, sich intensiver zu entwickeln, denn eine niedrige Arbeitsproduktivität und die Isolation der Landwirtschaft von der Logik der gesamten Gesellschaft sei unmöglich. „Es ist richtig, daß z.B. der Bauer auf seine kleine Parzelle viel Arbeit verwendet. Aber isolierte und der objektiven, sowohl gesellschaftlichen wie materiellen Bedingungen der Produktivität beraubte, von ihnen entblößte Arbeit". (Marx 1968: 689) Von daher begrüßt Marx die Möglichkeit einer progressiven Verwissenschaftlichung der gesamten Gesellschaft durch die Ausbreitung der kapitalistischen Logik am Beispiel des Fortschrittes der Agronomie im ländlichen Bereich: „Es ist eines der größten Resultate der kapitalistischen Produktionsweise, daß sie einerseits die Agrikultur aus einem bloß empirischen und mechanisch sich forterbenden Verfahren des unentwickeltesten Teils der Gesellschaft in bewußte wissenschaftliche Anwendung der Agronomie verwandelt, soweit dies überhaupt innerhalb der mit dem Privateigentum gegebnen Verhältnisse möglich ist". (Ebenda: 630)

Scheint er einerseits sehr optimistisch in der Einschätzung der Dynamik der Produktivkraftentwicklung zu sein, verweist er andrerseits aber auch auf die Zerstörungskraft der Anwendung von Technik im Kapitalismus, die die menschliche Arbeit untergrabe, den Stoffwechsel zwischen Mensch und Natur zerstören und sich als nicht nachhaltig erweisen würde. Der Antagonismus von Stadt und Land, der in der kapitalistischen Produktionsweise ähnlich wie die Spaltung zwischen Kapital und Lohnarbeit wirke, ist eine der Hauptquellen ökologischer Zerstörung: „Mit dem stets wachsenden Übergewicht der städtischen Bevölkerung, die sie in großen Zentren zusammenhäuft, häuft die kapitalistische Produktion einerseits die geschichtliche Bewegungskraft der Gesellschaft, stört sie andrerseits den Stoffwechsel zwischen Mensch und Erde, d.h. die Rückkehr der vom Menschen in der Form von Nahrungs- und Kleidungsmitteln vernutzten Bodenbestandteile zum Boden, also die ewige Naturbedingung dauernder Bodenfruchtbarkeit". (Marx 1983a: 528)

Obwohl die Industrie im Mittelpunkt von Marx' Analyse steht, sind die Aussagen zur Landwirtschaft in seiner historischen Analyse der kapitalistischen Entwicklung sehr deutlich, wo er den Übergang von der einfachen Kooperation zur großen Industrie auf Basis der maschinellen Entwicklung beschreibt. Marx zeigt, dass dies in Opposition zu der bäuerlichen Landwirtschaft und zur unabhängigen handwerklichen Arbeit stattgefunden hat. „In der Sphäre der Agrikultur wirkt die große Industrie insofern am revolutionärsten, als sie das Bollwerk der alten Gesellschaft vernichtet, den ‚Bauer(n)', und ihm den Lohnarbeiter unterschiebt. Die sozialen Umwälzungsbedürfnisse und Gegensätze des Landes werden so mit denen der Stadt ausgeglichen. An die Stelle des gewohnheitsfaulsten und irrationellsten Betriebs tritt bewusste, technologische Anwendung der Wissenschaft. Die Zerreißung des ursprünglichen Familienbandes von Agrikultur und Manufaktur, welches die kindliche unentwickelte Gestalt beider umschlang, wird durch die kapitalistische Produktionsweise vollendet". (Ebenda)

Der wichtigste Unterschied der Landwirtschaft im Vergleich zur Industrie ist nach Marx, dass die landwirtschaftliche Produktion von einer begrenzten Naturressource abhängig ist, nämlich dem Boden, wobei es möglich sei, ihn zu monopolisieren. Um diesen Unterschied richtig zu verstehen, sei es wichtig, das private Grundeigentum zu analysieren. Insofern geht es für Marx im Wesentlichen darum, herauszufinden in welchem Maß die Existenz der Grundrente die Gesetze des Kapitals in seinem Prozess der Wertschöpfung beeinflusst. Das Monopol an Grundeigentum sei eine historische Voraussetzung und Grundlage aller auf Ausbeutung der Massen basierenden Produktionsweisen. Die Form des Grundeigentums aber, wie sie zu Beginn der kapitalistischen Produktionsweise vorgefunden worden sei, stimme nicht mit ihrer Entwicklung überein: „Die ihr entsprechende Form wird erst von ihr selbst geschaffen durch die Unterordnung der Agrikultur unter das Kapital; womit denn auch feudales Grundeigentum, Claneigentum oder kleines Bauerneigentum mit Marktgemeinschaft, in die dieser Produktionsweise entsprechende ökonomische Form verwandelt wird, wie verschieden auch deren juristische Formen seien". (Marx 1983b: 630)

Im Kapitalismus ist, wie bereits erwähnt, die Technik nicht nur ein Mittel zur Produktion, sondern – in Kombination mit menschlicher Arbeit – Mittel zur Erzeugung von Mehrwert. Das Ziel, Kapital zu verwerten, bestimmt den Arbeitsprozess und folglich den Einsatz von Technik. Der zunehmende Einsatz von Technik – also konstantem Kapital – führt schließlich zum tendenziellen Fall der Profitrate, denn nur die menschliche Arbeit – also variables Kapital – ist verantwortlich für die Erzeugung von Wert. Da es dem Kapitalisten aber umgekehrt scheint und für ihn die Investitionen insgesamt als Kapitalvorschuss gesehen werden, der sich rentieren muss, steigt er in einen permanenten Konkurrenzkampf ein, um von den kurzfristigen Vorteilen der Erhöhung der Arbeitsproduktivität profitieren zu können. „Obgleich daher der Profit bloß aus der Mehrarbeit, also bloß aus der Anwendung von variablem Kapital entspringt, kann es dem einzelnen Kapitalisten doch so scheinen, daß die lebendige Arbeit das kostspieligste und am meisten aufs Minimum zu reduzierende Element seiner Produktionskosten ist. Es ist dies nur eine kapitalistisch verdrehte Form des Richtigen, daß die verhältnismäßig größre Anwendung vergangner Arbeit, verglichen mit lebendiger, gesteigerte Produktivität der gesellschaftlichen Arbeit und größren gesellschaftlichen Reichtum bedeutet. So falsch ist alles und so, auf den Kopf gestellt, bietet sich alles dar vom Standpunkt der Konkurrenz". (Ebenda: 703)

Für Kleinbauern, die ausschließlich die Arbeitskraft der eigenen Familie anwenden, scheint die Arbeit selbst, nichts zu kosten, und sie neigten dazu, den Nettoertrag ihrer Produktion als Profit zu bewerten, auch wenn er in dieser Form gar nicht existiert. Aus diesem Grund könnten sie, solange sie nicht verschuldet sind, auch mit niedrigen Preisen bestehen. Dennoch seien sie laut Marx durch die Konkurrenz am Markt dazu gezwungen, ständig mehr zu produzieren, um mehr verkaufen zu können, wozu der Einsatz von Technik nötig ist, und ihre Produktionsform sich verändert: „Bei Kolonisten und überhaupt selbständigen Kleinproduzenten, die über Kapital gar nicht oder nur zu hohen Zinsen verfügen können, ist der Produktenteil, der den Arbeitslohn vertritt, ihre Revenue, während er für den Kapitalisten Kapitalvorschuß ist. Jener betrachtet diese Arbeitsauslage daher als unumgängliche Vorbedingung für den Arbeitsertrag, um den es sich zunächst handelt. Was aber seine überschüssige Arbeit betrifft, nach Abzug jener notwendigen Arbeit, so realisiert sie sich jedenfalls in einem überschüssigen Produkt; und sobald er dies verkaufen oder auch selbst verwenden kann, betrachtet er dies als etwas, was ihn nichts gekostet hat, weil keine vergegenständlichte Arbeit. Es ist diese allein, deren Verausgabung ihm als Veräußerung von Reichtum gilt. Er sucht natürlich so hoch zu verkaufen als möglich; aber selbst der Verkauf unter dem Wert und unter dem kapitalistischen Produktionspreis gilt ihm immer noch als Profit, soweit dieser Profit nicht durch Verschuldung, Hypothek usw. antizipiert ist". (Ebenda)

Obwohl die Erhöhung der Arbeitsproduktivität auch ein Ziel früherer Produktionsweisen war, hat der Kapitalismus nach Marx durch seinen starken Klassenantagonismus und die fortgeschrittene Entwicklung der Produktivkräfte die Besonderheit, eine Arbeiterklasse, die nicht über Produktionsmittel verfügt, am effektivsten und intensivsten in die Produktion zu bringen. Dafür sei es für Kapitalisten erforderlich, im Produktionsprozess die Arbeit so zu organisieren, dass die Entscheidungen und die Kontrolle über den Rhythmus und der Qualität der Arbeit den Arbeitern entzogen werden. Technik wird zum Mittel sozialer Kontrolle und die Technikauswahl wird von der objektiven Notwendigkeit der Bewertung des Kapitals bestimmt, was auch die Produktionsverhältnisse prägt. Die Auswahl und Durchsetzung von Innovationen stimmt also mit dem Ziel der Erzeugung von Mehrwert überein, damit die Reproduktionskosten der Arbeit gesenkt und der Kapitalumlauf beschleunigt werden. Ideal für die Kapitalverwertung ist eine Situation, in der die Arbeit in Rhythmus und Qualität komplett der Herrschaft der von den Kapitalisten kontrollierten Maschinen unterworfen wird. Die konkrete, historische Ausprägung des Kapitalverhältnisses wird allerdings durch die Reaktion und Organisation der Arbeiterklasse erheblich beeinflusst, indem sie sich gegen die Unterdrückung und die Verschlechterung der Arbeitsbedingungen wehrt und ein Unternehmen dazu bringt, Technik zugunsten der Verbesserung der Arbeitsbedingungen im Produktionsprozess einzusetzen.

1.2.2. Kautsky und Lenin: Die technische Überlegenheit großer Betriebe

Es war der Theoretiker der alten deutschen Sozialdemokratie vor dem 1. Weltkrieg, Karl Kautsky, der zum ersten Mal Marxsche Kategorien zur Analyse der Landwirtschaft in allen ihren Dimensionen anwandte. Die Arbeitsteilung ist für ihn das wichtigste Element des technischen Fortschritts in der Landwirtschaft, da sie es erlaube, wie in der Industrie, Maschinen im Produktionsprozess einzusetzen. Dennoch sieht er Besonderheiten im ländlichen Bereich, die eine massive Einführung der Maschinerie erschweren würden. Die wichtigsten Unterschiede bei der Anwendung von Technik in der Landwirtschaft im Vergleich zu deren Einsatz in der Industrie sind nach Kautsky folgende: 1) in der Landwirtschaft müssten die Maschinen an den Standort angepasst werden, während in der Industrie alles Mögliche am Rhythmus der Maschine ausgerichtet werde; 2) in der Landwirtschaft würden die Maschinen saisonbedingt eingesetzt, was die Anpassung der Arbeiter an ihre Verwendung erschwere, während sie in der Industrie ununterbrochen verwendet werden könnten; 3) die Anwendung landwirtschaftlicher Maschinen erfordere eine höhere Qualifikation und Geschicklichkeit der Arbeiter als die industrielle Maschinerie.

Bei Karl Kautsky wird in seinem berühmten Buch *Die Agrarfrage* die technische Überlegenheit großer landwirtschaftlicher Betriebe gegenüber der Familienlandwirtschaft dargestellt, wobei er zu der Schlussfolgerung kommt, dass es nutzlos sei, sich gegen das vom Kapitalismus in Gange gesetzte Aussterben der kleinbäuerlichen Landwirtschaft zu wehren. Die landwirtschaftlichen Kleinbetriebe sind nach Kautsky rückständig und ein Hemmnis des ökonomischen Fortschritts. Er geht davon aus, dass, je mehr die Landwirtschaft sich mit der kapitalistischen Produktionsweise identifiziere, sich die Technik der Großbetriebe umso mehr von der der Kleinbetriebe unterscheide. Es zeige sich, so Kautsky, eine deutliche technische Überlegenheit des Großbetriebs in allen wichtigen landwirtschaftlichen Aktivitäten, worin auch Vorteile für das industrielle Kapital bestünden: „Neben dem großen Landwirt ist es das große Kapital, das in manchen Industrien die Vorteile der engeren Verbindung von Landwirtschaft und Industrie am ehesten sich zu Nutze machen kann und am meisten dadurch gefördert wird. (...) Der Bauer hört also auf, Herr in seinem landwirtschaftlichen Betrieb zu sein; dieser wird ein Anhängsel des Industriebetriebs, nach dessen Bedürfnissen er sich zu richten hat. Der Bauer wird ein Teilarbeiter der Fabrik. Oft wird er auch vom Industriebetrieb insofern technisch abhängig, als dieser, wie wir schon bemerkt, ihm Viehfutter und Dünger liefert". (Kautsky 1966: 262, 265)

In der Periode der von ihm bezeichneten Industrialisierung der Landwirtschaft finde eine zunehmende Polarisierung zwischen Lohnarbeitsbetrieben und kleinbäuerlicher Landwirtschaft statt, wobei die Lohnarbeitsbetriebe zunehmend vom technischen Fortschritt und der Massenproduktion eine Überlegenheit über die Kleinbetriebe erreichen würden, die sich als nicht konkurrenzfähig erweisen und von daher zur Marginalisierung und Verarmung verurteilt seien. „Die zuerst Gekommenen schöpfen den Rahm ab, den später Kommenden bleibt nur die Magermilch – oft nicht mal die". (Ebenda: 264) Um durchhalten zu können, sei Kapital zur Investition nötig, was bei den meisten Kleinbauern nicht vorhanden sei. „Je abhängiger aber der Bauer vom Markt wurde, je mehr Geld er brauchte, je größer also der Überschuß von Lebensmitteln, den er produzieren und verkaufen mußte, um so mehr Boden brauchte er im Verhältnis zur Größe seiner Familie und bei gleichbleibenden Produktionsverhältnissen, um seine Bedürfnisse zu decken". (Ebenda: 11)

Der Trend zur Industrialisierung der Landwirtschaft werde vom internationalen Markt also auch von der Konkurrenz in Übersee verschärft und es bleibe den Kleinbauern keine andere Alternative, als sich an den technischen Fortschritt anzupassen, der schließlich die Mehrheit von ihnen verdrängen und zum Aussterben verurteilen würde: „Das Verharren beim Alten droht dem Landwirt sicheres Verderben; ununterbrochen muß er die Entwicklung der Technik verfolgen, ununterbrochen seinen Betrieb den neuen Verhältnissen anpassen. Da gibt es kein Ausruhen auf dem einmal gewonnenen Terrain. (...) Und so inaugurirt die Revolutionirung der Landwirtschaft für sie alle eine Hetzjagd, in der sie erbarmungslos weitergetrieben werden, bis sie erschöpft zusammenbrechen – mit Ausnahme einiger brutalen Glückspilze, denen es gelingt, auf den Körpern der Unterliegenden sich emporzuschwingen in die Reihen der Hetzenden, der großen Kapitalisten". (Ebenda: 289)

Die Gründe für die Überlegenheit großer Betriebe seien zunächst ihre organisatorischen und technischen Vorteile: a) die Möglichkeit zur Spezialisierung der Produktion, in der die Maschinen an bestimmte Aktivitäten angepasst werden können; 2) die Arbeitsteilung zwischen weniger qualifizierten und hoch qualifizierten Arbeitern, so dass komplexe Aufgaben den qualifiziertesten Arbeitern zugeordnet werden; 3) die Trennung zwischen Hand- und Kopfarbeit, womit es möglich sei, eine auf technisch-wissenschaftlichen Kenntnissen basierte Organisation der Produktion durchzuführen, zum Beispiel durch den Einsatz von Buchhaltern und Agronomen.

Aber auch weitere ökonomische Vorteile großer Betriebe würden ihre Überlegenheit sichern, u.a. hätten sie einen einfacheren Zugang zu Krediten und eine größere Ein- und Verkaufskraft gegenüber den Händlern. Kautsky konnte sich seinerzeit überhaupt nicht vorstellen, dass Kleinbetriebe imstande sein könnten, ein notwendiges Kapitalvolumen zum Ankauf von modernen Maschinen aufzubringen oder sogar Zugang zu elektrischem Strom zu haben, dessen Einsatz sich erst für Flächen von ca. tausend Hektar lohnen würde. „Eine ganze Reihe von Werkzeugen und namentlich Maschinen kann nur in einem Großbetrieb mit

Vorteil angewandt werden. Der Bauer kann sie nicht gehörig ausnützen (...) Auch die elektrische Kraft ist mit Vorteil nur in großen Betrieben anzuwenden". (Kautsky 1966: 94) Kleinbetriebe würden auch am Mangel an genügender und qualifizierter Arbeitskraft leiden, was den rationellen Einsatz moderner Technologien behindere. Außerdem verfügten Kleinbetriebe nicht über eine Produktion in großem Ausmaß, um mit den Großbetrieben konkurrieren zu können. „Zu allen diesen Vorteilen des Großbetriebs auf dem Gebiet der Produktion gesellen sich nun noch mannigfache Vorteile auf dem Gebiet des Kredits und des Handels (...) Wer im Großen einkauft, kauft billiger und besser als im Kleinen; wer im Großen verkauft, kann bei gleichbleibendem, ja selbst größerem Nutzen, billiger verkaufen, die Konkurrenz unterbieten". (Ebenda: 100, 101)

Aber auch Vorteile der Kleinbetriebe sind im Werk Kautskys zu finden. Er weist auf komplizierte und wertvolle Kulturen hin, bei denen „die einzelnen Arbeiten eine ganz besondere Sorgfalt erfordern", die aber dennoch eine geringe Bedeutung für die Landwirtschaft im Allgemeinen hätten. Eine Reihe von Vorteilen der Familienlandwirtschaft über die Großbetriebe sei nicht durch eine höhere Effizienz, Produktions- und Konkurrenzfähigkeit zu erklären, sondern durch ihre Fähigkeit zur Selbstausbeutung der Familienarbeit: „Aber nicht nur sich selbst peitscht der Kleinbauer zur Arbeit, sondern auch seine Familie. Sind doch in der Landwirtschaft Haushalt und Wirtschaftsbetrieb innig verbunden und daher die widerstandslosesten aller Arbeitskräfte, die Kinder, stets zur Hand! Wie in der Hausindustrie wirkt auch in der kleinbäuerlichen Wirtschaft die Familienarbeit der Kinder noch verderblicher als die Lohnarbeit bei Fremden". (Ebenda: 106)

Die Selbstausbeutung der Kleinbauern, die natürliche Begrenztheit der Bodenfläche und der damalige Mangel an Arbeitskraft auf dem Land waren für Kautsky seinerzeit die Gründe, weswegen die Familienlandwirtschaft noch nicht verschwunden war und deren Aussterben im Kapitalismus nur langsam erfolge. Die natürliche Begrenztheit landwirtschaftlicher Grundfläche sei ein Hindernis für die Konzentration des Kapitals in der Landwirtschaft. Anders als bei der Industrie, wo eine Akkumulation des Kapitals unabhängig von dessen Zentralisierung stattfinden könne, die normalerweise im Zusammenhang mit der Entstehung von Großindustrie einsetze, sei der Aufkauf benachbarter Grundflächen eine notwendige Bedingung für das Wachstum eines landwirtschaftlichen Betriebs. Der Mangel an ländlichen Arbeitskräften wird als Folge der Landflucht gesehen und der Tatsache, dass die Mehrheit der ländlichen Arbeiter keine Familie gründen konnte, um die Reproduktion der Arbeitskräfte zu ermöglichen. Aus diesem Grund mache eine Erhaltung der Familienlandwirtschaft es den Großbetrieben möglich, eine saisonbedingte und komplementäre Arbeitskraft zur Verfügung zu stellen. Dennoch sei die Vernichtung kleiner landwirtschaftlicher Betriebe nur eine Frage der Zeit, denn ihr langfristiger Bestand neben den modernen hochentwickelten Betrieben sei ausgeschlossen.

Um wirtschaftliche Nachteile des Kleinbetriebs zu vermeiden, könnte die Organisation der Kleinbauern in Genossenschaften eine Alternative darstellen. Aber Kautsky sieht darin keine Alternative. Es gibt nach Kautsky keinen Bereich der Wirtschaft, wo die Vorbedingungen zur genossenschaftlichen Organisation in solch geringem Maß entwickelt seien wie unter den Kleinbauern. Ihre Arbeits- und Lebensbedingungen seien für ihre Isolation, ihr niedriges politisches Bewusstsein und den Mangel an Freizeit verantwortlich, Faktoren, die wichtig für die genossenschaftliche Selbstverwaltung wären. „Nirgends sind die Bauern schwerer zu genossenschaftlichem Zusammenschluß zu bewegen, als dort, wo die Traditionen des patriarchalischen Regimes noch nicht erschüttert sind und die Stützen von ‚Thron und Altar' noch fest stehen". (Ebenda: 117) Er betont, dass Bauern noch weniger als Handwerker die genossenschaftliche Organisation ernst nähmen. Der Grund dafür sei ihr Festhalten am Privateigentum: „Weit mehr noch als der Handwerker an seiner Einzelwerkstatt hängt der Bauer an seinem Grund und Boden". (Ebenda: 127) Die Befreiung der Bauern vom sogenannten Eigentumsfanatismus würde nur durch die sozialistischen Großbetriebe eintreten: „Nicht seine Expropriation wird der sozialistische Großbetrieb dem Kleinbauern bringen, sondern die Erlösung aus einer Hölle, an die ihn sein Privateigentum heute fesselt. (...) Bewähren sich erst einmal die sozialistischen – von proletarischen können wir dann nicht mehr reden – Genossenschaften, ist einmal das Risiko verschwunden, das heute noch jedem wirtschaftlichen Unternehmen anhaftet, wird der Bauer durch das Aufgeben seines Bodens nicht mehr mit der Proletarisierung bedroht, dann wird auch er erkennen, daß das Privateigentum an den Produktionsmitteln nur ein Hindernis für ihn ist, zu einer höheren Betriebsform überzugehen, ein Hindernis, dessen er sich dann gern entledigen wird". (Ebenda: 300, 129)

Die Großbauern seien ihrerseits in geringerer Zahl, hätten mehr Freizeit zur Verfügung, bessere Kenntnisse und Beziehungen zum Markt, was dazu beitrage, dass sie eher bereit seien, sich genossenschaftlich zu organisieren. Die Großbetriebe würden sich mit einer überlegenen Fähigkeit zur Ausnutzung der Möglichkeiten einer modernen Landwirtschaft eignen. Dennoch hätten landwirtschaftliche Großbetriebe, anders als die Industrie, mit einem besonderen Problem zu tun, nämlich der entsprechenden Kontrolle der Arbeiter auf großen Flächen, was als Nachteil im Vergleich zu Kleinbetrieben gesehen wird: „Je ausgedehnter das Gut, desto schwieriger auch die Aufsicht über die einzelnen Arbeiter, was beim Lohnsystem sehr in Betracht kommt". (Ebenda: 145) Scheine der Einsatz von Maschinen eine Alternative dazu zu sein, sei er in der Landwirtschaft auch mit der Besonderheit konfrontiert, dass, anders als in der Industrie, für die Anwendung landwirtschaftlicher Maschinerie qualifizierte Arbeiter eingesetzt werden müssen, die bereit sind, Reparaturen zu machen und saisonbedingt eingesetzt zu werden. Der Einsatz von Maschinen sei in der Industrie weniger für die Einsparung von Arbeitszeit wichtig als für die Einsparung von Löhnen, was sich allerdings für einen landwirtschaftlichen Unternehmer ganz anders darstelle: „Das Verhältnis verschlechtert sich für die Landwirtschaft noch dadurch, daß in der kapitalistischen Produktionsweise die Maschine nicht die Aufgabe hat, Arbeitskraft, sondern Arbeitslohn zu sparen. Je niedriger die Löhne, desto schwieriger die Einführung von Maschinen. Auf dem Lande sind aber in der Regel die Löhne aus einer Reihe von Gründen viel niedriger als in der Stadt, der Antrieb, die menschliche Arbeitskraft durch die Maschine zu ersetzten, also geringer". (Ebenda: 39)

Gegen das Aussterben der Kleinbauern durch die Ausweitung der kapitalistischen Produktionsweise sei nichts zu machen. Das Konzept von Kautsky beruht auf dem Verhältnis zwischen der Industrie und der Landwirtschaft, wobei die Kleinbauern nicht imstande seien, den technischen Fortschritt anzuwenden. Die Überzeugung von der technischen und ökonomischen Überlegenheit großer Betriebe ist der entscheidende Grund zur Ablehnung der kleinbäuerlichen Produktionsform. Die Kleinbauern zu unterstützen, würde den Marsch des Fortschritts und der sozialen Evolution behindern. Die Agrarwende sei ein Wettkampf, in dem alle gezwungen seien voranzugehen und nur wenige es zum Sieg schaffen würden.

Kautskys Werk beeinflusste die meisten marxistischen Autoren seinerzeit sehr stark, besonders Lenin, der Kautskys *Agrarfrage* als unsterbliches Erbe des Proletariats lobte. Im Kapitel II seines berühmten Werks über die Entwicklung des Kapitalismus in Russland versucht Lenin, die differenzierte Entwicklung des russischen Bauerntums am Ende des 19. Jahrhunderts darzulegen, um die wichtigsten Merkmale seines Zerfalls zu verstehen. Er teilt die Bauern in Russland in drei Kategorien ein: a) die reichen Bauern, die Lohnarbeiter einsetzen und für den Markt produzieren; b) die mittleren Bauern, die eine instabile Situation erleben; c) die armen Bauern, die gar nicht oder sehr wenig für den Markt produzieren und ihre Arbeitskraft verkaufen müssen. Nach Lenins Analyse würden die mittleren Bauern verschwinden und lediglich zwei Gruppen übrig bleiben: die ländliche Bourgeoisie und das ländliche Proletariat. Die Vernichtung mittlerer Betriebe und die Zuspitzung in zwei Extreme sei typisch für die kapitalistische Entwicklung, in der der Mittelstand zwischen den Überlegenen und den Unterlegenen pendeln würde. Die Landwirtschaft sei auch nicht außerhalb der kapitalistischen Verhältnisse und ihrer Widersprüche zu verstehen. „Das System der sozialökonomischen Verhältnisse innerhalb der (landwirtschafttreibenden und der Dorfgemeinde angehörigen) Bauernschaft zeigt uns, daß alle die Widersprüche bestehen, die jeder Warenwirtschaft und jedem Kapitalismus eigen sind: Konkurrenz, Kampf um wirtschaftliche Selbständigkeit, Ansichreißen des Bodens (des Kauf- und Pachtlands), Konzentration der Mehrproduktion in den Händen einer Minderheit, Ausstoßung der Mehrheit in die Reihen des Proletariats, ihre Ausbeutung durch die Minderheit mit Hilfe des Handelskapitals und der Einstellung als Landarbeiter". (Lenin 1971: 167)

Lenin bezeichnet die seinerzeitigen ökonomischen Verhältnisse auf dem Land als ein System der „ganz gewöhnlichen kleinbürgerlichen Wirtschaftsweise". (Ebenda) Nach der kapitalistischen Logik würden die Überlegenen immer weniger und der Aufstieg zu ihnen immer schwieriger, während die meisten allmählich dem unterlegenen Teil zugeordnet werden. Der Zerfall des Bauerntums in Grundbesitzer einerseits und ländliche Arbeiter andrerseits sei die Grundlage für die Entstehung des Binnenmarkts und der kapitalistischen Produktion. Die lineare Auffassung des historischen sozialen Wandels der Landwirtschaft von Lenin führt zur Annahme, dass die Umwandlung der Kleinbauern in ländliches Proletariat (wodurch die ländliche Arbeitskraft zur Ware wird) einen Binnenmarkt für Konsumgüter schaffe. Andrerseits schaffe die Umwandlung der Großbauern in ländliche Bourgeoisie (wodurch die Produktionsmittel zu Kapital werden) einen Markt für Produktionsmittel. Diese doppelte Veränderung fördere die Entstehung des Binnenmarkts und die Ausweitung der kapitalistischen Wirtschaft. Der Zerfall des Bauerntums führe dazu, dass eine Menge kleiner kapitalistischer Betriebe entstehen, denen gleichzeitig viele ländliche Arbeiter zur Verfügung stehen, unselbständig und ohne eigene Produktionsmittel.

Die auf Familienarbeit basierende kleinbäuerliche Landwirtschaft sei zum Aussterben verurteilt und hätte überhaupt keine Bedeutung für den Fortschritt der Landwirtschaft im Kapitalismus. Dennoch wurde Lenin seinerzeit mit der Frage der Modernisierung der Familienlandwirtschaft in den USA konfrontiert, was seine Analyse zu widerlegen drohte. Auf Basis der damaligen Daten versuchte Lenin jedoch zu zeigen, dass die Entwicklung der Landwirtschaft in den USA nicht auf einer familiären Produktionsweise beruhte, sondern auf der Intensivierung der Produktion auf kleinen Flächen. Obwohl bei den offiziellen Statistiken kein Trend zur Vergrößerung der durchschnittlichen Produktionsflächen zu sehen sei, betont Lenin die Steigerung der Produktion durch den Einsatz moderner Betriebsmittel, die er als Beweis für kapitalistische Expansion und Vernichtung der kleinbäuerlichen Produktionsweise in der Landwirtschaft ansieht. So wie in der Industrie, würde die kapitalistische Entwicklung in der Landwirtschaft die Beziehung des Bauern zum Boden untergraben und ihn allmählich zu einem lohnabhängigen Arbeiter machen.

Lenin und Kautsky gehen beide von einer linearen Entwicklung der landwirtschaftlichen Struktur aus, weil die Veränderungen durch die Entwicklung der Produktivkräfte für die gesamte Gesellschaft prägend seien und der Fortschritt das Resultat dieses historischen Prozesses darstelle. Darin wird die kleinbäuerliche Landwirtschaft als ein Hemmnis für die kapitalistische Expansion gesehen, die unweigerlich verschwinden werde. Eine mögliche Koexistenz zwischen den Klein- und Großbetrieben sei ausgeschlossen. Nach der marxistischen Analyse technischer Innovationen setzt sich die Entwicklung der Produktivkräfte sowohl in der Industrie als auch in der Landwirtschaft durch. Auch wenn es Schwierigkeiten bei der Arbeitsteilung in der Landwirtschaft gäbe, werde durch die zunehmende Spezialisierung und Mechanisierung im ländlichen Bereich die Produktion in großem Ausmaß zur fortschreitenden Konzentration in wenigen Großbetrieben führen und letztlich die Familienlandwirtschaft verdrängen, besonders durch ihre zunehmende Verschuldung. „Aber das Kapital beschränkt sein Wirken nicht auf die Industrie. Sobald es genügend erstarkt ist, bemächtigt es sich auch der Landwirtschaft. (...) Die kapitalistische Entwicklung bringt für den Bauern ebenso wie für den Großgrundbesitzer den Zwang zur Verschuldung mit sich". (Kautsky 1966: 13, 105)

In den Industrieländern bestehen dennoch beide Formen der Landwirtschaft weiter, d.h. die Familienlandwirtschaft besteht immer noch. In den Ländern des Südens hat die Einführung „moderner" Landwirtschaft enorm zur Unterentwicklung beigetragen, und die Überlegenheit großer Betriebe hat sich bisher nicht bestätigt. Nachdem in vielen Betrieben aufgrund der Erhöhung der Produktivität der Arbeit immer weniger Beschäftigte notwendig sind, nehmen auch größere Betriebe in vielen Ländern einen familiären Charakter an. Aber sogar der Einsatz der Arbeitskraft der gesamten Familie findet nicht mehr statt, was dazu führt, dass ihre Mitglieder häufig nur noch teilweise in der Landwirtschaft beschäftigt sind und zusätzlich andere Erwerbsquellen suchen müssen.

1.2.3. Tschajanow und Tepicht: Das Konzept einer bäuerlichen Familienwirtschaft

Nach Alexander Tschajanow[29] ist der Übergang traditioneller bäuerlicher Landwirtschaft zu moderneren Methoden eine Folge der Logik ihrer eigenen Organisationsweise. Das Bauerntum existiere als eine soziale Notwendigkeit und deshalb sei es wichtig, seine inneren Eigenschaften zu entdecken, um seine gesamte Produktionsform zu verstehen. Wie auch Abramovay bemerkte, sei das Bauerntum nach Tschajanows Konzept nicht durch seine Einfügung in die Arbeitsteilung der kapitalistischen Gesellschaft zu verstehen, sondern gerade durch die Identifizierung ihres Verhaltens sei es möglich zu begreifen, wie die Bauern sich sozial integrieren. „Das Problem, das Tschajanow am meisten besorgt, ist heute von großer Aktualität für die Sozialwissenschaften insgesamt: Es ist unmöglich, das Bauerntum zu verstehen, wenn man dafür Kategorien nimmt, die nicht seiner Lebensweise entsprechen". (Abramovay 1992: 58)

Seine wichtigste Aufgabe sieht Tschajanow also darin, die spezifischen Merkmale der Familienlandwirtschaft zu beschreiben, wobei er eine Theorie über die

[29] Tschajanow war die führende Persönlichkeit einer Gruppe russischer Agrarökonomen, die als „Produktions- und Organisationsschule" bezeichnet wurde. Diese Gruppe hatte während der Periode der Neuen Ökonomischen Politik (NÖP) von 1921-1929 nicht nur großen Einfluss auf Agrarforschung und -lehre, sondern bestimmte in der ersten Hälfte der zwanziger Jahre auch sehr stark die Agrarpolitik, obwohl sie eher den Neo-Volkstümlern als den Bolschewiki zuzurechnen war. Wichtig ist auch, dass 1922 unter Lenins Regierung Tschajanow der Direktor des Forschungsinstituts für Agrarökonomie und Agrarpolitik in Moskau war. (Spittler 1987)

innere Struktur bäuerlicher Landwirtschaft und ihre Überlebensfähigkeit im Kapitalismus entwickelte. Anders als Lenin und Kautsky, die ihre Theorien im Dialog innerhalb und nach Herausforderung einer politischen Partei entwickelten, hatte Tschajanow einen engen Kontakt zu den Agrarberatern seiner Zeit in Russland, die ihm auch eine riesige Menge an empirischen und statistischen Materialien von der landschaftlichen Selbstverwaltung (den Semstwos) zur Verfügung stellten.

Tschajanow sieht die Möglichkeit einer Koexistenz zwischen verschiedenen Formen von Landwirtschaft im Kapitalismus und von daher die Möglichkeit des Überlebens der bäuerlichen Produktionsform. „Die gegenwärtige Weltwirtschaft ist ein Konglomerat wirtschaftlicher Bildungen, in welchem sich kapitalistische Formen mit allerlei mischen. (...) Fast überall sind neben Wirtschaften, die ganz auf eigener Arbeit beruhen, auch unzweifelhaft kapitalistische Gebilde zu verzeichnen". (Tschajanow 1987: 131, 103) Weil die bäuerliche Landwirtschaft nicht dazu tendiere, die zunehmenden ökonomischen Ungleichheiten und Klassenantagonismen der kapitalistischen Industriegesellschaft zu reproduzieren, sei sie in der Lage, noch eine Weile zu überleben. Mit der Tatsache konfrontiert, dass das Aussterben von Kleinbauern viel langsamer stattfand, als von vielen Autoren prognostiziert wurde, geht Tschajanow auf die Frage ein, welche Transformationen das Bauerntum durch seine fortschreitende Integration in die Marktwirtschaft erlebt.

Er ist sich jedoch bewusst, dass die von ihm als stabil charakterisierten Merkmale der Familienlandwirtschaft es nicht verhindern werden, dass ihre Produktionsstruktur durch progressive Anpassung an die kapitalistische Logik verändert wird und letztlich zum Verschwinden verurteilt ist: „Jedermann, der das dörfliche Leben beobachtet, gelangt zu der Feststellung, daß Elemente ‚kapitalistischer Ausbeutung' in ihm vorhanden sind, und wir meinen, daß im Dorfe einerseits eine Proletarisierung und anderseits eine gewisse Entwicklung von Elementen der kapitalistischen Produktionsweise im Gange sind". (Ebenda:102-103) Diesen Agrarwandel bezeichnet Tschajanow als vertikale Integration, wobei die landwirtschaftlichen Betriebe zunehmend an die sich konzentrierende Agrarindustrie gebunden werden. Anders als bei Lenin, wo die kapitalistische Logik sich innerhalb der Landwirtschaft entwickelt und die alten Produktionsformen zerstört, spricht Tschajanow von einer kapitalistischen Durchdringung des ländlichen Bereichs, in dem das Kapital die existierenden Produktionsstrukturen in der Landwirtschaft übernimmt und in den Markt integriert, ohne sie zuvor zerstören zu müssen.

Die existierenden Ungleichheiten zwischen Kleinbauern sieht er nicht nur als eine kapitalistische Differenzierung an wie Lenin, sondern auch als Folge demographischer Prozesse. Er weist auf einen Familienzyklus und eine soziale Identität des Bauerntums hin, die vom Alter und von der Größe der Bauernfamilie abhängen, Faktoren, die entscheidend für die wirtschaftliche Expansion ihres

Betriebs seien: „Die demographischen Prozesse des Wachstums der Familien und ihre Gliederung nach Größenklassen bestimmen in beträchtlichem Maße auch die Verteilung der Wirtschaften auf Klassen nach der Größe der bestellten Fläche und nach dem Umfang der Viehhaltung. (...) Alter und Größe der Familie beeinflussen beträchtlich, wir möchten sagen entscheidend, den Umfang ihrer wirtschaftlichen Tätigkeit (...) Daraus darf man keineswegs den Schluß ziehen, dass es keine echte soziale Differenzierung gebe. Tatsächlich gibt es auch eine solche: die bäuerlichen Wirtschaften sind nicht nur quantitativ, sondern auch qualitativ verschieden". (Ebenda: 23, 102)

Zur Modernisierung der bäuerlichen Landwirtschaft schlägt Tschajanow die Erhöhung des technischen Niveaus ihrer Produktion durch eine angemessene Agrarberatung und genossenschaftliche Organisation vor, ohne die Grundlage kleinbäuerlicher familiärer Produktion zu zerstören. Sein Ansatz der sogenannten sozialen Agronomie umfasst eine Vielfalt von Maßnahmen, die die Entwicklung der Agrarökonomie eines Landes auf ein rationelleres Niveau orientieren soll, ausgehend von zeitlichen und vom jeweiligen Standort definierten Bedingungen. Um aus der Familienlandwirtschaft eine rationellere Landwirtschaft zu entwickeln, sei es notwendig, ihre Dynamik von unten zu entwickeln, mit Rücksicht auf die Rationalität der Kleinbauern und ihrer Organisationsformen.

Das gesamte Konzept von Tschajanow unterscheidet zwei Ebenen: 1) eine mikroanalytische Ebene, nämlich die wichtigsten Kategorien zur Analyse der bäuerlichen Produktion und die genossenschaftlichen Alternativen zur ländlichen Entwicklung; 2) eine makroanalytische Ebene, d.h. Betrachtung der Multilinearität des gesellschaftlichen Prozesses und die Möglichkeit einer temporären Koexistenz verschiedener Formen von Landwirtschaft, wie in seiner Theorie der nichtkapitalistischen Wirtschaftssysteme, wo er die These vertritt, dass in einer nationalen Ökonomie die bäuerliche Wirtschaft als ein besonderes Produktionssystem anerkannt werden sollte, nämlich als ein nichtkapitalistisches System innerhalb einer kapitalistischen Wirtschaft. (Tschajanow 1999)

Tschajanow konzentriert sich zunächst auf die Mikroebene, um die Besonderheiten der bäuerlichen Produktion zu beschreiben, die er als statische morphologische Elemente bezeichnet. Als Familienwirtschaft bezeichnet er die Aktivität einer Bauernfamilie, die über eine bestimmte Grundfläche und eigene Produktionsmittel verfügt, die keine Arbeitskraft außerhalb der eigenen Familie einsetzt und manchmal einen Teil ihrer Arbeitskraft für nichtlandwirtschaftliche Aufgaben aufwendet. „Der Ausdruck ‚Familienwirtschaft' bezeichnet in der vorliegenden Arbeit die Wirtschaft einer Bauernfamilie, die keine Lohnarbeiter beschäftigt, sondern ausschließlich die Arbeit ihrer eigenen Mitglieder verwendet". (Tschajanow 1987: 8, Fußnote 1)

Es ist also die von Lenin als mittlere Bauernschaft bezeichnete Gruppe, die Tschajanow in den Mittelpunkt seiner Theorie stellt und als eine Art nichtkapitalistischer Produktion innerhalb des Kapitalismus bezeichnet. Aber nach Tschajanows These ist die Familienlandwirtschaft insofern etwas Besonderes, weil die Familie die Arbeit ihrer Mitglieder ausschließlich durch die Resultate ihrer eigenen materiellen Produktion entlohnt. Die Motivation zur wirtschaftlichen Produktion sei für die Familienlandwirtschaft nicht mit der eines Lohnarbeitsbetriebs zu verwechseln, bei dem es im Grunde um die Investition von Kapital gehe, mit der Erwartung, eine Differenz zwischen der Einnahme und der in der Produktion notwendigen Ausgaben zu erzeugen. Die Motivation in der Familienlandwirtschaft sei gewissermaßen mit der eines Arbeiters zu vergleichen, der über ein besonderes Lohnsystem verfügt, in dem er selbst Zeit und Intensität seiner Arbeit bestimmt. „Während in der kapitalistischen Wirtschaft der bestimmende Faktor das vorgeschossene Kapital ist, dessen Umlauf weiterhin objektive Normen regeln, ist die zentrale beherrschende Größe der Familienwirtschaft der Jahresarbeitsertrag, der durch die innere Zusammensetzung der Familie, durch ihre subjektiven Besonderheiten und eine Reihe anderer Faktoren bestimmt wird; deshalb hat sich ihm auch die Größe des vorgeschossenen Kapitals anzupassen". (Ebenda: 70)

Der Vergleich des Organisationsunterschieds der Produktion zwischen der Familienlandwirtschaft und den Lohnarbeitsbetrieben kommt durchgängig im Werk Tschajanows vor, womit er zeigt, dass es sich um verschiedene Systeme handelt, die angesichts der gleichen Produktionsfaktoren zu unterschiedlichen Ergebnissen führen. Obwohl die Familienbetriebe in einer kapitalistischen Wirtschaft existieren, beschreibt er sie als ein hybrides System, das zwar mit den typischen kapitalistischen Betrieben koexistiert, jedoch nicht als kapitalistisch bezeichnet werden sollte. Da die Familienlandwirtschaft die Arbeitskraft der eigenen Familie in der Produktion einsetzt, operiert sie auch nicht nach der Logik kapitalistischer Produktionskosten: Kein Lohn, also auch kein Profit.

Da die Rolle des Lohns in der Familienlandwirtschaft entfällt, unterscheiden sich das Verhalten, die Planung, die Motivation zur Arbeit und die Kapitalzirkulation eines Familienbetriebs von einem Lohnarbeitsbetrieb. Auf diesem Hintergrund seien die Kategorien der „konventionellen" Wirtschaft weder kompatibel noch ausreichend für eine vernünftige und vertiefte Analyse des Verhaltens der Bauern in der Familienlandwirtschaft. „Hier unterscheidet sich die bäuerliche Familie vom Unternehmer einzig und allein dadurch, daß der Kapitalist irgendwie stets sein ganzes Kapital anlegt, während die bäuerliche Familie ihre Arbeitskraft nie bis zum letzten ausnützt und zu arbeiten aufhört, wenn ihre Bedürfnisse befriedigt sind und das wirtschaftliche Gleichgewicht erreicht ist". (Ebenda: 60, Fußnote 3)

Um die Kontinuität und die Grundlage der Motivation von Familienbetrieben zu analysieren, geht Tschajanow vom Prinzip eines Gleichgewichts zwischen Arbeit und Konsum aus, das eigentlich eine Schlüsselfunktion für seine Theorie darstellt. Die Bauernfamilie handelt demnach aufgrund einer subjektiven Einschätzung der Realität, d.h. sie versucht, ein optimales Gleichgewicht zwischen der Bedürfnisbefriedigung der Familie und der notwendigen Arbeitsanstrengung zu erreichen. Diese subjektive Einschätzung resultiere aus der Erfahrung der aktuellen Generation im Zusammenhang mit der ihrer Vorfahren.

Die Befriedigung der familiären Bedürfnisse und die Anstrengung der Arbeit seien das Kriterium zur Bestimmung des Grads an Selbstausbeutung, die eine Familie bereit sei, zu ertragen. Wichtig in diesem Zusammenhang ist, dass die zu ertragende Selbstausbeutung in einer Aktivität nicht durch die Chance zur Profiterzeugung, sondern durch die Möglichkeit zur Bedürfnisbefriedigung einer Familie bestimmt wird. Dies würde bedeuten, dass ausgehend von der subjektiven Einschätzung einer Aktivität eine Bauernfamilie nicht bereit wäre, den Grad an Selbstausbeutung über die Notwendigkeit zur Deckung ihrer Bedürfnisse zu steigern. Wären sie dazu gezwungen, dann würde die logische Entscheidung zur Stilllegung der Aktivität führen.

Für das Gleichgewicht zwischen Bedürfnisbefriedigung und Intensität der Arbeit einer Familie ist nach Tschajanow ihre Zusammensetzung und Größe entscheidend. Von der Zahl und dem Alter der Mitglieder seien die Bauernfamilien untereinander sehr unterschiedlich hinsichtlich des Potenzials ihrer Arbeitskraft und der Intensität ihrer Bedürfnisse. Das Verhältnis Arbeiter-Konsumenten und die Möglichkeit zur Anwendung einer komplexen Kooperation in der Bauernfamilie sei von ihrer Zusammensetzung abhängig.

Bei der Größe einer Bauernfamilie wiege die Zahl der Konsumenten schwerer als ihre Zahl als Arbeiter, denn die Bedürfnisse würden den Druck auf die Intensität der Arbeit und folglich den Grad an Selbstausbeutung bestimmen. In Bezug auf die physischen Grenzen des menschlichen Organismus würde die Selbstausbeutung selbstverständlich auch ihre Grenze erreichen, also ihre natürliche Produktionsgrenze. Sie sei erreicht, wenn die Intensivierung der Arbeit der Familienmitglieder sich als nachteilig in Bezug auf die Befriedigung ihrer Bedürfnisse erweist. Dies würde zur Stilllegung der Produktion führen. „So tritt bei einer gewissen Höhe des durch eigene Arbeit gewonnenen Einkommens der Moment ein, wo die Größe der Beschwerlichkeit des Grenzarbeitsaufwandes und die Größe des Grenznutzens der durch diese Arbeit erlangten Gütermenge dem schätzenden Subjekt als gleich erscheinen. In diesem Punkt des natürlichen Gleichgewichts hört die Produktion des Arbeiters in der nur eigene Arbeit verwendenden Wirtschaft auf, da jede Mehraufwendung von Arbeit subjektiv unvorteilhaft sein würde. So ist für die Produktion in jeder Familienwirtschaft eine natürliche Grenze dadurch gezogen, daß die Angestrengtheit, mit der die Familie während des Jahres arbeitet, dem Maße entsprechen muß, in welchem ihre Bedürfnisse befriedigt werden". (Ebenda: 35)

Nach diesem Schema vergleicht Tschajanow die Familienlandwirtschaft mit den Lohnarbeitsbetrieben, die theoretisch unbegrenzt expandieren könnten und zwar aufgrund der Ausbeutung von Lohnarbeit. Wegen ihres Strebens nach einem Gleichgewicht zwischen bestehenden Konsumbedürfnissen und Arbeitskräften würde die Familienlandwirtschaft sich andrerseits als stabiler in Bezug auf Krisen durch Marktversagen erweisen, denn ihr internes Gleichgewicht würde es erlauben, mit einem sehr niedrigen Einkommen zu überstehen, während Lohnarbeitsbetriebe unter ähnlichen Bedingungen schon längst aufgegeben hätten. „Dank der Art, wie die Familienwirtschaft rechnet, ergibt ihre Wirtschaftsrechnung positive Größen noch unter Verhältnissen, wo eine kapitalistische Wirtschaft schon negative Ergebnisse (Verluste) errechnen müßte. Hieraus erklärt sich die außerordentliche Zähigkeit und Widerstandskraft der bäuerlichen Wirtschaften. Infolge der inneren Gleichgewichtsverhältnisse kann eine Familienwirtschaft sich oft mit so niedrigen Erträgen je Arbeitseinheit abfinden, daß sie noch unter Bedingungen zu existieren vermag, welche eine kapitalistische Wirtschaft zu Verlusten und zum Absterben verurteilen würden". (Ebenda: 40)

Die Bedürfnisse einer Bauernfamilie würden dennoch von der Entwicklung des Kapitalismus und der Erhöhung der Lebensqualität verändert, so dass ein bestehendes Gleichgewicht in der Familienlandwirtschaft stets schwieriger zu erhalten sei. Der Einfluss der städtischen Kultur und die Teilnahme am Fortschritt der modernen Gesellschaft sei eher ausschlaggebend als mögliche Veränderungen in der Zahl und Zusammensetzung der Familienmitglieder. „Eine Einkommenssteigerung kann selbstverständlich erfolgen, ohne daß die Größe und Zusammensetzung der Familie sich irgendwie ändern, einfach infolge einer Vergrößerung der Verbrauchsansprüche, z.B. unter dem Einfluss städtischer Kultur". (Ebenda: 37) Obwohl er es für seine wichtigste Aufgabe hielt, beschränkte sich Tschajanow deshalb nicht nur auf die Charakterisierung der landwirtschaftlichen Familienbetriebe, sondern er sah auch die Notwendigkeit eines Übergangs und einer Anpassung der bäuerlichen Produktionsform an die Bedingungen der kapitalistischen Entwicklung.

Seine Studien zur Erklärung der Organisation und Funktionstüchtigkeit landwirtschaftlicher Familienbetriebe sollten heute nicht dazu dienen, sie in ihrer traditionellen Form aufrechtzuerhalten, sondern mit dem Fortschritt der Wissenschaft und der Technik in allen seinen Dimensionen ausgehend von der existierenden Produktionsform zur Entwicklung neuer Formen landwirtschaftlicher Produktion beizutragen. Indessen sollte der durch technischen Fortschritt ermöglichte Übergang der Bauern mit sozioökonomischem Fortschritt kombiniert und mit Rücksicht auf ihre spezifische Produktionslogik vollzogen werden, um neue, fortschrittlichere Formen der Kooperation in der Landwirtschaft zu entwickeln. Die Bereitschaft der Familienlandwirtschaft, in technische Innovationen zu investieren, sei insbesondere im Zusammenhang mit der Beschwerlichkeit der Arbeit und dem Maße der Bedürfnisbefriedigung zu verstehen. Jede Anwendung von Kapital sei ein Arbeitsaufwand, denn die Technikaufwendung müsse bezahlt werden mit mehr Arbeitseinsatz. „Es ist klar, daß eine Kapitalverwendung nur dann für unsere Wirtschaft annehmbar ist, wenn das neue Gleichgewicht eintritt bei geringerer Beschwerlichkeit des Grenzarbeitsaufwandes und vollerem Maße der Bedürfnisbefriedigung". (Ebenda: 80) Wann sei denn technischer Fortschritt eigentlich vorteilhaft für die Familienlandwirtschaft?

Am Beispiel des Widerstands russischer Bauern gegenüber der Einführung der Dreschmaschine zeigt Tschajanow auf, dass die Einführung von Technik davon abhängt, inwieweit die wirtschaftende Familie mit Existenzmitteln versorgt ist, ob sie über einen Überschuss an Arbeitskraft verfügt oder nicht und inwieweit es für sie möglich ist, auf eine andere Weise, ihre Arbeitskraft zu verwenden. Die Erleichterung der Arbeit durch die Anwendung der Dreschmaschine allein sei nicht als vorteilhaft von Bauern eingeschätzt worden, die dadurch die Möglichkeit gesehen hätten „Hände frei zu machen, die aber keinerlei andere Verwendung finden können". Außerdem würden die Kosten der Maschine eine beträchtliche Belastung ihres kleinen Budgets darstellen, so dass die Anschaffung nicht zur Erhöhung ihres Einkommen führen würde.

In diesem Zusammenhang ist auch die Frage des Konsums der Familie wichtig, denn Geld, das für technische Innovationen ausgegeben würde, sei nicht mehr zur Konsumtion vorhanden. Auf diesem Hintergrund fragt sich Tschajanow, mit welchem Maßstab der Effekt der produktiven Verwendung von Technik in der Familienlandwirtschaft gemessen werden könnte. Seine Antwort darauf lautet: „Als ein solcher Maßstab kann die Beschwerlichkeit der Arbeit erscheinen, die dem Punkte entspricht, in dem sich in der bevorstehenden Wirtschaftsperiode, in der dieser n-te Rubel aufgewendet werden wird, die innerwirtschaftlichen Faktoren sich das Gleichgewicht halten werden". (Ebenda: 85)

Anders als bei Autoren, die die Familienlandwirtschaft als Hindernis zur kapitalistischen Entwicklung sehen, spielt sie bei Tschajanow eine zentrale Rolle zur Modernisierung der Landwirtschaft. Er unterstellt, dass eine Koexistenz zwischen verschiedenen Produktionsweisen in der kapitalistischen Entwicklung möglich sei und dass die progressive Integration kleinbäuerlicher Produktion in den Markt zu einer neuen Stufe ihrer Organisation führen würde, die zur Ausbreitung des Kapitalismus in der Landwirtschaft beitragen könnte. Die vertikale Organisation der Bauern in Genossenschaften wird zunächst als Beitrag zur kapitalistischen Entwicklung in der Landwirtschaft gesehen.

Die progressive Entwicklung von Genossenschaften wird jedoch auch in der Perspektive einer Überwindung des Kapitalismus betrachtet, indem sie die Grundlage einer sozialistischen Wirtschaft bildet. Die neuen Formen genossenschaftlicher Organisation in der Landwirtschaft würden die Bauern dazu bringen, ihre Produktionsweise nach den von den Konsumenten erforderten Bedingungen zu richten, was den Einsatz moderner Techniken und die Integration der Landwirtschaft in die Industrie bedeuten würde. „Hoffen wir, daß die Familienwirtschaft, gestärkt durch ihre genossenschaftliche Organisationen, ihre Stellung wird behaupten können, wie sie sie in vergangener Zeit vor der großkapitalistischen Unternehmung verteidigt hat". (Ebenda: 104)

Inwieweit ist es möglich, die von Tschajanow entwickelte Theorie einer bäuerlichen Wirtschaft mit den von Kautsky und Lenin prognostizierten Analysen in einen Zusammenhang zu bringen? Dieser Herausforderung hat sich der polnische Ökonom Jerzy Tepicht dank seiner Erfahrung als Direktor des Instituts für Agrarökonomie in Warschau gestellt, wobei die Schlussfolgerungen allerdings keine großen Unterschiede zu Tschajanows Analyse ergeben. Anders als Tschajanow trennt Tepicht die Handwerker von den Bauern, was er damit erklärt, dass die bäuerliche Produktion nur teilweise im Markt integriert sei, während die handwerkliche Produktionsweise eigentlich der Keim der kapitalistischen Entwicklung sei. Nur in der Landwirtschaft könne eine Familie aufgrund der eigenen Nahrungsmittelversorgung eine Subsistenzwirtschaft bilden, denn ein Handwerker hänge völlig von seiner Integration in den Markt ab. Dies bemerkte auch Sevolin als er versuchte, einen Weber von einem Bauern zu unterscheiden und hinzufügte, dass in der Landwirtschaft die biologischen Prozesse eine andere Arbeitsorganisation erfordern, was der entscheidende Grund dafür sei, weswegen die Familienlandwirtschaft gegenüber einem Lohnarbeitsbetrieb begünstigt sei. (Sevolin 1972)

Tepicht sieht drei universelle Elemente beim Bauerntum, die es zu einer besonderen Organisationsform der Produktion führten und die fähig sei, sich an verschiedene soziale Strukturen anzupassen: a) die Einheit zwischen Betrieb und Familie; b) der intensive Arbeitseinsatz; c) die patriarchalische Form der Organisation. Durch diese Eigenschaften würde die Familienlandwirtschaft eine wichtige Funktion in der kapitalistischen Gesellschaft erfüllen, nämlich das billige Angebot an Nahrungsmitteln. Der Grund für die niedrigeren Preise in der kleinbäuerlichen Landwirtschaft sei, dass sie grundsätzlich nicht wie ein kapitalistischer Betrieb nach Profit strebe, sondern sich ausschließlich nach den Reproduktionsbedürfnissen der Familie richte. Aber auch anders als ein Arbeitnehmer, der für die Verlängerung seiner Arbeit mindestens das gleiche oder mehr fordert, setzte eine Bauernfamilie ihre Arbeit ein, auch wenn sie weniger dafür verdiene. Der Grund dafür sei die Möglichkeit, Kinder, Frauen und Alte einzusetzen. Tepichts Erklärung für die Erhaltung der Familienlandwirtschaft bezieht sich also ähnlich wie bei Kautsky auf die Selbstausbeutung der Familie. Die innere Organisation der Familie stelle eine „kostenlose Arbeitsquelle“ für die kapitalistische Gesellschaft dar. Dennoch versucht er zu verstehen, wie die kapitalistischen Impulse innerhalb der landwirtschaftlichen Familienbetriebe wirken, die ja teilweise für den Markt produzieren. Die zunehmende Integration der Familienlandwirtschaft in den kapitalistischen Markt zerstöre allmählich die konstituierenden Elemente der Familienlandwirtschaft, denn in der neuen Situation bestimme nicht mehr das Gleichgewicht zwischen Arbeit und Verbrauch die wirtschaftlichen Entscheidungen, sondern die Agrarindustrie. Das Bauerntum sei eine spezifische Formation, die durch die kapitalistische Entwicklung zerfallen würde. (Tepicht 1973)

Die klassischen marxistischen Autoren zum Thema Landwirtschaft sind sich mit den liberalen Autoren darin einig, dass die Familienlandwirtschaft aus eigener Kraft nicht in der Lage sei, der „Modernisierung" im Agrarbereich zu folgen. Es handele sich um die Tendenz zur kapitalistischen Differenzierung in der Landwirtschaft, worüber sich im Großen und Ganzen sowohl Marx, Engels, Lenin und Kautsky als auch Tschajanow und Tepicht einig sind. Wichtige Aspekte der kapitalistischen Differenzierung sind die Kostenstruktur und die internationale Konkurrenz landwirtschaftlicher Produkte, wodurch sich die Konkurrenz zwischen den Bauern selbst vertieft. Außerdem zwingt der tendenzielle Fall der Profitrate in der kapitalistischen Wirtschaft die Bauern zu einer ständigen Erhöhung der Produktion.

Bei Marx sind allerdings wichtige Unterschiede zu Kautskys und Lenins Positionen zum Thema Landwirtschaft zu berücksichtigen. In seinen Briefen an die Redaktion der russischen Zeitschrift Otetschestwennyje Sapiski (November 1877) und an Vera Iwanowna Sassulitsch (März 1881) äußerte Marx sich zu einer damaligen russischen Dorfgemeinde, mit deren Analyse er sich intensiv in seinen letzten Lebensjahren beschäftigte. Zunächst wies Marx darauf hin, dass die von ihm im Kapital dargelegte Expropriation der Ackerbauern auf radikale Weise erst in England durchgeführt wurde und alle anderen Länder Westeuropas die gleiche Bewegung durchlaufen. Er betonte jedoch, dass diese Analyse auf Westeuropa beschränkt sei: „Die ‚historische Unvermeidlichkeit' dieser Bewegung ist also ausdrücklich auf die Länder Westeuropas beschränkt. (...) Die im ‚Kapital' gegebene Analyse enthält also keinerlei Beweise – weder für noch gegen die Lebensfähigkeit der Dorfgemeinde, aber das Spezialstudium, das ich darüber getrieben und wofür ich mir Material aus Originalquellen beschafft habe, hat mich davon überzeugt, daß diese Dorfgemeinde der Stützpunkt der sozialen Wiedergeburt Rußlands ist; damit sie aber in diesem Sinne wirken kann, müßte man zuerst die zerstörenden Einflüsse, die von allen Seiten auf sie einstürmen, beseitigen und ihr sodann die normalen Bedingungen einer natürlichen Entwicklung sichern". (Marx 1967: 166, 167)

Besonders wichtig scheint uns hier Marx' Antwort auf die damalige Diskussion in Russland, ob das Land, wie die liberalen Ökonomen forderten, die Bauerngemeinde zerstören und dann zum Kapitalismus übergehen sollte oder im Gegenteil, „ohne die Qualen dieses Systems durchzumachen, sich alle Früchte desselben aneignen kann, indem es seine eignen geschichtlich gegebnen Voraussetzungen weiter entwickelt. (...) Das Resultat, wobei ich angekommen bin, ist dies: Fährt Rußland fort, den Wege zu verfolgen, den es seit 1861 eingeschlagen hat, so wird es die schönste Chance verlieren, die die Geschichte jemals einem Volk dargeboten hat, um dafür alle verhängnisvollen Wechselfälle des kapitalistischen Systems durchzumachen". (Marx 1962: 108) Da Engels die Briefe nach Marx' Tod veröffentlichte und daraus verschiedene Interpretationen folgten, äußerte er sich zu dem Brief an Otetschestwennyje Sapiski im *Nachwort zu „Soziales aus Rußland"* aus dem Jahre 1894: „Der Brief hat in russischen Kreisen, wie alles, was von Marx ausging, große Beachtung und verschiedenartige Deutung gefunden; und deshalb gebe ich hier seinen wesentlichen Inhalt". (Engels 1971: 670) In dem Text betont Engels die Wichtigkeit der proletarischen Revolution in Westeuropa, damit die Revolution in Russland gelinge: „Der Sieg des westeuropäischen Proletariats über die Bourgeoisie, die damit verknüpfte Ersetzung der kapitalistischen Produktion durch die gesellschaftlich geleitete, das ist die notwendige Verbindung einer Erhebung der russischen Gemeinde auf dieselbe Stufe. (...) Nur wenn die zurückgebliebnen Länder an diesem Beispiel sehen, ‚wie man's macht', wie man die modernen industriellen Produktivkräfte als gesellschaftliches Eigentum in den Dienst der Gesamtheit stellt, nur dann können sie diesen abgekürzten Entwicklungsprozess in Angriff nehmen. (...) Wenn die russische Revolution das Signal gibt zu einer Arbeiterrevolution im Westen, so daß beide einander ergänzen, dann kann das russische Grundeigentum zum Ausgangspunkt einer kommunistischen Entwicklung werden". (Ebenda: 666, 668) Und in Bezug auf Marx' Briefe zieht Engels folgende Schlussfolgerung: „Ob von dieser Gemeinde noch viel gerettet ist, daß sie gegebenenfalls, wie Marx und ich 1882 noch hofften, im Einklang mit einem Umschwung in Westeuropa zum Ausgangspunkt einer kommunistischen Entwicklung werden kann, das zu beantworten maße ich mir nicht an. Das aber ist sicher: Soll noch ein Rest dieser Gemeinde erhalten bleiben, so ist die erste Bedingung dafür der Sturz des zarischen Despotismus, die Revolution in Rußland. Diese wird nicht nur die große Masse der Nation, die Bauern, aus der Isolierung ihrer Dörfer, die ihren ‚mir', ihre ‚Welt' bilden, herausreißen und auf die große Bühne führen, wo sie die Außenwelt und damit sich selbst, ihre eigne Lage und die Mittel zur Rettung aus der gegenwärtigen Not kennenlernt, sondern sie wird auch der Arbeiterbewegung des Westens einen neuen Anstoß und neue, bessere Kampfesbedingungen geben und damit den Sieg des modernen industriellen Proletariats beschleunigen, ohne den das heutige Rußland weder aus der Gemeinde noch aus dem Kapitalismus heraus zu einer sozialistischen Umgestaltung kommen kann". (Ebenda: 673-674)

Bemerkenswert ist, dass Engels einerseits nicht auf die von Marx in seinem Brief formulierte Antwort auf dessen Kritiker seiner Zeit eingeht, die seine historische Skizze über die Entstehung des Kapitalismus in eine geschichtsphilosophische Theorie des allgemeinen Entwicklungsganges zu verwandeln versuchten, und anderseits gerade die von Marx am Ende des Textes kritisierte Stellung vertritt. Marx' methodisches Vorgehen wird darin bestätigt, indem er die Bedeutung historischer und kontextbezogener Untersuchungen hervorhebt im frontalen Gegensatz zu einer mechanistisch-linearen Betrachtung sozialer Ereignisse. Marx' Brief an die erwähnte russische Zeitschrift endet insofern eindeutig mit folgender Bemerkung, wozu er das bereits im *Kapital* erwähnte Beispiel der Expropriation freier Bauern anwendet, die im Verlauf der römischen Geschichte zu Proletariern wurden: „Die römische Proletarier wurden nicht Lohnarbeiter, sondern ein faulenzender *Mob*, noch verächtlicher als die sog. ‚poor whites' der

Südstaaten der Vereinigten Staaten, und an ihrer Seite entwickelte sich keine kapitalistische, sondern eine auf Sklavenarbeit beruhende Produktionsweise. Ereignisse von einer schlagenden Analogie, die sich aber in einem unterschiedlichen historischen Milieu abspielten, führten also zu ganz verschiedenen Ergebnissen. Wenn man jede dieser Entwicklungen für sich studiert und sie dann miteinander vergleicht, wird man leicht den Schlüssel zu dieser Erscheinung finden, aber man wird niemals dahin gelangen mit dem Universalschlüssel einer allgemeinen geschichtsphilosophischen Theorie, deren größter Vorzug darin besteht, übergeschichtlich zu sein". (Marx 1962: 111-112)

In der unterschiedlichen Betrachtung zwischen Engels und Marx über die historischen Vorbedingungen des Kapitalaufschwungs sieht Mandel den Ursprung der Auseinandersetzung über die sogenannte asiatische Produktionsweise unter den Marxisten: „Es scheint festzustehen, daß Marx an dem Begriff einer ‚asiatischen Produktionsweise' bis zum Ende seiner Tage festgehalten hat. Engels jedoch eliminierte diese aus der Folge der ‚Stadien', die die Menschheit durchschritten habe, die er im ‚Ursprung der Familie, des Privateigentums und des Staates' in enger Anlehnung an Morgan ausführt. An diesem Widerspruch entzündet sich dann die Kontroverse unter den Marxisten". (Mandel 1968: 113) Die später von einer „mechanischen, dogmatischen und antimarxistischen Zwangsjacke" entwickelten vier Phasen[30], die die Menschheit angeblich notwendigerweise bis zum Sozialismus durchlaufen müsse, habe Marx vor allem in den erwähnten Briefen über die russische Dorfgemeinde ausdrücklich verworfen, eine Theorie, die jedoch einen „ungeheuren Schaden angerichtet" habe. (Vgl. Mandel 1972: 17)

Marx' Äußerungen zu Russland stehen also im Einklang mit seiner im Band III des *Kapitals* vertretenden Ansicht des selbst arbeitenden Kleinbauern, dessen Tätigkeit er für die moderne Landwirtschaft neben der des assoziierten Produzenten anerkannte[31], eine Sichtweise, die bei Kautsky und Lenin so nicht zu finden ist. Diese Haltung ist eher mit Tschajanows Position vereinbar, die ja auch bezüglich der Erfahrung russischer Bauern entwickelt wurde. Tschajanow wurde in den ersten Jahren der russischen Revolution sehr geachtet[32]. Ab 1930 – auf dem Hintergrund der verheerenden Zwangskollektivierung der Landwirtschaft – wurde er jedoch mehrmals verfolgt und verhaftet. In der Sowjetunion für gefährlich erklärt und im Westen als Kommunist abgelehnt, wurde die Bedeutung seines Werkes in Westeuropa erst nach dem Beginn der „Entstalinisierung" erkannt[33].

---

[30] Primitiver Kommunismus, Sklavenhaltergesellschaft, Feudalismus und Kapitalismus. (Vgl. Mandel 1968)

[31] Vgl. Marx 1983b: 131.

[32] Siehe Fußnote 29. (S. 54)

[33] Obwohl Tschajanows Hauptwerk „Die Lehre von der bäuerlichen Wirtschaft. Versuch einer Theorie der Familienlandwirtschaft" bereits 1923 nicht auf russisch, sondern auf deutsch erschien, wird es erst 1966 durch die englische Übersetzung der 1925 erweiterten

Tschajanows Theorie unterscheidet sich jedoch von den klassischen marxistischen Agrartheoretikern insoweit, als er den Blickwinkel zu dem Thema ändert, d.h. er geht von den Besonderheiten der von ihm so bezeichneten bäuerlichen Familienwirtschaft aus, um wichtige Veränderungen und Anpassungsstrategien einzuschätzen. Dabei stützt er sich weder auf die Erhaltung der bäuerlichen Landwirtschaft in ihrer traditionellen Form noch auf einen irreversiblen Zerfall ihrer Produktionsform. Er opponiert gegen die Idee „je größer, um so effizienter" und schlägt einen Übergang für die Familienlandwirtschaft vor, der endogen aus dem konkret existierenden Stand ihrer Entwicklung von unten betrieben werden sollte. Die Methode lehnt die Maximierung ab und setzt ihre Kraft auf eine Optimierung der Produktion, auf eine progressive Verbesserung der Organisation landwirtschaftlicher Produktion. Die Schwierigkeiten des technischen Fortschritts in der Landwirtschaft lägen nicht in den strukturellen Faktoren der bäuerlichen Produktionsform begründet, sondern an der fehlenden Anpassung vorhandener Techniken an die spezifischen Forderungen der Familienlandwirtschaft.

Die wichtigste Auseinandersetzung Tschajanows mit den Marxisten seiner Zeit – und damit über den agrarpolitischen Kurs der jungen sowjetischen Regierung – war angeblich die Betrachtung der Familienlandwirtschaft als eigenständiges Wirtschaftssystem. Tschajanow behauptet aber nicht, dass die Familienwirtschaft außerhalb der kapitalistischen Produktionsweise existiert, sondern dass sie mit ihr verflochten und von ihr ausgebeutet wird. Das Aussterben der Kleinbauernschaft ist Folge seiner kapitalistischen Durchdringung und nicht nur durch seine Differenzierung in kapitalistische Lohnarbeiterbetriebe und besitzlose Landarbeiter, wie vor allem Kautsky und im Anschluss an ihn Lenin es sahen. Tschajanows Analyse der Ausbeutung des bäuerlichen Familienbetriebes durch den kapitalistischen Handel kann unseres Erachtens durchaus in Verbindung mit der Marxschen Analyse der Landwirtschaft im Kapitalismus und seinen Prognosen für ihre Zukunft betrachtet werden.

1.3. Die Umweltfrage in der liberalen und marxistischen Literatur

Von liberalen Autoren wird meistens überhaupt keine Bilanz über die negativen Auswirkungen der induzierten Innovationen gezogen. Die moderne Technologie wird normalerweise als eine externe und unabhängige Kraft gesehen, und es wird nur auf kurzfristige Ansätze geachtet ohne Rücksicht auf mittel- und langfristige negative Auswirkungen. In Bezug auf die Landwirtschaft zählen für sie im Grunde nur die Zahl der Bauern, die sich auf moderne Technologien umstellen und die Geschwindigkeit der „Modernisierung", ohne dass der Prozess selbst und die Rationalität seiner Durchsetzung in Frage gestellt werden. Demnach

---

russischen Fassung weltweit bekannt. Auch die ab den siebziger Jahren zunehmenden Probleme in der Landwirtschaft der sogenannten Dritten Welt trugen zum späteren Erfolg seines Werkes bei. (Spittler 1987)

werden die sozialen Folgen der Industrialisierung vor allem den Ausgeschlossenen selbst angelastet: Sie werden der fehlenden Anpassungsfähigkeit beschuldigt.

Die Natur wird von den liberalen Autoren als grenzenlose Quelle von Rohstoffen betrachtet, die für die Bewirtschaftung selbstverständlich zur Verfügung stünden, denn nach Adam Smith und David Ricardo hat sie an sich keinen Wert. Smith und Ricardo schließen sich allerdings den Theorien der wichtigsten englischen Empiristen an[34] und entwickeln besonders Lockes Eigentumstheorie weiter, die einen zentralen Wert auf das Individuum legt und dessen Recht, sich durch eigene Arbeit die Früchte der Natur anzueignen[35]. Ricardo sieht jedoch das Grundeigentum als begrenzenden Faktor bei der kapitalistischen Akkumulation aufgrund der Grundrente an, die in Bezug auf die Effekte von Ländereien mit geringerer Fruchtbarkeit entsteht und zur sinkenden Profitrate führt. Durch die Spezialisierung der Produktion auf den fruchtbarsten Böden und die Intensivierung der Landwirtschaft mit Hilfe der Technik soll dies Problem umgangen werden. Die Folgen technischen Fortschritts auf die Natur bleiben bei Ricardo dennoch unberücksichtigt und die für eine effektive Nutzung der komparativen Kostenvorteile zwischen Ländern notwendigen Transportkosten werden vernachlässigt. Wenn nur der Energieaufwand und die Beeinträchtigung der Umwelt aufgrund des Warentransportes berücksichtigt würden, wären zahlreiche der heutigen Produktionsstandorte und wirtschaftlichen Aktivitäten weit von ihrer Wettbewerbsfähigkeit entfernt und die Förderung einer regionalen, stabileren Wirtschaft könnte an Bedeutung gewinnen.

Auf die Umweltzerstörung wird von liberalen Autoren meistens erst Rücksicht genommen, wenn sie zu Störungen im Produktionsprozess führen können und deren Wahrscheinlichkeit kurzfristig hoch ist, was eine Reaktion zur Internalisierung der verursachten Probleme im Fall einer externen Bedrohung erfordern kann. Demnach sollen ökologische „Störungen“ vorrangig mit marktorientierten Mechanismen eliminiert werden, unter der Voraussetzung, dass die Marktwirtschaft doch die größtmögliche Effizienz beim Einsatz von Ressourcen verspreche. Die Umwelt soll also preislich bewertet werden, und wer Umweltzerstörungen im Laufe des Produktionsprozesses verursacht, soll dafür einen entsprechenden Schadensausgleich zahlen. Dabei wird davon ausgegangen, dass weniger schonende Produktionsverfahren gleichzeitig weniger rentabel sind und aufgrund der Internalisierung von Umweltkosten der Einsatz umweltfreundlicher Technologien sich automatisch durchsetzen würde.

Zur liberalen Denkweise zählt insbesondere die Voraussetzung, dass es durch die gezielte Veränderung einiger Elemente eines Systems möglich sei, unerwünschte Auswirkungen zu vermeiden. Eine Veränderung an bestimmten Teilen

---

[34] Francis Bacon, Thomas Hobbes, John Locke, George Berkeley und David Hume.
[35] Vgl. Locke 2000.

eines Ökosystems kann aber zu zusätzlichen Problemen führen. In der Landwirtschaft sind aufgrund ihrer natürlichen Eigenschaften sogenannte technische Ungleichgewichte sehr wahrscheinlich, denn das landwirtschaftliche Ökosystem ist ein „lebender Körper“[36], bei dem eine spezifische Intervention Kettenreaktionen verursachen kann; ein Grund, weswegen eine Reihe von Folgeinnovationen erforderlich werden. Deshalb ist nach Chombart de Lauwe, Poitevin und Tirel eine „wissenschaftliche“ Organisation der Produktion (nach Taylors Konzept) auch in der Landwirtschaft notwendig, um die Arbeit produktiver, rentabler und weniger lästig zu gestalten, denn sowie in der Industrie sei der Bauer dazu gefordert, den Produktionsprozess durch die Arbeitsteilung zu intensivieren, was eine Spezialisierung der Produktion und Beschränkung auf wenige Produkte zur Folge hat. (Zitiert in Romeiro 1998: 155)

Eine „wissenschaftlichere“ Organisation der Produktion ist allerdings nicht nur in Bezug auf ökologische „Störungen“, sondern auch angesichts der sozialen Bedrohung durch den kapitalistischen Produktionsprozess von herausragender Bedeutung. Im Hinblick auf die mögliche Verschärfung der Klassengegensätze in der kapitalistischen Gesellschaft spielen die soziale Angleichung und die Arbeitserleichterung aufgrund des Technikeinsatzes eine ideologische Rolle, um soziale Aufstände zu verhindern. Hinzu kommt die Rolle aller gesellschaftlichen und politischen Institutionen, die als Überbau zur Aufrechterhaltung der Gesellschaftsstruktur dienen. Wissenschaft und Technik üben dabei eine herrschaftslegitimierende Funktion[37] aus und spielen durch die Rationalisierung des Produktionsprozesses eine entscheidende Rolle zur Aufrechterhaltung kapitalistischer Hegemonie.

Es ist Marx, der nach ausführlichen Analysen von Ricardos Theorien zu einem wesentlichen Fortschritt in der Auseinandersetzung über das Verhältnis zwischen Wirtschaft und Natur beitrug, indem er die Gestaltung kapitalistischer Akkumulation durch soziale Widersprüche interpretiert, – im Gegensatz zu der klassischen Auffassung der Liberalen, die lediglich auf den Begrenzungen der Natur[38] basiert. (Altvater 2003) Nach Marx‘ Analysen führt die Fortsetzung der

[36] Der eine Vielfalt an Lebewesen in sich trägt, die entscheidend für dessen Zusammensetzung und Fruchtbarkeit sind.

[37] Vgl. Habermas 1968.

[38] Einer der bekanntesten Vertreter einer Auffassung der Natur als begrenzender Faktor der Wirtschaft, mit dem sich Marx schon in seinen frühesten Schriften auseinandersetzte, ist Thomas Malthus, der auf die Grenze des Bevölkerungswachstums in Bezug auf die Grenze der Nahrungsmittelversorgung hinwies. Malthus geht von einem sogenannten Bevölkerungsgesetz aus und hat damit die begrenzte Tragfähigkeit der Erde thematisiert. (Vgl. Malthus 1986) Bei seiner zentralen These, dass während das Bevölkerungswachstum exponentiell steigt die Nahrungsmittelproduktion nur linear zunimmt, hat er die Dynamik und das Expansionspotenzial der kapitalistischen Landwirtschaft unterschätzt. Die Unfähigkeit der kapitalistischen Landwirtschaft, die Grundbedürfnisse einer wachsenden Weltbevölkerung zu befriedigen, hängt mehr mit ihren zerstörenden Eigenschaften zusammen als mit den angeblich begrenzten produktiveren Flächen.

kapitalistischen Produktionsweise, die in erster Linie auf Gewinnmaximierung gerichtet ist, tendenziell zu einer steigenden Ausbeutung, Entfremdung und Expropriation der Arbeitskraft einerseits und andrerseits zum Versiegen der wirtschaftlichen Produktionsgrundlage, der Quelle des Reichtums, nämlich der Natur.

Im Gegensatz zu den Liberalen betrachtet Marx die Natur weder als grenzenlose Quelle von Rohstoffen noch als kostenlosen Gegenstand. Die Natur schafft zwar keinen Tauschwert, ist jedoch nach Marx die Quelle der Gebrauchswerte. (Vgl. Marx 1983a: 58; 1962a: 51) Für Marx stehen die Menschen und die Natur also in einer Wechselbeziehung zueinander, die er in seinen *Ökonomisch-philosophischen Manuskripten* aus dem Jahre 1844 beschreibt: „Der Mensch lebt von der Natur heißt: Die Natur ist sein Leib, mit dem er in beständigem Prozeß bleiben muß, um nicht zu sterben. Daß das physische und geistige Leben des Menschen mit der Natur zusammenhängt, hat keinen andren Sinn, als daß die Natur mit sich selbst zusammenhängt, denn der Mensch ist ein Teil der Natur". (Marx 1968b: 516) Eine ähnliche Betrachtung wird von Engels in seinem berühmten Text *Der Anteil der Arbeit bei der Menschwerdung des Affen* aus dem Jahre 1876 veröffentlicht, in dem er insbesondere auf die Wichtigkeit einer rationellen Anwendung der Naturgesetze hinweist: „Und so werden wir bei jedem Schritt daran erinnert, daß wir keineswegs die Natur beherrschen, so wie ein Eroberer ein fremdes Volk beherrscht, wie jemand, der außerhalb der Natur steht – sondern daß wir mit Fleisch und Blut und Hirn ihr angehören und mitten in ihr stehen, und daß unsre ganze Herrschaft über sie darin besteht, im Vorzug vor allen andern Geschöpfen ihre Gesetze erkennen und richtig anwenden zu können". (Engels 1973: 453)

Die Wechselbeziehung zwischen Mensch und Natur wird aber von den Produktionsverhältnissen in der Gesellschaft bestimmt, und dies ist vielleicht die wichtigste Erkenntnis der Marxschen Auffassung der Umwelt, denn um die Komplexität der Umweltzerstörungen tiefgreifend zu verstehen, müssen deren historische und gesellschaftliche Bedingungen analysiert werden. In der kapitalistischen Produktionsweise wird alles zur Ware und der Produktivismus zur vorherrschenden Tendenz. Nicht der Gebrauchswert oder Nutzen eines Produkts oder einer Dienstleistung steht im Vordergrund, sondern der Tauschwert als formaler, quantitativer Aspekt. Die Ware muss möglichst rasch verkauft werden, um den darin enthaltenen Mehrwert zu realisieren bzw. letztendlich Profit herauszuschlagen. Die Zahlungsfähigkeit und nicht der Bedarf entscheiden über den Zugang zu Produkten, Dienstleistungen und Produktionsmitteln. Die Verwertungsinteressen und –zwänge prägen ganz entscheidend den Zeitpunkt und den Umfang von technischen Innovationen, die Produktionsbedingungen, die Produktqualität sowie die Umwelt- und Sozialverträglichkeit. Im Gegensatz zu den Behauptungen der Apologeten der Marktwirtschaft garantieren die Verwertungsinteressen keineswegs eine auf Sozial- und Umweltverträglichkeit angelegte Wissenschaft und Forschung; keine vorrangig am Nutzen, an der Reparaturfreundlichkeit, Wiederverwertbarkeit und Beherrschbarkeit orientierte Produktentwicklung und -einführung. In der kapitalistischen Marktwirtschaft tendiert die Wechselbeziehung zwischen Mensch und Natur dazu, sich in der Form von Geldbeziehungen aufzulösen, d.h. der Marktzwang zur ständigen Produktivitätssteigerung bei der Herstellung von Waren beherrscht die gesellschaftliche Ordnung zuungunsten von Mensch und Natur. „Durch seine produktivistische Dynamik (quantitativer Durchsatz als konstitutives Element der Warenproduktion) ist der Kapitalismus offensichtlich unfähig zu einer nachhaltigen, zukunftsfähigen Nutzung von Ressourcen und Energien und zur Erhaltung des ökologischen Gleichgewichts". (Dierkes 1998: 6)

Durch die Vorherrschaft des Warentauschs und des Profits als entscheidendes Steuerungsinstrument für die Verteilung der gesellschaftlichen Ressourcen werden die sozialen Verhältnisse der Menschen untereinander und ihre Beziehung zur Natur monetarisiert. Eine weitere negative Folge daraus besteht in der besonderen Kombination zwischen partieller Rationalität (eine auf den Markt bezogene Zweckrationalität) und einer globalen Irrationalität. (Mandel 1992) Die beschränkte Logik der Gewinnmaximierung und der aus ihr folgende Produktivismus verdeutlichen, dass ein marktorientierter „nachhaltiger Kapitalismus" sich als illusorisch erweist und lediglich als Nische eine Chance hat. „*Clean production* und *green production* können lediglich eine Nischenexistenz führen, nicht aber das System als Ganzes prägen. Kapitalismus ohne verallgemeinerte und steigende materielle Warenproduktion ist unmöglich. Deshalb kann und wird es unter seinen Bedingungen die vielbeschworene ‚Versöhnung von Ökonomie und Ökologie' nicht geben". (Dierkes 1998: 7)

Es ist nicht auszuschließen, dass durch eine „finanzielle Bestrafung der Verursacher von Umweltzerstörungen" Verbesserungen am Ökosystem möglich sind. Wenn dies aber durch Marktmechanismen gestaltet werden soll, werden in erster Linie die Konsumenten belastet und der Beitrag zum effektiven Umweltschutz ist eher gering, denn der Umweltzerstörung kann kein monetärer Preis zugerechnet werden. Das Problem besteht ja u.a. gerade darin, dass Natur und Naturressourcen als Ware und potenzielle Ware angesehen werden. Folglich kann eine Preisbewertung nicht zur Lösung führen. „Diese Idee leitet die ‚Ressourcenökonomie'; sie liegt den vielen Ansätzen neoklassischer und – wie man sagen könnte – ‚marktökologischer' Konvenienz zugrunde, die den inzwischen ihre Knappheit herauskehrenden natürlichen Ressourcen einen Preis zu geben versuchen. (...) Diese Vorstellung ist aber paradox: Heilung alter und die Verhinderung neuer Beeinträchtigungen der Umwelt werden gerade von der Freisetzung desjenigen Mechanismus erwartet, der erst zur katastrophalen Lage, in der sich die Natur befindet, beigetragen hat. Ähnlich wie in der Heilkunde soll also durch den ökonomischen Sachzwang ein Gift durch geeignete Maßnahmen in eine Medizin verwandelt werden. Die Frage allerdings ist, ob die Krankheit richtig diagnostiziert, der Patient bekannt und das Heilmittel wirklich ausgetestet ist...". (Altvater 1986: 135)

Eine weitere Schwierigkeit der Internalisierung von Umweltkosten besteht in den Durchsetzungsmöglichkeiten, denn davon auszugehen, dass multinationale Konzerne und global agierende Banken und Finanzgruppen in der Gesellschaft zu ihrer „eigenen Bestrafung“ bereit sind, setzt voraus, dass die Kapitalisten so etwas wie ein „Nachhaltigkeitsbewusstsein“ zur Erhaltung der kapitalistischen Produktionsweise entwickeln könnten. In der Geschichte des Kapitalismus ist das Gegenteil zu beobachten, nämlich, dass kapitalistische Investitionen nach möglichst kurzfristigen Gewinnen streben und wegen der Konkurrenz gegeneinander stattfinden, also eine wachsende Rationalität auf Mikroebene, die mit der wachsenden Irrationalität auf der Makroebene zusammen geht.

An Stelle von „Marktgesetzen“ oder eines „bürokratischen Staatsbüros[39]“ können in den wichtigsten Umweltfragen letztlich nur demokratische Entscheidungen über Prioritäten bei den Investitionen Erfolg versprechen, die nicht vom Druck der herrschenden Klasse und deren Argumenten zur „Modernisierung“ und „Wettbewerbsfähigkeit“ geleitet wird, sondern auf sozialen und ökologischen Kriterien gründet, für deren Durchsetzung soziale und ökologische Bewegungen sich gemeinsam einsetzen können. (Löwy 1999) Da im Kapitalismus sowohl die Arbeit wie die Natur als Ware ausgenutzt werden (die Natur grundsätzlich sogar kostenlos und ohne Rücksicht auf ihre Reproduktionsfähigkeit), ist aus Marxscher Perspektive keine effektive Lösung für selbständig arbeitende Individuen und die Bewahrung ihrer Lebensgrundlage denkbar, ohne die Umwandlung der gesamten kapitalistischen Gesellschaft selbst, die auf der „mechanistischen Beherrschung der Natur im Interesse der stets zunehmenden Expansion der Produktion um ihrer selbst willen“ beruht. Für die „frei assoziierten Menschen“ geht es also u.a. darum, ihren Stoffwechsel mit der Natur rationell zu regeln, anstatt „von der blinden Macht“ des kapitalistischen Marktes beherrscht zu werden. (Marx 1983a)

Auch wenn die ökologischen Folgen der kapitalistischen Industriegesellschaft nicht im Zentrum der Studien von Marx standen und viele seiner Schriften zeitbedingt einzuschätzen sind, d.h. die zunehmenden Umweltkatastrophen und die Grenzen des Wirtschaftswachstums[40] unserer Zeit weitgehend unberücksichtigt bleiben mussten, trifft eine Unterschätzung der Umweltproblematik in seinem Werk nicht zu. Er hat wie wenige zuvor die zerstörerische Dimension der kapitalistischen Anwendung von Technik vorausgesehen, auch wenn in bestimmten Passagen – etwa seines Hauptwerks – eine Begeisterung für die Maschinerie zu erkennen ist und die Technikkritik stark auf deren bloße Anwendung gerichtet war. Wichtige kritische Voraussagen finden sich insbesondere in Bezug auf die Industrialisierung der Landwirtschaft, die seinerzeit in den USA den größten Aufschwung erlebte: „Je mehr ein Land, wie die Vereinten Staaten von Amerika z.B., von der großen Industrie als dem Hintergrund seiner Entwicklung ausgeht,

[39] Bezogen auf die ehemaligen nichtkapitalistischen Länder.
[40] Meadows 1973.

desto rascher dieser Zerstörungsprozeß. Die kapitalistische Produktion entwickelt daher nur die Technik und Kombination des gesellschaftlichen Produktionsprozesses, in dem sie zugleich die Springquellen alles Reichtums untergräbt: die Erde und den Arbeiter". (Marx 1983a: 529-530)

Die große Industrie und die große Landwirtschaft haben nach Marx die selben Folgen und beide verdeutlichen, dass Nachhaltigkeit nicht mit einer kapitalistischen Marktwirtschaft, in der Mensch und Natur den von der Nachfrage abhängigen Warenverhältnissen ausgesetzt sind, zu vereinbaren ist. Eine rationelle Agrikultur erfordert also die Überwindung der kapitalistischen Herrschaftsverhältnisse, damit die landwirtschaftliche Produktion und die Entwicklung der Produktivkräfte von den arbeitenden Menschen – Kleinbauern und/oder frei assoziierten Produzenten – kontrolliert wird: „Die Moral von der Geschichte, die man auch durch sonstige Betrachtung der Agrikultur gewinnen kann, ist die, daß das kapitalistische System einer rationellen Agrikultur widerstrebt oder die rationelle Agrikultur unverträglich ist mit dem kapitalistischen System (obgleich dies ihre technische Entwicklung befördert) und entweder der Hand des selbst arbeitenden Kleinbauern oder der Kontrolle des assoziierten Produzenten bedarf". (Marx 1983b: 131)

Die Marxsche Kritik der Landwirtschaft bezieht sich besonders auf das Grundeigentum, die Form der privaten Aneignung der Natur als Grundlage der Ausbeutung von Menschen und der Zerstörung der Lebensbedingungen zukünftiger Generationen: „Selbst eine ganze Gesellschaft, eine Nation, ja alle gleichzeitigen Gesellschaften zusammengenommen, sind nicht Eigentümer der Erde. Sie sind nur ihre Besitzer, ihre Nutznießer, und haben sie als *boni patres familias* den nachfolgenden Generationen verbessert zu hinterlassen". (Marx 1983: 784) Was die Betrachtung der ökologischen Folgen der kapitalistischen Industrialisierung der Landwirtschaft angeht, hat Marx schon zu seiner Zeit auf die Gefahr der Verringerung der Bodenproduktivität am Beispiel der intensiven Anwendung chemischer Düngung hingewiesen, ausgehend von den naturwissenschaftlichen Erkenntnissen von Justus von Liebig, dem Erfinder der Nutzung der Chemie in der Landwirtschaft: „Jeder Fortschritt der kapitalistischen Agrikultur ist nicht nur ein Fortschritt in der Kunst, den Arbeiter, sondern zugleich in der Kunst, den Boden zu berauben, jeder Fortschritt in Steigerung seiner Fruchtbarkeit für eine gegebne Zeitfrist zugleich ein Fortschritt im Ruin der dauernden Quelle dieser Fruchtbarkeit. (...) Über die abnehmende Produktivität des Bodens bei sukzessiven Kapitalanlagen ist Liebig nachzusehen". (Marx 1983a: 529; 1968: 753)

Selbst Kautsky, bei dem häufiger eine produktivistische Denkweise zu finden ist, hat bereits die ökologischen Probleme „moderner" Landwirtschaft angesprochen. Er wies darauf hin, dass durch die fortwährende intensive Industrialisierung der Landwirtschaft zunehmend Probleme eintreten, wie die Verringerung der Bodenfruchtbarkeit und die Zunahme an Krankheiten und Schädlingen, die

die Produktion erschweren. Auf die Verringerung der Bodenfruchtbarkeit verweist er besorgt, denn der Boden ist zusammen mit dem Kapital und der Arbeit ein entscheidender Produktionsfaktor: „Der Landwirt hat es nicht bloß mit dem Kapital und dem Kapitalprofit zu tun, sondern auch mit dem Grund und Boden und der Grundrente; dieser aber, so weit sie Differentialrente, hängt ab von dem Reichtum des Bodens; ihn ungeschmälert zu erhalten, ja womöglich zu vermehren, muß ebenso sehr die Aufgabe des modernen rationellen Landwirts sein, wie die, sein Kapital möglichst profitabel anzuwenden". (Kautsky 1966: 54-55)

Er zeigt auch, dass die Fruchtfolge eine Alternative zur Bewahrung der Bodenfruchtbarkeit sein und gleichzeitig auch zu einer höheren Flächenproduktivität führen kann. „Bei dem aufeinander folgenden Anbau dieser verschiedenen Pflanzen und ihrem Wechsel mit Getreide und Futterpflanzen fand man, daß sie nicht alle den Boden in gleicher Weiße aussaugten, und daß sich durch eine rationelle Aufeinanderfolge verschiedener Fruchtarten die Erträge sehr steigern ließen". (Ebenda: 35) Die Fruchtfolge wird aber progressiv durch die Spezialisierung der Produktion auf Monokulturen, die für den Markt erzeugt werden, zerstört: „Nun hieß es für jeden Landwirt, dasjenige unter den verlangten Produkten produzieren, was er nach der Bodenfruchtbarkeit und dem Standort seines Gutes, nach den Verkehrsverhältnissen, seiner Kapitalkraft und der Ausdehnung seines Grundbesitzes am billigsten zu produzieren vermochte". (Ebenda) Die Monokultur wurde durch den technischen Fortschritt in der Landwirtschaft begünstigt: „Die Kunstdünger setzen den Landwirt unter Umständen bereits in Stand, der Fruchtfolge und des Stallmistes völlig zu entraten, den Anbau seiner Gewächse ganz den Erfordernissen des Marktes anzupassen und seine ganze Kulturfläche der Produktion für den Markt zu widmen". (Ebenda: 50)

Auch wenn in den Schriften von Marx und Engels und manchmal sogar auch bei Kautsky Stellen zu finden sind, die zu einer kritischen Betrachtung des kapitalistischen Produktivismus führen, sind andrerseits aufgrund der Betonung einer sogenannten zivilisatorischen Mission der kapitalistischen Industrialisierung Widersprüche zu entdecken, die bei weiteren marxistischen Autoren besonders deutlich werden[41]. Eine umfassende Kritik der kapitalistischen Entwicklung der Produktivkräfte ist bei klassischen marxistischen Autoren nicht zu finden, weil gerade diese als Motor des Fortschritts betrachtet wird und Technikentwicklung als neutral angenommen wird, die es nur gelte, in sozialistische Verhältnisse zu

[41] Bei Marx betrifft dies insbesondere seine *Grundrisse der Kritik der politischen Ökonomie*, wo er den zivilisatorischen Fortschritt der kapitalistischen Produktionsweise im Vergleich zu früheren Gesellschaftssystemen hervorhebt, der auf Beherrschung der Natur basiert und deren Instrumentalisierung wenig kritisiert wird. (Marx 1941) Bei Engels sind mehre Passagen zu finden, die in dieselbe Richtung gehen, wie z.B. im *Anti-Dühring*: „Die Expansionskraft der Produktionsmittel sprengt die Bande, die ihr die kapitalistische Produktionsweise angelegt. Ihre Befreiung aus diesen Banden ist die einzige Vorbedingung einer ununterbrochenen, stets rascher fortschreitenden Entwicklung der Produktivkräfte und damit einer praktisch schrankenlosen Steigerung der Produktion selbst". (Engels 1973: 263)

überführen. Insbesondere bei Lenin ist eine unkritische Betrachtung der Technik als klassenneutral zu finden, die ein undialektisches Verhältnis des Sowjetmarxismus zu Naturwissenschaft und Technik zum Ausdruck bringt („Sozialismus = Sowjetmacht plus Elektrifizierung"): „Sozialismus ist undenkbar ohne großkapitalistische Technik, die nach dem letzten Wort modernster Wissenschaft aufgebaut ist, ohne planmäßige staatliche Organisation, die Dutzende Millionen Menschen zur strengsten Einhaltung einer einheitlichen Norm in der Erzeugung und Verteilung der Produkte anhält". (Lenin 1960: 332)

Da Marx die Entwicklung der menschlichen Geschichte als Folge der Dialektik zwischen Produktivkräften und Produktionsverhältnissen sah, wäre es aber zu erwarten, dass beide Elemente von marxistischen Autoren gleichermaßen problematisiert werden. „Wenngleich den Produktivkräften eine grundlegende Relevanz innerhalb des Marxschen Werkes zugeschrieben wird, so doch niemals als deterministischer Kraft, vielmehr wies Marx bereits in der Einleitung zur Kritik der Politischen Ökonomie u.a. in seinem fünften Gliederungspunkt auf die beabsichtigte Bearbeitung der ‚Dialektik der Begriffe Produktivkraft (Produktionsmittel) und Produktionsverhältnisse, eine Dialektik, deren Grenzen zu bestimmen und die realen Unterschiede nicht aufhebt' hin, welcher von ihm nicht mehr ausgeführt worden ist. Die analytische Behandlung der konkreten Dialektik zwischen den Produktionsverhältnissen und den materiellen Produktivkräften einer Gesellschaft lag für Marx und Engels außerhalb eines heute vielfach propagierten einfältigen ökonomisch-technischen Determinismus oder auch platten, mechanistischen Materialismus". (Methe 1981: 526)

Die Marxsche Kritik der kapitalistischen Produktionsweise konzentriert sich allerdings verhältnismäßig stärker auf die Produktionsverhältnisse, die als Hemmnisse für die Entwicklung der Produktionskräfte gesehen werden. Inwieweit die Produktivkräfte selbst von den kapitalistischen Produktionsverhältnissen geprägt sind, wird erst später von Autoren wie Herbert Marcuse[42] umfassender analysiert. Bensaid bemerkt, dass bei Marx insgesamt ein Widerspruch besteht zwischen einem produktivistischen Trend mancher Texte einerseits und einer Intuition andrerseits, dass technischer Fortschritt mit einer irreversiblen Zerstörung und Untergrabung der natürlichen Umwelt zusammenhängt. (Bensaid 1999) Auch wenn man es als eine Intuition interpretiert, denn die absolute Mehrheit der Denker im 19. Jahrhundert war von der Entwicklung der Technik und der industriellen Revolution begeistert, hat Marx als erster erkannt, dass in der kapi-

---

[42] Marcuse betrachtet Technik als Produkt der Herrschaftsverhältnisse in der Gesellschaft. Diese Technik ist sowohl bei der Herstellung als auch bei ihrer Anwendung von eindimensionalem Denken geprägt, nämlich von der auf der Verwertungslogik basierenden profitmaximierenden Zweckrationalität „Wird die Technik jedoch zur umfassenden Form der materiellen Produktion, so umschreibt sie eine ganze Kultur; sie entwirft eine geschichtliche Totalität – eine Welt. (...) Produktivität und Wachstumspotential dieses Systems stabilisieren die Gesellschaft und halten den technischen Fortschritt im Rahmen von Herrschaft". (Marcuse 1984: 169, 19)

talistischen Gesellschaft die Produktivkräfte in Destruktivkräfte umschlagen: „Die große Industrie. (...) subsumierte die Naturwissenschaft unter das Kapital und nahm der Teilung der Arbeit den letzten Schein der Naturwüchsigkeit. Sie vernichtete überhaupt die Naturwüchsigkeit, soweit dies innerhalb der Arbeit möglich ist, und löste alle naturwüchsigen Verhältnisse in Geldverhältnisse auf. (...) Ihre Entwicklung erzeugte eine Masse von Produktivkräften. (...). Diese Produktivkräfte erhalten unter dem Privateigentum eine nur einseitige Entwicklung, werden für die Mehrzahl zu Destruktivkräften, und eine Menge solcher Kräfte können im Privateigentum gar nicht zur Anwendung kommen. Sie erzeugte im Allgemein überall dieselben Verhältnisse zwischen den Klassen der Gesellschaft und vernichtete dadurch die Besonderheit der einzelnen Nationalitäten". (Marx 1969: 60)

Auch die Kritik von Engels ist besonders illustrativ für die Auseinandersetzungen mit der Technikentwicklung seiner Zeit, indem er vor einer unkritischen Fortschrittsauffassung warnt: „Schmeicheln wir uns indes nicht zu sehr mit unsren Siegen über die Natur. Für jeden solchen Sieg rächt sie sich an uns. Jeder hat in erster Linie zwar die Folgen, auf die wir gerechnet, aber in zweiter und dritter Linie hat er ganz andre, unvorhergesehene Wirkungen, die nur zu oft jene ersten Folgen wieder aufheben". (Engels 1973: 452) Obwohl bei Marx nicht klar zu erkennen ist, ob das Umschlagen der Produktivkräfte in Destruktivkräfte auf die Natur und Umwelt bezogen ist, weisen die Aussagen von Engels deutlich darauf hin, dass die Fortschritte der kapitalistischen Produktionsweise lediglich als Teilfortschritte verstanden werden können, die auf einer zerstörischen Ausnutzung der natürlichen Produktionsgrundlagen beruhen.

Diese destruktive Dimension der Entwicklung der Produktivkräfte wird von gegenwärtigen marxistischen Autoren aufgegriffen und weiterentwickelt. Neben dem von Marx ausführlich analysierten grundsätzlichen Widerspruch zwischen Produktivkräften und Produktionsverhältnissen in der kapitalistischen Produktionsweise wird zusätzlich der Widerspruch zwischen Produktivkräften und Produktionsbedingungen erkannt und die Grenzen der Entwicklung der Produktivkräfte werden aufgrund der von ihr verursachten Umweltzerstörung einbezogen (O'Connor 1998). Auch die katastrophale Erfahrung der bürokratisierten postkapitalistischen Länder (im sogenannten real existierenden Sozialismus) in Bezug auf die Umweltproblematik verstärkt die Notwendigkeit einer Rekonstruktion des Marxschen Ansatzes unter ökologischen Krisenbedingungen. (Methe 1981)

War nach den klassischen Marxschen Auffassungen die Notwendigkeit einer post-kapitalistischen Gesellschaft aus der Überzeugung gegeben, dass der Kapitalismus ökonomisch wie politisch vom Standpunkt der Menschheitsentwicklung nicht haltbar ist und eine volle Entfaltung der Produktivkräfte andere gesellschaftliche Verhältnisse erfordert, so wird – auf dem Hintergrund der globalen Umweltkrise – die ökologische Dimension einbezogen, die der Fortsetzung der kapitalistischen Produktionsweise Schranken setzt, denn statt zum Sozialismus kann sie zur Vernichtung der Menschheit und zum „Rückfall in die Barbarei"[43] führen. (Dickmann 1933) Dies entspricht jedenfalls der Marxschen Voraussetzung zur Stabilität jeder zukünftigen Gesellschaft, die von einer vollständig neuen und ausgewogeneren Beziehung des Menschen zur Natur abhängt. „Es ist also so weit gekommen, daß die Individuen sich die vorhandene Totalität der Produktivkräfte aneignen müssen, nicht nur um zu ihrer Selbstbetätigung zu kommen, sondern schon überhaupt um ihre Existenz sicherzustellen". (Marx 1969: 67)

Die Begründung eines Ökosozialismus[44] entsteht aus der Notwendigkeit der Naturbewahrung und zur Gewährleistung einer Überlebenschance für die Menschheit. Dies setzt voraus, dass die Ökologiebewegung sich einerseits von einem gewissen Trend zum Anti-Humanismus entfernt und sich der Marxismus andererseits vom Produktivismus trennt. Beide treffen sich schon in der Einschätzung, dass das Umschlagen der Produktivkräfte in Destruktivkräfte das zentrale zu lösende Problem für die menschliche Gattung und für die Gestaltung einer ökosozialen Gesellschaft ist. Die ökosoziale Utopie stellt die Menschheit vor die Herausforderung, die Fortschrittsideologie der kapitalistischen Moderne abzulehnen, um auf den Aufbau einer anderen Moderne zu setzen, in der die Zweckrationalität, die Atomisierung der Wirtschaft, die Quantifizierung der Produktion als Ziel an sich, die Diktatur des Geldes und die Reduzierung des sozialen Universums auf das Rentabilitätskalkül und die Kapitalakkumulation überwunden werden. (Löwy 1999)

Die kapitalistische Produktionsweise produziert weiter ihre eigene Negation[45] und zerstört die eigene Grundlage zur Kapitalakkumulation. Anderseits verfügt das Kapital immer noch über ein riesiges Expansionspotenzial, indem Gebiete und Produktionsformen in Wert gesetzt werden, „also der jeweiligen Produktionsweise untertänig gemacht werden, um als Wert zählen zu können". (Altvater 1986: 137) Die Gentechnik zählt zu diesem Expansionspotenzial und die in vielen Ländern noch existierenden landwirtschaftlichen Familienbetriebe werden in dem gleichen Maße zerstört wie die natürlichen Ressourcen, von denen sie grundsätzlich abhängen, um sich reproduzieren zu können.

Die Entwicklung der Produktivkräfte (nach Inhalt, Richtung, Anwendung, Zugang und globaler Verteilung) in der kapitalistischen Industriegesellschaft zeigt, dass diese Produktionsweise nicht in der Lage ist, die von ihr verursachten sozi-

---

[43] Luxemburg 1979.

[44] Wir beziehen uns hier auf Michael Löwy (2005). Die Ökosozialisten versuchen, grundsätzliche sozialistische Ideen von Marx und Engels mit Fortschritten der Ökologiebewegung zu verbinden, wobei ein Bruch mit der produktivistischen Fortschrittsideologie sowie der Kampf um eine neue menschliche Zivilisation im Mittelpunkt stehen, eine Zivilisation, die über die Macht des Geldes und das künstliche Konsumverhalten der kapitalistischen Gesellschaft hinaus geht.

[45] Vgl. Marx 1983a: 791.

alen und ökologischen Probleme zu lösen. Besonders in den Ländern des Südens sind die negativen Auswirkungen des induzierten Industriemodells an der Zunahme sozialer Ungleichheit und Umweltzerstörung sehr deutlich zu sehen. Die weltweit gravierende Umweltzerstörung und der zunehmende soziale Ausschluss von Menschen werden jedoch vom herrschenden Produktionsprozess externalisiert und größtenteils ignoriert. Die Externalisierung sozialer und ökologischer Kosten betrifft stärker die ärmeren Länder, die meistens ländlich geprägt sind. Da werden die meisten Bauern als Arbeiter unter das Kapital subsumiert, während deren Lebensgrundlage zusammen mit einer zunehmenden Beeinträchtigung der Umwelt zerstört wird.

Mit welchen Besonderheiten ist technischer Fortschritt in der Landwirtschaft konfrontiert? Welche Rolle spielt eigentlich technische Innovation im ländlichen Bereich und was sind deren wichtigste Auswirkungen in Bezug auf die Familienlandwirtschaft? Inwiefern ist der Einsatz der Agrarökologie angesichts des Zusammenhangs zwischen Umweltzerstörung und kapitalistischer Landwirtschaft zu berücksichtigen? Wie und nach welchen Voraussetzungen wird Technik in der brasilianischen Landwirtschaft durchgesetzt? Mit diesen speziellen Fragen werden wir uns im nächsten Kapitel beschäftigen, um danach mit einem gesamten theoretischen Hintergrund auf die spezifische Situation der Familienlandwirtschaft und die Sojaproduktion im nordwestlichen Grenzgebiet des Bundeslandes Rio Grande do Sul einzugehen.

Kapitel II – Charakter und Funktion des technischen Fortschritts in der Landwirtschaft

Die Landwirtschaft ist keineswegs isoliert von der gesamtgesellschaftlichen Entwicklung. Der Charakter und die Funktion des Einsatzes und der Anwendung von Technik entsprechen der Logik der Kapitalreproduktion sowohl in der Industrie als auch in der Landwirtschaft. Spezifische Merkmale der ländlichen Produktion spielen allerdings eine entscheidende Rolle bei der Geschwindigkeit technischen Fortschritts, was seinerseits die bisherigen Schwierigkeiten einer vollständigen Industrialisierung der Landwirtschaft erklärt. Die Besonderheiten der technischen Entwicklung in der Landwirtschaft sind jedoch nur im Zusammenhang mit der kapitalistischen Entwicklung der gesamten Gesellschaft zu verstehen. „Bevor wir die Bauernschaft betrachten, müssen wir die ganze Gesellschaft betrachten, (...) weil es unmöglich ist, die Bedeutung eines Einzelproblems richtig einzuschätzen, bevor man nicht die Probleme in ihrer Gesamtheit untersucht hat". (Moore 1969: 524,16)

Wissen ist ein soziales Produkt, das die Interessen und Bedürfnisse einer bestimmten Gesellschaft widerspiegelt. In der kapitalistischen Gesellschaft wird die Wissensentwicklung tendenziell von den Herrschaftsklassen bestimmt, um die notwendige Produktion und Reproduktion der kapitalistischen Produktionsweise sicher zu stellen. Sowohl die Entwicklung von Wissen als auch ihre Anwendung hängen von der Art der Gesellschaft und ihren Produktionsverhältnissen ab, d.h. Wissen ist in der strukturierten Gesellschaft mit Macht verbunden und wird sich tendenziell an deren Legitimation ausrichten. „Die Technik ist jeweils ein geschichtlich-gesellschaftliches Projekt; in ihr ist projektiert, was eine Gesellschaft und die sie beherrschenden Interessen mit dem Menschen und mit den Dingen zu machen gedenken. Ein solcher ‚Zweck' der Herrschaft ist ‚material' und gehört insofern zur Form selbst der technischen Vernunft". (Marcuse 1979: 127)

Wenn Wissen also keineswegs ideologiefrei ist und dessen Entwicklung, Auswahl und Anwendung von den Machtverhältnissen in der Gesellschaft politisch definiert sind, lautet die grundsätzliche Frage zum technischen Fortschritt folglich: Wem soll eigentlich eine entwickelte Technik letztendlich dienen? Wie Ullrich (1979) betont, herrscht Technik nur, indem sie funktioniert und solange sie funktioniert. Die Fragen nach dem was, wie und für wen produziert wird, sind entscheidend nicht nur, wenn Technik schon entwickelt ist, sondern besonders dann, wenn sie entwickelt wird. „Der Begriff der technischen Vernunft ist vielleicht selbst Ideologie. Nicht erst ihre Verwendung, sondern schon die Technik ist Herrschaft (über die Natur und über den Menschen), methodische, wissenschaftliche, berechnete und berechnende Herrschaft". (Marcuse 1979: 127) Von daher ist Technik auch keineswegs politisch neutral, denn sie ist niemals isoliert von der Machtstruktur der Gesellschaft. „Die in der Welt vorherrschende

Technik ist durch den und im Kapitalismus, aus den kapitalistischen Produktionsverhältnissen entstanden". (Széll 1982: 25) Das Ziel technischer Innovation in der kapitalistischen Gesellschaft ist nicht, die Arbeit so angenehm wie möglich zu machen, sondern „die Firma fragt sich einzig allein, was zu tun ist, um den maximalen Marktwert mit dem geringsten Geldaufwand zu produzieren". (Gorz 1980: 70)

Im dem Maße, wie sich der Kapitalismus – historisch gesehen – entwickelt und die Warenproduktion verallgemeinert hat, hat er sich auch Inhalt und Richtung der Wissensproduktion und ihrer Anwendung unterworfen. Dabei läuft alles auf eine bestimmte Art der Effizienz als Grundregel hinaus: Die privaten Gewinne der Eigentümer zu steigern. Dies kann entweder durch Veränderungen in der Organisation der Arbeit (durch deren Spezialisierung und Arbeitsteilung) oder durch die Anwendung geeigneter Maschinen und Werkzeuge ermöglicht werden. „Es ist deshalb die Hauptaufgabe der Forschung, das Veralten und die Ersetzung der Waren zu beschleunigen, sowohl der Konsumgüter als auch der Investitionsgüter, um auf diese Weise den Zyklus der Kapitalreproduktion zu beschleunigen und profitable Investitionsmöglichkeiten für eine wachsende Profitrate zu schaffen". (Gorz 1973: 96)

Auch wenn die Steigerung der Arbeitsproduktivität älter ist als die kapitalistische Gesellschaft, hat sie dennoch die Unterlegenheit der Arbeit gegenüber der kapitalistischen Produktionstechnik vertieft. Wie Marx es im *Kapital* beschrieb, konnte durch den Einsatz der Maschinerie die notwendige Arbeit zur Erzeugung der Waren verkürzt werden, um die Waren zu verbilligen und den Mehrwert zu steigern. „Gleich jeder andren Entwicklung der Produktivkraft der Arbeit soll sie Waren verwohlfeilern und den Teil des Arbeitstages, den der Arbeiter für sich selbst braucht, verkürzen, um den andren Teil seines Arbeitstags, den er dem Kapitalisten umsonst gibt, zu verlängern. Sie ist Mittel zur Produktion von Mehrwert". (Marx 1983a: 391)

Der technische Fortschritt ermöglicht eine Erhöhung der Geschwindigkeit des Produktionsprozesses durch die zunehmende Anwendung von konstantem Kapital, d.h. Investitionen in Werkzeuge, Anlagen und Maschinerie. Die Folgen dieses Prozesses sind doppelt: Steigerung der Produktivität und Ausbeutung der Arbeit einerseits und, wie Marx analysiert hat, ein relativ stärkeres und schließlich überwiegendes Wachstum des Kapitalanteils in Sachanlagen und Maschinerie (steigende „organische Zusammensetzung des Kapitals") andrerseits.

Deshalb ist hinsichtlich der gesamten kapitalistischen Wirtschaft zu bezweifeln, dass permanenter technischer Fortschritt die Profitraten stabilisiert, geschweige dauerhaft steigert. Denn es werden zwar mehr Maschinen eingesetzt und mehr Waren erzeugt, doch sinkt der Wert der Waren aufgrund der Verringerung der notwendigen Arbeitszeit. Aus der Sicht des einzelnen Unternehmers stellt es sich allerdings anders dar: Weil der Einsatz von Maschinen (konstantem Kapital) eine Investition ausmacht, die im Verlauf der Zeit entwertet wird, stellt die intensive Anwendung einer Maschine die Möglichkeit dar, die Kosten der Entwertung zu minimieren.

Gerade auf Grund der Konkurrenz gegenüber anderen Unternehmen ist der einzelne Kapitalist dazu gezwungen, schneller als seine Konkurrenten vom Vorteil des technischen Fortschritts zu profitieren, bevor die Preise anfangen zu sinken. Die Steigerung der Arbeitsproduktivität eines Betriebs erlaubt es dem Kapital, den dort geschaffenen Mehrwert zu steigern und sich zusätzlich Mehrwert anzueignen, der in anderen Unternehmen erzeugt wird (Mehrwertübertragung). Auf diese Weise gelingt es dem einzelnen Unternehmer, seine Profite über die durchschnittliche Profitrate zu steigern und Extraprofite zu erwirtschaften. Solange diese Bedingungen sich nicht verallgemeinern und die anderen Betriebe noch nicht soweit sind, profitiert ein einzelnes Unternehmen also von der kurzfristigen Senkung seiner Produktionskosten.

Aus diesem Grund ist es für einen Unternehmer wichtig, den Anteil der notwendigen Arbeit zur Produktion einer Ware im Verhältnis zur gesamten Arbeitszeit zu senken. Und die Alternative dazu lautet: technischer Fortschritt. Es ist also nicht der technische Fortschritt, der einen Unternehmer zur Akkumulation zwingt, sondern die Notwendigkeit zur Akkumulation. „Der Kapitalist, der als erster eine Maschine einführt, erhält solange einen Extraprofit, bis die massenhafte Einführung ähnlicher Maschinen einen neuen Wert und Preis für die erzeugte Ware festsetzt. In der Jagd nach Profit entwickeln die Kapitalisten die Technik“. (Kusin 1969: 82)

2.1. Die spezifische Situation des technischen Fortschritts in der Landwirtschaft

Zunächst ist wichtig, darauf hinzuweisen, dass die Senkung der Preise landwirtschaftlicher Produkte zur Senkung der Entgelte der Beschäftigten in der Stadt beitragen kann, denn billigere Lebensmittel führen zur Senkung der Kosten der notwendigen Arbeit d.h. der Reproduktion der Arbeiter in der Industrie. Schon aus diesem Grund ist es für die gesamte kapitalistische Wirtschaft wichtig, dass technischer Fortschritt in der Landwirtschaft stattfindet, der genauso wie in der Industrie zur Steigerung der Arbeitsproduktivität führen soll. Autoren wie Carvailhés (1981) sehen gerade in diesem Zusammenhang den Grund, weswegen es die Kapitalisten interessiere, die kleinbäuerliche Landwirtschaft zu erhalten. Sie hätten festgestellt, dass die Erhaltung der Familienlandwirtschaft die beste Alternative ist, um die Reproduktionskosten der Arbeiterklasse in der Industrie zu reduzieren und gleichzeitig die Grundrente zu vermeiden.

Diese Sichtweise unterstellt allerdings, als ob es eine übergreifende Klassenentscheidung der Kapitalisten gäbe, die im Namen ihres Gesamtinteresses handelt, oder mit anderen Worten, dass es so etwas wie eine höhere Instanz gäbe, die im Interesse aller Einzelkapitalisten die besten und langfristig richtigen Entscheidungen treffen würde. Im real existierenden Kapitalismus sieht es allerdings ganz anders aus, denn die Kapitalisten tendieren dazu, um kurzfristige Vorteile und Profit zu konkurrieren und nicht dafür zu sorgen, dass das gesamte System rationell und geplant langfristig gut funktioniert. Aus diesem Grund beschrieb Marx die kapitalistische Gesellschaft als eine anarchische Welt, was der Realität sicherlich näher kommt.

Die Agrarindustrie versucht, den Bauern Techniken beizubringen, um die Arbeitsproduktivität und den entsprechenden relativen Mehrwert des gesamten Systems zu steigern. Die Arbeit einer Bauernfamilie wird durch den Einsatz von moderner Technik an die Logik kapitalistischer Produktion angepasst. "Ländliche Arbeitskräfte sind nach wie vor in besonderem Maße politisch disziplinierbar". (Brüggemann/Riehle 1986: 28-29) Durch die Arbeitsteilung wird es ähnlich wie bei der Industrie möglich, die Planung der Arbeit von deren Durchführung zu trennen, wobei der Bauer wie ein Industriearbeiter der Herrschaft der Technik unterworfen wird. Vorausgesetzt, dass es eine Korrespondenz zwischen dem technischen Paradigma und dem politischen System gibt, werden Bauern allmählich durch die politischen Institutionen dazu gebracht, sich an das für die kapitalistischen Verhältnisse geeignete technische Modell anzupassen. „Mit der wachsenden Einordnung des Bauern in das Gesamtsystem hat der Zwang zur Akkumulation, zur Vergrößerung der Bestände, zur Erhöhung der Leistungen des Viehs und des Bodens auch den Produkten der Tätigkeit des Bauern vollständig Warencharakter ausgedrückt. Kein Bauer kann es sich mehr leisten, andere als ökonomische Kategorien zur Richtschnur seiner Produktion zu machen". (Poppinga 1975: 134)

Die sogenannte Industrialisierung der Landwirtschaft bringt dennoch Schwierigkeiten mit sich, die aus der Besonderheit der landwirtschaftlichen Produktion erklärt werden müssen. Um die Arbeitsproduktivität in der Landwirtschaft zu steigern, spielen im Grunde zwei Faktoren eine Rolle, das Kapital und die Natur. Um sich in der Landwirtschaft reproduzieren zu können, ist das Kapital zusätzlich von natürlichen Faktoren abhängig – zu denen vor allem der Boden zählt –, die bei der Industrie keine entscheidende Rolle spielen. Die landwirtschaftliche Produktion ist also von drei externen Faktoren abhängig: a) den biologischen Prozessen, b) dem Einfluss der Natur und c) dem Boden.

Die biologischen Prozesse verhindern eine hochentwickelte Arbeitsteilung in der Landwirtschaft. Auch bei den Monokulturen ist nur eine einfache Zusammenarbeit der Arbeiter möglich, wie zum Beispiel das Ernten in Gruppen, um schneller zu arbeiten und Verluste zu reduzieren. Eine komplexe, integrierte Arbeitsteilung, wie sie in der modernen Industrie zu finden ist, kann in der Landwirtschaft nicht funktionieren, weil hier Zeiten der Nichtarbeit eintreten, die von den biologischen Prozessen bestimmt werden. Weil die Produktionsperiode (mit ihren Phasen Keimen, Wachstum, Reifen) der Pflanzen von der Natur abhängt, wird die Zirkulation des Kapitals in der Landwirtschaft reduziert. Und wenn das

Kapital „stehen bleibt", führt es zur Entwertung und zu Hemmnissen bei der Schaffung von Wert. Je länger eine Maschine „stehen bleibt", umso weniger lohnt es sich, sie einzusetzen. Die Alternative für manche Bauern dazu ist, ihre Maschinen für andere Bauern einzusetzen, die sie sich nicht leisten können, oder Maschinenringe zu organisieren, damit das Potential einer Maschine möglichst gut ausgenutzt wird. Das Problem der Zeiten der Nichtarbeit wird dadurch aber nicht gelöst, sondern der technische Fortschritt verschärft es sogar. Obwohl gerade durch Technik versucht wird, den Einfluss biologischer Prozesse in der Landwirtschaft zu reduzieren, finden sich auch weiterhin Begrenzungen, auch bei hoch entwickelten Pflanzensorten.

Zwänge der Natur sind im Zusammenhang mit den biologischen Prozessen zu sehen. Die Natur beeinflusst und bestimmt ganz erheblich den Produktionsprozess in der Landwirtschaft (v.a. Jahreszeit, Temperatur, Niederschlag, Feuchtigkeit, Photosynthese). Eine Beeinflussung dieser Faktoren (durch Gewächshäuser, Bewässerung, Abdeckung mit Folien, Wärmezuführung gegen Frostgefahren o.ä.) hat ökonomische und technische Grenzen. Sie lohnt sich bei bestimmten Produkten und Produktgruppen (Gemüse, gewisse Beeren, Zierpflanzen, Blumen usw.) aber der Aufwand steigt bei flächenintensivem Anbau und wird irgendwann unwirtschaftlich. Die landwirtschaftliche Technik muss sich also grundsätzlich an die Umwelt anpassen und nicht umgekehrt, wie es bei der Industrie der Fall ist, wo die Umwelt an die Maschine angepasst wird und Bedingungen geschaffen werden, um den Produktionsprozess von der Natur zu trennen.

Die Abhängigkeit landwirtschaftlicher Produktion vom Boden ist von dessen Fruchtbarkeit und Lage bestimmt. Die Fruchtbarkeit eines Bodens hängt mit dessen Eigenschaften zusammen (wie physische Struktur, Nährstoffe), die für bestimmte Pflanzen besser geeignet sind und daher ein Differential zu anderen Böden darstellen. Der Boden ist nicht nur ein Substrat, sondern ein komplexes System, das Leben enthält (Bakterien, Pilze, Insekten und zahlreiche weitere Kleinlebewesen). Von daher steht dieser Faktor auch im Zusammenhang mit den biologischen Prozessen und mit der Natur. „Es ist nun mal das grundlegende ‚Prinzip' der Landwirtschaft, daß sie mit Leben, das heißt mit lebenden Substanzen, zu tun hat. Ihre Erzeugnisse sind die Ergebnisse von Lebensprozessen, und ihr Produktionsmittel ist der lebende Boden". (Schumacher 1981: 100) Aber noch wichtiger ist, dass der Boden einen qualitativ und quantitativ begrenzten Produktionsfaktor darstellt. Ziel des technischen Fortschritts ist es, den Boden an die kapitalistischen Produktionsbedingungen anzupassen, etwa durch die chemische Düngung, womit eine Alternative zur quantitativen Grenze des Bodens gefunden wurde. Die Lokalisierung von marktnahen Böden stellt einen wichtigen Vorteil im Vergleich zu anderen Böden dar, die einen höheren Anteil an Transportkosten für die landwirtschaftliche Produktion verursachen. Lokalisierungsprobleme wurden ihrerseits durch die Entwicklung des Verkehrswesens und die Schaffung näherer Märkte teilweise überwunden.

Soziale Verhältnisse spielen eine entscheidende Rolle bei der Bodenfrage. Weil es sich um einen begrenzten Produktionsfaktor handelt, der nicht vermehrbar ist, führt der Grundbesitz zur Zahlung der Grundrente, ein Hemmnis für die Mobilität des Kapitals. Wenn es in einem Land keine „herrenlosen" oder brachliegenden nutzbaren Böden mehr gibt, nehmen die Konflikte um den Mehrwert der landwirtschaftlichen Produktion zwischen dem Grundbesitzer und dem Kapitalisten zu. Auch in dieser Hinsicht wird technischer Fortschritt als Alternative gesehen, um den Produktionsprozess von der Rente zu befreien: Durch chemische Düngung und Verbesserungen im Transportwesen wird versucht, fruchtbaren und günstig gelegenen Boden zu „vermehren".

2.2. Die Rolle technischer Innovationen in der Landwirtschaft

Wie bereits erwähnt, führt die Reduzierung der Arbeitszeit in der Landwirtschaft nicht unbedingt zur Reduzierung der Produktionszeit, sondern zunächst nur zur Erhöhung der Zeiten von Nichtarbeit, was die Erzeugung von Mehrwert entsprechend nicht proportional erhöht. Dennoch wird durch technische Innovation versucht, die Zirkulationszeit des Kapitals in der Landwirtschaft zu verringern. Im Grunde sind bisher vier Arten technischer Innovationen in der Landwirtschaft entwickelt worden: a) mechanische, b) physikalisch-chemische, c) biologische und d) agronomische Innovationen[46].

Durch mechanische Innovationen ist eine Veränderung der Intensität der Arbeit zu erreichen, aber anders als in der Industrie verändert die Mechanisierung in der Landwirtschaft nicht die Produktionszeit einer Ware, und wenn sie die Arbeitszeit reduziert, führt sie zur Erhöhung der Zeiten von Nichtarbeit. Durch physikalisch-chemische Innovationen kann eine Verbesserung der Bodenbedingungen zur Ertragserhöhung und Verringerung der Verluste erreicht werden, zum Beispiel durch Bewässerung, Dränage, Terrassenbau und Bekämpfung der Bodenerosion. Auch der Einsatz von Pestiziden verringert die Arbeitszeit und kann zur Ertragserhöhung beitragen, da mögliche Verluste durch Krankheiten, Schädlinge und Unkräuter verhindert werden können.

Die chemische Düngung kann die Arbeitsproduktivität erhöhen, indem sie den Bodenertrag steigert und zu mehr Produktion bei Einsatz gleicher Arbeitszeit führt. Chemische Düngung reduziert also die durchschnittliche notwendige Arbeitszeit für die Erzeugung einer Produkteinheit. Die biologischen Innovationen können zur Verringerung der Zirkulationszeit des Kapitals durch eine Verringerung der Produktionszeit und Potenzierung der mechanischen und physikalisch-chemischen Innovationen beitragen. So entspricht die Entwicklung neuer Sorten diesen Interessen des Kapitals, da sie eine künstliche Reproduktion der Natur in kurzer Zeit ermöglicht. Die Industrialisierung der Landwirtschaft und das Bestreben, biologische Prozesse und natürliche Grenzen zumindest teilweise zu

---

[46] Diese Klassifizierung basiert auf Janvry (1973).

überwinden, führt zu weiteren und in ihren Folgen unabsehbaren Naturveränderungen. Mit agronomischen Innovationen ist die Erhöhung der Arbeitsproduktivität in der Landwirtschaft ohne die Einführung zusätzlicher Produkte gemeint. Es geht um die Einführung neuer Organisationsmethoden und die Kombination bereits vorhandener Ressourcen. Die agronomischen Innovationen funktionieren eigentlich als Bindeglied zur lokalen Anpassung der Technik an verschiedene Böden und klimatische Verhältnisse. Und weil sie keine zusätzlichen Inputs erfordern, führen sie meistens zur Erhöhung der Rentabilität landwirtschaftlicher Produktion.

Die Landwirtschaft unterliegt generell denselben Gesetzmäßigkeiten kapitalistischer Produktion wie die Industrie, je mehr sie in die Marktwirtschaft integriert wird. Der Zwang des Kapitals, sich selbst ständig vermehren zu müssen, führt auch in der Landwirtschaft zur Revolutionierung ihrer Produktionsmittel. Der Technikeinsatz wird zur Profitmaximierung genutzt, indem durch die Anwendung produktiverer Methoden eine Steigerung der Arbeitsproduktivität erreicht werden kann. Dies erlaubt eine Steigerung der relativen Mehrwertproduktion, die jeden Kapitalisten dazu treibt, in technischen Fortschritt zu investieren. Werden die anzuwendenden Arbeitsinstrumente effektiver, kann dadurch ein Extramehrwert und schließlich Extra-profit erreicht werden, der die Position des einzelnen Kapitalisten im Wettbewerb mit den anderen zunächst verbessern kann.

Investitionen in arbeitssparender Technik haben jedoch nach Marx' Analysen die Konsequenz, dass sie zum tendenziellen Fall der Profitrate führen, denn sie sparen eigentlich an dem Produktionsfaktor, der grundsätzlich für die Schaffung von Wert verantwortlich ist, nämlich an der Arbeit, dem variablen Kapital. Die Profitrate ist das Verhältnis zwischen dem Mehrwert und dem investierten Kapital und das Ziel kapitalistischer Akkumulation. Damit die Profitrate steigt oder wenigstens gleich bleibt, ist es notwendig, dass die Mehrwertproduktion überproportional im Verhältnis zum eingesetzten Kapital steigt. Trifft dies nicht zu, fällt die Profitrate und es wird dadurch weniger interessant, zu investieren.

Im kapitalistischen Wettbewerb wird zunehmend in konstantes Kapital investiert, das eigentlich keinen Wert schafft, sondern dazu dient, die Arbeit produktiver zu machen, also den Mehrwert zu steigern. Steigt die Arbeitsproduktivität, so wird die Arbeit im Verhältnis zum konstanten Kapital geringer, denn mit weniger Arbeitskraft wird es möglich, mehr zu produzieren. Da aber nur die Arbeit den Wert der Waren schafft, kann es selbstverständlich in einer Marktwirtschaft nicht lange dauern, bis die Preise, also der Tauschwert der Waren, fallen. Daraus ergibt sich folgende Konsequenz: Jeder Kapitalist ist dazu herausgefordert, einen so hohen, besser maximalen Mehrwert zu erzielen, damit es sich weiter lohnt, zu produzieren und weiter in das konstante Kapital zu investieren. Der Druck zum Überleben ist gleichzeitig der Druck zu mehr Ausbeutung der Arbeit. „Es ist daher der immanente Trieb und die beständige Tendenz des Kapitalismus, die Produktionskraft der Arbeit zu steigern". (Marx 1983: 338)

Auch innerhalb der Landwirtschaft selbst spielt die Verringerung der Preise landwirtschaftlicher Produkte eine positive Rolle, weil dadurch die Landarbeiter geringere Reproduktionskosten für den Betrieb verursachen. Problematisch aber ist die Besonderheit der Landwirtschaft, dass die durch den Einsatz arbeitssparender Technik mögliche Reduzierung der Arbeitszeit nicht notwendigerweise zu einer Reduzierung der Produktionszeit der Waren führt, sondern zunächst zur Erhöhung der Zeiten von Nichtarbeit. Um damit zurechtzukommen, besteht für Lohnarbeitsbetriebe die Alternative, Landarbeiter ausschließlich saisonbedingt einzusetzen. Bei den Familienbetrieben gibt es die Möglichkeit, in bestimmten Jahresperioden außerhalb des eigenen Betriebs zu arbeiten. Kleinbauern, die selbst für ihren Lebensunterhalt sorgen und in bestimmten Jahresperioden als Lohnarbeiter eingesetzt werden, können den Lohnarbeitsbetrieben die Möglichkeit bieten, für geringere Löhne zu arbeiten als die Landarbeiter, denn jene haben wegen der Zeiten von Nichtarbeit in ihrem Betrieb keine andere wirtschaftliche Beschäftigung. Sollten diese Bauern als Lohnarbeiter mehr verdienen als in ihrem eigenen Betrieb, gibt es, wirtschaftlich gesehen, keinen Grund dafür, dass sie den Familienbetrieb weiter betreiben und sie werden schließlich zu Landarbeitern. „Die Rationalisierung der landwirtschaftlichen Produktion verlief schneller als in anderen Bereichen, und sie schreitet ständig fort. Die sozialen Folgen dieser Veränderungen betreffen allerdings nicht allein das Arbeitshandeln, sie betreffen die Art und Weise bäuerlichen Lebens überhaupt". (Brüggemann/Riehle 1986: 31)

Mit der Reduzierung der Arbeitszeit werden selbst in den arbeitsintensiven Jahresperioden immer weniger Menschen im Produktionsprozess eingesetzt, denn mit Hilfe von Technik wird es möglich, große Flächen mit geringerem Arbeitseinsatz zu bewirtschaften. Die Investitionen in Technik führen allerdings, wie bereits erwähnt, zur steigenden organischen Zusammensetzung des Kapitals und folglich zum tendenziellen Fall der Profitrate. Um weiter bestehen zu können, stehen die landwirtschaftlichen Betriebe vor der Herausforderung, sich ständig zu vergrößern. Die Zentralisation der Produktion ist in diesem Sinne ein weiteres Mittel zur Steigerung der Arbeitsproduktivität und Effektivierung der Technikanwendung. Durch mehr Zusammenarbeit und Arbeitsteilung ist es möglich, die für die Produktion erforderliche Menge an Arbeit zu verringern. Außerdem können die Vorteile einer *economy of scale* genutzt werden, sowohl beim Einkauf als auch beim Verkauf größerer Mengen von Produkten. Im Konkurrenzkampf mit anderen Betrieben kann ein größerer Betrieb kleinere eliminieren, indem er Konkurrenten aufkauft und in einem einzigen Produktionsprozess integriert. „Die größeren Kapitale schlagen daher die kleineren. Die Konkurrenz rast hier in direktem Verhältnis zur Anzahl und im umgekehrten Verhältnis zur Größe der rivalisierenden Kapitale: Sie endet stets mit dem Untergang vieler kleinerer Kapitalisten, deren Kapitale teils in die Hände des Siegers übergehen, teils untergehen". (Marx 1983: 654) Der Trend zur Landkonzentration und Landflucht ist von der Logik der kapitalistischen Produktionsweise vorgegeben, und die Bauern werden unter den Druck gesetzt, entweder den Betrieb zu vergrößern und daraus ein Agrarunternehmen zu machen oder ihn aufzugeben. „Die Industrialisierung hat die Bauern erst relativ spät erfasst. (...) Ein Ausscheren bäuerlicher Produktion aus den Bedingungen der gesamtökonomischen Entwicklung ist nicht möglich, ökonomische Kriterien bestimmen die Grundlage bäuerlicher Existenz. Verläßt hingegen ein Bauer sein Land, dann nur, weil er ökonomisch ausgepowert wurde, und mit der Konsequenz, sozial zu verarmen" (Brüggemann/Riehle 1986: 28).

Der ökonomische Grund dafür liegt in der Begrenzung der Fläche für den Bestand der Familie, was auch schon in der Geschichte der Einwanderung deutlich wurde[47]. Andrerseits kann es aber auch dazu kommen, dass Lohnarbeitsbetriebe zu Familienbetrieben werden, indem sie dazu fähig sind, große Flächen zu bewirtschaften, ohne dabei Lohnarbeiter einstellen zu müssen, da sie mit Hilfe der Technik ausschließlich mit der Arbeitskraft der eigenen Familie zurecht kommen können. Ein großes Problem bei der Zentralisation in der Landwirtschaft ist jedoch die Organisation und Kontrolle der Arbeit, die schwieriger wird, je größer die zu bewirtschaftende Fläche ist. Es entstehen Verwaltungs- und Überwachungskosten, die bei kleinen Betrieben so nicht vorkommen und hinsichtlich der notwendigen Geschicklichkeit der Angestellten im ländlichen Bereich an Bedeutung gewinnen, wenn sich die bewirtschaftete Fläche vergrößert. Dies ist ein wichtiger Grund dafür, dass Großbetriebe sich möglichst auf Aktivitäten konzentrieren, die nicht arbeitsintensiv sind, und die Anwendung von Technik vorziehen, die den Produktionsprozess vereinfacht. In dieser Perspektive steht die Frage der Unkompliziertheit bei der Gensoja im Mittelpunkt der Interessen kapitalistischer Landwirtschaft und ist für große Betriebe wichtig wie die Priorität für Monokulturen, in diesem Fall die Sojamonokultur.

Die meisten dieser technischen Innovationen in der Landwirtschaft ändern nicht die Produktionszeit einer Ware. Sie beschränken sich auf die Erhöhung der Produktivität und die Verringerung von Verlusten. Wichtige Entdeckungen in der Chemie haben zur Entwicklung von Lösungen zu grundsätzlichen Problemen wie der Begrenzung, Lokalisierung und Fruchtbarkeit des Bodens enorm beigetragen. Die durch den Chemieeinsatz ermöglichte Erhöhung der Flächenproduktivität, die sich besonders zu Beginn positiv nachweisen lässt, führt in aller Regel zur Erhöhung der Arbeitsproduktivität, denn mit gleichem oder geringerem Arbeitseinsatz wird es möglich, mehr zu produzieren. Ausschließlich die biologischen und agronomischen Innovationen bilden indes die Grundlage eines Prozesses, in dem das Kapital versucht, die Barrieren der Natur zu überwinden. Seitdem dies möglich geworden ist, fragt man sich allerdings, warum techni-

[47] Siehe Kapitel III.

scher Fortschritt in der Landwirtschaft immer noch besondere Schwierigkeiten im Vergleich zum technischen Fortschritt in der Industrie mit sich bringt.

Es gibt Autoren[48], die darauf antworten, dass die Besonderheiten der Landwirtschaft unvereinbar seien mit der kapitalistischen Logik und deshalb diesen Bereich unattraktiv für Investitionen macht. Für Marx und Kautsky im Anschluss an ihn ist dabei jedoch das Grundeigentum das entscheidende Problem, wodurch die Entwicklung einer rationelleren Landwirtschaft verhindert wurde. Der Grundeigentümer ist nach Kautsky „für den landwirtschaftlichen Betrieb völlig überflüssig; er ist weder organisatorisch noch kommerziell tätig wie der kapitalistische Unternehmer, er hat nichts zu tun, als diesem möglichst hohe Pachtzinse zu erpressen und sie mit seinen Parasiten zu verzehren". (Kautsky 1966: 86) Auch Lenin (1979) argumentiert, dass das Grundeigentum für die kapitalistische Produktion nicht nur ein Hemmnis, sondern gar nicht nötig ist. Die Aufrechterhaltung privaten Grundeigentums in der kapitalistischen Gesellschaft ist nach Marx nur dadurch begründet, dass die Bourgeoisie nicht den Mut zur Leugnung des privaten Grundeigentums habe, weil sie die Übertragung des Angriffs auf das Grundeigentum auf jede Art privaten Eigentums fürchte und, dass nach der ersten Phase des Kapitalismus die Bourgeoisie sich selbst als Klasse am Grundeigentum verortet habe. „In der Praxis fehlt jedoch die Courage, da der Angriff auf eine Eigentumsform – eine Form des Privateigentums an Arbeitsbedingungen – sehr bedenklich für die andre Form würde. Außerdem hat der Bourgeois sich selbst territorialisiert". (Marx 1969: 39)

Die Erklärung für die Schwierigkeiten, technischen Fortschritt in der Landwirtschaft einzuführen, scheint aber nicht an den Barrieren der Natur oder am Grundeigentum allein zu liegen, sondern in den eigenen Grenzen der Entwicklung kapitalistischer Produktion in der Landwirtschaft. Es schien bisher nicht möglich gewesen zu sein, einen so hohen Grad an Entwicklung der Produktionskräfte in der Landwirtschaft wie in der Industrie zu erzielen. Die entscheidende Frage besteht in der privaten Aneignung der Resultate technischen Fortschritts in der Landwirtschaft. Eine Maschine kann patentiert werden; bei biologischen Innovationen war dies bisher jedoch schwierig, denn ihre Anwendung ist auf bestimmte Bedingungen begrenzt. Dadurch hat sie unter Anpassungsproblemen gelitten und eine regionale oder lokale Anpassung verursachte zusätzliche Kosten, die möglicherweise nur von staatlichen Institutionen übernommen werden konnten. Das schwierigste Problem war jedoch die Kontrolle intellektuellen Eigentums, denn die Vermehrung neuer Sorten von Seiten der Bauern selbst erschwerte das Monopol eines Unternehmens. Wie Nakano (1980) herausstellt, wird die Konzentration im landwirtschaftlichen Produktionsprozess dadurch erschwert, dass es ein begrenztes Potenzial zur Differenzierung der Produkte gab und es unmöglich war, durch die Ausbreitung technischer Innovationen hohe Profite zu sichern. Dies führt nach Owen (1966) und Loureiro

[48] Vgl. Mann/Dickinson (1978).

(1981) dazu, dass die Agrarindustrie in der Landwirtschaft die Expansion ihrer Profitrate begrenzt sieht.

So kann man wohl davon ausgehen, dass beim technischen Fortschritt in der Landwirtschaft ein Widerspruch zwischen der Notwendigkeit, die Produktionskräfte zu entwickeln und der Schwierigkeit, die Resultate privat anzueignen, bestanden hat. Nach der Erfindung der Gentechnik und der Garantie einer Kontrolle des Einsatzes neuer Technologie durch die Patentrechte kann dies allerdings grundsätzlich überwunden werden und deshalb neue Chancen kapitalistischer Akkumulation im landwirtschaftlichen Bereich eröffnen. „In den technischen Möglichkeiten innerhalb der Biotechnologie sieht die agrochemische Industrie die entscheidenden Voraussetzungen gegeben, die nun doch eine Patentierung möglich machen und entsprechende Gewinne garantieren sollen". (Brockskothen 1990: 54)

Indem biologische und agronomische Innovationen die Möglichkeit bieten, die Zirkulationszeit des Kapitals in der Landwirtschaft zu verringern und gleichzeitig die mechanisch-physischen Innovationen zu potenzieren, eröffnet die Entwicklung neuer Pflanzensorten mit Hilfe der Gentechnik einen Weg zur Mehrwertproduktion, der bisher der Landwirtschaft verschlossen war und folglich neue Möglichkeiten zur Kapitalakkumulation, was eigentlich das allgemeine Ziel technischen Fortschritts ist: „Der Hauptzweck von Forschung und Neuerung besteht in der Schaffung neuer Möglichkeiten für profitable Kapitalinvestition". (Gorz 1973: 96-97) Inwieweit darin das Potenzial besteht, natürliche Grenzen der Natur zu überwinden, bleibt offen. Der Konkurrenzkampf hat jedoch schon begonnen, und die Werbung der Agrarkonzerne weckt Hoffnungen unter den Bauern, Alternativen in dieser Richtung entwickeln und anbieten zu können, die für den Wettbewerb eines landwirtschaftlichen Betriebs entscheidend sind. Wie bei den meisten technischen Innovationen kommt es darauf an, zu den Ersten zu gehören, um von den Vorteilen der Technik profitieren zu können. Insofern ist dieser Treibeffekt, der von riesigen Werbungsaktionen und anderen Maßnahmen für kurzfristige Vorteile begleitet wird, entscheidend, damit diese vorläufig letzte kapitalistische Innovation sich de facto durchsetzt.

Die Gensoja ist bisher als biologische Innovation auf eine Herbizidresistenz beschränkt. Dennoch wird schon an Sorten gearbeitet, die eine Trockenheitsresistenz aufweisen und einen höheren Anteil an bestimmten Nährstoffen beinhalten sollen (Agrol 2005). Beide Faktoren sind im Wettbewerb entscheidend, sowohl was die Verringerung des Einflusses der Natur betrifft als auch die Steigerung der Qualität der Produktion für die Konsumenten. Die Bauern können durch die Anwendung der Gentechnik die Produktivität der Arbeit und folglich ihre Mehrwertproduktion steigern. Für die Agrarkonzerne bietet das Patentrecht über geistiges Eigentum (*intellectual property rights*) die Chance, Resultate ihrer wissenschaftlichen Entdeckungen privat anzueignen, was konkret durch die Zahlung von Lizenzgebühren ermöglicht wird.

Durch die Technikentwicklung stellen die Agrarkonzerne Alternativen zur Verfügung, um die Mehrwertproduktion in der Landwirtschaft zu steigern und verfügen gleichzeitig über die Mittel, den Bauern erhebliche Teile der erzeugten Mehrwertproduktion durch das wirtschaftlich-technische Abhängigkeitsverhältnis wegzunehmen. Von den meisten Bauern wird die Zahlung von Lizenzgebühren akzeptiert, denn schließlich haben die Agrarkonzerne Kapital in Forschung investiert. Eine Investition, die sich nach kapitalistischen Kriterien selbstverständlich lohnen soll. Von den Bauern selbst wird die Gentechnik als Wettbewerbsfaktor betrachtet, denn nach der Logik kapitalistischer Produktion muss jeder wirtschaftliche Vorteil vom einzelnen Kapitalisten möglichst gut genutzt werden, um angesichts des tendenziellen Falls der Profitrate weiter im Geschäft bleiben zu können.

Die Produktionskosten sind ein wichtiger Faktor für die wirtschaftliche Überlebensfähigkeit eines landwirtschaftlichen Betriebs. Durch den Einsatz neuer Techniken, die eine Erhöhung der Arbeitsproduktivität ermöglichen, steigen zunächst die Produktionskosten. Dennoch ist ein Betrieb dazu gezwungen, dem neuesten Stand der Technik zu folgen, damit er überhaupt in der Lage ist, mit den anderen Betrieben zu konkurrieren, und zwar auf internationaler Ebene.

Die Erhöhung der Arbeitsproduktivität führt jedoch, insgesamt gesehen, zur Senkung der Preise landwirtschaftlicher Produkte auf dem Weltmarkt und, um diese Situation aushalten zu können, scheint es nur eine Alternative zu geben: Die Produktion zu erhöhen, damit die Produktionskosten auf eine größere Menge verteilt werden und folglich je Produkteinheit sinken. „Zweifellos ist es zum großen Teil auf die höheren Gewinne und geringeren Kosten der größeren Besitze zurückzuführen, daß die Durchschnittsgröße der landwirtschaftlichen Betriebe zunahm“. (Moore 1974: 43)

Der Bauer gerät aber in einen Teufelskreis, weil die Erhöhung der Produktion wieder zur Senkung der Preise führt. Wie Giedion den Prozess beschreibt, haben die Bauern durch die auf den Export ausgerichtete Landwirtschaft eine neue Sorge mehr, die sie früher überhaupt nicht kannten, nämlich die Sorge, dass sie zu viel produzieren. Giedion schlussfolgert: „Die ökonomische Unsicherheit beruht nicht mehr wie früher auf Mißernten, sondern auf Überschußproduktion“. (Giedion 1982: 194)

Der Welthandel vertieft die Konkurrenz zwischen den Bauern, die ihrerseits durch die zunehmende Massenproduktion gezwungen werden, sich auf bestimmte Produkte zu spezialisieren. Es ist der Strukturwandel des Bauern vom Selbstversorger zum Spezialisten. Um bestehen zu können, wird jeder Bauer sich als Konkurrent des anderen sehen, denn wenn die Konkurrenten es schaffen, ihn mit ihrer Produktivität zu übertreffen, können sie sein wirtschaftliches Überleben bedrohen. Da jeder Kapitalist ausschließlich an seinen eigenen Betrieb denkt und versucht, die kurzfristige Chance zur Profitmaximierung möglichst weitgehend auszunutzen, bevor die Preise sinken, wird auch der Kleinbauer den technischen Fortschritt zunächst als eine Gelegenheit zur Verbesserung seiner Produktionsform sehen.

2.3. Technischer Fortschritt und Erhaltung der Familienlandwirtschaft

Der technische Fortschritt konnte bisher den handwerklichen Charakter der Arbeit in der Landwirtschaft nicht so stark verändern wie in der Industrie. Auch wenn durch den technischen Fortschritt die landwirtschaftlichen Werkzeuge enorm verändert wurden, erlebte der gesamte Arbeitsprozess in der Landwirtschaft nicht die Veränderungen, die in der Industrie stattgefunden haben. In der Industrie wurde der Charakter der handwerklichen Arbeit in dem Maße auseinandergerissen und in eine höher entwickelte komplexe Form integriert, dass es nicht mehr möglich ist, auf ihre konstituierenden Teile zurückzukommen. Eine Fabrik ist nicht die Summe von handwerklichen Teilen, sondern ein komplexes System, das einheitlich funktioniert und eine Logik der Arbeitsteilung vorantreibt und ausnutzt, die den vorherigen Produktionsformen völlig überlegen ist.

In der Landwirtschaft ist ein größerer Betrieb eine Summe kleinerer Produktionseinheiten, und der Erfolg mit den neuen Werkzeugen ist größtenteils immer noch von der Geschicklichkeit der Bauern abhängig. Auf diese Besonderheit der Landwirtschaft, die eine totale Arbeitsteilung unmöglich macht, hat bereits Adam Smith hingewiesen: „Der Pflüger, der Egger, der Sämann und der Schnitter sind oft ein und derselbe. Da die Anlässe für diese verschiedenen Arten von Arbeit mit den verschiedenen Jahreszeiten wiederkehren, ist es unmöglich, einen Mann mit einer von ihnen ständig zu beschäftigen". (Smith 1999: 91) Ein Bauer im Familienbetrieb und ein landwirtschaftlicher Angestellter können also die gleichen Werkzeuge anwenden, was gegen die angebliche technische Überlegenheit großer landwirtschaftlicher Betriebe gegenüber kleineren spricht.

Nach Abramovay (1992) besteht keine Unvereinbarkeit des technischen Fortschritts mit der Familienlandwirtschaft, denn kleine Betriebe seien genau so fähig, den technischen Fortschritt zu verfolgen wie die Großbetriebe, vorausgesetzt, dass sie über die dafür nötigen Finanzmittel verfügen. Es ist in der Tat so, dass durch den technischen Fortschritt in der Landwirtschaft auch Maschinen und Werkzeuge entwickelt wurden, die sich für Kleinbetriebe eignen, auch wenn der Trend der Industrie in erster Linie auf die Entwicklung von Großmaschinen setzt. Die technische Konzentration auf Großmaschinen ist nach Silva (2003) auch durch die Finanzpolitik der meisten Kreditinstitute begründet, die weiter ihre Prioritäten auf die Finanzierung großer Volumen für die Großbauern setzt, die auch eine bessere Zahlungsgarantie darstellt. Außerdem bedeutet die Vergabe großer Kredite weniger Verwaltungsaufwand für die Banken als die Streuung ihrer Aktivitäten zugunsten kleiner Kreditnehmer. Der Zugang zu Krediten ist jedenfalls ein bedeutender Faktor zur technischen Innovation in der Landwirtschaft und hat insbesondere auf die Entscheidungen der Kleinbauern einen großen Einfluss: „Investitionen des traditionellen Sektors charakterisieren sich offenbar vor allem dadurch, daß sie (...) demzufolge in der Regel nicht (schon oder erst) dann zustande kamen, wenn sie im ökonomischen Sinn rentabel waren, sondern vielmehr dann, wenn sie einem als dringend verspürten Bedürfnis entsprachen und wenn die notwendigen Mittel aufgrund vorausgegangener Thesaurierung verfügbar waren oder – wahrscheinlich im Zeitablauf zunehmend wichtiger – durch günstige Kredite beschafft werden konnten". (Lutz 1984: 169)

Hinsichtlich der Organisation und Kontrolle der Arbeit haben kleine Betriebe allerdings einen Vorteil gegenüber den Großbetrieben, denn die letzteren sind von der Geschicklichkeit ihrer Angestellten abhängig, ohne dass sie über effektive Mittel zur Qualitätskontrolle der Arbeit verfügen, was um so schwieriger ist, je größer die Fläche des zu bewirtschaftenden Betriebes. Verwaltungs- und Überwachungskosten der Arbeit tendieren dazu, sich proportional zur Größe eines landwirtschaftlichen Betriebs zu erhöhen, was bei den Kleinbetrieben nicht als Problem auftritt. Die Möglichkeit, dass der technische Fortschritt in kleinen Betrieben genauso anwendbar ist wie in den Großbetrieben[49] und die Chance, sich aufgrund der Interessen der Bauern an der Verbesserung ihrer eigenen Produktion als konkurrenzfähiger zu erweisen, ohne zusätzliche Überwachungskosten der Arbeit zu haben, sind ein wichtiger Grund, weswegen die Familienbetriebe trotz „Modernisierung" der Landwirtschaft immer noch bestehen konnten. Dies kommt jedoch bei den liberalen oder bei den an Marx angelehnten Autoren meistens nicht vor, denn sie gehen von einem perspektivischen Gleichklang des technischen Fortschritts in Industrie und Landwirtschaft aus.

Die marxistischen Autoren sehen jedoch in der Regel voraus, dass die Möglichkeit der Selbstkontrolle des Arbeiters über den Rhythmus und die Qualität seiner Arbeit ein Hindernis zur Erzeugung von Mehrwert für das Kapital bedeutet. Aus diesem Grund ist es in der Industrie wichtig, dass die Intensität und Qualität der Arbeit von Seiten der Kapitalisten mit Hilfe der Technik bestimmt wird. Auf diese Weise werden gleichzeitig Herrschaftsverhältnisse und direkte Interessen- bzw. Klassenkonflikte verschleiert. In der Landwirtschaft ist das nicht so einfach, und bei den Familienbetrieben kommt noch die Tatsache dazu, dass die Bauern gleichzeitig Unternehmer und Arbeiter sind und sie immer noch die Möglichkeit haben, über die Auswahl von Technik selbst zu entscheiden. Um dies zu verhindern, setzt das Kapital in seinem Interesse Wert auf den Einfluss von Agrarindustrie und Staat, zweier Akteure, die bei den Entscheidungen der Bauern über die akzeptierte und eingesetzte Technik eine wichtige Rolle spielen.

Die Agrarindustrie ist eigentlich der Bereich, in dem die Logik des Kapitals in Bezug auf ihre industrielle Expansion in der Landwirtschaft am sichtbarsten wird. Die Vorteile der Industrialisierung werden außerhalb des landwirtschaftlichen Produktionsprozesses genutzt, nämlich in der Verarbeitung und Vermarktung der Produktion sowie in der Versorgung der Bauern mit Betriebsmitteln.

---

[49] Vgl. Jones (1960); Friedman (1978); Abramovay (1992).

Um sich dagegen zu wehren, haben Großbetriebe die Möglichkeit, bessere Preise durch größeren Einkauf von Betriebsmitteln zu bekommen, wie auch die Chance, auf bessere Preise für ihre Produkte zu warten, da sie über Lagerkapazitäten verfügen. Dies können Kleinbauern nur durch genossenschaftliche Organisation erreichen, was ihnen zusammen eine größere Kaufkraft und Marktmacht ermöglicht. Auch der Zugang zu Krediten, Agrarberatungen und Subventionen von Seiten der Regierungen sind für größere Betriebe meistens einfacher zu erreichen, was für die Kleinbauern wieder nur durch eine genossenschaftliche Organisation erreichbar ist.

Durch die zunehmenden Abhängigkeitsverhältnisse, die durch den Einsatz neuer Techniken ermöglicht werden, verwandeln sich die Bauern allmählich zu „Scheinangestellten" der Agrarindustrie. In dem sie gezwungen werden, mehr in neue technische Produkte zu investieren, um weiter bestehen zu können, riskieren die Bauern, sich in dem Maße zu verschulden und von der Agrarindustrie abhängig zu werden, dass ihr Grundbesitz de facto schon der Agrarindustrie zuzuordnen ist. Schließlich stellt die Landwirtschaft einen wichtigen Absatzmarkt für Maschinen und Chemikalien dar. Damit diese Ziele erreicht werden, wird den Bauern durch sogenannte Bewusstseinskorrekturen das ökonomisch-kapitalistische Denken beigebracht. (Deenen 1961: 54) Die soziale Position solcher Bauern ist jedoch strukturell kaum noch von der eines lohnabhängigen Arbeiters zu unterscheiden, obwohl er weiter den Status bewahrt, autonomer wirtschaftlicher Akteur zu sein. „Die durch die Zeitdauer gemeßne Verausgabung der individuellen Arbeitskräfte erscheint hier aber von Haus aus als gesellschaftliche Bestimmung der Arbeiten selbst, weil die individuellen Arbeitskräfte von Haus aus nur als Organe der gemeinsamen Arbeitskraft der Familie wirken". (Marx 1983: 92)

Aus dem unabhängigen Bauern wird de facto ein Arbeiter, der für die Produktion bestimmter Produkte bezahlt wird. Durch die Industrialisierung der Landwirtschaft hat das Kapital die Möglichkeit, die Bauern ihrer Herrschaft zu unterwerfen, ihnen systematisch den erzeugten Mehrwert wegzunehmen und zusätzlich damit auf der industriellen Ebene von der Verringerung der Reproduktionskosten der Arbeiter (niedrigere Kosten für Nahrungsmittel) zu profitieren. Die objektive Proletarisierung der Bauern findet in zwei Momenten statt. Erstens durch die totale Abhängigkeit von den industriellen Betriebsmitteln, womit die Agrarindustrie die durchzuführenden Aktivitäten und den Einsatz der technischen Produkte bestimmt. Der Bauer findet die Entlohnung seiner Arbeit für die Erzeugung von bestimmten Produkten und ist gezwungen, den größten Teil des erzeugten Mehrwerts durch die hohen Preise der Betriebsmittel an die Industrie weiterzugeben. „Innerhalb eines durch die kapitalistische Produktion beherrschten Gesellschaftszustandes ist auch der nichtkapitalistische Produzent durch die kapitalistischen Vorstellungen beherrscht. In seinem letzten Roman, den ‚Paysans', stellt Balzac, überhaupt ausgezeichnet durch tiefe Auffassung der realen Verhältnisse, treffend dar, wie der kleine Bauer, um das Wohlwollen seines Wucherers zu bewahren, diesem allerlei Arbeiten umsonst leistet und ihm damit nichts zu schenken glaubt, weil seine eigne Arbeit ihm selbst keine bare Auslage kostet. Der Wucherer seinerseits schlägt so zwei Fliegen mit einer Klappe. Er erspart bare Auslage von Arbeitslohn und verstrickt den Bauer(n), den die Entziehung der Arbeit vom eignen Feld fortschreitend ruiniert, tiefer und tiefer in das Fangnetz der Wucherspinne". (Marx 1983b: 49)

Eine zweite Form der Proletarisierung findet durch formale Integrationsverträge zwischen Bauern und Agrarindustrie statt, in dem die Bauern einerseits eine Garantie zur Vermarktung der Produktion erreichen und andrerseits gezwungen sind, innerhalb einer festgelegten Zeit die Industrie mit bestimmten Mengen eines landwirtschaftlichen Produkts zu versorgen. Die Preise werden von der Agrarindustrie bestimmt und diese versucht zuerst, an den Bauern zu sparen, d.h. ausschließlich deren Produktionskosten zu decken. Der Spielraum der Bauern ist sehr gering, denn sie sind isoliert und abhängig von den bereits durchgeführten hohen Investitionen in dem Betrieb, die zu erwirtschaften sind. Wenn die Preise sinken, sind die Bauern wiederum gezwungen, die Produktion zu intensivieren und neue Investitionen vorzunehmen. Gleichzeitig sind sie auch dazu gezwungen, sich an die von der Industrie bestimmten Qualitätsnormen zu halten, wofür sie ein bestimmtes technisches Niveau bei der Produktion erreichen müssen. Dies hat weitere Investitionen zur Folge, die für die Konzerne neue Absatzchancen bedeuten.

Um dies bewirken zu können, muss die Industrialisierung der Landwirtschaft zunächst an die spezifischen Produktionsbedingungen der Kleinbauern angepasst werden. Das entscheidende Moment ist die Spezialisierung der Produktion, indem ein Bauer sich ausschließlich für eine Monokultur entscheidet. Die Erklärung dafür ist in marxistischen Analysen, besonders bei Kautsky, zu finden: Je mehr die kapitalistische Produktionsweise sich in der Landwirtschaft ausbreitet, umso mehr verallgemeinert sich die Monokultur. (Kautsky 1966) Die rentableren Aktivitäten werden vorzugsweise von den Großbetrieben übernommen, und den Kleinbauern verbleiben nur jene, die nicht so rentabel, sondern arbeitsintensiver sind. Durch die Spezialisierung der Produktion sind die Bauern jedoch gezwungen, dem technischen Fortschritt zu folgen, um konkurrenzfähig zu bleiben. Das erfordert stets relativ hohe Investitionsausgaben. Aufgrund ihrer mangelnden Investitionskraft findet bei den meisten folglich ein Verschuldungsprozess durch die eingegangenen Kredite und ihre entsprechenden Zinszahlungen statt. Ein anderer Grund zur Verschuldung der Familienlandwirtschaft ist von Kautsky ebenfalls sehr gut beschrieben worden, nämlich die Zahlung der Grundrente entweder durch den Kauf des Grundbesitztitels oder im Fall der Vererbung des Grundbesitzes durch die entsprechende Zahlung einer Entschädigung für die Erbenden, die nicht in der Landwirtschaft tätig bleiben. (Ebenda) Dies zwingt erneut zur Intensivierung der Produktion bzw. zur Intensivierung der Arbeit für eine Bauernfamilie, die ständig in Konkurrenz zu den auf rentablere Aktivitäten spezialisierten Großbetrieben steht.

Nachdem die Bauern sich auf eine Aktivität spezialisiert haben, finden außerdem Preismanipulationen durch abnehmende Industrie und Großhandel statt: die Preise ihrer Produktion werden tendenziell sinken und die Preise der Betriebsmittel steigen. Es gelingt vielen Familienbetrieben jedoch trotz Schwierigkeiten, Preismanipulationen stand zu halten, denn wie Tschajanow deutlich machte, reicht für sie die Entlohnung der Bauernarbeit aus, da sie keinen Profit erzeugt, was jedoch zur Zunahme der Selbstausbeutung der Familie führt. „Weil Hunger weh tut', läßt sich der Bauer auf Tätigkeiten ein, die auf den ersten Blick höchst unvorteilhaft sind". (Tschajanow 1987: 39) Die Besonderheit der Familienlandwirtschaft nämlich, dass sie weder eine Grundrente noch Profit braucht, um produzieren zu können, und die daraus folgende Selbstausbeutung machen diese Produktionsform interessanter für das Kapital. Auch die Tendenz zur Selbstausbeutung der Kleinbauern zieht die Aufmerksamkeit der Agrarindustrie auf sich. Sorj, Pompmeyer und Coradini, die eine bemerkenswerte Analyse der Integration südbrasilianischer Kleinbauern in der Geflügelindustrie durchgeführt haben, weisen darauf hin, dass Großunternehmen die Familienlandwirtschaft vorziehen würden, mit dem Argument, „sie seien geschickter bei der Arbeit als Lohnarbeiter". (Sorj/Pompmeyer/Coradini 1982: 41) Silva (2003) betont auch die Wichtigkeit der Kleinbauern für Pflanzenkulturen, die eine hohe Arbeitsintensität und Aufmerksamkeit in ihrer Entwicklung erfordern. In dieser Situation sei es üblich, dass die Agrarindustrie ihre Agrarberater aus den Bauernfamilien selbst rekrutiert, denn es führe zur Ausnutzung des Bauernwissens, zur Erhöhung der Qualität und zur unternehmerischen Ausrichtung der Produktion. Bemerkenswert ist auch, dass die Auswahl von Bauernsöhnen aus den für die Agrarindustrie vorbildlichen Familien das Ansehen des Unternehmens verbessere und einen Motivationseffekt für die Produzenten darstelle.

Die Familienlandwirtschaft stellt also einerseits die beste Option zur billigen Nahrungsmittelversorgung für die Arbeiter in der Stadt dar und kann andererseits noch eine wichtige Einnahmequelle für die Agrarindustrie sein, indem sie die Bauern dazu zwingt, einen Mehrwert zu erzeugen und indem sie die Mittel einsetzt, um ihnen den erzeugten Mehrwert wieder abzunehmen. Solange sie es schafft, neben den typischen kapitalistischen Betrieben weiter zu bestehen, wird die Familienlandwirtschaft progressiv in die kapitalistische Produktionsweise integriert und nützlich für die Expansion des gesamten Kapitals sein.

Wichtig ist des weiteren die Tatsache, dass die Bauern erst richtig von den Preismanipulationen betroffen sind, sobald sie dem von der Agrarindustrie bestimmten technischen Niveau folgen. Denn damit steigt nicht nur die Produktivität, es nimmt auch die Entfremdung der Bauern von ihrer Arbeit zu, deren Bedingungen sie nicht mehr selbst kontrollieren können. Dies ist ähnlich wie in der Industrie, wo Inhalt und Organisation der Produktion fremdbestimmt sind und die Arbeiter bei ihrer Aktivität kontrolliert werden, um gleichzeitig das Quantum an notwendiger Arbeit und an Mehrarbeit (die den Mehrwert erzeugt) zugunsten des Kapitals zu erbringen. Dennoch ist die Erzeugung von Mehrwert verschleierter als beim industriellen Arbeiter, denn der Bauer ist überzeugt, dass das, was für ihn als Entlohnung der Arbeit angesehen wird, tatsächlich dem Wert seiner Arbeit entspräche.

Zusammen mit der Entmachtung der Bauern findet eine Zerstörung der agrarischen Ökosysteme statt, denn dies ist eine Voraussetzung für die Abhängigkeit von den industriellen Betriebsmitteln. Solange die Herrschaft des Kapitals über die Natur noch nicht komplett ist, haben die Bauern aber immer noch kleine Spielräume, um sich gegen die Zerstörung ihrer Lebensumwelt und die Unterwerfung unter die Agrarindustrie zu wehren. Bei der Industrialisierung der Landwirtschaft geht es also um die Kontrolle des Kapitals gleichzeitig über die Natur und die Arbeit der Bauern. Durch die neuen Erfindungen im Bereich der Biotechnologie werden neue Wege in dieser Richtung eröffnet, um die Natur besser beherrschen zu können und die Bauern gänzlich abhängig von den neuen Techniken zu machen. Die Gentechnik droht die letzte Bastion der Kleinbauern zu zerstören, nämlich die Kenntnis und die relative Kontrolle über die Naturprozesse landwirtschaftlicher Produktion. Solange die neuen Techniken noch mit dem Charakter der familiären Produktionsform kompatibel sind, werden sie im Großen und Ganzen erhalten bleiben; passen sie nicht mehr zusammen, wird dies das Ende dieser Betriebsform einläuten.

2.4. Technischer Fortschritt durch Einsatz der Agrarökologie

Im Hinblick auf die Problematik der Kleinbauern, die durch die zunehmende Zerstörung der natürlichen Ressourcen – besonders durch verminderte Bodenfruchtbarkeit – und Verschuldung durch die hohen Investitionen in Technik geringere Chancen zum Überleben haben, stellt sich die Frage nach technischen Alternativen angesichts der „Modernisierung“ der Landwirtschaft, nach Entwicklungspfaden, die sich als geeigneter für die Erhaltung ihrer Produktionsform erweisen könnten. Die Diskussion über die sogenannte nachhaltige Landwirtschaft bekam in diesem Zusammenhang eine weltweite Ausstrahlung und wurde von bedeutenden Institutionen wie der FAO – *Food and Agriculture Organization of the United Nations* – verstärkt in die Öffentlichkeit gebracht. Gleichzeitig empfiehlt die FAO aber auch eine Intensivierung der Anwendung von konventionellen Betriebsmitteln in den produktivsten Regionen, um dadurch eine weitere Ausdehnung der Produktionsflächen zu bremsen. Der Begriff Nachhaltigkeit wurde allerdings zu einer Modeerscheinung und seine Verwendung entspricht oft nicht seiner theoretischen Grundlage. Für die Internationale Kommission für Umwelt und Entwicklung ist nachhaltige Entwicklung im berühmten *Brundtland Report* diejenige Entwicklung, die die Bedürfnisse der jetzigen Generation befriedigt, ohne die Möglichkeiten der nachfolgenden Generationen in ihrer Befriedigung zu beeinträchtigen. (CMMD 1988: 10) Nachhaltige Entwicklung in der Landwirtschaft soll nach der FAO eine Produktionsform vorsehen, die gleichzeitig technisch geeignet, wirtschaftlich tragfähig, sozial akzeptabel und umweltfreundlich sei. (Ebenda)

Es ist festzustellen, dass immer mehr Autoren die Frage der Bewahrung natürlicher Ressourcen als untrennbar von einer nachhaltigen Entwicklung darstellen. In der Landwirtschaft, wo der Bezug zur Natur sich in unmittelbarer Form manifestiert, verweist diese Problematik auf die Diskussion neuer Technologien und Produktionsprozesse. In diesem Zusammenhang wird die Agrarökologie als eine Alternative zur Verringerung der Produktionskosten, Bewahrung der natürlichen Ressourcen und Aufwertung der Bauernarbeit in landwirtschaftlichen Familienbetrieben dargestellt, was für Altieri (2001) nur möglich ist, wenn dadurch a) die Lebensqualität der ärmsten Kleinbauern mit Hilfe einer umweltfreundlich orientierten Subsistenzstrategie verbessert wird, b) die Flächenproduktivität der im Markt konkurrierenden Bauern durch die Förderung von Technologien mit geringem Inputaufwand erhöht wird und c) die Förderung der Vermarktung und Verarbeitung landwirtschaftlicher Produkte in den Familienbetrieben vorangetrieben wird. Hier ist auch der Begriff der sozialen Eignung von Technik angebracht, was mit den Worten von Horácio Martins de Carvalho heißt: „Die Gesamtheit der von wissenschaftlicher und technologischer Forschung in einem bestimmten historischen Kontext geschaffenen Produkt- und Prozeßtechnologien, wie auch diejenigen aus der empirischen Praxis der Landwirte gewonnenen – sofern sie mit bestimmten Kriterien von Gesundheit und biologischer Entwicklung vereinbar sind –, soll den verschiedenen Arbeitsprozessen der in der Landwirtschaft vorkommenden sozialen Klassen angepaßt werden". (Carvalho 1990: 3)

Die Agrarökologie ist im Grunde die systematische Anwendung von ökologischen Kenntnissen im Bereich der Landwirtschaft. Diese Produktionsform geht vom Potenzial einer Landwirtschaft aus, die ihre Produktionslogik auf die Erhaltung der natürlichen Ressourcen und die rationelle Anwendung traditionellen und lokalen Wissens der Bauern gründet. Viele vorkapitalistische Gesellschaften (zum Beispiel in Asien, Afrika und Lateinamerika) kannten schon die Entwicklung von Mechanismen zur Anpassung der Landwirtschaft an die Bedingungen der Natur, um ihre Produktionsgrundlage zu erhalten. Dennoch: Die Anwendung moderner ökologischer Kenntnisse in der Landwirtschaft und ihre Systematisierung in der Agrarökologie beginnt in den 70er Jahren des 20. Jahrhunderts, als die agronomische Literatur sich inhaltlich mit den wachsenden Umweltproblemen und der „Grünen Revolution" auseinandersetzte und expandierte, sehr stark beeinflusst vom Aufschwung der Umweltbewegung und der Technikkritik jener Zeit.

Die Agrarökologie ist aufgrund der Komplexität ihres Ansatzes von Anfang an durch ein interdisziplinäres Vorgehen gekennzeichnet, indem Ideen und Methoden aus verschiedenen Bereichen und Wissenschaftszweigen assimiliert wurden und ihre Entwicklung bis heute beeinflussen. Eine gesamte Analyse der Agrarökosysteme ist vorgesehen, in der die Untersuchung der Mineralienzyklen und biologischen Prozesse, die Stoffstromanalyse und die Analyse der sozioökonomischen Verhältnisse in einen Zusammenhang gebracht werden. Wie bei Tschajanows Betrachtung der Landwirtschaft ist die Optimierung eines Agrarökosystems die Priorität der Agrarökologie und nicht die Maximierung einer einzelnen Komponente. „Im ökologischen Landbau steht eine ganzheitliche Sicht im Vordergrund, die die Erscheinungen der lebenden Natur als gegeben nimmt und versucht, sie mit der unbelebten Natur und dem Menschen in Einklang zu bringen". (Bernhard 1990: 35) Der Agrarökologie geht es also um eine breite Analyse der landwirtschaftlichen Systeme, wobei sie derzeit mehr Fragen als Antworten vorweisen kann, denn viele ihrer Forschungen stehen noch in den Anfängen. Die Kombination der vorhandenen Produktionsfaktoren soll im Mittelpunkt der technischen Innovation stehen, um vom synergetischen Potenzial zwischen Tieren, Pflanzen, Sonne, Wasser, Wetter und Menschen profitieren zu können.

Norgaard (1989) versuchte, die epistemologische Grundlage der Agrarökologie zu beschreiben, um das Objekt und die Grenzen ihres Ansatzes klar darzustellen. Dabei gliederte er seine Charakterisierung in sechs Punkte: 1) Die biologischen und sozialen Systeme haben ein landwirtschaftliches Potenzial; 2) dieses Potenzial wurde von den herkömmlichen Bauern durch Prozesse von Versuch und Irrtum, natürlicher Selektion und kulturellem Lernen begriffen; 3) die biologischen und sozialen Systeme sind das Resultat einer Evolution, in der sie von ihrer Beziehung zueinander abhängig sind; 4) das Potenzial der sozialen und biologischen Systeme kann durch den aktuellen Stand des formalen Wissens verstanden werden, indem erhoben wird, wie dies in der herkömmlichen landwirtschaftlichen Kultur interpretiert wurde; 5) die formalen, sozialen und biologischen Erkenntnisse können mit dem Wissen über die traditionellen Systeme, dem Wissen und den Techniken der konventionellen und modernen Agrarwissenschaft kombiniert werden, um sowohl die herkömmlichen als auch die modernen Agrarsysteme zu verbessern; 6) die landwirtschaftliche Entwicklung hat durch die Agrarökologie mehr kulturelle und ökologische Alternativen für die Zukunft als bei der ausschließlichen Anwendung der konventionellen Agrarwissenschaft allein, wenn es darum geht, mit weniger ökologisch und kulturell schädlichen Effekten zu produzieren.

Für Altieri handelt es sich um einen neuen Ansatz zur landwirtschaftlichen Entwicklung, der sensibler in Bezug auf die Komplexität der lokalen Systeme ist und die Ziele und Kriterien der Landwirtschaft erweitert, um Eigenschaften wie Nachhaltigkeit, Nahrungssicherheit, biologische Stabilität und Bewahrung der Ressourcen mit dem Ziel der Produktionssteigerung in Einklang zu bringen. (Vgl. Altieri 1995:175) Ausgehend von der Feststellung einer kleinbäuerlichen Rationalität wird der Bauer als Subjekt eines Prozesses gesehen, in dem neue und alternative Methoden zur rationalen Gestaltung von Agrarökosystemen ausprobiert werden. Das Ziel der Agrarökologie ist, nach Gliessmann, die Entwicklung einer Landwirtschaft, die gleichzeitig umweltfreundlich, produktiv und lohnend sein soll. (Vgl. Gliessmann 2001: 54) Durch interdisziplinäre Forschungen, in direkter Interaktion mit den lokalen und empirischen Kenntnissen der Bauern, sollen Methoden entwickelt und eingesetzt werden, die die Abhängigkeit von externen Inputs und deren Auswirkungen auf die Umwelt verringern, so dass die Bauern und ihre Gemeinden nachhaltiger bestehen können. Indem der Anteil von organischer Materie im Boden erhöht wird, besteht die Möglichkeit, potentielle Giftstoffe zu neutralisieren, Schädlinge, Krankheiten und Unkräuter biologisch zu verhindern und die Fähigkeit des Bodens zur Wasserspeicherung zu verbessern. Die Verringerung der Bodenerosion ermöglicht schiesslich eine längerfristige Fruchtbarkeit, und die Einführung der Fruchtfolge führt dazu, dass die vorhandene Arbeitskraft durchgängig während des Jahres Anwendung findet.

Durch die Modernisierungsprogramme wurde Norgaard zufolge keine gezielte Homogenität erreicht, weil jede kulturelle Gruppe sich weiter als heterogen verhiehlt bezogen auf ihr Verhältnis zu Gesellschaft und Natur. Also nicht nur die biologischen Systeme werden durch die menschliche Kultur verändert, sondern auch die menschliche Kultur wird durch die biologischen Systeme beeinflusst. (Vgl. Norgaard 1989: 875) Entscheidend für die Durchsetzung eines technischen Modells seien weiter die lokalen, natürlichen biophysischen Besonderheiten und die sozioökonomischen Bedingungen ländlicher Gemeinden. Die Gemeinde wird als Basis der soziokulturellen Erneuerung angesehen, als ein Produkt der gemeinsamen Evolution zwischen Mensch und Natur. Der große Fehler der Modernisierungsprogramme sei die Vernachlässigung der lokalen Unterschiede durch das Angebot uniformer technischer Pakete, die keine Rücksicht auf die natürlichen Ressourcen und den Kontext der Länder des Südens genommen hätten, besonders auf die Bedingungen der armen Bauern mit ihrem geringen Zugang zu finanziellen Ressourcen.

Die Annahme der ökologischen Dimension in der Landwirtschaft ist nach Altieri das fundamentale Merkmal der Agrarökologie, wobei versucht wird, Techniken zu einer stabilen Produktion und mit einer starken Anpassung an die Umwelt zu fördern. (Vgl. Altieri 1995: 175) Außerdem äußert der Ansatz der Agrarökologie eine starke soziale Sensibilität gegenüber den bäuerlichen Gemeinden und setzt eine technische und wirtschaftliche Tragfähigkeit der Familienlandwirtschaft voraus, wobei jeder Bauer in seinem Kontext als Träger von speziellem Wissen über das Ökosystem gesehen wird, das als Ausgangspunkt einer Innovationsstrategie in Richtung eines besseren und rationelleren Umgangs mit den natürlichen Ressourcen dient.

Obwohl das Konzept einer umweltfreundlicheren und nachhaltigeren Landwirtschaft auch in großen Betrieben anwendbar sei, stehen im Mittelpunkt der Agrarökologie jene Bauern, die keinen Vorteil von den Modernisierungsprogrammen der „grünen Revolution“ hatten und eigentlich die Mehrheit der Kleinbauern in den sogenannten Entwicklungsländern darstellen. Durch die Entwicklung und Verbreitung von Techniken mit geringem Einsatz von externen Betriebsmitteln, angepasst an die Bedingungen und Bedürfnisse von Bauern mit geringer Investitionskraft, bieten nach Altieri die agrarökologischen Techniken die beste Option für diejenigen Bauern an, die in einem ökologisch und sozioökonomisch marginalisierten Zustand leben. (Vgl. Ebenda: 198)

Im Gegensatz zu den Positionen, bei denen die herkömmliche Landwirtschaft als archaisch und hinderlich für die Modernisierung gesehen wird, sieht Toledo (1993) gerade darin ein großes Potenzial zur Entwicklung der ökologischen Landwirtschaft, weil für die Kleinbauern eine Diversifizierung der Produktion hinsichtlich der Nahrungsbedürfnisse der Familie eine wichtige Rolle spielt. Sie seien grundsätzlich an der Erhaltung der Landschaft mit ihrer biologischen Vielfalt und räumlichen Heterogenität interessiert, da es um die Erhaltung ihrer Lebensumwelt geht. Die Multifunktionalität der Familienlandwirtschaft sei der entscheidende Punkt, weswegen eine Spezialisierung der Produktion tendenziell abgelehnt und holistische und systemische Methoden besser ankämen, deren Entwicklung und Anwendung dennoch weiter kontextabhängig bleiben, weil jedes Ökosystem eine besondere Kombination der natürlichen Faktoren darstellt. Die Rücksicht auf das traditionelle Wissen und der Bezug auf den Kontext der landwirtschaftlichen Produktion bedeutet aber nicht, dass die Agrarökologie auf einer Erhaltung der Produktionsform oder sogar auf einer Rückkehr zu früheren technischen Methoden orientiert ist, um eine nachhaltige Landwirtschaft zu fördern. Auch die Erfolge der modernen Techniken werden nicht unterschätzt. Die modernen wissenschaftlichen Erkenntnisse sollen möglichst mit dem traditionellen Wissen kombiniert werden, wenn es darum geht, eine sowohl nachhaltige als auch effektive Landwirtschaft zu entwickeln. Nicht alle Strategien der traditionellen Methoden sind erfolgreich, und es geht nicht darum, sie alle zu konservieren, sondern von den effektivsten die wichtigsten Prinzipien zu lernen und die Lehre des Scheiterns aus den schlechteren Erfahrungen zu ziehen. (Vgl. Molina 1992: 31)

Die Agrarökologie geht von einem Konzept des intelligenten Umgangs mit der Natur aus und stützt sich auf eine Kombination zwischen den fortschrittlichsten wissenschaftlich-technischen Erkenntnissen ohne die traditionelle technische Rationalität der Bauern außer acht zu lassen. Wie Sachs (1980) das Konzept beschreibt, wurden durch den technischen und wissenschaftlichen Fortschritt Alternativen möglich, um „die Natur für den Menschen arbeiten zu lassen“, d.h. dass Agrarsysteme integriert werden können, um besser von den komplementären Symbiosen zwischen Pflanzen und Tieren zu profitieren. Genau dieses Potenzial zur Erzeugung eines „biologischen Mehrwerts“ der integrierten Produktionssysteme sei durch die auf externe Energiequellen ausgerichteten Techniken der „Grünen Revolution“ verloren gegangen.

Der Übergang von der traditionellen zu einer ökologischen Landwirtschaft wird als multilinear und progressiv gesehen, wobei eine Koexistenz zwischen traditionellen und ökologischen Methoden entstehen kann. Altieri (2001) beschreibt einen Übergang von einem bis zu fünf Jahren, bei dem eine Ertragsreduzierung in den ersten Jahren von 5 bis 10% möglich ist, in vier Phasen: a) progressive Reduktion bei der Anwendung von Chemikalien; b) Verbesserung der Effizienz beim Einsatz von Chemikalien durch integrierte Schädlingsbekämpfung und Nährstoffbehandlung; c) Substitution der Betriebsmittel durch energiesparende Technologien; d) Umstellung auf eine diversifizierte Landwirtschaft, damit eine optimale Integration zwischen Tieren und Pflanzen stattfindet. Bei den vier Phasen soll besonders darauf geachtet werden, dass die biologische Vielfalt an der Bodenoberfläche und die gesamte Biomasseproduktion gesteigert wird, die Giftrückstände abgebaut werden und der Verlust an Nährstoffen zurückgeht sowie eine bessere Kombination zwischen den Produktionsfaktoren im Betrieb erreicht wird, mit Einbeziehung des Potenzials der Fruchtfolge und der Integration tierischer und pflanzlicher Produktion.

Sehr wichtig ist dabei, dass der Wandel der Technik auf den lokalen Bedürfnissen der Bauern beruht, die die Möglichkeit haben sollen, aktiv bei der Auswahl, Entwicklung und Umsetzung von Technik zusammenzuarbeiten. Weil die Umstellung auf eine ökologische Produktionsform aber ihre Zeit braucht und sich erst langfristig als ökonomisch rentabler erweist, sei in dieser Periode der politische und institutionelle Einfluss von Regierungen und Großkonzernen sehr groß, die den Bauern ihre Produkte auf verschiedene Weise schmackhaft zu machen versuchen. Nach Altieri (1995) sind unter Subventionsbedingungen und günstigen Angeboten sowie in Situationen, wo Bauern über mechanisierbare Böden und Bewässerungsmöglichkeiten verfügen, die umweltschädlichen Technologien der „Grünen Revolution" sehr schwer zu verhindern, denn sie scheinen kurzfristig rentabler zu sein. Andrerseits ist er davon überzeugt, dass dies ganz anders aussehen könnte, wenn auf nationaler Basis die Wissenschaftler und Agrarberater die Prinzipien der Agrarökologie genauso massiv vertreten und anwenden würden, wie die Regierungsorganisationen die chemische und mechanisierte Landwirtschaft fördern. Besonders in der Übergangsperiode sei eine finanzielle Unterstützung nötig, denn viele Bauern werden nur die Vorteile ökologischer Produktion anerkennen, wenn auch kurz- und mittelfristige wirtschaftliche Resultate zu sehen sind.

Die Entwicklung ökologischer Technik und deren Umsetzung in der Landwirtschaft allein verhindert dennoch nicht das Aussterben der Kleinbauern, auch wenn es dazu beitragen kann, dass ein Teil von ihnen die Möglichkeit hat, ihre Produktion in Marktnischen zu verkaufen, um damit länger überleben zu können. Großbauern können auch von den Vorteilen der Agrarökologie profitieren und werden durch deren Anwendung die Konkurrenz mit den Kleinbauern weiter fortsetzen. Die Agrarstruktur wird dadurch also nicht grundlegend verändert. Die Landflucht wird aufgrund der sinkenden Preise von Agrarprodukten zunehmen, und auch die Notwendigkeit zur Ausbreitung der Grundfläche steigt. Die Preise der ökologischen Produkte werden nach wie vor vom kapitalistischen

Markt bestimmt, im Verhältnis von Angebot und Nachfrage. In dieser Perspektive ist es natürlich schwer, sich eine zukünftige Situation vorzustellen, in der die Preise der ökologischen Produkte weiterhin höher sein könnten, wenn die ökologische Produktion allgemein steigen wird. Auch die Agrarindustrie und die Vermarktungsketten können sich auf ökologische Produkte umstellen und das gleiche Phänomen der Preismanipulation durch Marktmonopole im ökologischen Bereich durchsetzen. Da es möglich ist, Produktivität mit ökologischer Produktion zu verbinden, werden die Preise dieser Produkte dann tendenziell sinken im Gegensatz zur aktuellen Situation, wo die ökologischen Produkte in relativ geringem Umfang produziert werden.

Wie Romeiro (1998) betont, geht es der Agrarökologie auch nicht darum, Fehler der konventionellen Technik oder deren umweltfeindliche Wirkungen zu korrigieren, sondern um Veränderungen am bedrohlichen technologischen Produktionsprozess in der Landwirtschaft. Die Umstellung von Familienbetrieben auf eine ökologische Landwirtschaft kann aufgrund ihrer kleinen Fläche auch nur durch die Zusammenarbeit der Kleinbauern stattfinden, damit eine Mindestgröße erreicht wird, die die Bedingungen zur Bildung eines Agrarökosystems erfüllt. Auch für den Transport, die Verarbeitung und den Verkauf der Produktion ist die Kooperation gefragt, denn wie Altieri (2001) betont, haben nachhaltige Agrarökosysteme keinen Erfolg, wenn die bestimmenden sozioökonomischen Faktoren nicht verändert werden, die letztendlich den Ausschlag dafür geben, was, wie und für wen produziert wird.

2.5. Die Situation des technischen Fortschritts in der brasilianischen Landwirtschaft

Die „Modernisierung" der Landwirtschaft in Brasilien ist im Zusammenhang mit der „Grünen Revolution" zu verstehen. Sie richtete sich auf die Spezialisierung der Landwirtschaft, und zwar auf Exportprodukte, für deren Ausbreitung riesige Investitionen von Seiten des Staates zusammen mit den multinationalen Großkonzernen getätigt wurden. Die Verfügung über eigentumslose und/oder brachliegende Böden aufgrund der unerhört starken Landkonzentration in Latifundien führte zur Ausweitung und Intensivierung der Produktion, wobei die Interessen der Regierung an der Industrialisierung und Verbesserung der Handelsbilanz mit den Interessen der Agrarkonzerne und Großgrundbesitzer verbunden waren. Die meisten Investitionen haben sich auf den mittleren Süden Brasiliens beschränkt, und die meisten Kredite wurden an die Großgrundbesitzer vergeben.

Da die allermeisten Grundflächen in Händen weniger Grundbesitzer liegen, sind diese politisch außerordentlich stark und verfügen über einen starken Einfluss auf die Bestimmung der technischen Forschung in Brasilien. Durch Subventionen und Entlastung von Schulden werden auch die Misserfolge der Modernisierung verschleiert, denn oft schon konnten ihre Verluste aufgrund verfallender Weltmarktpreise durch öffentliche Gelder ausgeglichen werden. Den Großgrundbesitzern geht es bei technischen Innovationen in erster Linie um die Steigerung der Produktivität und Kontrolle der Arbeit in der Landwirtschaft. Sie interessieren sich hauptsächlich für mechanische und biologische Innovationen. Bei den mechanischen Innovationen ist das Ziel, Arbeit zu sparen und zu erleichtern. Bei den biologischen Innovationen wird die Priorität auf die Entwicklung neuer Sorten gesetzt, die trotz der Verringerung der Bodenproduktivität rentabel sind.

Da die meisten Grundbesitzer nicht selbst auf dem Land leben, ist für sie Einsparung der Verwaltungs- und Überwachungskosten der Arbeit von Angestellten wichtig sowie der Einsatz von Technik, die Arbeitskräfte ersetzen kann. Im Kontext eines Landes, das über sehr viel – beschäftigte, nicht- und unterbeschäftigte – Arbeitskraft in der Landwirtschaft verfügt, scheint eine Modernisierung auf der Basis arbeitssparender Techniken zunächst paradox. Dennoch entsteht gerade in den modernisierten Regionen, besonders in Südbrasilien, ein Mangel an ländlichen Arbeitskräften, und zwar aufgrund der Landflucht von Landarbeitern und Kleinbauern, die mit kleinen Ackerflächen und Monokultur nicht mehr bestehen konnten.

Der herrschende Modernisierungstyp der brasilianischen Landwirtschaft hat die Vernichtung der Familienlandwirtschaft und die Zerstörung der Agrarökosysteme zur Folge und stimmt mit dem von marxistischen Autoren prognostizierten Aussterben der Kleinbauern überein. Die rapide Landflucht ist die Bestätigung eines Modernisierungsprozesses, der auf die Expansion der kapitalistischen Industrialisierungslogik zurückgeht, woraus sowohl eine Veränderung der Arbeitsverhältnisse als auch der Produktionsgrundlage erfolgen. Die ländliche Bevölkerung des Landes umfasst nur noch 19%, 15 Millionen Bauern (d.h. 37% der ländlichen Familien) leben unter der Armutsgrenze, 11% der Bauern leben nur von einer geringen Sozialrente (ca. 100 Euro pro Monat) und 4,8 Millionen Familien sind landlos (Fome Zero 2002). Die Landflucht nimmt ständig zu: Zwischen 1970 und 1990 haben 30 Millionen Bauern die ländlichen Gebiete verlassen und zwischen 1994 und 2002 waren es 450.000 Familien, die nicht mehr als Bauern bestehen konnten und eine neue Lebensperspektive in den Städten suchten, was selten gelingt und zu einer massiven Ausdehnung der elenden „Favelas“ führt (IBGE 2002).

Die Verringerung der Arbeitskosten und die Erhöhung der Produktivität in der Landwirtschaft wurde durch die Einführung von arbeitssparenden Techniken erreicht, deren Verbreitung zur Expansion der Agrarindustrie führt. Die Nachfrage nach modernen Betriebsmitteln stellt die Grundlage zur Konsolidierung des brasilianischen Kapitalismus dar, denn es ermöglicht einerseits den Aufbau der Agrarindustrie, die verbunden mit den Förderprogrammen der Regierung den Einkauf moderner Betriebsmittel durch die Bauern erzwang und andrerseits die Entstehung eines zeitgenössischen Agrobusiness stimulierte. Durch die Modernisierung der Großbetriebe erweist sich eine permanente Beschäftigung als nicht mehr notwendig, denn die Arbeitskraft wird nur in bestimmten Jahreszeiten in großem Umfang gebraucht und in bestimmten landwirtschaftlichen Aktivitäten benötigt. Damit werden nicht nur die direkten Arbeitskosten reduziert, sondern auch die Nebenkosten, die Gefahr juristischer Verfolgung wegen arbeitsrechtlicher Verstöße sowie die Verwaltungs- und Überwachungskosten.

Weil Brasilien noch über Boden ohne Eigentümer und Brachland verfügt, werden zwei Alternativen zur Expansion der Landwirtschaft deutlich: a) die Expansion auf neuen Flächen; b) die Intensivierung der Produktion auf den vorhandenen Ländereien. Für die Auswahl der Alternativen ist der Kostenvergleich entscheidend, denn solange eine Expansion der Fläche noch möglich ist, wird die Intensivierung der Landwirtschaft vernachlässigt. Aus diesem Grund stellt die anhaltende Möglichkeit der Flächenausdehnung eigentlich ein Regulierungsinstrument dar, das gegen die Intensivierung der Produktion wirkt: Solange es billiger ist, die Produktion auf neuer Fläche auszuweiten als die Flächenproduktivität zu erhöhen, solange spielt technischer Fortschritt eine geringere Rolle in der Landwirtschaft.

Ein anderer bereits erwähnter Faktor für die Intensivierung der Produktion ist die Pacht. In einer Pachtsituation hat der Pächter kein Interesse an Investitionen, die dem Grundeigentümer nützen würden. Die Grenze für die Investitionen sind die Pachtkosten für zusätzliche Ländereien. Der Preis der Pacht funktioniert also als Grenze zur Intensivierung der Produktion auf verpachteten Ländereien. Dies gilt auch in der Situation, in der ein Landwirt gleichzeitig der Grundbesitzer ist, denn er rechnet mit der Möglichkeit, sein Land zu verpachten oder andere Ländereien zu pachten. Auch wenn Grundbesitz verkauft wird, bezieht sich der Preis auf die Rente einer Grundfläche, die in diesem Fall einmalig gezahlt wird.

Die Frage der Agrarreform kommt deshalb hinzu, weil sie Einfluss auf die Entscheidungen der Großbauern zur Anwendung von Technik hat. Es sind nach Angaben von INCRA (Institut für Ansiedlung und Agrarreform) ca. 100 Millionen Hektar, die brachliegen und im Mittelpunkt der brasilianischen Landkonflikte stehen. 600 Millionen von den ca. 850 Millionen Hektar brasilianischer gesamter Grundfläche wurden vom INCRA registriert, wovon 250 Millionen Hektar als herrenlos und 285 Millionen Hektar als Latifundien bezeichnet werden. Die Verfügbarkeit an fruchtbarem Boden steht in einem eindrucksvollen Gegensatz zur Ungerechtigkeit seiner Verteilung: 2,8% der landwirtschaftlichen Betriebe verfügen über 56,7% der registrierten Grundflächen, während 62,2% der Bauern 7,9% davon bewirtschaften. 27.556 Großgrundbesitzer sind es insgesamt, die von dieser Situation profitieren und aus dem Grundbesitz eine Wertreserve ihres Reichtums machen. Die Landkonzentration sieht aber noch schlimmer aus, wenn man die Zahlen der größten Latifundien untersucht: So verfügen 4.236 Großgrundbesitzer allein über 85 Millionen Hektar (IBGE 2003). Im Fall einer Umsetzung der Agrarreform versuchen sie jedes Mal mit allen Mitteln zu beweisen, dass ihre Grundfläche produktiv genutzt wird. In den sechziger Jahren, als das Gesetz Nr. 4.504 zur Durchsetzung der Agrarreform (Estatuto da Terra) in Brasilien verabschiedet wurde, waren die Großgrundbesitzer jedoch besorgt und bereit, brachliegende Flächen zu bewirtschaften und die Produktion mit Hilfe von Technik zu intensivieren.

Technischer Fortschritt kann die Produktivität der Arbeit erhöhen, sowohl in der Industrie, als auch in der Landwirtschaft. Die Erhöhung der Produktivität der Arbeit bedeutet aber nicht unbedingt, dass dadurch die Produktivität der Fläche (Ertrag) erhöht wird, was ursprünglich der Grund für die Technisierung der Landwirtschaft war. Es wird davon ausgegangen, dass durch die Ertragssteigerung die Kosten pro Produkteinheit reduziert werden, was die Produktivität der Arbeit steigern würde. Außerdem wird vorausgesetzt, dass es nur durch die Ertragserhöhung einer Fläche möglich sei, die Produktivität der Arbeit zu steigern. Die Ergebnisse der Mechanisierung in der Landwirtschaft zeigen, dass es möglich ist, die Produktivität der Arbeit zu erhöhen, ohne dass dies unbedingt zu einer Erhöhung der Produktivität der Fläche führt. Es ist sogar möglich, dass die Flächenproduktivität sinkt in einer Situation, in der die Produktivität der Arbeit erhöht wird, weil die Flächenproduktivität von externen Faktoren abhängt, die nicht einfach durch den Einsatz der Arbeit bestimmt werden können.

Eine Ertragserhöhung einer Fläche in der Sicht der gesamten kapitalistischen Wirtschaft ist nach Silva (2003) nur sinnvoll, wenn a) alle zur Erzeugung eines Produkts geeigneten Flächen bewirtschaftet werden; b) die Nachfrage nach dem Produkt steigt; c) keine Ersatzprodukte oder Möglichkeiten vorhanden sind, die zur Verbesserung der Qualität des Produkts führen könnten; d) eine Erhöhung der Produktivität der Arbeit durch vorhandene Technologie ausgeschlossen ist. Sind diese Bedingungen nicht gleichzeitig erfüllt, ist eine Steigerung der Produktion durch Erweiterung der Fläche, Einführung neuer Produkte oder Ersatzprodukte und technische Veränderungen möglich, was nicht unbedingt zur Steigerung der Produktivität der Fläche führt. Welche Gründe gäbe es denn dafür, dass die brasilianische Agrarpolitik sich so stark auf die Erhöhung der Flächenproduktivität stützen sollte?

Nach Silva (2003) wird mit dem Potenzial technischen Fortschritts gerechnet, so dass langfristig die oben genannten Bedingungen eintreten könnten, auch wenn es kurzfristig weiter unrealistisch ist. Für die gesamte Wirtschaft sind diese Bedingungen ebenfalls unrealistisch, denn man müsste von allen Produkten ausgehen. Für ein Produkt und einen Produzenten in einer bestimmten Region mögen die Bedingungen vorhanden sein (wenigstens was Produktionsmittel und Marktchancen betrifft). Das Ziel der kapitalistischen Produktion bleibt dennoch der Profit und nicht die Steigerung der Produktion. Um die Rentabilität zu erhöhen, muss der Kapitalist auf Technik setzen, die die Produktivität der Arbeit erhöht. Nur sogenannte nichtkapitalistische Bauern würden auf die Ertragserhöhung setzen, was für sie allerdings nur sinnvoll ist, wenn dies nicht gleichzeitig zu unverhältnismäßigen Kosten führt. Man kann auch davon ausgehen, dass eine Erhöhung der Produktivität einer Fläche in der Regel zu einer Erhöhung der Produktivität der Arbeit führt. Die Ausnahme sind Situationen, bei denen Produkte gewechselt werden oder wenn ein Betrieb sich von extensiver auf intensive Aktivitäten umstellt, wie zum Beispiel bei der Milchproduktion.

Aus gesamtwirtschaftlicher Sicht erlaubt die Steigerung der Produktivität der Fläche die Erhöhung der Differentialrente zusammen mit der Erhöhung der Kapitalakkumulation. Durch die Intensivierung der Produktion verteilt sich die Differentialrente zunehmend auf die gesamte Produktion, auch wenn sie pro Fläche steigt. Der technische Fortschritt in der Landwirtschaft führt so zu einer Reduktion des Anteils der Differentialrente pro Produkteinheit, was erlaubt, dass sowohl der tätige Landwirt (produtor) als auch der Grundbesitzer verdienen. Weil technische Innovationen, die zur Erhöhung der Flächenproduktivität führen, gleichzeitig zur Erhöhung des Anteils für die Grundbesitzer in Form von Differentialrenten führen, also die Belohnung derer, die nicht produzieren, erklärt Silva (2003) dadurch die enge Verbindung der Interessen von Großgrundbesitzern und der landwirtschaftlichen Betriebsmittelindustrie in Brasilien.

Der technische Fortschritt in der Landwirtschaft war in der klassischen Interpretation (die den Grundbesitzer vom Landwirt trennte) ein Instrument zur Begrenzung des Transfers an Profiten, die in der Form von Renten an die Grundbesitzer gingen. In der aktuellen Situation Brasiliens, wo diese Trennung nicht ausgeprägt ist, weil viele Grundbesitzer fast immer gleichzeitig die tätigen Landwirte sind, hat technischer Fortschritt nach Silva (2003) die Funktion, eine „fabrizierte" Differentialrente als zusätzlichen Profit für die landwirtschaftlichen Unternehmer zu erzeugen, was mit Kautskys Analysen übereinstimmt: „Ist er Grundbesitzer und Landwirt gleichzeitig, dann steckt er freilich auch den Extraprofit ein". (Kautsky 1966: 74) Bekommen Ländereien einen besseren Preis aufgrund ihrer differentialen Qualität, so wird ihr Verkauf interessanter für Großgrundbesitzer, die sich ja auch von den Risiken einer Enteignung durch die Agrarreform befreien, was aber andrerseits das Leben für den potentiellen Käufer oder den Staat schwerer macht. „Die Steigerung der Güterpreise ist ein Vorteil für diejenigen, die aufhören, Landwirte zu sein, die ihre Güter verkaufen, nicht für diejenigen, die Landwirt werden, die Güter kaufen oder mit anderen erben". (Ebenda: 199) Eine zweite Form der Differentialrente, die in einer Monokultur mit Investitionen zur Verbesserung der Bodenfruchtbarkeit zurückzuführen ist, vertieft dadurch den schon existierenden Unterschied zwischen Betrieben zugunsten der Bauern mit besseren Böden.

Modernisierungsprozesse in der brasilianischen Landwirtschaft finden aufgrund der natürlichen Gegebenheiten und des Grundbesitzes nur partiell statt. Die Veränderungen werden überwiegend von außen stimuliert, als induzierte Innovationen, nämlich durch die Produktionsmittelindustrie und die Agrarindustrie, die den Grad der Modernisierung bestimmen. Aus diesem Grund müssen Veränderungen in der Landwirtschaft zum Beispiel durch Kredite stimuliert werden. Aber auch die Entscheidungen der Bauern sind wichtig beim technischen Fortschritt in der Landwirtschaft. In Brasilien sind nach Untersuchungen von Romeiro (1998) die Bodenproduktivität, die Agrarberatung und die Arbeitskraft die entscheidenden Faktoren für die Bauern, wenn es um Technikeinsatz geht. Bei den Großbauern spielt die fehlende qualifizierte Arbeitskraft eine wichtigere Rolle als bei den Kleinbetrieben, wo die Agrarberatung an zweiter Stelle steht. Die niedrige Bodenproduktivität und die Möglichkeit, sie zu erhöhen, ist jedoch Romeiro zufolge der erste von den brasilianischen Bauern erwähnte Faktor für den technischen Fortschritt, egal ob in Groß- oder Kleinbetrieben. (Ebenda)

Die Eliminierung kleiner Betriebe durch die Steigerung der Produktivität von Seiten der sich modernisierenden Betriebe ist das wichtigste Element der Konkurrenz in der Landwirtschaft: Große Betriebe verdrängen die kleineren aufgrund ihres steigenden Angebots an Produkten. Die großen Betriebe besitzen also eine Marktmacht, die von den Produktionskosten unabhängig ist. Solange die Nachfrage wächst, können marginale Betriebe bestehen; sinkt jedoch die Nachfrage nach dem Produkt, sind sie gefährdet, was die Funktion der periodischen Überproduktion für die Bestimmung der Marktstrukturen darstellt.

Geringere Produktionskosten aufgrund der Bodenfruchtbarkeit spielen bei der Frage des technischen Fortschritts eine wichtige Rolle, weil durch den technischen Fortschritt andere Landwirte mit den schon von der Natur Begünstigten konkurrieren können. Andrerseits werden auch die begünstigten Bauern sich nicht mit den natürlichen Vorteilen des Bodens zufrieden geben, sondern versuchen, ihre Vorteile durch technischen Fortschritt noch weiter zu vergrößern, was in diesem Punkt eigentlich Schultzes Konzept des effizienten Bauern bestätigt. Und nach Ângela Kageyama (1986), ist der technische Fortschritt in der Landwirtschaft ein Instrument zur Aufnahme und Weiterführung bestimmter Aktivitäten. Technische Innovationen in der Landwirtschaft haben eine merkwürdige Bedeutung beim Wettbewerb unter den Kapitalisten: Sie dienen als „Eintrittsbarriere“ in eine bestimmte Produktion, die letztendlich auch die Bedingungen für die wirtschaftliche Tragfähigkeit eines Betriebs definiert. Damit ein einzelner Produzent seine relative Position aufrechterhalten kann, ist er gezwungen, sich ständig im Rhythmus des Gesamten zu bewegen. Der Impuls zur Effizienz, der sich in der Suche nach steigenden Profiten zeigt, gehört zur Logik des Kapitals, ob in der Industrie oder in der Landwirtschaft.

Was den Einsatz der Gentechnik in der brasilianischen Landwirtschaft betrifft, spielt für die Großbetriebe die Erwartung, Arbeitskosten zu reduzieren und die Möglichkeit, brachliegende und mit konventionellen Unkrautbekämpfungsmethoden nicht rentable Flächen bewirtschaften zu können, eine entscheidende Rolle. Dies betrifft zurzeit ausschließlich die Sojaproduktion, was auch mit den Preisen für Soja auf dem Weltmarkt zusammenhängt. Die Befürchtungen, dass US-amerikanische und argentinische Sojaproduzenten durch den Einsatz von gentechnisch modifiziertem Saatgut in der Lage wären, konkurrenzfähiger zu produzieren, tragen dazu bei, dass, auch wenn solche Art der Produktion bisher illegal war, die Mehrheit der Großbauern bereit war, die Gentechnik anzuwenden. Wichtig dabei ist auch die Wirkung und Unkompliziertheit der herbizidresistenten Soja bei der Unkrautbekämpfung, die nicht dem bisherigen technischen Stand der Großbetriebe widerspricht, sondern die inhärente Logik der Chemisierung und Mechanisierung der Landwirtschaft fortsetzt und mit ihr vereinbar ist.

Bei den Großgrundbesitzern spielt die Furcht, dass die aktuelle Regierung eine Agrarreform für die brachliegenden Flächen durchführen könnte, zusätzlich eine Rolle bei der Anwendung von Gentechnik, weil diese die vermutlichen Risiken beim Einsatz der neuen Technologie zu kompensieren scheint. Nach Angaben von EMBRAPA (Brasilianisches Institut für Agrarforschung) steht in Brasilien eine Fläche von 100 Millionen Hektar zur Ausweitung der Sojaproduktion zur Verfügung. (Vgl. Bickel 2004: 7, 24, 110) Diese Zahl entspricht der Prognose von INCRA über die brachliegenden Ackerflächen in Brasilien. Auch nicht von ungefähr betrifft die Polemik über die Gensoja besonders südbrasilianische Großbauern, die zwischen 1999 und 2002 in Rio Grande do Sul mit einer Regierung konfrontiert waren, die auf Landesebene begann, die Agrarreform durchzuführen und sich klar für ein Verbot genmanipulierter Pflanzen positioniert hatte. Von den 83.600 Bauern, die sich bisher offiziell als Gensoja produzierende in Brasilien anerkennen ließen, sind 81.000 aus Rio Grande do Sul (Valor Econômico 2004), wo die Debatte über den Einsatz der Gentechnik und deren Ausbreitung eine zugespitzte politisch-ideologische Dimension entwickelte, wie sie bis heute in keinem anderen Bundesland Brasiliens zu finden ist. Der offene Konflikt zwischen Befürwortern von Seiten des südbrasilianischen Großbauernverbands und Gegnern aus der Landlosenbewegung führte dazu, dass die Großgrundbesitzer noch entschlossener Gensoja anbauten und dies aus ihrer Sicht als Mittel zur Rettung ihres Grundeigentums und ihrer Produktionsform vor der Regierung in die Öffentlichkeit brachten. (Menasche 2003)

Die Möglichkeit, durch weniger Arbeitsintensität einen höheren Rohertrag zu erzeugen, wird durch die vermutete Einsparung von Herbiziden bei Gensoja genauso von den Kleinbauern wie von Großbauern als Chance betrachtet. Ein großer Unterschied zwischen beiden besteht jedoch darin, dass die Arbeit für den Großbauern ausschließlich als kostenverursachender Produktionsfaktor gesehen wird, während sie für den Kleinbauern seine eigene Aktivität bedeutet. Bei der Rechnung eines Großbauern wird der Ersatz von Arbeitskraft durch den Einsatz von Technik an ihrer Kosteneinsparung und Wirkung gemessen, so dass es im Grunde nur eine Kostenfrage ist, die auf das Ziel der Profitmaximierung gerichtet ist. Die Größe des Reinertrags in der rein kapitalistischen Wirtschaft spaltet sich in Arbeitslohn und Reingewinn. In der Familienlandwirtschaft wird der Reinertrag ganz als Arbeitsertrag und der Einsatz von Technik als eine Frage der Kapitalanwendung bewertet, die durch das Produkt der eigenen Arbeit bezahlt werden muss und die Konsumtion der Familie beeinträchtigen kann. „Aus der Summe von Werten, die der Rohertrag darstellt, hat ein Teil zur Wiederherstellung des vorgeschossenen Kapitals in der ursprünglichen Höhe zu dienen, alles übrige bildet den Arbeitsertrag". (Tschajanow 1987: 69) Eine rationelle Anwendung von Technik in der Familienlandwirtschaft wird also die Frage des begrenzten Faktors berücksichtigen müssen: „Wenn der Organisator eines Betriebs nicht genug Boden oder Kapital oder Arbeitskräfte hat, um seinen Betrieb in den optimalen Ausmaßen entfalten zu können, so baut er ihn im kleineren Umfange auf, der dem im Minimum befindlichen Faktor angepaßt ist. (...) Die Aufgabe des Organisators besteht darin, diejenige Verbindung herauszufinden, welche unter den möglichen das beste ökonomische Ergebnis erzielt". (Ebenda: 42)

Im Großbetrieb sind die mangelnde Verfügung über qualifizierte Arbeitskraft oder deren hohe Kosten im Vergleich zur Anwendung von Technik Faktoren, während die Familienlandwirtschaft meistens unter begrenzter Bodenfläche und mangelndem Kapitalzugang leidet. Für sie geht es im Grunde genommen darum, das Jahreseinkommen für die Familie zu vergrößern, wobei die Steigerung der Arbeitsintensität durch eine Intensivierung der Arbeitsmethoden oder die Einführung von Kulturen mit einem größeren Arbeitsfassungsvermögen erfolgen kann. Eine Erhöhung der Arbeitsintensität wird für den Kleinbauern dennoch nicht immer von Vorteil sein, denn in der Landwirtschaft hat der Arbeitseinsatz einen saisonalen Charakter. „Im verarbeitenden Gewerbe ist der Arbeitsprozess nicht an irgend eine Tages- oder Jahreszeit gebunden, in der Landwirtschaft dagegen trägt ein großer Teil der Arbeiten ausgesprochenen Saisoncharakter". (Ebenda: 28) Die Steigerung der Arbeitsintensität kann also zur Arbeitszeitverkürzung und von daher zu mehr beschäftigungslosen Zeiten führen. „Zwar wendet der Bauer industrielle Produktionsmittel an: die Sozialnormen der Industriegesellschaft bleiben aber bei dem dominierenden Agrarsystem unerreichbar" (Bergmann 1969: 219).

Entscheidend ist auch, dass die Existenz eines Arbeitsmarkts die Existenz der Kleinbauern beeinflusst. Wie Abramovay (1992) in seiner Studie zeigt, wird die Annahme eines Arbeitsmarkts die Familienlandwirtschaft so beeinträchtigen, dass die Einheit zwischen Arbeit und Konsum zerstört wird, da die Möglichkeit besteht, außerhalb des Familienbetriebs besser verdienen zu können. „Jede Familienform, ihre Strukturen und die in ihr geschaffenen Verhältnisse, hängt von der gesellschaftlichen Produktionsweise ab". (Brüggemann/Riehle 1986: 144) Dies ändert folglich auch das wirtschaftliche Kalkül der Familienlandwirtschaft, denn sie wird danach streben, ihre zunehmenden Bedürfnisse am erfolgreichsten zu befriedigen, wofür der Wettbewerb mit anderen Bauern gestärkt wird und alle neuen Angebote des technischen Fortschritts zumindest ausprobiert werden.

Welche Möglichkeiten bestehen in der brasilianischen Landwirtschaft, einen kleinbäuerlichen Charakter zu bewahren? Welche Rolle spielt darin technischer Fortschritt? Kann die Ausbreitung der Gensoja zur Erhaltung der Familienlandwirtschaft beitragen oder wird sie, im Gegenteil, zur Beschleunigung der kapitalistischen Durchdringung zuungunsten der Kleinbauern führen? Inwieweit stellt die ökologische Sojaproduktion aufgrund des besonderen Verhältnisses der Familienlandwirtschaft zur Natur, ihres eigenen wirtschaftlichen Kalküls und der Möglichkeit, ihre eigene Arbeitskraft zu kontrollieren, eine Alternative dar? Wir werden im folgenden Kapitel versuchen, ausgehend von der Familienlandwirtschaft im nordwestlichen Grenzgebiet des Bundesstaates Rio Grande do Sul exemplarisch zu beleuchten, wie die technische „Modernisierung" sich dort konkret auf die Produktionsform und das Leben von Kleinbauern auswirkt. Die historische Beschreibung regionaler Ereignisse soll dazu dienen, besondere lokale Merkmale der Familienlandwirtschaft zu erfassen, die bei dem zugespitzten Konflikt über den Anbau von Gensoja und Biosoja die Region prägen und durch die Feldforschungen genauer untersucht werden.

Kapitel III – Familienlandwirtschaft und Sojaproduktion im nordwestlichen Grenzgebiet von Rio Grande do Sul

Die Familienlandwirtschaft hat eine besondere Bedeutung im nordwestlichen Grenzgebiet des südbrasilianischen Bundeslandes Rio Grande do Sul. Seit ihrer Besiedlung durch europäischstämmige Einwanderer Anfang des 20. Jahrhunderts zählen kleine landwirtschaftliche Betriebe, die ausschließlich Familienarbeit einsetzen, zur absoluten Mehrheit in der regionalen Agrarproduktion. Auch der größte Teil der Industrie, des Handels und der Dienstleistungen in der Region ist von diesen landwirtschaftlichen Betrieben abhängig, weil die agroindustriellen Komplexe auf landwirtschaftlichen Rohstoffen basieren und weil ein großer Teil ihrer Produktion an die Bauern verkauft wird.

Bis in die fünfziger Jahre durch eine diversifizierte Landwirtschaft charakterisiert, wurde in diesem Gebiet jedoch die auf Monokultur basierende Sojaproduktion durch die brasilianische Regierung stimuliert, was zu Veränderungen der kleinbäuerlichen Produktionsform in der Region führte und in Brasilien als „konservative Modernisierung der Landwirtschaft“ bezeichnet wird[50]. Seit Ende der siebziger Jahre steckt die Sojamonokultur in einer wachsenden Krise und die Problematik der sojaproduzierenden Bauern macht ihre Auswirkungen auf die gesamte Region deutlich.

3.1. Das nordwestliche Grenzgebiet des Bundeslandes Rio Grande do Sul

Die Region *Fronteira Noroeste do Estado do Rio Grande do Sul*, vielen als Groß-Santa Rosa bekannt, besteht aus 20 Munizipien: Alecrim, Alegria, Boa Vista do Buricá, Campina das Missões, Cândido Godói, Doutor Maurício Cardoso, Horizontina, Independência, Nova Candelária, Novo Machado, Porto Lucena, Porto Vera Cruz, Porto Mauá, Santa Rosa, Santo Cristo, São José do Inhacorá, Senador Salgado Filho, Três de Maio, Tucunduva und Tuparendi. Die gesamte Fläche von 4.689 km² liegt an der nordwestlichen Grenze des südlichsten brasilianischen Bundeslandes zu Argentinien.

Es handelt sich um eine der letzten in das Bundesland Rio Grande do Sul einbezogene Region. Die Bezeichnung „Region Santa Rosa“ bezieht sich auf die Rolle der Stadt Santa Rosa im regionalen Kontext, aus der die meisten Gemeinden ab 1954 hervorgingen. 30,92% der regionalen Bevölkerung wohnen in Santa

[50] Die Bezeichnung bezieht sich auf die zwei Alternativen, die damals der brasilianischen Regierung zur Verfügung standen, um die landwirtschaftliche Produktion zu steigern: 1) Eine massive und qualifizierte Agrarreform durchzuführen; 2) Die Produktivität mit Hilfe eines „technischen Pakets" zu erzielen, ohne die Eigentumsverhältnisse am Großgrundbesitz zu ändern. (Vgl. Brum 1988: 51) Der Begriff „Modernisierung“ wird von wirtschaftlichen, sozialen, politischen und kulturellen Aspekten geprägt, so dass es sich im Grunde um den Streit zwischen verschiedenen Modernisierungsprozessen handelt, die den Akteuren gegenüber stehen. (Vgl. Menasche 1996: 72)

Rosa[51], immer noch das regionale Zentrum, das als "Hauptstadt der Soja[52]" bezeichnet wurde.

Die Grundfläche von Santa Rosa ist Anfang des 20. Jahrhunderts von Bauern europäischer Abstammung durch die Fortsetzung der internen Migration aus der Region der „Alten Kolonien besiedelt worden"[53]. Die ersten Kolonisten waren deutscher und italienischer Abstammung, die in der Region fruchtbare und ungenutzte Böden suchten. Danach kamen Kolonisten russischer, polnischer und anderer Nationalitäten. (Vgl. Bachi/Christensen 1984: 28) Der Migrationsprozess wurde hauptsächlich durch die soziale Ausgrenzung in Europa verursacht und durch die brasilianische Regierung stimuliert, die ihrerseits das Arbeitspotenzial der Einwanderer ausnutzte, um ihre Siedlungspolitik im Kontext der Abschaffung der Sklaverei durchzusetzen. (Frantz 1982) Durch das Bevölkerungswachstum in den alten Kolonien und die Notwendigkeit, neuen Siedlungsraum für den Nachwuchs zu suchen, kam es zu einer inneren Migration in Rio Grande do Sul. Die von den ersten Einwanderern abstammende Generation zog in Regionen, die noch nicht von Europäern besiedelt waren, wie die damalige Kolonie Santa Rosa. Dies wurde von der brasilianischen Regierung unterstützt, um das Territorium in Beschlag zu nehmen, die Produktion und den Wert der Flächen zu steigern. (Andrioli 2001) Das Ende des Besiedlungsprozesses der Region

---

[51] IBGE 2000.

[52] Die Bezeichnung „Hauptstadt der Soja" bezieht sich auf die 1960er Jahre, als die Region für die größte Sojaproduktion des Landes zuständig war. Aus diesem Grund findet seit 1966 die Fenasoja – Feira Nacional da Soja (Nationale Sojamesse) – in Santa Rosa statt. (Christensen 2004)

[53] Bezeichnung für die ersten von den europäischen Einwanderern besiedelten Regionen, nämlich Vale do Rio do Sinos, Vale do Rio Caí, Vale do Rio Pardo, Vale do Rio Taquari und Serra Gaúcha. Der Ausdruck alte Kolonie bezieht sich auf die Fläche von 50 Hektar, die den Einwanderern von der Regierung zur Verfügung gestellt wurde. Eine neue Kolonie macht eine Fläche von 25 Hektar aus, die von den Kolonisationsgesellschaften geplant an jede Familie verkauft wurde und zur Definition der neuen Gemeinden diente. Aus diesem Begriff von Kolonie wurde der südbrasilianische Ausdruck „Kolonisten" (colonos) gebildet, um die auf den Kolonien lebenden Bauern zu bezeichnen und von den anderen zu unterscheiden. Der 25. Juli wurde in Brasilien zum Kolonistentag zur Erinnerung an den 25. Juli 1824 erklärt, als die ersten deutschen Einwanderer in Südbrasilien ankamen, denn nach Roche waren 90% der deutschen Einwanderer in Rio Grande do Sul Bauern. (Vgl. Roche 1969: 243) Das Bevölkerungswachstum führte in der nächsten Generation dennoch zu den bereits bekannten Problemen der alten Kolonien: In den großen Familien reichte die Grundfläche nicht mehr für die Kinder aus, um die Überlebensfähigkeit eines landwirtschaftlichen Betriebs zu gewährleisten. Mit der „Modernisierung" der Landwirtschaft in der Region, wie später beschrieben wird, wird diese Situation noch schlimmer, denn für die exportorientierte Getreideproduktion werden immer größere Grundflächen erforderlich. In dem Maße wie die Familien wuchsen, verschärften sich die Probleme, denn die Betriebe wurden im Durchschnitt immer kleiner. 1952 schwankte die durchschnittliche Größe eines landwirtschaftlichen Betriebes im Munizip Santa Rosa zwischen 12 bis 15 Hektar. In dieser Periode fing eine neue Migration in andere Regionen an. (Vgl. Sartori/Segat/Christensen 1981: 150)

wurde nach Schallenberger (1981) ab 1930 festgestellt, in Alecrim, die letzte Fläche am Ufer des Flusses Uruguai[54]. Danach wurde die Besiedlung in der Provinz Missiones in Argentinien fortgesetzt. Nach der Besiedlung und Kolonisation begann der Entstehungsprozess der Munizipien (Roche 1969). Die Region ist also das Ergebnis einer Zerstückelung des früheren Munizips Santa Rosa, das sich am 1. Juli 1931 vom Munizip Santo Ângelo löste. Vorher gehörte dieses Gebiet zu Cruz Alta bzw. Rio Pardo sowie Porto Alegre. Auf dem regionalen Territorium wohnten früher die Guarani-Indianer, die die erste europäische Intervention in dem Gebiet erlebten: Die Missionen der spanischen Jesuiten. (Andrioli 2001)

Nach einer Periode diversifizierter Landwirtschaft konzentrierte die Region sich allmählich auf die Sojamonokultur, wobei eine Vermarktungssicherheit der Produktion versprochen wurde, die auf Export ausgerichtet war. „Die Landwirtschaft verlor ihren Subsistenzcharakter und produzierte zunehmend für einen Markt, für den eigens die notwendige Infrastruktur geschaffen wurde, wodurch Santa Rosa sich zum regionalen Zentrum entwickelte". (Schallenberger/ Hartmann 1981: 124) Durch die auf Monokultur basierende regionale Entwicklung hat die kapitalistische „Modernisierung" der Landwirtschaft zu Abhängigkeit und Ungleichheit geführt. Die Konzentration des Einkommens und der Investitionen in Santa Rosa machte die Stadt zur Referenz für die gesamte Mikroregion. Die Entwicklung eines Industriegebiets und der urbane Charakter der Stadt im Vergleich zu anderen Munizipien führten jedoch zur Akkumulation von Reichtum und Elend. Wies die Stadt das größte Bruttosozialprodukt in der Region auf, so stellte sie gleichzeitig die höchsten Quoten an Armut, Arbeitslosigkeit und Gewalt dar. Gegenwärtig wandert ein Teil der regionalen Bevölkerung in andere Regionen aus, was dazu führt, dass die Bevölkerung einiger Munizipien stagniert bzw. sinkt[55]. Nach Angaben des brasilianischen Instituts für Geographie und Statistik IBGE sank die regionale Bevölkerung zwischen 1996 und 2000 von 235.344 auf 229.067 Einwohner, besonders aufgrund der Landflucht (Diagramm 1)[56].

Die Landflucht ist besonders signifikant bei Jugendlichen; dennoch bleibt die ländliche Bevölkerung immer noch ein wichtiger Bestandteil in den meisten Munizipien. Santa Rosa und Horizontina, mit einer größeren städtischen Bevölkerung und wirtschaftlich auf industriellen Aktivitäten basiert, wuchsen zwischen 1996 und 2000 um 0,98%. (IBGE 2000) Die meisten anderen Munizipien sind ländlich geprägt und am meisten von der Landflucht betroffen, wie

[54] Rio Uruguai, der die nordwestliche Grenze des Bundeslandes Rio Grande do Sul zu Argentinien bildet. Siehe Abbildung 1.

[55] In Bezug auf die Regionen Vale do Rio dos Sinos, Groß-Porto Alegre und Serra Gaúcha, in die vor allem Jugendliche auswandern, um Arbeitsplätze zu suchen und zu studieren.

[56] Quelle: IBGE 2000.

Porto Lucena (-3%)[57], Porto Vera Cruz (2,74%), Alecrim (-2,44%) und Alegria (-1,99%). Nach Schätzungen vom IBGE sind ca. 108.000 Menschen in den 26.945 existierenden landwirtschaftlichen Betrieben tätig[58]. Im Vergleich zur ländlichen Volkszählung 1970 ist innerhalb von 30 Jahren die Zahl der landwirtschaftlichen Betriebe in der Region um 4.027 landwirtschaftliche Betriebe (also 13%) in folgendem Trend gesunken (Diagramm 2)[59].

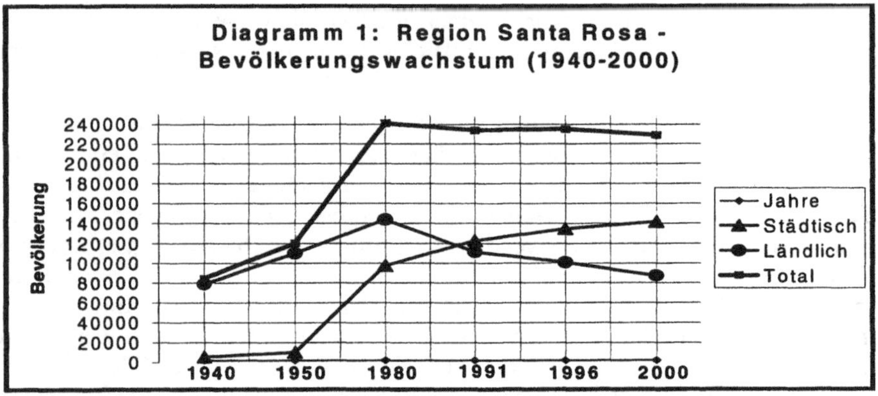

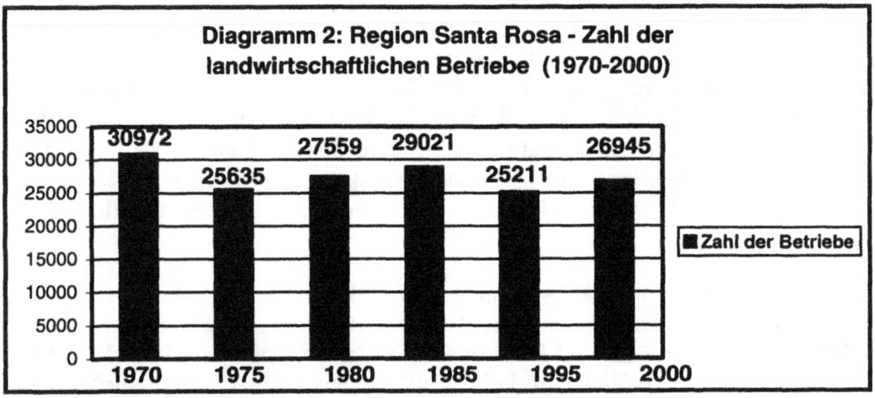

[57] Die Angaben beziehen sich auf das Bevölkerungswachstum zwischen 1996 und 2000. (IBGE 2000)

[58] Quelle: IBGE 2000. Es handelt sich dabei um eine Schätzung des IBGE aus der Volkszählung 2000, da die aktuellsten offiziellen Angaben zu den ländlichen Betrieben aus dem Jahr 1995 sind.

[59] Die Zahlen von 1970 bis 1995 stammen aus den offiziellen ländlichen Volkszählungen. (IBGE 1995/1996)

Die Region ist bekannt durch ihre kleine und mittelständische Lebensmittelindustrie und die Großbetriebe für landwirtschaftliche Maschinen und Ausrüstungen wie AGCO in Santa Rosa, SLC-John Deere in Horizontina und Fankhauser in Tuparendi. Wichtig ist auch die Fleischindustrie Alibem, eine der größten Schweineschlachtereien von Rio Grande do Sul. Die Landwirtschaft bleibt jedoch die wichtigste Aktivität in der Region, deshalb, weil auch die Industrie auf sie angewiesen ist. Eine sehr stark entwickelte Milchproduktion und eine der größten Schweineproduktionsstätten von Rio Grande do Sul sind ebenfalls in der Region zu finden. Die Milchproduktion stellt die zweitwichtigste Aktivität dar, wobei der Konzern Elegê Alimentos die Industrialisierung und Vermarktung übernommen hat und die Produktion weltweit exportiert.

Die Schweineproduktion erreicht die modernsten technologischen Züchtungs- und Verarbeitungsstandards, deren Produkte besonders auf dem lateinamerikanischen Markt verkauft werden. Die Obst- und Gemüseproduktion hat in den neunziger Jahren auch an Bedeutung gewonnen und wird meistens von Kleinbauern direkt an den Verbraucher geliefert. Auch neue Aktivitäten wie die Fischproduktion wurden in den letzten Jahren zu einer wichtigen Einkommensalternative für hunderte Kleinbauern, wobei auf kommunaler Basis eingerichtete Projekte eine wichtige Rolle spielen. Die Förderung einer Diversifizierung der landwirtschaftlichen Produktion in den neunziger Jahren hat dazu beigetragen, dass besonders Fisch, Gurken, Maniok, Mais und Obst produziert werden. Was Obst betrifft, wurde ein Landesprogramm aufgelegt, um die Produktion von tropischen Früchten in der Nähe des Flusses Uruguai zu fördern, wo ein angemessenes Mikroklima für solche Früchte entdeckt wurde. Dieses Programm wurde aber im Laufe der Jahre aufgegeben. Durch kollektives Engagement in den Gemeinden wurde auch eine Reihe kleiner Genossenschaften eingerichtet, die sowohl als Maschinenringe fungieren wie auch als Verarbeitungs- und Vermarktungsstrukturen für landwirtschaftliche Produkte. (Andrioli 2001)

Im Vergleich zu anderen Regionen in Rio Grande do Sul hat die Region ihre wirtschaftliche Bedeutung in den neunziger Jahren verringert und stellt nur noch 1,5% der registrierten Arbeitsplätze im Bundesland[60]. Das Bruttosozialprodukt der Region beträgt 905.622.428 US-Dollar, was pro Kopf 4.308 US-Dollar ausmacht[61]. Im Dienstleistungsbereich ist der Anteil der Region um 10% gesunken und stagniert danach bei 2% der gesamten in Rio Grande do Sul erbrachten Dienstleistungen, wobei die Industrie zwischen 1990 und 1998 ein Wachstum von 62% erreichte, so dass im Jahr 2001 in der Region 1,8% der gesamten industriellen Produktion des Bundeslandes zu finden sind, was in der Region einen Anteil von 28,4% an der gesamten Wirtschaft bedeutet. Die regionale Landwirtschaft ist im Vergleich zu anderen Regionen stabil geblieben, mit 28% Anteil an

[60] Die Angaben sind vom Ministerium für Arbeit und spiegeln nicht die Anzahl der Bauern wider, die ja nicht als Angestellte gewertet werden.
[61] Unijuí 2005.

der regionalen und 4,8% an der auf Landesebene erbrachten Wirtschaftsleistung[62].

Die landwirtschaftlichen Betriebe in der Region sind nach wie vor meistens klein und werden überwiegend durch Familienarbeit bewirtschaftet. 95% der Bauern verfügen über weniger als 50 Hektar und besitzen 73,77% der regionalen landwirtschaftlichen Anbaufläche. Betriebe, die zwischen 50 und 500 Hektar besitzen, machen 4,07% aus und bewirtschaften 22,45% der Anbaufläche, während die Betriebe mit mehr als 500 Hektar 0,08% in der gesamten Landwirtschaft darstellen und 3,79% der Fläche einnehmen. Die landwirtschaftliche Produktion basiert auf Soja (55% der regionalen landwirtschaftlichen Produktion und 10% der Sojaproduktion in Rio Grande do Sul), Mais (14% der Region und 7% der Maisproduktion im Bundesland) und Maniok (13% der Region und 8,5% der Maniokproduktion auf Landesebene). Außerdem stellt die Region 10% der Milch-, 7% der Schweine-, und 3% der Geflügelproduktion in Rio Grande do Sul. (IBGE 1995/1996)

Obwohl die Struktur der Sojaproduktion den wirtschaftlichen Fortschritt der Region förderte, viele Arbeitsplätze schuf und öffentliche Dienstleistungen durch ein höheres Steueraufkommen ermöglichte, profitieren davon hauptsächlich große multinationale Konzerne, die die Sojaausfuhr kontrollieren und die Versorgung mit technischen landwirtschaftlichen Ausrüstungen, Maschinen, Saatgut, Düngemittel und Pestiziden übernommen haben.

3.2. Der regionale Besiedlungsprozess und die diversifizierte Landwirtschaft

Die innere Migration ab dem 19. Jahrhundert in Rio Grande do Sul führte dazu, dass Nachkömmlinge europäischer Einwanderer in den Nordwesten Rio Grande do Suls zogen, auf der Suche nach neuen landwirtschaftlichen Flächen. Die ersten Kolonisten, die um 1900 in die Region kamen, trafen Urwald an. Um Landwirtschaft zu betreiben, wurden zunächst die Wälder gerodet und durch Brandrodung der landwirtschaftliche Anbau beschleunigt. Dies wird von Roche als Raubbau bezeichnet, ein Produktionsprozess, der auf dem Gebrauch von „Feuer und Eisen“ basierte. Dabei ging es im Grunde um die Gewinnung von Ländereien und ihre Ausnutzung bis zu ihrer Aufgabe. (Vgl. Roche 1969: 288)

Was angebaut wurde, trug zur Ernährung der Familien bei, wie schwarze Bohnen, Reis, Mais, Weizen, Maniok, Früchte und Gemüse. Es waren die notwendigsten Lebensmittel. Das Verhältnis der Bauern zum Markt war nicht sehr bedeutend. Wenig war zu verkaufen und wenig einzukaufen. Die Verkaufsprodukte waren meistens die im Betrieb übrig gebliebenen und nicht verbrauchten Produkte, wie zum Beispiel Fett, Mais, Wein und Bohnen. „In dieser ersten Periode war die landwirtschaftliche Produktion mehr durch ihren Gebrauchswert charak-

---

[62] Orçamento Participativo 2001.

terisiert als durch ihren Tauschwert. Auch die Spezialisierung der Produktion war sehr gering". (Sartori/Segat/Christensen 1981: 150)

Es gab fast keinen Handel, weil die Transport- und Kommunikationsmittel prekär waren und die kommerziellen Zentren weit entfernt lagen. Das wenige Einzukaufende, das nicht selbst produziert werden konnte, wie zum Beispiel Salz, Kerosin und Kleidungsstoffe, wurde durch Austausch mit den Kleinhändlern in der Gemeinde beschafft, die Produkte aus den entfernten Städten besorgten. Das Salz wurde zum Essen und zur Viehzucht gebraucht; Kerosin zur Beleuchtung, weil es noch kein elektrisches Licht gab; Kleidungsstoffe zur Kleidungsherstellung. Mühlen, Sägewerke, Sattlereien, Töpfereien, Klempnereien, Tischlereien, Eisenschmieden, Teefabriken, Bierbrauereien und Schnapsbrennereien waren damals die wichtigsten ersten Industrien in der Region. (Andrioli 2001)

Der größte Teil der lokalen Probleme wurde durch gemeinschaftliche Arbeit erledigt, denn diese erwies sich als die sinnvollste und gangbarste Art der kommunitären Beteiligung in der Gemeinde. Diese Kooperation fand ganz spontan statt, wenn eine Gruppe sich von einem gemeinsamen Problem betroffen fand und sich durch kleine informelle Vereinbarung zusammenfand. Dies war üblich, sowohl beim Aufbau der Kirche, der Schule, des Vereinshauses, der Wohnhäuser, Schuppen und Straßen als auch bei der Arbeit in der Landwirtschaft, wie bei der Ernte und bei der Aussaat. Familien arbeiteten zusammen, bis ein bestimmtes Vorhaben bei einem Nachbarn oder Verwandten erledigt war. Danach beanspruchte diese Familie die Gruppe zur Arbeit bei den anderen usw. Die kollektive Arbeit erwies sich als effizienter im Vergleich zur individuellen und war die beste Alternative zur Bewältigung der Unwetterprobleme, wo es zum Beispiel darauf ankam, eine Ernte schnell einzubringen. Außerdem diente die Kooperation zur Überwindung des Mangels an Lager- und Vermarktungsstrukturen. In den nichtproduktiven Bereichen wie Freizeit, Bildung und Religion war die gemeinsame Arbeit wichtig für die Schaffung von Räumen, die gemeinsam genutzt wurden. Da es keine staatliche Organisation gab, die sich um Straßen, Krankenhäuser und Schulen kümmerte, fühlten sich die Kolonisten für die Einrichtung der gesamten Gemeinde verantwortlich. Die daraus entstandene kollektive Disziplin erlaubte, dass Gruppen von für die Gemeinde arbeitenden Menschen einfach zu Verfügung standen. Die wichtigsten ersten Einrichtungen einer Gemeinde waren die Kirche und die Schule. An der Schule hatte die Kirche großen Einfluss, und die ersten Lehrer waren erfahrene Leute aus der Gemeinde selbst, die dafür ausgewählt und von den Bauern bezahlt wurden, meistens mit landwirtschaftlichen Produkten. Die Kinder gingen durchschnittlich von sieben bis elf Jahren in die Schule, insbesondere um schreiben, lesen und rechnen zu lernen.

Die ersten Handelseinrichtungen wurden von Leuten der eigenen Gemeinde betrieben. Der „bolicheiro" (Kleinhändler)[63] besaß einen Lastkraftwagen und ein Lager, das „bolicho" genannt wurde, in dem die Bauern ihren Überschuss landwirtschaftlicher Produktion für notwendige Produkte tauschten, die auf dem Land nicht produziert werden konnten. Wegen seiner wichtigen Position in der Gemeinde wurde der Kleinhändler zunehmend zur lokalen politische Führungskraft. Allmählich übernahm er mehrere Funktionen in der Gemeinde. Seine Führungskraft erlaubte es ihm, eine repräsentative politische Rolle für die Gemeinde zu spielen. In seiner öffentlichen Funktion, obwohl auf privatem Interesse gegründet, kooptierte er weitere Führungskräfte an seiner Seite.

Die Freizeit wurde ebenfalls kommunitär in der Gemeinde verbracht. Das Kerbfest,[64] Spielen[65] und Besuche unter Nachbarn waren damals die wichtigsten Vergnügen der Bauern. Die Kleinhändler fingen jedoch allmählich an, an der Freizeit wirtschaftlich zu verdienen. An den „bolichos" begann man, Ballsäle zu errichten, was mit den kommunitären Einrichtungen der Gemeinde in Konflikt stand. Dieser Konflikt zwischen dem Kommunitären und dem Gewinnbringenden taucht auch später bei der Vermarktung der Produktion wieder auf, wenn die Kooperativen mit den Kleinhändlern konkurrieren.

Die meisten Gemeinden bestanden aus einer Kirche, einer Schule, einem Klub und einer Kooperative. Die Organisation in den Dörfern wird zunehmend von der Produktion geprägt, die wie Rosenbaum das bäuerliche Leben des 19. Jahrhunderts in Deutschland beschreibt, mit den familiären Traditionen vereinbar war: „Das bäuerliche Leben war mithin charakterisiert durch die Einheit von Familienleben und Produktion. Die ökonomische Enge der traditionellen bäuerlichen Wirtschaft erzwang die Ausrichtung aller wesentlichen Bereiche des bäuerlichen Lebens auf die Bedingungen und Bedürfnisse der Produktion. Diese strukturierten infolgedessen grundlegend das Zusammenleben der Menschen auf dem Bauernhof". (Rosenbaum 1982: 58)

---

[63] Der Kleinhändler besaß ein „bolicho" (kleiner Laden) und war für den Handel in der Gemeinde zuständig. Er verkaufte meistens die überschüssige landwirtschaftliche Produktion der Gemeinde in den städtischen Zentren, woher er gleichzeitig für die Bauern notwendige Mittel besorgte, die in seinem Laden verkauft oder für landwirtschaftliche Produkte getauscht wurden. Derzeit war er ein Kleinkapitalist, der auf Grund des noch bescheidenen Umsatzes auch wenig verdiente aber trotzdem bestehen konnte, weil er den Handel monopolisierte und im Zentrum der Gemeinde stand. Durch die Ausbreitung des Marktes, das Auftauchen der Konkurrenz und die Veränderung der Produktionsform der Bauern schwand seine Bedeutung mit der Zeit in den meisten Gemeinden und er wurde gezwungen, seinen Laden auf zu geben.

[64] Aus dem deutschen „Kirmes". Der Begriff stammt aus der deutschen Einwanderung als Feiertag des Heiligen, dem die Kirchengemeinde gewidmet war.

[65] Typisch sind dafür Kartenspielen, Kegeln und Boccia, Traditionen, die von den Einwanderern mitgebracht wurden.

Die Kooperativen oder Genossenschaften waren eine Folge einer kommunitären Bewegung, die in der Region besonders von den Patres[66] beeinflusst wurde. Die ersten Kooperativen waren die Sparkassen[67], die es ermöglichten, dass die Bauern Bargeld einsetzen konnten. Dort haben die Bauern ihr gespartes Geld eingezahlt und konnten Kredite für Investitionen in der Landwirtschaft aufnehmen. Die Sparkassen waren an Gemeindenvereine gebunden, die direkt von der katholischen Kirche beeinflusst waren, obwohl sie am Anfang einen konfessionsübergreifenden Charakter hatten: „Der Bauernverein[68] wurde 1900 begründet, inspiriert vom Katholikentag[69], in der Stadt Feliz in Rio Grande do Sul. Der ‚Vater' der Organisation war der Deutsch-Schweizer Pater Theodor Amstad. Als Werk des Bauernvereins wären die Einrichtung der Kolonie Cerro Azul[70] und der Sparkassen – Pionierinitiativen in Rio Grande do Sul nach dem deutschen System Raiffeisen[71] – zu nennen. Bis 1910 war der Bauernverein ökumenisch. Danach haben die Protestanten den Bauernverein weitergeführt und die Katholiken, in der Katholikenversammlung[72] von 1912 versammelt, gründeten den Volksverein"[73]. (Kreutz 1991: 75)

Die Kooperativen waren auch dafür zuständig, die „Überproduktion" der Bauern zu verkaufen und ihnen Bezugsmöglichkeiten zu vermitteln. In einer kleinen Wirtschaft war es nicht leicht, mit dem Handel viel zu verdienen, und der Kampf um Kunden war selbstverständlich sehr groß. „In der Gemeinde gab es den Gottesdienst, das Kartenspiel, die Boccia und den Schnaps[74]. Alles, was man brauchte, wurde vor Ort gekauft und verkauft, und zwar beim 'bolicho', der immer offen war. Später bei der Kooperative. Man kaufte wenig ein; man aß, was man selbst produzierte". (Interviewter Bauer aus der Region. Zitiert in Menasche 1996: 61)

---

66 Patres colonorum (Väter der Bauern). Es waren meistens Jesuitenpriester, deren Arbeit die Region stark prägte, weil sie die Kolonisation in den neuen Einwanderungsbebieten begleiteten und die Bauern unterstützten. (Kreutz 1991)

67 Sie wurden auch mit dem deutschen Wort bezeichnet. Auch das Protokoll, die Statuten und die Diskussionen in den Versammlungen waren meistens auf Deutsch.

68 Auch das Wort wurde aus dem Deutschen übernommen.

69 Auch auf Deutsch bezeichnet und durchgeführt, handelt es sich um ein intensives religiöses und kommunitäres Ereignis, an dem die Bauern im Rahmen der von der katholischen Kirche veranstalteten Aktivitäten teilnahmen.

70 Heute die Stadt Cerro Largo an der Grenze zur Nordwest-Region, stark beeinflusst durch den Pater Max von Lasberg. Diese Stadt ist ein Zentrum deutscher Traditionen und hat die Nachbargemeinden ebenfalls sehr beeinflusst.

71 Was besonders vom System Raiffeisen übernommen wurde, ist einmal, dass die Gewinne der Genossenschaft nicht in Bargeld an die Mitglieder ausgezahlt wurden, zum andern die Ehrenamtlichkeit der Funktionen. (Tambara 1985)

72 In den Dokumenten wird das deutsche Wort benutzt und die Versammlung wurde ebenfalls auf Deutsch durchgeführt.

73 In den Dokumenten wird auch das deutsche Wort benutzt.

74 Dieses Wort für cachaça – die brasilianische Spirituose aus Zuckerrohr – ist in der Region schon in die Umgangsprache eingegangen.

Die kleinen landwirtschaftlichen Genossenschaften haben sich zwischen 1920 und 1950 in ganz Rio Grande do Sul stark ausgebreitet. Nach Schneider sind es drei Gründe, die die Ausbreitung kleiner landwirtschaftlicher Genossenschaften in Rio Grande do Sul erklären: 1) Die Organisation der Kooperativen war eine Reaktion der Kleinbauern auf die kommerzielle Abhängigkeit von Händlern; 2) die Kooperativen haben sich durch den Einfluss der Kirche vermehrt; 3) die offizielle Förderung durch den Staat ab 1930. (Schneider 1991: 253)

Die Kooperation kleiner Bauern zur Verteidigung eigener Interessen wurde von den Patres unterstützt. Sie richtete sich gegen die Ausbeutung der Zwischenhändler, die von der Verarbeitung und Vermarktung landwirtschaftlicher Produktion profitierten. Dies sehen auch Odacir Coradini und Antoinette Fredercq so: „In den Einwanderungsgebieten entwickelte sich ein Genossenschaftswesen, das eng mit der bäuerlichen Landwirtschaft verbunden war. Die Organisation in Kooperativen hat das Ziel, den Ertrag der Bauernarbeit vor den Händlern und der Industrie zu bewahren“. (Coradini/Fredercq 1982: 54-55) Den Kooperativen wurden jedoch allmählich Aufgaben des Staates übertragen, was Benetti als Wohlfahrtsgenossenschaftswesen bezeichnet. (Benetti 1985) Nach dem populistischen Konzept der damaligen Regierung Getúlio Vargas[75] war dies vereinbar. Gewerkschaften und Genossenschaften wurden zum Sozial- und Gesundheitsdienst in ländlichen Räumen genutzt, so dass in diesen Institutionen zum Beispiel Arzt- und Zahnarztpraxen sowie der Verkauf von Saatgut nebeneinander funktionierten.

Die Technologien, die die Bauern in der Landwirtschaft verwendeten, gingen meistens aus der Tradition und der eigenen Erfahrung hervor. Gedüngt wurde meistens mit Stallmist, Pflanzenresten und Grünschnitt. Chemische Produkte wurden selten gebraucht, denn sie waren gar nicht vorhanden, und die Pflanzen- und Tierarten stellten eine Resistenz gegen Insekten und Krankheiten dar, denn sie waren an die Klima- und Bodenbedingungen der Region angepasst und aus einer langen Tradition ausgewählt worden. Pferde und Ochsen dienten zum Pflügen, zum Transport von Produkten und sogar zum Transport der Familie, wobei Ochsen- und Pferdewagen üblich waren und heute noch zu finden sind. Saatgut wurde im eigenen Betrieb hergestellt und unter den Nachbarn getauscht. „In der traditionellen Landwirtschaft haben Bauern ihr eigenes Saatgut produ-

[75] Aus Rio Grande do Sul stammender Präsident Brasiliens, der zunächst zwischen 1937 und 1945 und später nochmals zwischen 1951 und 1954 regierte. „Der Populismus Vargas‘ war vor allem eine vage nationale Integrationsbewegung, die jedoch – anders als unter Perón in Argentinien – weder stärkere Gewerkschaften noch verstärkte Forderungen nach hohen Löhnen zur Folge hatte. Bei ihm handelte es sich weniger um eine ökonomische Definition von Arbeiterrechten, die politische Partizipation impliziert, als vielmehr um eine politische Bewegung zugunsten der ‚Geringen' (‚humble‘), die ökonomische Vorteile unterstellte, wobei der Wert ‚Masse‘ Vorrang vor dem Wert ‚Klasse‘ erhielt“. (Cardoso/Faletto 1976: 167)

ziert und mit den Nachbarn getauscht, wobei die empirischen Erfahrungen und Kenntnisse wichtig waren". (Brum 1983: 111)

In dem Maße, wie die Ernten stiegen, spezialisierte sich jedoch die Landwirtschaft. Obwohl die angewandten Technologien nur rudimentär entwickelt waren, fand zwischen 1931 und 1955 eine zweite wirtschaftliche Entwicklungsperiode in der Region statt. Diese Periode wird durch die Vermarktung des Überschusses landwirtschaftlicher Produktion an entfernten Orten wie Porto Alegre, Pelotas und Rio Grande charakterisiert. Die bedeutendste Industrie stellte damals schon Dreschmaschinen, Butter, Stärke, pflanzliche Öle, Weizenmehl, Akkordeons und tierische Produkte her, die eine herausragende Position im Bundesstaat erlangten. Die Vermarktung wurde durch den Ausbau des Eisenbahn- und Straßennetzes in Rio Grande do Sul begünstigt. Ab 1940 war auch Santa Rosa gut erschlossen. „Die Verbesserung und Verbreitung des Straßenverkehrsnetzes ermöglichte eine größere Zirkulation von landwirtschaftlichen Produkten und Waren. Die Erweiterung der Zugverbindung bis Santa Rosa garantierte die Produktionsvermarktung mit entfernten Märkten". (Schallenberger/Hartmann, 1981: 125)

Zwischen 1955 und 1960 erlebte die Region ihre dritte wirtschaftliche Periode. Die Schweineproduktion stand im Mittelpunkt des wirtschaftlichen Wachstums, und Mais und Maniok wurden als Futtermittel für die Schweinehaltung angebaut. Doch zwischen 1960 und 1967 fanden bedeutende wirtschaftliche Veränderungen in der Region statt, was als vierte Periode der regionalen Landwirtschaft bezeichnet werden kann. Die offizielle Unterstützung der Bauern von Seiten der Regierung, verbunden mit den multinationalen Konzernen, verringert die Maniok- und Maisproduktion zugunsten der Weizenproduktion, die durch öffentliche Kredite, chemische Düngung und Mechanisierung der Landwirtschaft zur wichtigsten Aktivität in der Region wurde und deren Produktivität stark anstieg.

Als die Landwirtschaft die Schweineproduktion verdrängte, fing die fünfte regionale landwirtschaftliche Periode an. Diese Veränderung ist eng mit dem Handel verbunden. Nach Argemiro Jacob Brum sind die bedeutendsten wirtschaftlichen Veränderungen als Auswirkungen der Modernisierung der Landwirtschaft zu bezeichnen, die durch das Genossenschaftswesen, die Industrie, den Handel und den Finanzsektor durchgeführt wurde. (Vgl. Brum 1983: 126) Die kleinen Kooperativen wurden von der „Modernisierung" der Landwirtschaft betroffen und lösten sich ab 1960 nach und nach auf. Die Sparkassen gingen an der hohen Inflation der Nachkriegszeit zugrunde und wurden auf Betreiben der Militärregierungen[76] durch die Zentralbank verboten. Die kleinen Genossenschaften und die Kleinhändler waren nicht dazu fähig, sich an die neue Periode anzupassen, denn ihre Struktur basierte auf einer diversifizierten und kleinbäuerlichen Landwirtschaft.

[76] Zwischen 1964 und 1985. Der Militärputsch fand am 31. März 1964 statt.

3.3. Die Einführung der Sojaproduktion und die „Modernisierung" der Landwirtschaft

Schon ab 1950 veränderte sich die Situation der Landwirtschaft in der Region sehr stark. Die Bauern bekamen Geld durch ein Finanzierungsprogramm, das von der Regierung und multinationalen Betrieben getragen wurde. Die Finanzierung führte zu einem Wandel im Landwirtschaftssystem, das bis dahin auf einem diversifizierten Modell basierte. „Gleichzeitig partizipiert der Staat über die Steuern an den Profiten der Industrien. Das hat zur Folge, daß die Staatsausgaben und die Wirtschaftspolitik vom politischen Druck der ausländischen Investitionen abhängig werden. Die Volkswirtschaft unterwirft sich dem Schicksal weniger Rohprodukte. (...) Es handelt sich in der Regel um einen oder zwei Rohstoffe und/oder Produkte. Sie sind für den Außenmarkt bestimmt. Ihre Kontrolle liegt in den Händen von ausländischen Unternehmen, sei es, daß sie Privateigentümer von Produktionsmitteln sind oder über den Nießbrauch verfügen, sei es, daß sie die internationale Verteilung, jener Produkte kontrollieren, sei es, daß sie beide Kontrollmöglichkeiten innehaben. (...) Im Falle der Exportgüter, die vom externen kapitalistischen Sektor produziert werden, kommt nun noch ein weiterer Grund hinzu: die fortgeschrittenere Technik". (Córdova/Michelena 1971: 114, 109, 110)

Die „Modernisierung" der Landwirtschaft durch die Einführung neuer Technologien hängt also mit dem Projekt der brasilianischen Regierung zusammen, die landwirtschaftliche Produktion auf den Export auszurichten, um damit Devisen für das Land zu erlangen und den Binnenmarkt mit importierten Produkten zu versorgen. Es ging darum, die Landwirtschaft größtenteils in die Marktwirtschaft zu integrieren und die heimische Industrie mit Hilfe ausländischer Investitionen zu „modernisieren" und auf ein höheres Niveau zu bringen. Die Mechanisierung der Landwirtschaft führte eine kapitalistisch industrielle Mentalität in den ländlichen Raum ein mit dem Motto: Mehr produzieren, um mehr verbrauchen zu können. Dadurch wurde als Ziel die Landwirtschaft mit der Vermarktung landwirtschaftlicher Produkte verbunden. (Vgl. Schallenberger/Hartmann 1981: 128)

Der Staat stimulierte dafür ein neues Genossenschaftssystem, das als Instrument zur Durchführung der „Modernisierung" der Landwirtschaft dienen sollte. Bis 1960 gab es ungefähr 500 Genossenschaften in Rio Grande do Sul, die danach fast alle in die vom Staat unterstützten neuen großen Genossenschaften integriert wurden. Viele dieser Genossenschaften, die sich ausschließlich auf die Verbreitung der Weizen-[77] und Sojaproduktion konzentrierten, sind durch den Einfluss der Regierung gegründet worden und ihr erster Vorstand wurde von der Banco

[77] Daher kam auch ihre einheitliche Bezeichnung als Cooperativas Tritícolas (Genossenschaften, die sich auf die Weizenproduktion konzentrierten), Cotri abgekürzt, was sie einheitlich identifiziert.

do Brasil[78] berufen. Die neu eingerichteten Genossenschaften sollten drei Funktionen erfüllen: 1) Die im Ausland aufgenommenen und durch Banco do Brasil vermittelten Kredite den Bauern zur Verfügung zu stellen[79]; 2) Agrarberatung für die Bauern einzurichten, um ihnen den Umgang mit den neuen Technologien beizubringen; 3) Eine Lagerstruktur aufzubauen und die für den Export vorgesehene Produktion zu vermarkten.

Nach Arjemiro Jacob Brum ist diese staatliche Intervention sehr planmäßig und geschickt durchgeführt worden, wobei zwei konvergierende Dimensionen zu erkennen sind: „a) Die Einrichtung der Infrastruktur für die Produktion, besonders durch den Gebrauch von zertifiziertem Saatgut, chemischen Düngemitteln und Maschinen; b) die Kontrolle der Bauern durch die Agrarberatung und die Vergabepraxis der Kredite". (Brum 1988: 45) Gab es in den Nachkriegszeiten für die großen multinationalen Konzerne die Möglichkeit, weltweit zu investieren und ihre Geschäfte durch die „Modernisierung" der Landwirtschaft zu vermehren, so hatte die brasilianische Regierung andererseits die Chance, riesige Investitionen anzuziehen. Von daher arbeiteten Regierung und Konzerne zusammen und propagierten die Notwendigkeit, „dem Fortschritt zu folgen".

Brum beschreibt, dass schon 1943 Nelson Rockefeller[80] drei wichtige Tochterunternehmen in Brasilien gründete: 1) Cargill zur Vermarktung von Getreide; b) Agroceres zur genetischen Forschung und Saatgutentwicklung; c) EMA – Empreendimentos Agrícolas – zur Herstellung von Maschinen und Ausrüstungen für die Landwirtschaft. Rockefeller beeinflusste auch in den fünfziger Jahren die Gründung von ASCAR[81] (heutiger EMATER[82]) als staatliche Institution zur Agrarberatung und in den siebziger Jahren die Einrichtung der EMBRAPA[83], das größte staatliche Institut für Agrarforschung. Die Interessen der priva-

[78] Die größte staatliche Bank Brasiliens, wodurch den Bauern Agrarkredite zur Verfügung gestellt wurden. Zur Nominierung des Präsidenten einer Genossenschaft war der Besitz einer großen Anbaufläche wichtig, die von der Bank als Zahlungsgarantie bei Krediten angenommen wurde. Daher entnimmt man den Gründungsakten dieser großen Genossenschaften, dass der erste Präsident normalerweise der größte Grundbesitzer eines Munizips war.

[79] Wichtig in dieser Hinsicht ist, dass nur Mitglieder dieser großen Genossenschaften über die vom Staat subventionierten Kredite verfügen konnten. Die Kredite waren ausschließlich zum Einkauf von Maschinen und Ausrüstungen, Saatgut, chemischen Düngemitteln und Pestiziden bestimmt, so dass die Bauern einen Vertrag unterschreiben mussten, in dem sie sich verpflichteten, die Gelder ausschließlich zur „Modernisierung" der Landwirtschaft einzusetzen.

[80] Einer der damaligen Geschäftsführer des berühmten US-amerikanischen Konzerns Rockefeller.

[81] Associação Sulina de Crédito e Assistência Rural (Südbrasilianische Vereinigung für Kredit und Agrarberatung).

[82] Associação Riograndense de Empreendimentos de Assistência Técnica e Extensão Rural (Vereinigung für Agrarberatung in Rio Grande do Sul).

[83] Empresa Brasileira de Pesquisa Agropecuária (Brasilianisches Institut für Agrarforschung).

ten Konzerne wurden von öffentlichen Einrichtungen der US-amerikanischen Regierung unterstützt und von den abhängigen Ländern als nationale Ziele übernommen. (Vgl. Ebenda: 46)

Der Weizenanbau breitete sich aus, und die zunehmende Produktion erforderte eine Modernisierung der damaligen Lager- und Vermarktungsstruktur. 1950 wurde die CIBRAZEM[84] gegründet und in den wichtigsten Produktionszentren von Rio Grande do Sul eingerichtet. 1956 war die Regierung jedoch davon ü berzeugt, dass der Staat es nicht schaffe, diese Verantwortung zu übernehmen und setzte den Aufbau einer Lagerstruktur durch die Genossenschaften fort. In der Tat wurden ab 1957 die ersten, vom Staat unterstützten großen Genossenschaften gegründet. Sie bekamen riesige Investitionskredite zu günstigen Zinsen, die von der Banco do Brasil und BNCC[85] zur Förderung der Weizenproduktion gegeben wurden.

Die Sojaproduktion breitete sich ab 1960 enorm aus und erreichte ihren Höhepunkt in den siebziger Jahren[86], als die Preise für das Produkt weltweit stiegen: „Zum einen trat die Sowjetunion als neuer Großabnehmer auf den Weltmarkt. Zum anderen hatte die US-Regierung in den vorangegangenen Jahren begonnen, die Garantiepreise für Soja nicht mehr den Marktpreisen anzugleichen und erhöhte somit das Risiko für die Sojafarmer". (Schumann 1986: 108) Da die US-amerikanischen Sojaproduzenten sich zurückhielten, nutzte Brasilien seine Chance auf dem Weltmarkt, dessen Produktion sich als viel billiger erwies. Für den Sojaanbau stand die für die Weizenproduktion eingerichtete Struktur zur Verfügung: Der Weizen wird ab Oktober eingelagert und die Soja ab März.

Die wichtigste Gründe für die Ausbreitung der Sojaproduktion in Brasilien sind nach Coradini und Fredercq (1982): a) der international wachsende Sojamarkt; b) die Möglichkeit, Soja außerhalb der Ernteperiode der damals größten Sojaproduzenten zu produzieren; c) die staatliche Unterstützung; d) die Konsolidierung einer Verarbeitungsindustrie für das Produkt; e) die niedrigeren Kosten des Bodens und der Arbeitskraft im Vergleich zu anderen Ländern. Entscheidend für die Bauern ist jedoch, dass der brasilianische Staat öffentliche Kredite dafür zur Verfügung stellte. „Wieviel Auswahl hatten die Produzenten tatsächlich? (...) Sich auf diese Kulturen zu spezialisieren war praktisch unumgänglich, weil es die einzige Möglichkeit war, an die Gelder des Agrarprogramms der Banco do Brasil heranzukommen". (Guarnier, zitiert in Schumann 1986: 110)

In den siebziger Jahren war Rio Grande do Sul nach São Paulo der Bundesstaat, der besonders von den landwirtschaftlichen Krediten profitierte, wovon 40% in die Sojaproduktion flossen (Furstenau 1988). Außerdem setzte die brasilianische

[84] Companhia Brasileira de Armazéns (Brasilianische Lagergesellschaft).

[85] Banco Nacional de Crédito Cooperativo (Nationale Bank für genossenschaftliche Kredite).

[86] Die Soja wurde 1924 in Santa Rosa eingeführt und aufgrund ihres hohen Eiweißgehalts ursprünglich als Futtermittel für die regionale Schweineproduktion gedacht. Nach Roche wurde Soja jedoch schon 1952 nach Hamburg exportiert. (Vgl. Roche 1969: 256)

Regierung auf eine intensive Propaganda. „Plakate, Aufkleber und vor allem das Fernsehen wurden benutzt, um den Bauern die Kultivierung von Soja schmackhaft zu machen. Es sprach sich herum, dass man mit ‚Soja Geld verdienen kann'. Verstärkt stiegen nun Kleinbauern in die Produktion ein, um sich den Traum vom Fernseher oder eigenen Auto zu erfüllen". (Schumann 1986: 109) Hinzu kommt der geringere Arbeitsaufwand der Sojaproduktion im Vergleich zu anderen landwirtschaftlichen Aktivitäten, wie zum Beispiel der Tierzucht, und die Möglichkeit, Maschinen im Produktionsprozess einzusetzen, also die Arbeit hinter dem Ochsenpflug gegen den Traktorsitz einzutauschen, was durch die staatlichen Kredite finanziert werden konnte. (Menasche 1996)

Die Genossenschaften nutzten die Kredite, um ihre Struktur auszuweiten. Besonders durch die Agrarberatung stimulierten sie die Bauern, die Sojaproduktion mit der Weizenproduktion zu kombinieren. Der brasilianische Staat begleitete seinerseits die Genossenschaften dabei: 1972 hatte die Genossenschaft COTRIJUÍ[87] einen großen Getreideterminal in Rio Grande[88] aufgebaut, und die Regierung folgte später mit einem zweiten Terminal, eine Doppelinvestition für den Getreideexport. Für Schneider boten die großen Genossenschaften der Regierung eine Reihe von Vorteilen: „1) Reduzierung der Operations- und Zirkulationskosten; 2) Ankauf des Getreides vor Ort; 3) Förderung und Diffusion der Technologien; 4) Gewährleistung einer zunehmenden Produktivität der landwirtschaftlichen Betriebe". (Schneider 1991: 254) Die großen Genossenschaften vermehrten sich sehr schnell im gesamten Bundesstaat Rio Grande do Sul und jede hat sich gesetzlich auf eine bestimmte Region ohne Konkurrenz durch andere konzentrieren können. Vielen der vorherrschenden kleinen Genossenschaften wurden zum größten Teil in die großen integriert. Die Bauern akzeptierten sehr schnell das neue Modell und begeistert von der „modernen" Landwirtschaft verließen sie die kleinen Kooperativen und wurden Mitglieder der großen Genossenschaften, die als Instrument zur Verbesserung ihrer Lebensverhältnisse angesehen wurden.

Eine Studie von Laura Duarte (1986) zeigt, dass 305 kleine Kooperativen zwischen 1950 und 1980 den Betrieb einstellten und dass 61 kleine Kooperativen zwischen 1970 und 1980 in die großen Genossenschaften integriert wurden. In der Region Santa Rosa war dies anders als in den anderen Regionen, denn bis in die neunziger Jahre waren von den 27 kleinen Kooperativen immer noch 8 zu finden, wobei eine davon, die COOPERMIL, sich an das von der Regierung empfohlene Modell anpasste und in der Region mit der COTRIROSA konkurriert[89]. Die Ursachen für den Bankrott kleiner Kooperativen in der Region sind nach Büttenbender (1995) folgende: 1) Veränderung des landwirtschaftlichen

87 Große Genossenschaft, die in der Region von Ijuí organisiert wurde.

88 Wichtigste Hafenstadt von Rio Grande do Sul.

89 Dies ist eine Ausnahme, denn nur eine große Genossenschaft sollte in jeder Region herrschen.

Modells, was eine neue Organisationsdynamik und Struktur erforderte; 2) fehlender Zugang zu subventionierten Krediten (ein Grund, weswegen viele Bauern an den großen Genossenschaften teilnahmen und die kleinen verließen); 3) starke Konkurrenz, wodurch die übrig gebliebenen ihr Organisationssystem ändern mussten; d) Anpassung an das Gesetz 5.764 von 1971, das das brasilianische Genossenschaftssystem regelte.

Die Einführung neuer Technologien und die Integration der Landwirtschaft in die agroindustriellen Komplexe ist in der Region Santa Rosa zum größten Teil durch die Entwicklung der Genossenschaften zu erklären. Die Genossenschaften zusammen sind auch verantwortlich für den größten Teil der Steuereinnahmen der Kommunen in der Region, so dass ihre Existenz einen Beitrag zur regionalen Entwicklung leistet. (Büttenbender 1995) Außerdem sind sie verantwortlich für die Ausbreitung der neuen Technologien in der Landwirtschaft, denn die meisten Agrarberater werden von den Genossenschaften finanziert. Die Ausbreitung der großen Genossenschaften im Zusammenhang mit den staatlichen Krediten erlaubte riesige Investitionen in der Landwirtschaft. Die zentralisierte Vermarktung des größten Teils der landwirtschaftlichen Produktion machte die Genossenschaften zu einer Vermittlungsstruktur mächtiger Exportkonzerne. „Die Genossenschaften beschränken sich darauf, die Produktion zu verlagern und zu vermarkten, wofür sie einen Anteil für ihre Dienstleistung bekommen". (Coradini/Fredercq 1982: 45)

Die Genossenschaften, die früher einen kommunitären Charakter hatten, wurden zu einem großen Handelsgeschäft. „Die Geschichte beweist, daß das ausländische Kapital seine Ausbeutung darauf gegründet hat, die bestehende gesellschaftliche Organisation rigoros auszunutzen". (Córdova/Michelena 1971: 117) Die Art der Zusammenarbeit hat sich dadurch sehr verändert. Auch die Familienlandwirtschaft änderte sich. Die Spezialisierung in der Landwirtschaft ändert die Lebensauffassung vieler Bauern und sie werden ständig dazu gedrängt, sich in das neue Modell zu integrieren, in dem sie lediglich Produzenten für Waren sind, die von anderen verarbeitet und vermarktet werden, und die am meisten daran verdienen. Der große Unterschied zwischen den Genossenschaften vor 1950 und danach kann in der Veränderung des landwirtschaftlichen Modells gesehen werden, wodurch die Familienlandwirtschaft an Bedeutung verliert in dem Maße, wie sie ihren Charakter verändert. „Einfache Lösungen, die der Landwirt selbst erarbeiten und anwenden kann, interessieren da nicht, sie werden ignoriert, wenn nicht demoralisiert oder sogar bekämpft. (...) Die Absichten der Großkonzerne in der Landwirtschaft sind ganz eindeutig. Der Landwirt soll nur noch total abhängiger Zulieferer und Abnehmer für die Industrie sein oder verschwinden". (Lutzenberger 2001: 27, 35)

Es lässt sich jedoch nachweisen, dass in Brasilien die landwirtschaftlichen Familienbetriebe im Vergleich zu den Großgrundbesitzern insgesamt viel weniger Zugang zu subventionierten Krediten hatten. Guedes Pinto (1978) zeigt, dass

Großgrundbesitzer 53% der Kredite bekamen, Kleinbauern dagegen nur 11%. Das kann allerdings auch ein Beweis dafür sein, dass die Kleinbauern nur marginal in die „Modernisierung" der Landwirtschaft integriert wurden und deshalb nicht die gemeinsamen Technologieempfehlungen annahmen. Traditionelle landwirtschaftliche Methoden wurden weiter in der Region eingesetzt, parallel zu den „modernen" Technologien. Die Verbindung zwischen traditionellen und „modernen" Technologien, die aufgrund des Mangels an Investitionskraft von den Bauern entwickelt wurde, kann eine Erklärung sein, weshalb die Produktionskosten in der Familienlandwirtschaft verringert wurden und die kleinen Betriebe trotz aller Schwierigkeiten überleben konnten. Auch wurde die Subsistenzwirtschaft nicht ganz zugunsten der Sojamonokultur aufgegeben. Produkte wie Mais, Maniok, schwarze Bohnen und die Schweine- und Milchproduktion bleiben weiter Bestandteil der regionalen Landwirtschaft. (Menasche 1996)

Schon seit längerer Zeit scheint die kleinbäuerliche Familienlandwirtschaft sich als effizienter im Vergleich zu den großen landwirtschaftlichen Betrieben in Brasilien zu erweisen. Martine und Garcia haben versucht, eine Erklärung dafür zu entwickeln und bestätigen dadurch Schultzes Konzept des effizienten Bauern[90]: „Der Kleinbauer ist genau der, der alle verfügbaren Produktionsfaktoren am intensivsten gebraucht, inklusive Arbeitskraft. (...) Zwei Drittel bis drei Viertel der Grundflächen werden genutzt, während die großen Landwirte – mit mehr als 100 Hektar – durchschnittlich nur bis 15% ihrer Flächen bewirtschaften. Die Intensität der Grundnutzung hat Auswirkungen auf die Produktivität, wobei die Kleinbauern sich wirtschaftlich als viel effizienter erwiesen". (Martine/Garcia 1987: 61)

Im Mittelpunkt der „Grünen Revolution" bzw. der Agrarindustrie standen aber eigentlich die Mittel- und Großgrundbesitzer, die investitionskräftiger waren als die Kleinbauern. Auch die Agrarberatung zieht die Großgrundbesitzer vor, was Martine und Garcia (1987) als „Marginalisierung" der kleinen Bauern bezeichnen: „Die Agrarberatung konzentrierte sich auf Produkte und Flächen, die am schnellsten auf den Einsatz von Technologien reagierten. Dadurch wurde wieder die Mehrheit der Bauern, die ein niedrigeres Einkommen hatte, ins Abseits gedrängt". (Ebenda: 27) Das führte dazu, dass die Kleinbauern viel weniger Pflanzenschutzmittel einkauften als die großen. 1980, noch auf dem Höhepunkt der „Modernisierung" der brasilianischen Landwirtschaft, gab es dafür ein vielsagendes Beispiel: Während 90% der Betriebe mit einer Größe von 1.000 bis 10.000 Hektar Pflanzenschutzmittel verbrauchten, setzten 74% der Betriebe von 10 bis 100 Hektar und nur 45% der Betriebe von 1 bis 10 Hektar diese Technologie ein. (Vgl. Ebenda: 30) Besonders in der Sojaproduktion, die durch die „Modernisierung" eingeführt wurde, ist der Vergleich des Einsatzes der „modernen" Technologie zwischen kleinen und großen Bauern im Jahr 1980 ebenfalls aufschlussreich (Tabelle 2).

---

[90] Siehe Kapitel I.

Tabelle 2: Größe der Betriebe und Einsatz „moderner" Technik	
Betriebsgröße	**Einsatz von Düngemitteln, Pflanzenschutzmitteln und Bewässerung**
0 bis10 Hektar	22,0%
0 bis 99 Hektar	69,2%
100 bis 999 Hektar	96,2%
1.000 bis 9.999 Hektar	99,4%
1.000 und mehr Hektar	100,0%
Quelle: Martine/Garcia 1987: 86.	

Die Kleinbauern wurden zunehmend in den kapitalistischen Markt integriert. Paradox scheint jedoch, dass gerade die Region Santa Rosa, wo die Familienlandwirtschaft herrscht und kleine Flächen bewirtschaftet werden, für die massive Ausbreitung der Weizen- und Sojaproduktion in Brasilien bekannt ist, denn es wäre zu erwarten, dass Monokulturen nur in großen Flächen wirtschaftlich rentabel sind. (Coradini/Fredercq 1982) Damit sie Weizen und Soja für den Export produzieren konnten, erhielten auch sie einen Teil der subventionierten Kredite, was ihren Lebensstil veränderte.

Die neuen Technologien, die mit der „Modernisierung" der Landwirtschaft aufkamen, brachten den Bauern zunächst viele Vorteile. Ihr Lebensstandard verbesserte sich. Durch ein erhöhtes Einkommen eröffnete sich für die Kleinbauern der Zugang zum Konsum. Das Leben in den landwirtschaftlichen Gemeinden änderte sich ebenfalls sehr stark. Die Bauern konnten ihre Häuser verbessern oder neu aufbauen, und in den meisten Bauernhäusern ist elektrischer Strom installiert worden, wodurch Fernsehapparate, Kühlschränke und andere Haushaltsgeräte gekauft und benutzt werden konnten. Es entstand eine neue Lebensweise. Mehr Schulen wurden errichtet; es gab mehr Freizeitangebote, die mehr Mußestunden ermöglichten; es gab mehr ärztliche und soziale Hilfe; mit einem Satz: die Bauern wurden anders behandelt und konnten eine Menge der Dinge genießen, die die Menschheit geschaffen hat. Die Folgen dieses Prozesses sind mit der industriell-kapitalistischen Entwicklung im Europa des 20. Jahrhunderts zu vergleichen, wie er von Burkart Lutz ausführlich interpretiert wurde: „Endlich wurden durch öffentliche Maßnahmen des Infrastrukturausbaus vielleicht überhaupt erst die Voraussetzungen dafür geschaffen, daß im traditionellen Sektor auf breiter Front Nachfrage nach industriellen Investitionsgütern entstehen konnte; die Elektrifizierung des flachen Landes und der Landwirtschaft ist für diesen Zusammenhang wohl das sprechendste Beispiel". (Lutz 1984: 170)

Viele Arbeiten, die vorher mit körperlicher Anstrengung erledigt wurden, konnten maschinell ausgeführt werden. Wenn die Arbeit weniger Anstrengung erforderte und sich noch mehr lohnte, wurden die neuen Technologien gern angenommen. Deshalb kann man sagen, dass vieles, was mit der Einfügung der Bauern in den neuen Markt passierte, von Vorteil war.

Die Bauern waren am Anfang des Prozesses sehr zufrieden, da es sich lohnte, das Produktionssystem zu verändern und mögliche Widersprüche, die sich abzeichneten, wurden häufig verdrängt. „Widersprüche werden zwar gesehen, aber nicht artikuliert, geschweige denn diskutiert. Vielmehr arrangiert man sich mit ihnen, und zwar jeder für sich, alle in ganz ähnlicher Art und Weise. (...) Konflikte lösen heißt also im Dorf, sie ausklammern bis zur Verdrängung oder bis zu irgendeiner Lösung, die von außen vorgegeben wird, die dann auch wieder bestätigt, dass alles so kommt, wie es kommen muss. Da Konflikte nicht wahrgenommen werden, gibt es eben keine. (...) Öffentlich bekannte Konflikte im Dorf entzünden sich immer wieder am Besitz und dem daraus entstehenden Neid bzw. Streit". (Brüggemann/Riehle 1986: 195)

3.4. Die Krise der Monokultur

Die öffentlichen Kredite stimulierten eine spektakuläre Entwicklung der Sojamonokultur, wodurch einerseits die Produktion stieg und die Arbeit der Bauern erleichtert wurde aber andrerseits viele Fremdprodukte für die Produktion notwendig wurden und eingekauft werden mussten, so etwa mineralische Düngemittel, Saatgut, „Pflanzenschutzmittel" und landwirtschaftliche Maschinen, mit denen die Bauern die Monokultur Weizen-Soja eingeführt haben. Weil die Bauern viel einkaufen mussten, um die Landwirtschaft zu modernisieren, brauchten sie zunehmend Geld, das im gesamten ländlichen Raum eine immer größere Bedeutung bekam. „Die historisch weit zurückreichende Erfahrung der Abhängigkeit realisiert sich heute wesentlich als Geld- und Marktabhängigkeit". (Brüggemann/Riehle 1986: 188)

Die Kredite, die als Einführung der Bauern in die „Modernisierung" der Landwirtschaft zur Verfügung gestellt wurden, hörten aber Anfang der achtziger Jahre auf und von da an begann ein Prozess der Verschuldung der Landwirtschaft. „Diese Kredite mussten allerdings abgezahlt werden, was durch die Steigerung der Exporte erreicht werden sollte. So geriet die brasilianische Wirtschaftspolitik in einen Teufelskreis zwischen immer höherer Verschuldung und notwendig weiter steigenden Exporten". (Hartmann 1994: 27) Als die Finanzierung der Landwirtschaft gestoppt wurde und die Schulden zu bezahlen waren, begann die Entkapitalisierung der Landwirte. Die hohen Investitionen führten zu einer Verschuldung der Bauern, die sich mit sinkenden Preisen für die Agrarprodukte und klimatischen Problemen verband und eine akzentuierte und allgemeine Verarmung auslöste.

Die auf dem Zweiergespann Weizen und Soja beruhende Monokultur hat sich in der Region sehr schnell verbreitet und sogar Flächen, die nicht dafür geeignet waren, sind integriert worden. Dies erforderte immer größere Anbauflächen und angesichts der zunehmenden Mechanisierung reichten die regionalen Flächen nicht mehr aus, so dass viele Bauern ihr Grundeigentum verkauften und in noch nicht kolonisierte Regionen wie den Westen des Bundeslands Santa Catarina und in den Südwesten des Bundeslands Paraná abwanderten. (Andrioli 2001)

In der gegenwärtigen wirtschaftlichen Periode hat der Ackerbau in der Region weiter Vorrang vor der Viehzucht, obwohl die Milchproduktion zunahm und die Schweineproduktion wieder an Bedeutung gewann. Die wachsende Milchproduktion der Region steht auch im Zusammenhang mit der Unterstützung der großen Genossenschaften, die für die Verarbeitung des Produkts 1981 die CCGL[91] – Cooperativa Central Gaúcha do Leite (Genossenschaftszentrale für Milch in Rio Grande do Sul) – gründeten. Nach Vertretern der Genossenschaften in der Region war bei der Förderung der Milchproduktion besonders wichtig, den Bauern eine Alternative anzubieten, um ihnen ein monatliches Einkommen zu ermöglichen, die Zeit von Nichtarbeit in den Familienbetrieben zu nutzen und dadurch eine Diversifizierung der landwirtschaftlichen Aktivitäten für die Kleinbauern zu bewirken. (Menasche 1996)

Was die Periode jedoch weiter charakterisiert, ist die Sojamonokultur, wodurch die regionale Wirtschaft vom nationalen und internationalen Markt abhängt, denn die Finanzierung und die Produktionskosten werden von außen definiert. Die neuen Technologien, die durch die „Modernisierung" der Landwirtschaft eingesetzt wurden, führten zur Steigerung der Produktionskosten in der Landwirtschaft (Diagramm 3)[92] wobei die Bauern in der Tat als Verbraucher des gelieferten Inputs der Agrarindustrie behandelt wurden.

Diagramm 3: Brasilien - Ausgaben für Inputs in der Landwirtschaft (1950-1980)

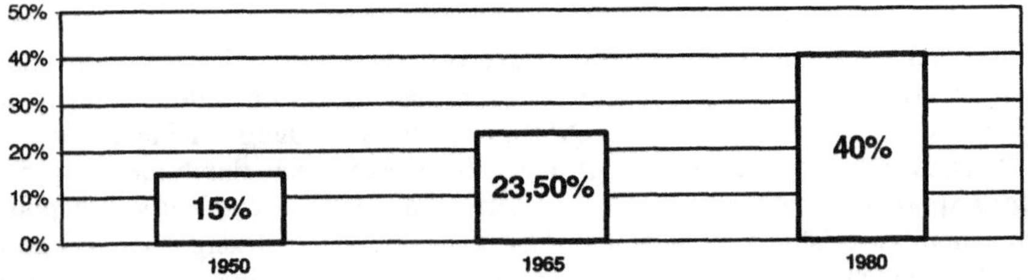

[91] Die Milchwirtschaft der Genossenschaften verarbeitete auf ihrem Höhepunkt bis zu 65% der Milchproduktion in Rio Grande do Sul. Aufgrund der riesigen Verschuldung, die allerdings die Mitgliedsgenossenschaften selbst zu verantworten haben, wurde 1996 die CCGL an die chinesische Gruppe Avipal verkauft, die mit dem umbenannten Tochterunternehmen Elegê Alimentos weiter in der Region tätig ist. (Andrioli 2001)

Die versprochene Produktivität der Soja, die am Anfang des Prozesses sehr stieg, stagnierte allerdings ab den achtziger Jahren, und in vielen Fällen sank sie auf Grund der Zerstörung der natürlichen Ressourcen. In 1980 war die Produktivität der Sojaproduktion im Bundesland Rio Grande do Sul sogar niedriger als in 1955, als die „Modernisierung" der Landwirtschaft begann, trotz des hohen Einsatzes von Düngemitteln, die einen großen Anteil an den Produktionskosten ausmachen. (Vgl. Tambara 1985: 39) Nach Rinklin (1992) hat sich der Einsatz von Düngemitteln in der Sojaproduktion vervierfacht, ohne dass dies zu einer entsprechenden Steigerung der Produktivität geführt hat. Mit der selben Menge Düngemittel wurde also allmählich weniger Soja produziert (Diagramm 4)[93].

Diagramm 4: Brasilien - Sojaproduktion mit einer Tonne Düngemittel (1970-1990)

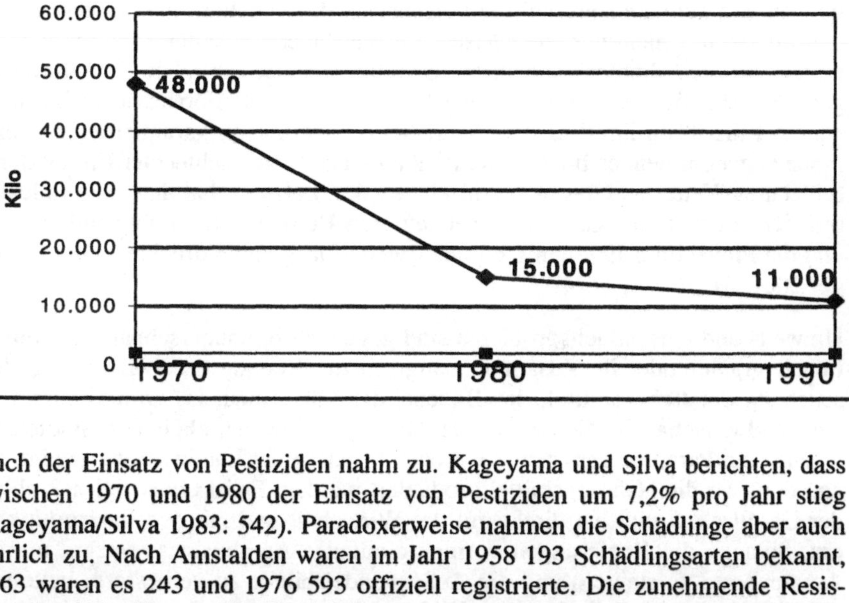

Auch der Einsatz von Pestiziden nahm zu. Kageyama und Silva berichten, dass zwischen 1970 und 1980 der Einsatz von Pestiziden um 7,2% pro Jahr stieg (Kageyama/Silva 1983: 542). Paradoxerweise nahmen die Schädlinge aber auch jährlich zu. Nach Amstalden waren im Jahr 1958 193 Schädlingsarten bekannt, 1963 waren es 243 und 1976 593 offiziell registrierte. Die zunehmende Resistenz der Schädlinge, die Vernichtung von Nützlingen und die Zerstörung der Bodenvielfalt werden für die Zunahme des Gebrauchs von Pestiziden in Brasilien verantwortlich gemacht. (Amstalden 1991: 29)

Durch die „Modernisierung" der Landwirtschaft wurde es möglich, mit weniger Arbeitskraft mehr zu produzieren. Es war möglich, mit weniger, aber produktiveren Bauern, den Markt zu beliefern. Durch das Überangebot sanken die Prei-

[92] Quelle: Kageyama/Silva 1988: 30.
[93] Quelle: Zamberlan 1994: 78.

se, und als dazu die Kosten der Inputs zunahmen, wie u. a. Smith (1992) in einer Studie zeigt, wurde das Einkommen der Bauern allmählich geringer, was zur Verarmung und folglich zur Verschuldung der Bauern führte, weil ihre Investitionsfähigkeit reduziert und sie deshalb immer mehr von hochverzinslichen Krediten abhängig wurden.

Dieser Zustand hat sich mit der wachsenden Globalisierung des Kapitals, dem internationalen Freihandel und der Reduzierung von staatlichen Unterstützungen noch weiter verschlechtert. Im aktuellen Zusammenhang sind die Schäden durch die Konkurrenz mit den Importprodukten und durch das Fehlen einer Agrarpolitik, die die Bauern unterstützen könnte, sehr gestiegen. Landflucht, Arbeitslosigkeit, Armut und Kriminalität sind die Folgen der progressiven Verarmung der Region, die auf der Landwirtschaft beruht. Heutzutage werden die landwirtschaftlichen Familienbetriebe als ein „Überlebensraum" angesehen, ohne Aussicht auf ein Fortkommen als wirtschaftliche Unternehmen. Klimatische Bedingungen wie zum Beispiel Dürren verschärfen die Situation und beweisen, dass die Monokultur nicht nur mehr Risiko für die Bauern bedeutet, sondern auch eine zunehmende Sinnlosigkeit ihrer Aktivität zu Folge hat. „Die Entmündigung geschah schrittweise und wurde den Bauern jeweils als Fortschritt aufgezwungen. All die Teile ihrer Arbeit, die sicheres Einkommen garantierten, hat man ihnen abgenommen, es blieben die Risiken – das Risiko schlechter Ernten durch schlechtes Wetter und das ökonomische Risiko. Letzteres hat ihnen die Industrie beschert, in dem sie sie von immer teureren Betriebsmitteln abhängig machte und die Preise ihrer Erzeugnisse immer weiter nach unten drückte". (Lutzenberger 2001: 3)

Umwelt- und Gesundheitsprobleme sind gegenwärtig unübersehbar und werden immer gravierender im Zusammenhang mit der Rodung der Wälder, der Verseuchung der Lebensmittel, des Bodens, der Flüsse und des Grundwassers. In der Landwirtschaft ist die Lebensqualität heute schlechter als in den Städten. Es ist auch ein Paradox, dass sich die größte Armut in der Landwirtschaft zeigt, genau dort, wo die Nahrungsmittel produziert werden. Es ist ein soziales Problem der Gesellschaft und hat direkt mit der Wirtschaft und mit der Agrarpolitik zu tun. Solange die Regierungen vorrangig auf das Agrobusiness setzen, um die Agrarexporte zu steigern und die Außenhandelsbilanz zu verbessern, bekommt die Familienlandwirtschaft wenig Hilfe, und immer mehr Bauern werden landlos. Viele Bauern, die nicht mehr bestehen konnten und gezwungen wurden, ihr Land den Banken zur Zahlung ihrer Schulden zu überschreiben, suchten Arbeitsplätze in den Städten in der Hoffnung, sich eine neue Lebensperspektive aufbauen zu können.

3.5. Die Interessen der multinationalen Agrarkonzerne bei der Einführung neuer Technologien

Die sogenannte Grüne Revolution versuchte weltweit, die Notwendigkeit einer Steigerung der landwirtschaftlichen Produktion zu propagieren, um den Hunger zu bekämpfen. Dazu sollte die genetische Verbesserung des Saatguts beitragen, um standortgerechte Sorten zu entwickeln, die produktiver, resistenter gegen Krankheiten und Schädlinge sein sollten. Außerdem sollte der Einsatz „moderner" Technologien wie die chemische Düngung und der Einsatz von „Pflanzenschutzmitteln" beitragen, was, kombiniert mit dem Maschineneinsatz, die Produktivität der Betriebe und der Arbeit erhöhen würde.

Die „Modernisierung" der Landwirtschaft stellte eine klare Chance zur Expansion des Verkaufs von Traktoren, Mähdreschern, Düngemitteln und „Pflanzenschutz" dar. Dazu musste jedoch eine radikale Veränderung in der Landwirtschaft durchgeführt werden, denn die Bauern sahen am Anfang nicht die Notwendigkeit der neuen Technologien. Diese Notwendigkeit musste ihnen erst beigebracht werden. „Ganz klar, mit den alternativen Methoden, die jeder Bauer oder Gärtner selbst, fast kostenlos, entwickeln und anwenden kann, lassen sich keine großen Umsätze machen. Im Gegenteil, große Umsätze im Giftgeschäft würden zusammenbrechen[94]". (Lutzenberger 2001: 28)

Das sogenannte technische Paket wurde in den USA vorbereitet und ursprünglich von der Rockefeller-Stiftung experimentell in Mexiko, auf den Philippinen, in Brasilien und in den USA durchgeführt. Das Projekt bekam zunehmend die Unterstützung großer Konzerne, und die Verantwortung, dies zu verbreiten, wurde mit den jeweiligen Regierungen geteilt. Die Planung, neue Technologien in der Landwirtschaft einzuführen, begann jedoch bereits in den dreißiger Jahren, als sich abzeichnete, die Welt könnte in einen großen Krieg geraten, was die damals in den USA, Kanada und Europa konzentrierte Lebensmittelproduktion zu destabilisieren drohte. Eine neue Strategie zur Welternährung sollte entwickelt werden, worin Lateinamerika, Afrika und Asien integriert werden sollten, besonders in den potentiell fruchtbarsten Gegenden. (Brum 1988)

Auch die Expansionsmöglichkeiten der Zeit nach dem zweiten Weltkrieg wurden von den multinationalen Konzernen ausgenutzt, um im Bereich der Landwirtschaft zu investieren. Dazu kam die Idee gut an, die im Krieg übriggebliebenen Gifte in der Landwirtschaft als „Pflanzenschutzmittel" einzusetzen. Selbst die Einführung von Stickstoffdünger in der Landwirtschaft hängt mit dem Krieg zusammen: Die Anwendung von Nitraten stammt aus dem zweiten Weltkrieg,

94 Darauf geht Lutzenberger in folgenden Texten im Detail ein: „Crops and Pests – are poisons the answer?" Download: <http://www.fgaia.org.br/texts/e-crops.html> (9.02.2004) und „Plädoyer für eine giftfreie Landwirtschaft – statt Schädlinge bekämpfen, Pflanzen stärken". Download: <http://www.fgaia.org.br/texts/d-hopfen.html> (15.02.2004).

wo man drauf kam, Nitrat aus der Luft zur Herstellung von Sprengstoff zu entwickeln. Erst danach wurde diese Technologie entwickelt, um den Boden künstlich mit Stickstoff zu versorgen. (Lutzenberger 2001)

In Brasilien basierte die Strategie der sogenannten Grünen Revolution auf drei Elementen, die eng miteinander zusammenhängen: 1) Mechanisierung: durch die Herstellung von Traktoren, Mähdreschern und Ausrüstungen; 2) Einsatz der Chemie: Durch Erzeugung von chemischen Düngemitteln, Pestiziden und Medikamenten zur Tierzüchtung; 3) Fortschritt in der Biologie: Durch die Entwicklung von hybridem Saatgut und neuen Tierrassen mit einem erhöhten produktiven Potenzial.

In der ersten Phase wurden durch die Metallindustrie Maschinen zur Verfügung gestellt, die es den Bauern ermöglichten, ihre Arbeit effizienter, schneller und produktiver zu erledigen. Dies war seinerzeit eine sehr große Veränderung, denn für die Schwerarbeit in der Landwirtschaft hatten die Bauern ausschließlich Ochsen und Pferde eingesetzt. Was den Maschineneinsatz in der Landwirtschaft betrifft, so ist Rio Grande do Sul seit langem bekannt für seine führende Position in Brasilien. Erst 1980 gelang es anderen Bundesländern, die Mechanisierung so auszudehnen, wie es in Rio Grande do Sul schon während der siebziger Jahre der Fall gewesen war. Roche schrieb dazu, dass die Mechanisierung schon in den sechziger Jahren in Rio Grande do Sul mit hohen Kapitalaufwand stark vorangetrieben wurde, es jedoch nie ermöglichte, die Hacke zu ersetzen, deren Einsatz besonders in den heißen Sommerperioden eine der schwierigsten Arbeitsaktivitäten der Bauern darstelle. (Vgl. Roche 1969: 286, 294)

Da die Maschinen keinen Dünger erzeugten und wegen ihres Gewichts den Boden zunehmend komprimierten, führte ihr Einsatz allmählich zur Veränderung der Bodenstruktur: Es verhinderte die Wasser- und Luftzirkulation und zerstörte die biologische Bodenvielfalt, was zur Erosion und Auslaugung des Bodens führte und spürbare Auswirkungen auf die Fruchtbarkeit zeitigte. In dieser Situation kamen die chemischen Düngemittel als Alternative zur Bodenmelioration und Erhöhung der Produktivität immer stärker zum Einsatz, kombiniert mit den neuen Saatgutsorten, die höhere Erträge versprachen. Aber neue Pflanzensorten, die nicht an die klimatischen Bedingungen der Region angepasst und für den Einsatz großer Mengen Düngemittel geeignet waren, hatten es noch schwieriger angesichts der verschlechterten Bodensituation und den auf Monokultur basierenden Produktionsmethoden.

Es kam in den Pflanzungen zunehmend zu Krankheiten, und Schädlinge breiteten sich aus. Dagegen wurden schließlich die schon vorgesehenen Pestizide eingesetzt, um die Anfälligkeit der neuen Sorten für Ernteverluste zu beseitigen. Herbizide wurden erst viel später – Ende der 90er Jahre – eingesetzt, als die Bauern nicht mehr mit der Zunahme an Unkräutern zurechtkamen. Lutzenberger erklärte die Zunahme von Schädlingen mit der Theorie der Trophobiose von Francis Chaboussou (1987): „Auf der gesunden Pflanze verhungert der Schädling. Um auf den Wirtspflanzen gedeihen zu können, muß für die Schädlinge im Saft der Pflanze ein überhöhtes Angebot an wasserlöslichen Nährstoffen vorhanden sein. (...) Der Schädling ist aber nicht böse und unberechenbar. Wir müssen ihn sehen als Indikator, als Zeiger, der uns sagt, dass unsere Pflanze nicht in Ordnung ist. Hier ist ein anderer, sehr wichtiger Faktor im Spiel. Im biologischen Landbau macht man immer wieder die Beobachtung, dass etwa ein organisch bewirtschaftetes Kartoffelfeld vom Kartoffelkäfer verschont bleibt, obwohl das konventionell chemisch behandelte Feld nebenan total befallen ist und nur noch mit Anwendung von Insektiziden zu retten ist". (Lutzenberger 2001: 02)

Um dieses technische Paket den Bauern beizubringen, wurden selbstverständlich große Strukturen eingerichtet. Zunächst wurden Regierungsvertreter von den Forschungszentren in den USA eingeladen, um die neue Art Landwirtschaft der Industrieländer kennen zu lernen. Danach wurden die besten Agrarwissenschaftler ausgewählt und zu den Forschungsinstituten geschickt, um den Umgang mit den neuen Technologien zu erlernen. Als diese Wissenschaftler zurückkamen, richteten sie zahlreiche Veranstaltungen und Kurse in den Universitäten und Landwirtschaftsschulen ein, an denen die Agrarberater sich vorbereiteten, um die Technologien an die Bauern weiterzugeben. „Mit relativ niedrigen Produzentenpreisen einerseits und einer fast geschenkten Verarbeitungskapazität andererseits stieg das Interesse der Konzerne an einer Steigerung der Sojaproduktion natürlich enorm. Sie entwickelten zusätzlich oder in Zusammenhang mit der Regierung Schulungskurse für Sojabauern". (Schumann 1986: 113)

Im Jahr 1965 wurde das Sistema Nacional de Crédito Rural (Nationales landwirtschaftliches Kreditsystem) institutionalisiert, was der Agrarindustrie besonders zwischen 1970 und 1980 neuen Schwung verlieh. Die Bauern hatten durch das Kreditsystem nicht nur die Gelegenheit, ihre Produktion zu finanzieren, sondern sie bekamen Subventionen direkt von der Regierung, die die von der Agrarindustrie empfohlenen Investitionen ermöglichten. Die Leichtigkeit des Zugangs zu Kredit, wie Tambara es erklärt, verursachte nicht nur umfangreiche Bestellungen bzw. Inputs, sondern auch die Vergeudung dieser Betriebsmittel, sowohl durch überflüssigen Einkauf und verschwenderischen Gebrauch als auch durch Verlust durch Erosion und Auslaugung des Bodens. (Vgl. Tambara 1985: 84)

Wie Kageyama und Silva zeigen, hat die Industrie für Traktoren, Düngemitteln und Pflanzenschutzmitteln zwischen 1970 und 1980 – dem Höhepunkt der „Modernisierung" der Landwirtschaft – so zugenommen, dass sie die beste Leistung der brasilianischen Industrie erreichte und von 9,3% auf 12,7% des gesamten agroindustriellen Komplexes anstieg. (Vgl. Kageyama/Silva 1988: 34) Die Kosten der Umwandlung der Technologie lassen sich noch besser durch die Verkaufszahlen von Traktoren, Düngemitteln und „Pflanzenschutzmitteln" illustrieren. Damit verhielt es sich nach Angaben von Luis Fernando Amstalden wie folgt: „Im Jahr 1960 gab es in Brasilien 61.338 Traktoren, was einen Traktor für je 54 landwirtschaftliche Betriebe bedeutete. In 1970 gab es 165.870 Traktoren, einen für je 30 Betriebe, und im Jahr 1980 hatte Brasilien 526.906 Traktoren, einen für je 10 Betriebe. In 20 Jahren stieg der Einkauf von Traktoren auf das Achtfache. Düngemittel wurden in 18 Jahren zehnmal mehr verbraucht: 305.000 Tonnen in 1960; 999.000 Tonnen in 1970 und 3.100.000 in 1978. Was Pflanzenschutzmittel betrifft, verdreifachten sich die Zahlen zwischen 1965 und 1978: 22.400 Tonnen in 1965, 39.500 Tonnen in 1970 und 75.200 Tonnen in 1978". (Amstalden 1991: 11)

Auch für Brasilien und seinen Haushalt sind die Ausgaben für Inputs, die überwiegend vom Ausland eingekauft wurden, erheblich. Allein im Jahr 1979 hat Brasilien 1,4 Milliarden US-Dollar für den Import von Düngemitteln und Pflanzenschutzmitteln aufgewendet, was 50% der Auslandschulden des Landes in diesem Jahr entsprach. Dabei wurde aber noch nicht der Anteil der Gewinne berücksichtigt, den die Filialen der multinationalen Konzerne, die in Brasilien diese Produkte herstellten, ins Ausland überwiesen. Wenn man zu den 1,4 Milliarden die Kosten für Treibstoff zählt, der auch eingekauft wurde, kommt man auf 1,6 Milliarden US-Dollar, die in einem Jahr zu den Importen für die Landwirtschaft gerechnet werden müssen. Die Ergebnisse dieser Periode sind überraschend: Während zwischen 1964 und 1979 der Verbrauch von chemischen Düngemitteln auf 1.243,2%, von Pflanzenschutzmittel auf 421,2% und von Traktoren auf 389,1% anstieg, hat die Produktivität der 15 bedeutendsten kultivierten Pflanzen nur um 4,9% zugenommen. (Ebenda 1991: 17)

Die multinationalen Agrarkonzerne[95] sahen in der „Modernisierung" der Landwirtschaft und der Ausbreitung der Sojamonokultur aber nicht nur die Chance, Bauern mit Inputs zu versorgen, sondern beherrschten gleichzeitig die Ausfuhr und die Weiterverarbeitung des Produkts zu Speiseöl und Viehfutter. Strategisches Ziel der Agrarkonzerne war es im Grunde, den gesamten Sojamarkt zu kontrollieren, was tatsächlich mit der Euphorie der siebziger Jahre gelang: „Mit dem Boom von 1972/73 kam dann der große Aufschwung, der die transnationalen Konzerne zu den eigentlichen Herren der brasilianischen Sojaregionen machte". (Schumann 1986: 112) Aus diesem Interesse sind die Agrarkonzerne auch nach wie vor bei der brasilianischen Regierung präsent und üben einen starken Einfluss aus, denn ihre Aktivität wird größtenteils als Entwicklungshilfe für die heimische Industrie betrachtet. Edward Broadment, ein Professor aus Illinois, der bei EMBRAPA forschte, beschreibt euphorisch die Technologieübertragung der Agrarkonzerne in einem Bericht und lobt dabei ihren Beitrag zur Entwicklung Brasiliens: „Die neuesten Techniken des Produkt-Managements

[95] Bunge & Born, Rockefeller, Cargill, Continental Grain, Anderson Clayton, Luois Dreyfus, Union Carbide, Elanco, Cotai, Archer Daniels Midland/Töpfer, Shell, Dow und Purina waren in den siebziger Jahren die wichtigsten transnationalen Firmen, die bei der Organisation der brasilianischen Sojaindustrie eine Schlüsselrolle spielten. (Morgan 1984)

und der Vermarktung werden so aus anderen Nationen zu der neuen Entwicklungsfront transferiert. (...) Diese Firmen wollen der Entwicklung helfen und eine effiziente Infrastruktur aufbauen, um den Abfluss von landwirtschaftlichen Produkten in Markt-Kanäle zu erleichtern, was für die sich entwickelnde Industrie die größten Gewinne verspricht". (Broadment 1975: 50)

Mit der zunehmenden Krise der Sojamonokultur begann die Suche der Agrarkonzerne nach Möglichkeiten, um den Sojamarkt weiter zu kontrollieren und den Absatz ihrer Produkte zu sichern. Herausforderungen, die eine Nachfrage der Bauern bewirken können, wie die Ertragssteigerung, die Verringerung der Betriebskosten und die Arbeitserleichterung, aber auch Verbesserungen an den Produkten selbst, um sie attraktiver für die Verbraucher anbieten zu können, werden von den Agrarkonzernen als neue Chance gesehen. Im Mittelpunkt der Innovationen steht die sogenannte Biotechnologie, mit der große Hoffnungen geweckt werden, besonders für die Landwirtschaft in den Ländern, die auf die Steigerung der Nahrungsmittelproduktion und die Verringerung der Importe von Agrarchemikalien angewiesen sind.

Der Wettlauf zwischen den Konzernen und den Industrieländern fand in diesem Bereich seit den achtziger Jahre statt. Die Stimmung, die dadurch in der Gesellschaft erzeugt werden soll, ist jedoch nicht neu: Es erinnert fatal an den Fortschrittsglauben der sogenannten Grünen Revolution, denn die Grundargumente werden einfach wiederholt, als ob man nichts aus der Geschichte der „Modernisierung" der Landwirtschaft gelernt hätte. „Die vielleicht wichtigste Lektion, die die ‚Grüne Revolution' erteilt hat, ist die, dass Technologie an sich keine Antwort auf bestimmte Probleme ist, sondern nur ein Werkzeug – freilich ein ganz besonderes, das tendenziell schon eine bestimmte gesellschaftliche Entwicklung mit impliziert". (Hobbelink 1989: 10)

Die Antwort der Agrarkonzerne auf die Krise der Sojaproduktion lautet Gentechnik. Der Einsatz der herbizidresistenten Gensoja wird als Chance zum Sojaanbau auf riesigen Flächen mit geringem Arbeitseinsatz propagiert unter dem Motto „Spritzen statt Hacken". Damit verbunden sind hohe Erwartungen, den weltweiten Herbizidmarkt zu vergrößern, um die Gewinne der transnationalen Konzerne zu steigern.

Exkurs I: Die Bauernverbände mit Vertretung in der Region Santa Rosa

In Rio Grande do Sul sind neben dem Genossenschaftsverband FECOAGRO (und darin die FECOTRIGO) offiziell zwei Strukturen für die Vertretung der ländlichen Interessen zuständig: a) die FARSUL für die Großbauern; b) die FETAG für die Familienlandwirtschaft. Es kommen noch folgende Organisationen hinzu, die sich entweder mit ihnen verbündet haben oder im Gegensatz zu den erwähnten agieren: 1) die Organisation der Großgrundbesitzer UDR-RS; 2) die Landlosenbewegung MST; 3) die Bewegung der Kleinbauern MPA; 4) die Föderation der Familienlandwirtschaft FETRAF; 5) Die Bauernabteilung des Gewerkschaftdachverbands CUT (DETR-RS).

Im nordwestlichen Grenzgebiet des Bundeslandes Rio Grande do Sul sind die Bauern sowohl in Gewerkschaften als auch in Genossenschaften organisiert. In den Genossenschaften sind Kleinbauern und Großbauern zusammen und in den Gewerkschaften bestehen zwei Strukturen: die Großbauern sind in „sindicatos patronais“ (Gewerkschaften der ländlichen „Arbeitgeber“) organisiert, die in der FARSUL integriert sind; die Kleinbauern sind in „sindicatos de trabalhadores rurais“ (Gewerkschaften der „Landarbeiter“) organisiert, die alle in der FETAG integriert sind und manche sind auch Mitglied im Gewerkschaftsdachverband CUT.

1.1. Die FARSUL

Die Föderation der ländlichen Verbände von Rio Grande do Sul (Federação das Associações Rurais do Rio Grande do Sul), wurde 1927 während des zweiten Kongresses der Viehzüchter gegründet mit dem Ziel, die Interessen der Großgrundbesitzer zu vertreten[96]. Da die Viehzüchter aufgrund der peripheren Position von Rio Grande do Sul nur auf Landesebene in der brasilianischen Wirtschaft politisch stark waren, wurde diese Organisation von der Landesregierung unterstützt, die damit versuchte, die Bedeutung dieses Sektors zu stärken. Die ländlichen Verbände wurden 1945 anerkannt, konnten aber noch nicht als Vertreter

[96] Nach Cardoso und Faletto ist die Macht der Großgrundbesitzer in dieser Periode der nationalen Entwicklung Brasiliens vor allem die, „eine Situation aufrechtzuerhalten, in der der Masse der bäuerlichen Bevölkerung der Zugang zu den Vorteilen ökonomischer, politischer und sozialer Partizipation verwehrt war. Gerade diese ausgeschlossenen sozialen Gruppen waren es, die die Kosten der Industrialisierung tragen sollten, da ja die Industrialisierung in ihrem Anfangsstadium von der Macht des Staates abhing, den Export zu besteuern und die Masse der ländlichen und städtischen Bevölkerung zu marginalisieren“. (Cardoso/Faletto 1976: 166-167) Merkwürdigerweise wurde Cardoso später selbst Großgrundbesitzer. Er verbündete sich mit den konservativsten Gruppen im Lande, wurde zum Präsidenten Brasiliens (1994-2002) gewählt und bekannt für die Kriminalisierung und Bekämpfung ländlicher Sozialbewegungen, und zwar stets zugunsten der Interessen von Großgrundbesitzern.

der ländlichen Arbeitgeber in den Verhandlungen mit den Gewerkschaften der „Landarbeiter“ auftreten.

1963 wurde das Statut des ländlichen Arbeiters verabschiedet (Estatuto do Trabalhador Rural), wodurch auch die brasilianische Gewerkschaftsstruktur neu geregelt wurde. Seit 1965 wurde FARSUL in Föderation der Landwirtschaft von Rio Grande do Sul (Federação de Agricultura do Rio Grande do Sul) umbenannt, nachdem die Bauernverbände zu Gewerkschaften wurden (dies wurde von der Landesregierung und dem FARSUL-Vorstand von oben nach unten durchgesetzt). Außer der Aufgabe, die Interessen der Großbauern zu vertreten, boten die Gewerkschaften ihren Mitgliedern zusätzlich Dienste an wie ärztliche und zahnärztliche Behandlung, Agrarberatung, tierärztliche Betreuung, Buchhaltung, Steuerberatung und juristische Beratung. Die FARSUL wurde zu einem technischen Beratungsorgan der Landesregierung und der Mitgliedsgewerkschaften. Als der Druck in der Gesellschaft und die Bereitschaft der Regierung zu einer Durchsetzung der Agrarreform in Brasilien wuchs, wurde das Ziel der Bewahrung des Grundeigentums in die FARSUL integriert.

Die FARSUL setzte sich jedoch nicht für die Mobilisierung oder politische Ausbildung der Grundbesitzer ein, sondern versuchte, direkt mit den Regierungen zu verhandeln, bei denen sie gleichzeitig den Status einer Beraterorganisation der Landesregierung als auch der Vertretung der ländlichen Interessen beibehielte und sich auf Lobbyarbeit konzentrierte. Wie Fialho (1994) beschreibt, sieht die FARSUL sich dazu verpflichtet, mit den Regierungen als technisch-konsultatives Organ bei Studien und Lösungen der Probleme der vertretenen Großbauern zusammenzuarbeiten. Sie ist in verschiedenen Kommissionen der Landesregierung sowie bei Verhandlungen der Regierung mit der Agrarindustrie präsent, wobei sie aufgrund ihrer Beratungs- und Vertretungsfunktion einen großen Einfluss auf die Agrarpolitik ausübt.

Die FARSUL wird sowohl von Regierungen als auch vom größten Teil des Agrarsektors als Vertreterorganisation der Interessen der Landwirtschaft in Rio Grande do Sul anerkannt. So ist sie auch durch ihre Exekutive eng mit der Agrarindustrie und mit den Kreditinstituten verbunden und versucht dort als Partner- und Lobbyorganisation zu agieren. Die Beziehungen zu den anderen von den Großbauern geführten Organisationen, wie die FECOAGRO, die Föderation der Verbände von Reisproduzenten (FEDERARROZ) und die Organisation der Großgrundbesitzer UDR sind sehr eng. Die FEDERARROZ ist nicht in der FARSUL aufgrund der Unterschiede zwischen den Vorständen, denn 1980 waren die Reisproduzenten nicht mit den Methoden der FARSUL einverstanden und organisierten eigenständig eine Reihe von Mobilisierungen gegen die Agrarpolitik der Bundesregierung.

Die UDR (Ländliche Demokratische Union) wurde 1985 in Goiânia von Großgrundbesitzern zur Bewahrung des Grundeigentums gegründet, denn sie befürchteten die Durchsetzung der Agrarreform im Zusammenhang mit dem Ende der Militärdiktatur, der Verabschiedung der neuen Bundesverfassung und der zunehmenden Organisierung der Landlosen in der MST. Als politische und bewaffnete Organisation der Großgrundbesitzer, die in den achtziger Jahren in 11 Bundesländern Brasiliens präsent war, ist sie gegenwärtig nur noch in São Paulo und Paraná zu finden, denn nachdem sie zunächst starken Einfluss auf die neue Verfassung von 1988 genommen hatte, um die Agrarreform zu verhindern, wurde sie allmählich schwächer.

Neue Organisationen wie die Nationale Bewegung der Produzenten MNP, das Erste Ländliche Kommando PCR und verschiedene Milizen der Großgrundbesitzer wurden gegründet, um die UDR zu ersetzen. Auch in Rio Grande do Sul ist eine bewaffnete Organisation der Großgrundbesitzer stark ausgeprägt und mit den patriarchalischen und autoritären Merkmalen der Geschichte des Bundeslandes verbunden. „Die Erfahrung der territorialen Konsolidierung mit Pistolen und Blut hat tiefgreifende Spuren in dem kollektiven Bewusstsein und somit in der Politik hinterlassen". (Brose 2006: 27)

Organisiert in der FARSUL sind Gewerkschaften der Großbauern auf regionaler und kommunaler Ebene, deren Mitglieder Lohnarbeitsbetriebe führen und sich überwiegend auf Monokulturen für den Export beschränken. Auf Grund des Einsatzes von Lohnarbeitern sind auch mittelständische Bauern als Mitglieder dieser Gewerkschaften aufgenommen worden. Diese Gewerkschaften bezeichnen sich als Organisationen der „modernisierten" Landwirte oder sogar als „produktiver Sektor" und als zuständig für die Versorgung des brasilianischen Binnenmarktes und Exportsektors mit Agrarprodukten. Auf nationaler Ebene ist die FARSUL in die nationale Konföderation der Landwirtschaft CNA integriert, die in jedem Bundesland eine ähnliche Struktur aufweist. Aufgrund der Bedeutung von Agrarprodukten im Süden für den brasilianischen Export wurde die FARSUL jedoch häufig zur Sprecherin von CNA auf Bundesebene, was ihre politische Bedeutung in Verhandlungen mit der Bundesregierung stärkte. Die FARSUL fordert von den Regierungen eine langfristige Agrarpolitik, in der die Ziele klar definiert werden und die Improvisation aufhören soll. Die Lebensmittelversorgung sei eine Frage der nationalen Sicherheit, und die Landwirtschaft soll von der Regierung als strategischer und differenzierter Sektor behandelt werden. Die Förderung der Landwirtschaft sei entscheidend für die Entwicklung Brasiliens, wofür eine auf Subventionen gestützte protektionistische Agrarpolitik notwendig sei (FARSUL 2005).

Den Organisationen der Kleinbauern und Landlosen steht die FARSUL feindlich gegenüber. Die Landlosenbewegung MST wird als illegal bezeichnet und ihre Strategie des Kampfes um Land radikal bekämpft. Die FETAG wird wegen ihrer Unterstützung der Agrarreform kritisiert und die CUT/DETR-RS, die FETRAF und die MPA werden durch ihre Beziehung zur MST stark kritisiert und abgelehnt. In der Öffentlichkeit und sogar unter vielen Kleinbauern hat die

FARSUL weiterhin ein gutes Image aufgrund des positiven Ansehens der Großbauern selbst, der guten Beziehungen zu den Regierungen, ihrer Lobbyarbeit und ihrer starken Präsenz in den Medien.

Was die Regierungen betrifft, favorisierte die FARSUL bis 1998 Verhandlungen und lehnte direkte Konflikte mit dem Staat grundsätzlich ab, denn sie sah sich selbst als Teil des Staatsapparats. Die Landesregierung unter Führung der Arbeiterpartei PT zwischen 1999 und 2002, die enge Beziehungen zu CUT und MST unterhielt, wurde dennoch von der FARSUL als Gegner behandelt und zum ersten Mal mobilisierte sie die Großbauern gegen eine Regierung, die sich klar für die Kleinbauern und die Durchsetzung der Agrarreform aussprach. In diesem Kontext boykottierte die FARSUL die Agrarpolitik der Landesregierung und rief die Großbauern zum Widerstand auf. Außerdem setzte sie sich geschlossen für den illegalen Anbau von Gensoja ein und unterstützte den Schmuggel von gentechnisch verändertem Saatgut aus Argentinien mit der Begründung, die Bundesregierung würde die Frage zu ihren Gunsten entscheiden, was der damalige Bundeslandwirtschaftsminister Marcus Vinícius Pratini de Moraes[97] auch bestätigte. 2002 wurde diese Landesregierung nicht wiedergewählt, aber die PT gewann die Bundeswahlen und der Konflikt zwischen FARSUL und Regierung wird seitdem auf Bundesebene ausgetragen.

Im nordwestlichen Grenzgebiet von Rio Grande do Sul sind überwiegend Kleinbauern ansässig. Dennoch ist die FARSUL in drei Kommunen, nämlich Santa Rosa, Três de Maio und Tuparendi organisiert. Wichtig ist auch, dass sie den Vorstand der meisten Genossenschaften in der Region beeinflusst und ihre Lobbyarbeit eine wichtige Rolle bei der Agrarberatung und der Definition der Agrarpolitik in vielen Kommunen spielt, denn die Politik auf kommunaler Ebene ist stark mit den Entscheidungen auf Landesebene verbunden.

1.2. Die FETAG und die DETR/CUT

Die Föderation der Arbeiter in der Landwirtschaft von Rio Grande do Sul (Federação dos Trabalhadores na Agricultura do Rio Grande do Sul) wurde 1965 als Vertreterorganisation der Kleinbauern und Landarbeiter anerkannt und ist auf nationaler Ebene in die Nationale Konföderation der Arbeiter in der Landwirtschaft CONTAG (Confederação Nacional dos Trabalhadores na Agricultura) integriert. Sie ist in Rio Grande do Sul in 22 Regionalverbänden organisiert, in denen die einzelnen Bauerngewerkschaften integriert sind. Mitglieder dieser Bauerngewerkschaften sind sowohl Bauern als auch Landarbeiter und Pächter, die in der Landwirtschaft tätig sind. Diese Heterogenität der Mitgliedschaft führt dazu, dass die Gewerkschaften mit verschiedenen Erwartungen und Interessenlagen konfrontiert sind. Während sogenannte konsolidierte Bauern sich meistens

[97] Der selbst aus Rio Grande do Sul war und aufgrund seiner starken Verbindung zu den Großgrundbesitzern zum Minister in der zweiten Amtszeit der Regierung von Fernando Henrique Cardoso (1998-2002) wurde.

an der Förderung für bestimmte Produkte und an der Verbesserung der Produktion und Integration in den Markt interessieren, geht es für andere um eine bessere Landverteilung, staatliche Sozialleistungen, Verbesserung der Arbeitsbedingungen und Einhaltung des Arbeitsrechts.

Ursprünglich stammt die FETAG aus den Konflikten zwischen zwei Organisationen, nämlich der Landlosenbewegung MASTER (Movimento dos Agricultores Sem Terra) und der Agrarfront FAG (Frente Agrária Gaúcha), die während der fünfziger Jahre unterschiedliche Positionen vertraten und um die Kontrolle der Bauerngewerkschaften konkurrierten. In einem Kontext der „Modernisierung" der Landwirtschaft, die besonders im Süden Brasiliens stark war und zur Landkonzentration führte, kam es zu breiten Mobilisierungen der Landlosen, die auch an Einfluss unter den Kleinbauern gewann. Besorgt um die zunehmenden Landkonflikte organisierte die katholische Kirche die FAG als Gegenstück zur MASTER und machte die Organisation der Bauern in Gewerkschaften zur Priorität, was dazu führte, dass 1963 die „Föderation der Kleineigentümer und selbständigen Arbeiter von Rio Grande do Sul" (Federação dos Pequenos Proprietários e Trabalhadores Autônomos do Rio Grande so Sul) organisiert wurde. Von der Militärdiktatur wurden 1964 die meisten Gewerkschaften an der Seite von MASTER aufgelöst und die FAG konnte mit Unterstützung der Regierungen allein über die Organisation der Kleinbauern und Landarbeiter bestimmen, wodurch die FETAG ins Leben gerufen wurde. In den siebziger Jahren machte die brasilianische Regierung eine assistenzialistische Struktur aus den Bauerngewerkschaften[98], so dass diese ihren Mitgliedern Dienste wie ärztliche und zahnärztliche Behandlung anboten und ihr Mobilisierungspotential aufgaben. Die Gewerkschaften bekamen Gelder direkt von der Regierung und konsolidierten damit ihre Struktur, wobei sie den Bauern zusätzlich sogar Agrarberatung anbieten konnten.

Während der achtziger Jahre, als die soziale Situation der Kleinbauern sich deutlich verschlechterte, bricht auch für FETAG eine neue Periode an: Die Mobilisierung der Bauern und die direkte Teilnahme ihrer Mitglieder an politischen Aktivitäten. Die Bauern gingen auf die Straßen, um zu protestieren und eine Agrarpolitik zugunsten der Familienlandwirtschaft zu fordern. Seitdem steht die Erhaltung der Familienlandwirtschaft hinsichtlich ihres Potenzials zur Versorgung des brasilianischen Binnenmarktes mit Nahrungsmitteln und der Bekämpfung der Landflucht und deren negativen Konsequenzen im Mittelpunkt der Politik der FETAG. Laut FETAG ist eine differenzierte Agrarpolitik zugunsten der Kleinbauern notwendig, damit die Familienlandwirtschaft effektiver in den Markt integriert wird und weniger von den Agrarkonzernen abhängt. Die FETAG unterstützt außerdem die Einrichtung von Maschinenringen und Initiativen zum gemeinsamen Einkauf von Inputs und zum Verkauf von Agrarprodukten. Die Föderation wurde inzwischen offiziell als Vertretung der Interessen der Fa-

[98] Dies war auch unter der Regierung Getúlio Vargas üblich. Siehe Kapitel III.

milienlandwirtschaft anerkannt und ist zuständig für Verhandlungen sowohl mit den Regierungen als auch mit den Agrarkonzernen. Was die Regierungen betrifft, unterhält die FETAG gute Beziehungen zu EMATER (Vereinigung für Agrarberatung in Rio Grande do Sul) und dem Landesministerium für Agrarwirtschaft und auf lokaler Ebene zu den kommunalen Sekretariaten für Landwirtschaft. Im privaten Sektor ist die FETAG für die Verhandlungen über Preise und Klassifizierung von Agrarprodukten zuständig, und die Föderation hat einen starken Bezug zu den Genossenschaften, während das Verhältnis zur FARSUL kompliziert ist. In Sachen Gensoja hat die FETAG sich deutlich dafür ausgesprochen, und der Vorstand legt Wert auf Verhandlungen zur Festlegung der Lizenzgebühren mit den Konzernen. Außer den Verhandlungen stützt sich die Strategie der FETAG auf juristischen Aktionen, wenn Verhandlungen und Mobilisierungen nicht weiter führen. (FETAG 2005)

In den neunziger Jahren wurde die Hegemonie der FETAG als Vertretung der Kleinbauern bedroht. Die wichtigste Opposition entwickelte sich aus dem Gewerkschaftsdachverband CUT, nämlich in Form ihrer Abteilung für Landarbeiter DETR auf Landesebene (Departamento Estadual dos Trabalhadores Rurais). Die CONTAG, in der die FETAG auf nationaler Ebene integriert ist, hat sich auch mit der CUT verbündet, während CUT und FETAG in Rio Grande do Sul gegeneinander konkurrieren. Die DETR basiert auf dem kämpferischen Konzept der CUT, die 1983 für den Aufbau eines neuen Gewerkschaftswesens in Brasilien organisiert wurde und lehnte den historischen assistenzialistischen Charakter der FETAG ab. Die DETR/CUT wurde besonders im Norden von Rio Grande do Sul stark, gerade dort, wo sich die „Modernisierung“ der Landwirtschaft am meisten ausbreitete und ihre negativen Konsequenzen am sichtbarsten waren. (CUT 2005)

Das Konzept der DETR/CUT sieht das zentrale Problem der Landwirtschaft in der Agrarpolitik und im Produktionssystem, wovon die Enteignung und der Ausschluss der Kleinbauern nur als eine Folge gesehen werden. Die DETR/CUT setzt sich für die Verhinderung der Proletarisierung der Bauern ein und schlägt die kollektive Organisation der Produktion, Industrialisierung und Vermarktung als Alternative vor. Für die DETR/CUT geht es im Grunde um den Aufbau eines alternativen Projekts zur ländlichen Entwicklung, wobei auch die Veränderung des technischen Modells der „Grünen Revolution“ hinsichtlich der Gesundheit der Produzenten und Konsumenten entscheidend ist. (Fialho 1994) Dieses Konzept mündet in den Dokumenten des II. Kongresses der DETR/CUT von 1993 in sechs Forderungen: a) ein neues technisches Modell für die Landwirtschaft, das die sozialen und ökologischen Bedingungen der ländlichen Produktion berücksichtigt; b) neue Formen zur Organisation der Produktion, Vermarktung und Klassifizierung der Agrarprodukte; c) eine Agrarreform als Instrument zur Transformation des aktuellen Modells landwirtschaftlicher Entwicklung in Brasilien; d) eine differenzierte Agrarpolitik zugunsten der Kleinbauern; e) Agrarforschung und Agrarberatung im Interesse der Kleinbauern; f) der Aufbau der kulturellen Grundlage einer alternativen Entwicklung durch die Wiederaufnahme von Werten wie Solidarität, Kooperation und ein neues Verhältnis zwischen Mensch und Natur. (CUT 1993) Die Oppositionsstrategie der DETR/CUT zur FETAG weist einen internen und externen Charakter auf: a) interne Opposition, indem versucht wird, Bauerngewerkschaften zu gewinnen; b) externe Opposition durch den Kampf um die Vertretung der Kleinbauern bei Verhandlungen mit Regierungen und Agrarkonzernen. Nicht selten sind Regierungen und Agrarkonzerne gezwungen, mit beiden Organisationen zu verhandeln, auch wenn Basisgewerkschaften manchmal Mitglieder beider Strukturen sind.

Beide Organisationen sind in der Region Santa Rosa vertreten. Am Regionalverband der Bauerngewerkschaften ARSTRG, der mit der FETAG verbunden ist, sind alle 14 Gewerkschaften als Mitglieder beteiligt, von denen vier (Santo Cristo, Porto Lucena, Três de Maio und Horizontina) zusätzlich in der DETR/CUT sind. Die Bauerngewerkschaft von Porto Lucena, ist in der Vereinigung der Bauerngewerkschaften des Grenzgebiets ASTRF (Associação Regional dos Sindicatos dos Trabalhadores Rurais Fronteiriços) dabei, die sich kritisch zur FETAG positioniert. Die Bewegung der Kleinbauern MPA (Movimento dos Pequenos Agricultores) wurde 1995 auf dem Hintergrund der großen Trockenheit in Rio Grande do Sul gegründet und ihre Positionen liegen politisch sehr nah bei denen der Landlosenbewegung MST. In der Region Santa Rosa hat sie keine Vertretung bei den Bauerngewerkschaften. Die Föderation der Familienlandwirtschaft FETRAF (Federação dos Trabalhadores na Agricultura Familiar) ist eine zusätzliche Bauernabteilung der CUT. Sie wurde 2001 gegründet und ist insbesondere in den drei südlichen Bundesländern Brasiliens, Rio Grande do Sul, Santa Catarina und Paraná organisiert, hat aber auch keine Vertretung bei den Bauerngenossenschaften der Region Santa Rosa.

Kapitel IV – Der Einsatz der Gentechnik in der brasilianischen Sojaproduktion

Das Besondere an der bisher eingesetzten gentechnisch veränderten Soja, auch RR[99] genannt, ist die Herbizidresistenz: In der DNS (Desoxyribonukleinsäure – Träger der Erbinformation) dieser Soja wurden Gene vier verschiedener Lebewesen (zwei Bodenbakterien, eine Petunie und ein Virus des Blumenkohlmosaiks) eingebaut, damit sie nicht mehr vom Wirkstoff Glyphosat zerstört wird, der den Prozess des Aminosäurestoffwechsels der Pflanzen hemmt und dadurch als Totalherbizid wirkt, d.h. alle Pflanzen vernichtet. (Nodari 2000: 42) Besonders durch die Bodenbakterie *Agrobacterium spec.*, die die Bauanleitung für ein bestimmtes Enzym des lebensnotwendigen Aminosäurestoffwechsels enthält, wird die gleiche Aufgabe wie die des pflanzeneigenen erfüllt, wird aber durch das Glyphosat nicht mehr gehemmt. (Gnekow-Metz 1999: 58) Damit soll besonders die durch die in der Monokultur angewandten Herbizide verursachte Resistenzbildung von Unkräutern umgangen und die Unkrautbekämpfung erleichtert werden. Die Ursachen der zunehmenden Kompliziertheit bei der Unkrautbekämpfung in den Sojaplantagen bleiben dabei jedoch weiter unberücksichtigt, denn die Gensoja soll dazu dienen, bisherige Reaktionen der Natur auf die konventionellen Produktionsmethoden zu überwinden, um wiederum die Sojamonokultur zu erweitern.

Ab 1999 wurde die Strategie der Einführung der RR-Soja in Brasilien verstärkt. Der Konzern Monsanto versuchte, sich durchzusetzen, auch wenn die brasilianischen Gesetze den Anbau nicht erlaubten. Nach der brasilianischen Bundesverfassung von 1988, die auf dem Vorsorgeprinzip der Agenda 21[100] beruht, dürfen transgene Pflanzen nur dann eingeführt bzw. freigesetzt werden, wenn Studien und Berichte über ihre Auswirkungen auf die Umwelt vorhanden sind, die beweisen, dass Naturschäden ausgeschlossen werden können. Eine Umweltverträglichkeitsprüfung wurde jedoch bisher nicht vorgelegt, und rechtlich gesehen ist der Anbau der RR-Soja weiter umstritten, auch wenn er 2005 durch das sogenannte Biosicherheitsgesetz[101] zugelassen wurde. Es besteht also weiter die Möglichkeit, die Freisetzung der Gensoja anzufechten, weil das sogenannte Biosicherheitsgesetz gegen die Verfassung und drei Prinzipien des Umweltrechts verstößt, nämlich die Vorsorge, die Nachhaltigkeit und die Schadenshaftung.

Die Argumente der Befürworter der Gensoja sind die Stärkung der Konkurrenzfähigkeit der Landwirtschaft, die Erhöhung der Exporte und die Hungerbekämp-

---

[99] Roundup Ready, die Marke der von Monsanto patentierten herbizidresistenten Sojasorte.

[100] Nach der Konferenz der UNO über Umwelt und Entwicklung, die 1992 in Rio de Janeiro stattfand.

[101] Gesetz Nr. 11.105, das am 24.03.2005 in Kraft getreten ist und durch das Dekret Nr. 5.591 vom 23.11.2005 geregelt wurde.

fung. Für die Bauern wurden drei Hauptargumente als Gründe für die Einführung von Gentechnik in der Sojaproduktion vorgebracht: 1) die herbizidresistente Soja soll den Ertrag steigern; 2) die Herbizidmengen würden reduziert und diese Verringerung könne zu Einsparungen beim Herbizideinsatz führen, was die Betriebskosten vermindere; 3) die Verringerung von Herbizidmengen reduziere die Umweltverschmutzung und verbessere die Qualität des Lebensmittels. Im folgenden werden diese Argumente untersucht in Bezug auf die Auswirkungen der Gensoja für die kleinbäuerliche Familienlandwirtschaft in Brasilien.

4.1. Die Ertragserhöhung

Die Verbesserung der Qualität der Nahrungsmittel und die Ertragssteigerung als Alternative zur Bekämpfung des weltweiten Hungers werden öffentlich angesprochen, um die Notwendigkeit der Nutzung von Gentechnik in der Landwirtschaft zu begründen. Aber tatsächlich beziehen sich nur 2% der Gentechnikforschungen auf die Verbesserung der Qualität der Nahrungsmittelproduktion. Die meisten Forschungen (74%), beschäftigen sich mit der Herbizidtoleranz der Pflanzen und unter diesen ist die Soja am meisten betroffen: 59% aller bisherigen Forschungen. 19% der Experimente beschäftigen sich mit der Insektentoleranz, besonders bei Mais, wo die Bakterie *Bacillus thuringiensis* in die Pflanze eingesetzt wurde, um Raupen zu vernichten, und die übrigen Forschungen kombinieren die Herbizidresistenz mit der Insektenresistenz. (Londres 2001)

Tatsächlich wurde bisher keine Sojapflanze entwickelt, die ertragreicher ist als die herkömmliche. Im Gegenteil: Die Ergebnisse der Produktivität transgener Sojabohnen zeigen, dass die herkömmlichen Sojasorten im Vergleich zu den transgenen ertragreicher sind. Charles Benbrook vom *Northwest Science and Environment Policy Center* in den USA bezieht sich auf die Ergebnisse seiner Studie, nach der die Produktivität transgener Soja im Durchschnitt 2 bis 8% niedriger ist als die der herkömmlichen. Im ganzen Bundesstaat Iowa (USA) macht der Unterschied 3,9% aus: die herkömmliche Sojaernte erbrachte im Durchschnitt 51,21 bushels/acre und die transgene 49,26 bushels/acre. Die Begründung dafür ist nach Benbrook, dass die gentechnisch veränderte Pflanze ihre Energie auf die Herbizidresistenz konzentriert und dadurch geringe Ertragsverluste verursachen kann. (Benbrook 2001) Zu ähnlichen Ergebnissen kam eine Studie der Universität von Nebraska in den USA, die während zwei Jahren die Ernte transgener mit herkömmlicher Sojabohnen verglich: Die herkömmliche Soja lieferte in den USA Erträge von 5 bis 10% mehr als die gentechnisch modifizierte und in manchen Gebieten wie Indiana sogar 22,7% mehr. (John 2003) Die Universität von Wisconsin hat auch ähnliche Ergebnisse festgestellt, wobei sie den Durchschnitt bei experimentellen Sorten und den Unterschied zwischen den produktivsten fünf herkömmlichen und den zwei produktivsten transgenen Sojabohnen vergleicht (Diagramm 5).

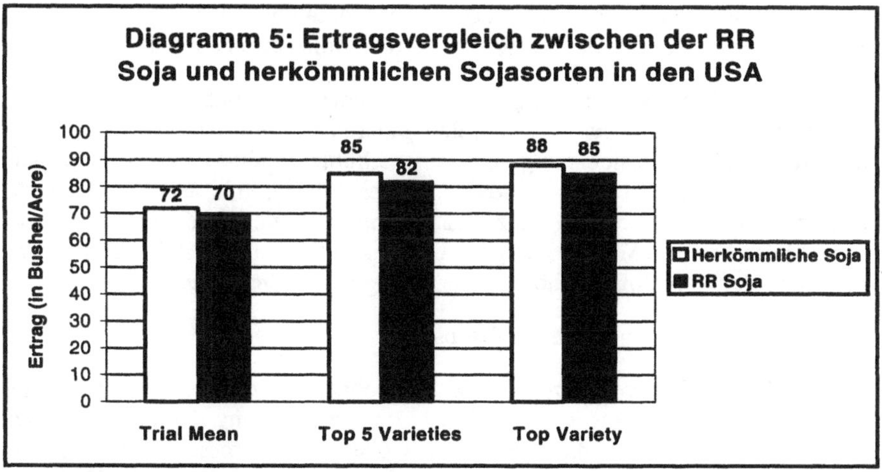

Quelle: Benbrook 2001.

In Brasilien ist nach Angaben von José de Barros França Neto, Präsident der ABRASOJA (Nationaler Verband der Sojaproduzenten), die Produktivität der herkömmlichen Sojasorten auch höher gewesen: „Es gibt herkömmliche Sorten, die viel ertragreicher sind als die gentechnisch veränderten, und die Landwirte, die schon seit längerer Zeit eine fortgeschrittene Technologie anwenden, zeigen sich zurückhaltend gegenüber der transgenen Soja". (Reportagem Local 2000: 1)

Eine Untersuchung von Nodari et al. bei Gensoja produzierenden Bauern in Rio Grande do Sul zeigt, dass die aus Argentinien eingeschmuggelten Sorten sich nicht an die Boden- und Klimabedingungen anpassten. Es wurde eine geringere Keimfähigkeit, eine vorzeitige Blüte und ein niedrigeres Wachstum bei der gentechnisch veränderten Pflanze festgestellt, was zur Verringerung ihres Ertrags im Vergleich zu den herkömmlichen Sorten führte (Nodari et al. 2002).

Die Auswirkung auf den Ertrag kann deshalb lediglich in Bezug auf eine Verringerung der Schäden durch sogenannte Unkräuter oder unerwünschte Wildpflanzen bewiesen werden. Die Situation bleibt aber dennoch vergleichbar mit der konventionellen Sojaproduktion, in der die sogenannten Unkräuter auch bekämpft werden müssen. Was sich ändert, ist eigentlich nur die Methode dieser Bekämpfung, was mit der Steigerung der Produktivität direkt aber nichts zu tun hat. Die RR-Soja ist nicht ertragreicher als die herkömmlichen Sorten, denn sie hat, abgesehen von der Herbizidtoleranz, keine anderen Eigenschaften, die sie von den konventionellen Sojabohnen unterscheiden. Das wurde sowohl vom Chef von Monsanto in Brasilien, Luiz Abramides do Val, als auch vom Chef der EMBRAPA, Alberto Portugal, zugegeben. (Negromonte 1997; Zanatta 2000)

Für Bauern, die also keine Probleme mit der Unkrautbekämpfung haben, fallen die angeblichen Vorteile der herbizidresistenten Soja beim Ertrag aus.

Die gentechnische Veränderung allein kann überhaupt nicht zur Ertragserhöhung führen, denn dies hängt von vielen anderen Faktoren ab. Darin sind viele Agrarwissenschaftler sich einig: Um eine erhöhte Produktivität zu erreichen, müsste die gentechnische Veränderung einer Pflanze mit anderen Aspekten kombiniert gesehen werden, wie Klima, Bekämpfung der Erosion und der Auslaugung des Bodens, Wiedererlangung der Produktionsfähigkeit des Bodens und Recycling der Nährstoffe, Erhöhung der biologischen Vielfalt usw.

4.2. Die Verringerung der Betriebskosten

Die Einführung der herbizidresistenten Sojabohnen sollte eigentlich zur Verringerung der Herbizidmengen und folglich zur Verringerung der Betriebskosten führen. So behaupten es die Werbung der Chemiekonzerne und viele Bauern, die diese Art Soja anbauten. Mussten die Bauern vorher verschiedene Herbizide spritzen, so brauchen sie bei den herbizidresistenten Sojabohnen nur einen Wirkstoff, nämlich Glyphosat, einzusetzen, was eine Einsparung durch die geringeren Kosten des Produkts und durch den verringerten Einsatz von Maschinen in den Sojaplantagen bedeuten soll. Mindestens 20% weniger Betriebskosten sollen nach Einschätzungen des Vize-Präsidenten von ABRASEM (Brasilianische Vereinigung der Saatgut- und Setzlingsproduzenten), Rogério Rizzardi, zu verzeichnen sein. Seine Berechnungen basieren auf Angaben aus den USA, wo 30% durch die Gensoja eingespart worden sei. (Oricolli 1998)

Bauern aus Rio Grande do Sul, die sich gegenüber einer Zeitung äußerten, sprechen von 17% Einsparung. Sie betonen die Unkompliziertheit des Umgangs mit dem Totalherbizid im Vergleich zu den anderen verfügbaren Wirkstoffen. Wichtig für sie ist auch, dass viele nicht mehr mit den anderen Herbiziden zurechtgekommen sind, weil immer mehr Unkräuter eine Resistenz gegenüber verschiedenen Wirkstoffen entwickelt haben, was bei Glyphosat noch nicht der Fall war. (Reportagem Local 2000) Was die Herbizidmengen in diesen Situationen betrifft, so beweisen wissenschaftliche Untersuchungen die Berechnungen der Bauern: „1993/94 wurden in der landwirtschaftlichen Praxis des Sojaanbaus 1,13 kg/ha Herbizide eingesetzt, im Versuchsanbau mit RRS 0,74 kg/ha Roundup. (...) Die HR-Technik wird von der chemischen Industrie gerne als Möglichkeit dargestellt, Herbizide einzusparen. In gewissem Rahmen mag dies zutreffen: Bislang wurden 4 verschiedene Herbizide eingesetzt, durch Kombination von RRS und Roundup wurden im Jahr 1996 25% Wirkstoffmenge eingespart". (Gnekow-Metz 1999: 58)

Was aber eigentlich dazu gerechnet werden muss, sind die Kosten des Saatguts, die in den USA, wo die Gensoja schon seit 1996 angebaut wird, durchschnittlich um 40% teurer als die der herkömmlichen Sojasorten sind. 1996 kostete die RR-

Sojabohne den US-amerikanischen Bauern 40 US-Dollar/ha mehr als das herkömmliche Saatgut. (Ebenda 1999) In Brasilien, variierten die Preise, solange der Gensojaanbau verboten war, so sehr, dass man keinen einheitlichen Parameter haben konnte. Das meiste Saatgut, das den Bauern in Brasilien angeboten wurde, ist seit 1999 aus dem Nachbarland Argentinien eingeschmuggelt worden. Die Preise dieses Saatguts schwankten zwischen 30 bis 60 US-Dollar pro 40 kg während der Preis für herkömmliches Saatgut 12 US-Dollar pro 40 kg ausmachte. (Reportagem Local 2000)

Mit der Freigabe des Gensojaanbaus haben die Bauern den Vorteil, dass sie zukünftig nicht mehr vom eingeschmuggelten Saatgut abhängen. Andrerseits müssen sie mit der Zahlung von Lizenzgebühren an Monsanto rechnen. Solange die eingeschmuggelten Sorten aus Argentinien den größten Teil des verfügbaren gentechnisch veränderten Saatgutes darstellten, hat Monsanto die Lizenzgebühren auf die Produktion übertragen, d.h. beim Verkauf jedes Kilogramms Soja kassierte der Agrarkonzern R$ 0,01 für die Nutzung der patentierten Gentechnik.

Da die Sorten aus Argentinien jedoch nicht für die Klima- und Bodenbedingungen in Brasilien geeignet sind und deshalb eine niedrigere Produktivität im Vergleich zu den herkömmlichen Sorten aufwiesen, werden nach der Freigabe des Gensojaanbaus die besten brasilianischen Sorten mit der Herbizidresistenz entwickelt. Bei diesen neuen Sorten plant Monsanto, zwischen R$ 0,88 und R$ 0,55 pro Kilo Saatgut als Lizenzgebühr einzufordern. Deren Festsetzung hängt von den Verhandlungen zwischen Monsanto und den Saatgutfirmen ab, aber es wird davon ausgegangen, dass die Einsparungen beim Herbizideinsatz durch den höheren Preis des Saatguts mindestens kompensiert werden. (Valor Econômico 2005) Und nur, wenn die Einsparungen beim Herbizideinsatz tatsächlich stattgefunden haben, was langfristig noch unwahrscheinlich erscheint. „In der Praxis kompensieren die Kosten für das teurere Saatgut jedoch die Einsparungen beim Herbizideinsatz; außerdem tritt eine Verringerung des Herbizideinsatzes häufig gar nicht ein. Herbizidresistente Pflanzen können so für die Anbieterunternehmen zu einem doppelten Gewinn – Herbizid und Saatgut aus einer Hand – und damit zu einer starken Monopolisierung des Agrarmarktes führen". (EKD 2000: 32)

Das Problem, das langfristig auftaucht und in den Ländern, die schon seit längerer Zeit Gensoja anbauen, bereits festgestellt wurde, besteht darin, dass die sogenannten Unkräuter allmählich immer mehr Herbizide brauchen, um vernichtet zu werden. Die Schwierigkeiten bei der Unkrautbekämpfung sind ein wichtiger Faktor für den Anbau der herbizidresistenten Sojasorte, denn die Resistenzentwicklung der wichtigsten Unkräuter gegenüber den herkömmlichen Herbiziden kann kurzfristig durch den Einsatz von Glyphosat überwunden werden. Ein intensiver Einsatz von Glyphosat führt jedoch zu dem selben Problem, nämlich der Resistenzentwicklung der Unkräuter gegenüber den Glyphosat. (Daniels et al. 2005)

Dies wurde inzwischen auch in Brasilien von verschiedenen Wissenschaftlern festgestellt, die mit ihren Untersuchungen beweisen, dass der übermäßige Einsatz eines einzigen Herbizids zur Resistenzbildung der wichtigsten Unkräuter führt und deshalb die Wirksamkeit der Gensoja stark beeinträchtigt. Nodari und Destro bestätigten bei Untersuchungen in Rio Grande do Sul die vorliegenden Ergebnisse von Benbrook in den USA und Argentinien: a) drei der wichtigsten Unkräuter, nämlich corda-de-viola (*Ipomea purpurea*), amendoim bravo (*Euphorbia heterophylla*) und estrela africana (*Cynodon plectostachys*) bilden eine Resistenz gegenüber Glyphosat; b) die Gensoja weist einen erhöhten Ligninanteil (Holzanteil) auf. Wegen des veränderten Ligninbestandteils sind Stammrisse an der Sojapflanze festzustellen, die dazu führen, dass die Pflanzen leichter umkippen, besonders nach dem Pestizideinsatz mit dem Traktor und in Stresssituationen durch Dürre. (Nodari/Destro 2002)

Diese ersten Ergebnisse haben dazu geführt, dass sogar das Agrarforschungsinstitut EMBRAPA damit begonnen hat, den Bauern einen vorsichtigeren Umgang mit dem Herbizid Glyphosat zu empfehlen, denn nach Mário Bianchi, des Forschungsinstitutes FUNDACEP, werden in Rio Grande do Sul aufgrund des Gensojaanbaus zwischen 2,5 bis 4 Liter pro Hektar gespritzt, was die Wahrscheinlichkeit zur Resistenzbildung und zu weiteren Nebenwirkungen der Gensoja erhöhen kann. Auf der Basis einer Untersuchung von 24 Genossenschaften im Nordosten von Rio Grande do Sul während der Ernte 2003/2004 geht Bianchi von einem Ertragsverlust von 360 kg pro Hektar bei der Gensoja aus und weist darauf hin, dass die Herbizideinsparung durch eine niedrigere Rentabilität aufgezehrt wird (EMBRAPA 2005).

Dionísio Gazziero schrieb seine Doktorarbeit über die Auswirkungen von Glyphosat auf die Landwirtschaft und stellte fest, dass die Gensoja alleine nicht das Problem der Resistenzbildung von Unkräutern lösen kann. Er weist darauf hin, dass die Richtlinien der herkömmlichen Unkrautbekämpfung nicht durch die Gentechnik überwunden wurden, und dass deren Vorteile nur dann erhalten bleiben, wenn ein besserer Umgang mit dem Herbizid stattfindet. Als Lösungsansätze schlägt er jedoch folgende vor: a) die Gensoja nicht in Flächen säen, bevor die totale Unkrautbekämpfung durchgeführt wurde; b) auf den richtigen Moment zum Einsatz des Herbizides während der Wachstumsphase achten; c) nicht bei den Herbizidmengen sparen; d) die Herbizide häufig wechseln, um die Resistenzbildung zu verringern. (Gazziero 2003)

Gerade weil Glyphosat statt einmal (wie gewöhnlich) jetzt schon bis zu drei mal während der Wachstumsphase gespritzt wird, wurde die Herbizidmenge und dadurch die Wahrscheinlichkeit zur Resistenzbildung von Unkräutern allmählich erhöht. Nicht umsonst hat sich seit 1999 der Einsatz von Herbiziden in Rio

Grande do Sul um 47,6% erhöht, während sich die Zahlen in den anderen sojaproduzierenden Bundesländern, abgesehen von Goiás, verringerten (Tabelle 3).

Tabelle 3: Vergleich des Herbizideinsatzes zwischen den wichtigsten sojaproduzierenden Bundesländern in Brasilien

Bundesstaat	1999 (kg/ha)	2002 (kg/ha)	Variation
Rio Grande do Sul	2,10	3,10	47,6%
Goiás	3,10	3,65	17,7%
Minas Gerais	2,35	2,15	-8,5%
Mato Grosso do Sul	3,30	2,84	-13,9%
Bahia	1,00	0,74	-26,0%
Paraná	8,30	4,35	-47,6%
Mato Grosso	4,40	2,05	-53,4%

Quelle: FNP Consultoria Agrianual 2000: 496-498; Ebenda 2003: 494-497.

Der zunehmende Einsatz von Agrargiften hat auch mit den Entscheidungen der Bauern im Zusammenhang mit der Nutzung von Herbiziden zu tun. Bauern, die sich für die herbizidresistente Soja entscheiden, kaufen sicherlich Herbizide dazu, auch wenn sie sie zuvor nicht eingesetzt haben, was die Zahl von Herbizidverbrauchern logischerweise erhöht. Und weil die Bauern glauben, dass die Ausgaben für Herbizide die Kosten des Saatguts, das viel teurer ist als das herkömmliche, kompensieren können, profitieren die Anbieterunternehmen doppelt: Einmal mit dem Saatgut und andrerseits mit dem Herbizid.

Kompensierte die Einsparung an Herbizideinsatz zu Beginn der Einführung der Gensoja in den USA die Kosten des Saatguts, lohnte es sich nach fünf Jahren weniger, denn nach Angaben des USDA – United States Department of Agriculture – macht die Einsparung beim Herbizideinsatz bereits im Jahre 2001 nur noch 2,5% aus (Blecher 2001). War der Herbizideinsatz 1996 niedriger, so ist er ab 2001 sogar höher als bei den herkömmlichen Sojabohnen. Nach Benbrook wird bei der RR-Soja im Durchschnitt 11% mehr Herbizid gespritzt als bei den herkömmlichen Sojabohnen, und in manchen Situationen kam man schon auf 30% mehr. (Benbrook 2001)

Monsanto seinerseits versuchte in diesen Jahren die reduzierten Kosten des Herbizids auf die Kosten des Saatguts zu übertragen. Dies führte nach Benbrook zum teuersten System von Unkrautbekämpfung, seit Sojabohnen angebaut werden: Zwischen 98,80 bis 148 US-Dollar pro Hektar. Anfang 1996 machte die Unkrautbekämpfung maximal 64,22 US-Dollar aus, was 23% der gesamten Betriebskosten darstellte; 1999 betrugen sie schon 35 bis 40% der Betriebskosten.

(Ebenda). Aber auch für Glyphosat mussten die Bauern in den USA Lizenzgebühren an Monsanto bezahlen, die in manchen Ländern aus Werbungsgründen zu Beginn nicht erhoben werden[102]. Diese Zusatzkosten verteuern die Produktion, so dass ein Teil der Bauern sich auf die Subventionen der Regierung verlässt, um die teureren Betriebskosten tragen zu können und manche stellten inzwischen den Gensojaanbau ein. (Blecher 2001)

Die folgende Tabelle stellt einen Vergleich des Unterschieds beim Herbizidein satz zwischen der RR-Soja und der herkömmlicher Soja in den USA dar, woran das bedeutende Gewicht der Zahlung von Lizenzgebühren bei der Bildung der Betriebskosten deutlich zu erkennen ist (Tabelle 4).

Tabelle 4: Betriebskosten mit Herbizideinsatz bei der RR Soja im Vergleich zu herkömmlichen Sorten in den USA (in US-Dollar pro Hektar)

Betriebskosten	RR-Soja	Herkömmliche Sojasorten
Herbizideinsatz	16,45	25,00
Lizenzgebühren	7,00	0,00
Summe	23,45	25,00
Ohne Lizenzgebühren	16,45	25,00

Quelle: Fallstudie. Carpenter/Gianessi 1999.

Für Brasilien stellten Balcewicz et al. eine komparative Studie der Betriebskosten zwischen der RR und der herkömmlichen Soja vor. Sie gehen von einer Reduzierung des Herbizideinsatzes beim transgenen Sojaanbau von 20% aus (10% bei den Kosten des Herbizids und 10% Einsparung durch den reduzierten Maschineneinsatz). Das Saatgut schätzen sie bei der RR-Soja um 100% teurer ein (Tabelle 5).

Tabelle 5: Projektion der Betriebskosten bei der RR Soja im Vergleich zu herkömmlichen Sorten in Brasilien

Produktionsfaktoren	Herkömmliche Soja	RR-Soja	Variation
	US-Dollar ha	US-Dollar ha	%
Saatgut	19,15	38,30	100,0
Kalk	9,35	9,35	
Düngemittel	55,67	55,67	

[102] Wie zum Beispiel in Argentinien.

Pflanzenschutzmittel (total)	68,41	62,58	-8,5
- Herbizid	58,36	52,53	-10,0
- Insektizid	10,05	10,05	
Arbeit	40,02	40,02	
Maschinen und Ausrüstungen	73,85	66,47	-10,0
Total	$266,46	$272,39	2,22
Kosten pro 60 kg	$5,33	$5,45	
Quelle: Balcewicz et al. 2001.			

Nach dieser Studie ist der Anbau transgener Soja in der brasilianischen Situation um 2,2% teurer als der herkömmliche. Wenn man den besseren Preis der herkömmlichen Soja dazu rechnet, zeigt sich der wirtschaftliche Nachteil transgener Soja eindeutig, denn herkömmliche Sojabohnen erzielen in Brasilien im Durchschnitt 4% höhere Preise. (Correa 2003) Die Ölmühle Olvebra bot 2005 für die herkömmliche Soja in der Region Santa Rosa bis zu 10% höhere Preise an, da infolge der Zunahme des Gensojaanbaus in Rio Grande do Sul die Nachfrage nach dem Produkt gestiegen ist. (Gazeta Mercantil 2005) Nach der Studie von Balcewicz et al. sind sowohl das Verhältnis zwischen Kosten und Vorteilen als auch der Nettowert in US-Dollar pro Hektar bei den herkömmlichen Sojabohnen höher als bei den transgenen. Das Kosten-Nutzen-Verhältnis zeigt das Ergebnis jeder Geldeinheit, die im Geschäft investiert wurde. Der Nettowert spiegelt die Nettoeinnahme wider, die in einer bestimmten Periode erzielt wurde. Da die Studie eine Projektion für zehn Jahre vorstellt, hat sie auch mit einem Zinsfuß gerechnet und dafür zwei offizielle brasilianische Angaben angenommen: 1) den Zinsfuß eines Sparkontos (6% im Jahr) und 2) den Zinsfuß der Investitionsfonds des festen Einkommens (12% im Jahr). Die Betriebskosten beziehen sich auf Betriebe, die einen Durchschnittsertrag von 3.000 kg pro Hektar erreichen. Die Angaben erfolgen in US-Dollar pro Hektar (Tabelle 6).

Tabelle 6: Projektion der Betriebskosten zwischen der RR Soja und herkömmlichen Sorten in Brasilien mit Einberechnung eines Zinsfußes

INDIKATOREN	herkömmliche Soja	RR-Soja	Variation
Vorteile/Kosten	1,98	1,74	12,12%
Nettowert (6% Zinsen)	1.876,85	1.516,00	19,22%
Nettowert (12% Zinsen)	1.431,75	1.172,97	18 %
Quelle: Balcewicz et al. 2001.			

4.3. Die Konkurrenzfähigkeit am internationalen Markt und die Vorteile beim Export

Durch die Sojaproduktion hat Brasilien sein Exportpotenzial vergrößert, so dass das Land zusammen mit den USA und Argentinien zu den größten Sojaproduzenten der Welt zählt. In 2003 erreichte Brasilien die größte Ernte seiner Geschichte und auch den höchsten Export aller Zeiten: 51 Millionen Tonnen, was eigentlich bedeutet, dass Soja das Hauptexportprodukt Brasiliens wurde, und zum ersten Mal exportiert das Land mehr Sojabohnen als die USA (Agrol 2003). Die brasilianischen Sojaexporte sind schon ab 1997 gestiegen, und die besten Ergebnisse sind in der Periode zu verzeichnen, in der der Gensojaanbau in den USA massiv ausgeweitet wurde. Die US-amerikanischen Sojaexporte waren im Vergleich zu den brasilianischen zwischen 1996 und 2001 nicht so erfolgreich. Während Brasilien einen Zuwachs von 27,5% pro Jahr erreichte, sind die Exporte der USA nur um 1,8% im Jahr gewachsen (Tabelle 7).

Tabelle 7: Vergleich der Sojaexporte zwischen Brasilien und den USA in Tonnen

Jahr	Brasilien (in Tonnen)	USA (in Tonnen)
1996	3.646.934	25.960.000
1997	8.339.590	26.367.925
1998	9.274.752	20.391.202
1999	8.917.210	23.150.306
2000	11.517.260	27.192.220
2001	15.675.543	28.933.830

Quelle: Faostat.
Download: <http://www.fao.org/waicent/portal/statistics_en.asp> (27.03.2003).

Der Sojaexport Brasiliens machte im Jahr 2003 8 Milliarden US-Dollar aus, während die USA 7,2 Milliarden damit einnahmen (Salvador 2003). In der Periode von 1996 bis 2001, Höhepunkt des Gensojaanbaus in den USA, hat Brasilien im Durchschnitt 2,9% pro Jahr mehr am Export verdient und die USA 4,2% weniger (Tabelle 8).

Tabelle 8: Vergleich der Einnahme durch Sojaexporte zwischen Brasilien und den USA

Jahr	Brasilien (in US-Dollar)	USA (in US-Dollar)
1996	4.462.168.000	9.220.862.000

1997	5.730.035.000	9.963.794.000
1998	4.754.669.000	7.404.471.000
1999	3.784.422.000	6.083.935.000
2000	4.199.587.000	6.748.895.000
2001	5.296.686.000	7.110.500.000

Quelle: Faostat.

Download: <http://www.fao.org/waicent/portal/statistics_en.asp> (27.03.2003).

Aus Brasilien, den USA und Argentinien kommen 80% der weltweiten Sojaproduktion. Ihre Exporte machen 90% aller Sojaexporte aus, wobei Europa, China und Japan als Hauptabnehmerländer gelten. Wie bekannt, lehnt die Mehrheit der Verbraucher die Gensoja ab. In Europa zeigt das Eurobarometer 2002, dass 70,9 % der Verbraucher die gentechnisch modifizierten Nahrungsmittel nicht akzeptieren. (Gaskell et al. 2003) Auch in Brasilien hat eine Untersuchung des Forschungsinstituts IBOPE im Dezember 2002 festgestellt, dass 71% der Verbraucher Nahrungsmittel vorziehen, die nicht gentechnisch verändert sind. (Deak 2003)

Die Ablehnung der transgenen Soja führte dazu, dass Brasilien eine strategische Rolle im internationalen Sojamarkt spielt, denn in Argentinien und in den USA ist die Gensoja schon in den neunziger Jahren erlaubt worden. Deswegen hatte Brasilien immer noch den Vorteil, herkömmliche Soja für den Weltmarkt anbieten zu können. Die Exporte haben sich in fünf Jahren verfünffacht. Außerdem bekam die brasilianische Soja bis 11 US-Dollar mehr pro Tonne als Prämie, die für herkömmliche Soja bezahlt werden. Dies zeigt, dass eine entschlossene Position der brasilianischen Regierung, den Anbau von Gensoja nicht zu erlauben, vernünftig gewesen wäre, denn mit dem Vorteil der herkömmlichen Soja hat Brasilien den Anteil am Markt erobert, den Argentinien und die USA wegen der Gentechnik verloren. Zwischen 1995 und 1999 hat Brasilien nach Angaben der Zeitschrift „Oil World" seine Sojaexporte nach Europa von 3 Millionen Tonnen auf 6,9 Millionen Tonnen erhöht. In der gleichen Periode sanken die Exporte der USA nach Europa von 8,6 Millionen Tonnen auf 5,6 Millionen Tonnen. Das Nachbarland Argentinien reduzierte seine Exporte nach Europa von 1,9 Millionen Tonnen auf 1,1 Millionen Tonnen in den letzten fünf Jahren. Nelson Costa, Direktor von OCEPAR (Organisation der Genossenschaften von Paraná): „wenn man diese Zahlen vergleicht, sieht man, dass Brasilien genau den Anteil von Argentinien und den USA im Sojamarkt in den letzten Jahren erreicht hat" (Murakawa/Ripardo 2000). Die Exporte der brasilianischen Soja nach China stiegen auch an: Allein zwischen Januar und Oktober 2001 stiegen sie um 78% auf 3,1 Millionen Tonnen während die gesamten Exporte Brasiliens nach China im

Vergleich zum Jahr 2000 um 31% auf 13,2 Millionen Tonnen zunahmen. (Sayeg 2002)

Der Trend im Sojamarkt sieht nach Meinung der Experten so aus, dass man in absehbarer Zeit mit einer Steigerung der Preise herkömmlicher Soja rechnen kann, denn die Nachfrage nach diesem Produkt wird größer sein als das Angebot. Wenn man weiß, dass 80% der nach Europa exportierten Soja für Futtermittel gebraucht werden, kann man auch damit rechnen, dass die Nachfrage nach herkömmlicher Soja steigen wird. Und Brasilien ist unter den Sojaproduzenten das einzige Land, das noch in der Lage ist, große Menge herkömmlicher Soja anzubieten. Carlos Tautz, von der *GMO Free Brazil Campaign*, betonte die Rolle Brasiliens in diesem Kontext: „Brasilien ist der wichtigste Teil in diesem Spiel, denn wir sind der größte Produzent von herkömmlichem Sojasaatgut. Wenn wir auch mit dem Anbau von Gensoja beginnen, dann haben Europa, China und Japan nicht mehr die Möglichkeit, herkömmliche Soja zu kaufen". (Deak 2003)

Es war also strategisch interessant für Monsanto, dass der Anbau von Gensoja in Brasilien erlaubt wurde, damit es weltweit keine zuverlässigen Märkte für herkömmliche Soja mehr gibt und die europäischen Verbraucher dadurch gezwungen werden, gentechnisch modifizierte Sojabohnen zu akzeptieren. Für Jon Ratcliff, von den *Food and Agriculture Consultancy Services* in England, ist folgende Prognose sehr wahrscheinlich: „Wenn ein Teil Europas fordert, dass die Tiere nicht mit gentechnisch modifiziertem Futtermittel ernährt werden, geht es nur noch, weil Brasilien herkömmliche Soja anbietet, wo die Europäer im Jahr 2002 9,4 Millionen Tonnen Soja einkauften. Wird Brasilien Gensoja anbauen, bleibt Europa aber nichts anders übrig, denn es wird nicht mehr genügend herkömmliche Soja im Weltmarkt zur Verfügung stehen". (Zitiert in Rocha 2003)

Die Argumente der Verfechter der Gensoja basieren andrerseits darauf, dass die Bauern vom Markt ausgeschlossen werden, wenn Brasilien nicht die transgene Soja einführe, denn die brasilianische Soja verliere an Konkurrenzfähigkeit, wenn die Bauern sich nicht an die angeblichen Fortschritte der Biotechnologie anpassten.

Inge Russel von der Heriat-Watt Universität Edinburgh in Schottland warnt vor dieser Gefahr. Sie meint, dass die Europäer gezwungen werden, sich an die Gentechnik anzupassen. In einer solchen Situation sollen Länder, die die Gentechnik in der Landwirtschaft einsetzen, Vorteile haben: „Es ist möglich, dass Brasilien durch den Anbau von Gensoja einen Marktanteil verlieren wird, aber wenn das Land es nicht tut, besteht das Risiko, einen größeren Anteil am Markt zu verlieren, weil es nicht mitspielt". (Zitiert in Rocha 2003)

Das Argument der Konkurrenzfähigkeit beruht auf der vermuteten Ertragserhöhung und Reduzierung der Betriebskosten beim transgenen Sojaanbau. Bezogen auf die offiziell verfügbaren Zahlen wird jedoch deutlich, dass in Brasilien der Ertrag mit dem Anbau herkömmlicher Soja in den letzten Jahren stark angestiegen ist und die Produktionskosten dort am niedrigsten sind. Im Vergleich zu den USA ist die Produktivität der Sojaproduktion in Brasilien zwischen 1996 und 2002 um 1,91% pro Jahr gestiegen (Tabelle 9).

Tabelle 9: Vergleich der Sojaproduktivität zwischen Brasilien und den USA

Jahr	Brasilien (Produktivität in kg/Hektar)	USA (Produktivität in kg/Hektar)
1996	2.250	2.530
1997	2.300	2.620
1998	2.353	2.620
1999	2.372	2.460
2000	2.403	2.560
2001	2.710	2.660
2002	2.579	2.520

Quelle: Faostat.

Download: <http://www.fao.org/waicent/portal/statistics_en.asp> (27.03.2003).

Rio Grande do Sul zählt mit einer Produktion von 7,7 Millionen Tonnen zu den drei größten Sojaproduzenten Brasiliens. Im Jahr 2003 hat die Sojaproduktion um 62% zugenommen, sie stieg auf 9.128 Millionen Tonnen auf 3,5 Millionen Hektar. Der Ertrag blieb allerdings bei 2,6 Tonnen pro Hektar stehen, womit das Gebiet den Durchschnitt der Sojaproduktivität Brasiliens erreichte. Der entscheidende Grund dafür war nach Angaben der EMATER das außergewöhnliche Klima, das während der gesamten Entwicklungsperiode der Pflanze sehr günstig war, und der hohe Einsatz von Düngemitteln im Sojaanbau, beeinflusst von den außergewöhnlich guten Preisen des Produkts. (Correio do Povo 2003)

Seit 1998 wurde in Rio Grande do Sul Gensoja aus Argentinien eingeschmuggelt und angebaut. Das Bundesland gilt also als das Gebiet, in dem die illegale Soja am meisten angebaut wurde, und ihre Befürworter gehen davon aus, dass diese Technologie entscheidend zur Ertragserhöhung beitrug.

Insofern ist es wichtig, die Produktivität des Bundeslandes mit den anderen Bundesländern Brasiliens, die bis dahin lediglich herkömmliche Soja anbauten, zu vergleichen. Die Zahlen sind eindeutig: Das Gebiet stellt seit 1998 den zweitschlechtesten Ertrag unter den wichtigsten sojaproduzierenden Bundesländern und in der gesamten Periode, abgesehen vom Jahr 2003, sind keine großen Unterschiede im Vergleich zu anderen Sojaanbaugebieten Brasiliens festzustellen (Tabelle 10).

Tabelle 10: Sojaproduktivität im Vergleich zwischen Bundesländern in Brasilien

Bundesland	1998*	1999*	2000*	2001*	2002*	
Mato Grosso do Sul	2.091	2.606	2.261	2.900	2.700	5,2%
Paraná	2.558	2.781	2.515	3.000	2.950	2,9%
Durchschnitt Brasilien	2.353	2.372	2.403	2.720	2.679	2,6%
Bahia	2.145	1.982	2.400	2.100	2.400	2,3%
Mato Grosso	2.734	2.836	3.018	3.100	3.050	2,2%
Goiás	2.465	2.563	2.744	2.700	2.700	1,8%
Rio Grande do Sul	2.037	1.464	1.593	2.340	2.200	1,6%
Minas Gerais	2.268	2.327	2.397	2.250	2.300	0,3%

* in kg pro Hektar.

Quelle: IBGE 1995-2000; CONAB 2002. Download: <www.conab.gov.br> (29.03.2003).

Die Produktion ist in den letzten Jahren in ganz Brasilien auch deshalb deutlich gestiegen, weil die besseren Preise für die Soja dazu führten, dass die Anbaufläche ausgeweitet wurde. Es ist klar, dass eine solche Ausweitung der Sojaproduktion zu sozialen und ökologischen Problemen führt, besonders in Naturschutz- und Urwaldgebieten. Von 1940 bis 1980 wurden allein in Rio Grande do Sul 95.200 Hektar Urwald durch die Ausbreitung der Sojaproduktion zerstört. (Eichler 2003) In anderen Gebieten wie in Mato Grosso und Amazonas wird die biologische Vielfalt durch den Sojaanbau bedroht und viele Kleinbauern geben ihre Aktivität auf.

Die guten Preisprognosen ziehen Investoren an, die große Gebiete kaufen, um Soja anzubauen. Indigene Völker und Schutzgebiete wie das berühmte Pantanal werden zunehmend von der Expansion der Soja betroffen. Im Jahr 2001 wurden

13.977.551 Hektar mit Soja bewirtschaftet und nach Einschätzung des IBGE waren es im Jahr 2003 schon 18.437.465 Hektar, womit die größte Ernte in der Geschichte Brasiliens erreicht wurde: 51.582.033 Tonnen, was 18,52% mehr als im Jahr 2002 bedeutet. (IBGE 2001; IBGE 2003)

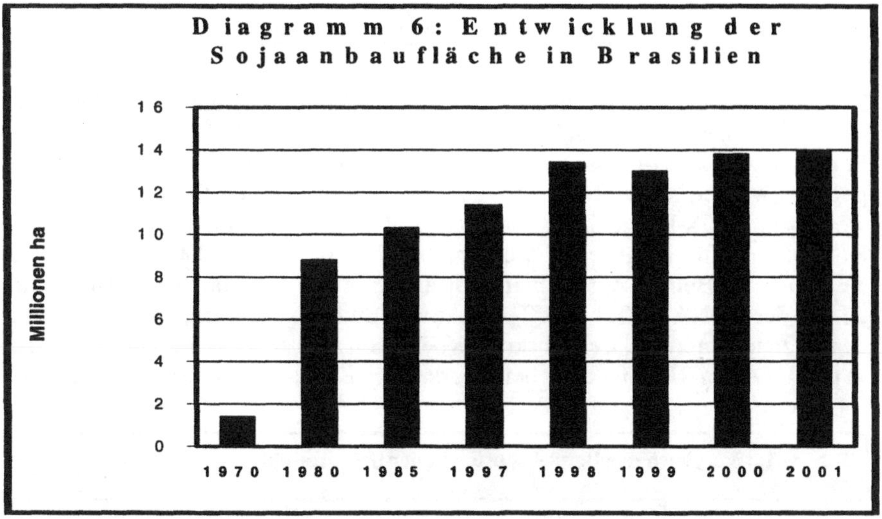

Quelle: IBGE 2002

Abgesehen von den sozialen und ökologischen Problemen, die durch die Ausweitung der Sojaproduktion verursacht werden, sehen die wirtschaftlichen Zahlen Brasiliens aber gut aus. Bei der Produktion, die überwiegend auf den Export ausgerichtet ist, sind die Ergebnisse der brasilianischen Soja viel besser als die der US-amerikanischen. Während in Brasilien die Sojaproduktion um 8,8% pro Jahr stieg, erreichten die USA im gleichen Zeitraum nur einen Anstieg von 1,8% pro Jahr mit der RR-Soja (Tabelle 11).

Tabelle 11: Vergleich der Sojaproduktion zwischen Brasilien und den USA

Jahr	Brasilien (in Tonnen)	USA (in Tonnen)
1996	23.155.274	64.782.000
1997	26.391.448	73.177.000
1998	31.307.440	74.599.000
1999	30.987.476	72.223.000
2000	32.734.958	75.055.288

2001	37.683.100	78.671.472
2002	41.903.000	73.201.392
Quelle: Faostat. Download: < http://www.fao.org/waicent/portal/statistics_en.asp> (27.03.2003).		

Besonders beim Vergleich der Betriebskosten wird die Konkurrenzfähigkeit der herkömmlichen Soja deutlich. Eine Studie über die Ernte 2000/2001 zeigt, dass in den USA 1,6 US-Dollar mehr für die Erzeugung eines Sacks von 60 kg ausgegeben wurden als in Brasilien: Um 60 kg Soja in den USA zu produzieren, werden 6,81 US-Dollar investiert, während in Brasilien im Durchschnitt 5,75 US-Dollar dafür ausgegeben werden. (RCW Consultores 2002) Ein weiterer Vergleich der Betriebskosten beim Sojaanbau in den USA und in Brasilien wurde von der CONAB 2001 veröffentlicht. Die Studie weist nach, dass Brasilien in den letzten Jahren die Betriebskosten beim Sojaanbau senken konnte, während in den USA die RR-Soja dazu beitrug, dass die Kosten zunahmen (Tabelle 12).

Tabelle 12: Vergleich der Betriebskosten in der Sojaproduktion zwischen Brasilien und den USA

Jahr	USA (in US-Dollar/Hektar)	Brasilien (in US-Dollar/Hektar)
1996	577,66	426,55
1997	607,46	432,02
1998	611,74	426,22
1999	615,35	427,31
2000	----------	375,38
2001	----------	315,22
Quelle: Boletim CONAB, Agosto de 2001. Download: <www.conab.gov.br> (29.03.2003).		

Die absolute Mehrheit der transgenen Pflanzen wird in fünf Ländern[103] angebaut, was keineswegs bedeutet, dass ein Land, das keine Gensoja anbaut, vom Weltmarkt isoliert ist. Das Argument des zunehmenden Anbaus gentechnisch modifizierter Soja dient also zur Rechtfertigung des Drucks der Agrarkonzerne, die eigentlich mit einer Zwangssituation am Markt kalkulieren, damit die Verbraucher keine Wahl zwischen transgenen und herkömmlichen Produkten

[103] USA, Argentinien, Kanada, Brasilien und China. Was China betrifft, handelt es sich meistens nicht um Nahrungsmittel, sondern um gentechnisch modifizierte Baumwolle. (ISAAA 2001)

mehr haben. Bauern werden durch die Idee überzeugt, sie seien rückständig, wenn sie sich nicht an die „Fortschritte“ der Gentechnik anpassen, und sie würden an Konkurrenzfähigkeit verlieren. Aber die von den Befürworten prognostizierten Vorteile eines erhöhten Ertrags und einer Verringerung der Betriebskosten, die zur Konkurrenzfähigkeit der transgenen Soja zählen sollten, stimmen nicht überein, denn in den Gebieten, die bisher mit dem Gensojaanbau begonnen haben, sehen die Ergebnisse ganz anders aus: Der Ertrag ist niedriger oder unverändert geblieben und die Betriebskosten sind sogar gestiegen.

4.4. Die Auswirkungen auf die Umwelt

Der Agrarkonzern Monsanto, der die transgene Soja patentierte, behauptet, die Gentechnik überwinde den bisherigen hohen Einsatz von Chemikalien in der Landwirtschaft und führe allmählich zu einem nachhaltigen Umgang mit den natürlichen Ressourcen. Es handelt sich nicht um eine isolierte Aktion von Monsanto: Überraschend und paradoxerweise stellen viele Chemikalienhersteller sich gegen den hohen Einsatz von Chemikalien und zeigen sich besorgt über die Auswirkungen auf die Natur. Dies scheint mit der Entwicklung der Umwelt- und Verbraucherbewegungen zusammenzuhängen, die in den letzten Jahrzehnten die Bevölkerung für die Auswirkungen von Pflanzenschutzmitteln sensibilisiert haben.

Pat Mooney stellte bereits 1979 in seinem berühmten Buch *Seeds of the Earth – a Private or Public Ressource?* fest, dass seit Ende der sechziger Jahre die chemische Industrie wegen zunehmender Gesundheitsprobleme und mangelnder Sicherheit bei der Nahrungsmittelproduktion angegriffen wurde. Anders sei die Situation des Saatguthandels gewesen. Mooney zitiert den Bericht *The Global Seed Study* von Teweles et al.: „Im Kontrast zu den anderen Institutionen, die Inputs für die Landwirtschaft herstellen, hat die Saatgutindustrie schon immer versucht, die Angriffe von Umwelt- und Verbraucherverbänden und Regulierungsinstitutionen zu vermeiden“. (Mooney 1987: 63) Nach Mooney empfiehlt die Studie, dass Forschungen für verbessertes Saatgut die Umweltschützer beruhigen würden, denn Sorten mit Resistenz gegen Krankheiten würden zur Reduzierung des Einsatzes von „Pflanzenschutzmitteln“ führen und es gäbe eine Alternative: „Die Studie zeigt, dass ‚die Pelletierung' des Saatgutes es ermöglicht, Saatgut als Mittel des Einsatzes von chemischen und biologischen Produkten in der Landwirtschaft zu benutzen“. (Ebenda: 64)

Und genau dies versuchte bereits 1986 Ciba-Geigy als erstes Unternehmen, indem es eine chemische Schutzhülle für Saatgut entwickelte, um die Pflanzen gegen „Pflanzenschutzmittel“ ihrer eigenen Produktion zu schützen. Der Konzern stellte fest, dass „Pflanzenschutzmittel“ auch den Nutzpflanzen schaden können, ein Grund, weshalb manche Bauern vorsichtiger mit den Chemikalien umgingen. (Hobbelink 1990) Das Ziel des Versuchs, Pflanzen resistent gegen Pflanzenschutzmittel zu entwickeln, war also, die Reduktion der Auswirkungen von

Chemikalien auf die Nutzpflanzen. Das äußerte auch Dr. Kraus, Leiter des Bayer-Biotechnologie Zentrums in Köln-Mannheim: „Für einen Pflanzenschutzmittelproduzenten wie Bayer kann es nicht darum gehen, ertragreichere Pflanzen zu konstruieren oder die Tomoffel, an der gleichermaßen Kartoffeln und Tomaten wachsen. (...) Pflanzen sollen widerstandsfähig gemacht werden gegen Substanzen, die ihnen sonst schaden. Das wäre ein entscheidender Durchbruch im Pflanzenschutz – ein Schritt zu intelligenterem Einsatz der Chemie. (...) Das Problem: Ein Herbizid zeigt eine vernichtende Wirkung nicht nur beim Unkraut, sondern auch bei der Nutzpflanze. Das selektive Herbizid, das selbständig Unkraut von Nichtunkraut unterscheidet, kann von den Pflanzenschutzchemikern längst nicht für alle Fälle realisiert werden". (Zitiert in Bartsch 1989: 95-96)

Nach Bartsch et al. haben die Chemiekonzerne eine neue Strategie entwickelt. Der Diskurs der Umweltverträglichkeit der Gentechnik sei zum strategischen Prinzip der Chemiekonzerne geworden, um ihre Akzeptanzprobleme zu überwinden: „Die ökologischen und toxikologischen Folgewirkungen des herkömmlichen (intensiven) Pflanzenschutzes stellen die Konzerne zunehmend vor Akzeptanzprobleme. (...) Die chemische Industrie versucht, den Akzeptanz- und Konkurrenzproblemen durch Innovationsstrategien zu begegnen. Der Einsatz der Gentechnik bietet solche Ansätze. (...) Hochleistungssorten hätten gentechnisch resistent gegen ihre Schädlinge, gegen Trockenheit und Bodenversalzung gemacht werden sollen. Wenig ist geblieben von den Perspektiven, mit denen die Konzerne die Akzeptanz ihrer Produkte hatten aufpolieren wollen". (Ebenda:102, 95) Außerdem setzen die Konzerne ihre Priorität auf die Entwicklung von Breitbandprodukten in Verbindung mit der Saatgutproduktion, damit sie ihren Absatz sicherstellen können: „Die Chemiebranche sichert sich den Zugriff auf die Saatgutproduktion. (...) Immerhin hatte der Saatgutweltmarkt einen Umsatz von mehr als 30 Milliarden US-Dollar. (...) Breitbandherbizide helfen den Markt zu verbreitern. Selektive Pflanzenschutzmittel stellen umsatztechnisch für die Konzerne höchstens die zweitbeste Lösung dar. Mittelfristig sehen die Konzerne die Chance, sich im Agrarbereich stärker als bisher zu Doppelverdienern zu machen: an den Herbiziden und den chemikalienresistenten Nutzpflanzen. So arbeiten in den USA allein etwa 100 einzelne Wissenschaftler oder Arbeitsgruppen ausschließlich im Bereich der gentechnischen Erzeugung von Herbizidresistenz". (Ebenda: 97, 96)

Es geht also um die Stabilität und das weitere Wachstum des Pestizidmarkts. Hat ein Konzern das Saatgut, wird er auch alle anderen von den Bauern nachgefragten Inputs kontrollieren. Bartsch et al. zeigten, dass Pflanzenschutz- und Saatgutmarkt in den nächsten Jahren zusammenwachsen werden als Ergebnis einer Doppelstrategie, um langfristig einen hohen Absatz von Pestiziden zu stabilisieren. Sie zitieren Hansgeorg Gareis, Vorstandsmitglied der Hoechst AG, der die Strategie des Konzerns in dieser Richtung betonte: „Wir wollen alles anbieten, was der Landwirt braucht. Wir meinen, daß Saatgut ein integraler Bestandteil unseres Selbstverständnisses ist: Service-Lieferant für den Landwirt". (Ebenda: 97)

Das Argument in Bezug auf die Umwelt ist die angebliche Verringerung der Herbizidmenge durch den Anbau herbizidresistenter Pflanzen. Die Wirkstoffmenge sagt aber noch nichts über die toxische Wirkung auf die Umwelt aus, denn geringere Mengen mit hohen toxikologischen und ökologischen Folgewirkungen können noch gefährlicher sein als umgekehrt. Aber wie oben beschrieben, stimmt es selbst mit den geringeren Herbizidmengen nicht, denn langfristig wird bei den herbizidresistenten Sojasorten mehr Herbizid gespritzt als beim herkömmlichen Anbau. Die Gründe dafür sind: 1) die Leichtigkeit der Unkrautbekämpfung mit Glyphosat, da große Mengen anscheinend den Nutzpflanzen nicht schaden; 2) die Unkrautbekämpfung in großen Mengen und mit dem gleichen Produkt führt zur Resistenz der Unkräuter, die allmählich größere Mengen des Wirkstoffs brauchen. (Holt et al. 1993)

Der Druck der Chemiekonzerne, um mehr Herbizid zu verkaufen, und die Ausbreitung der Monokultur können die Situation verschärfen, da nur noch ein Produkt (Glyphosat) zur Unkrautbekämpfung eingesetzt wird. Obwohl Glyphosat unter den Stoffen klassifiziert ist, die einen niedrigen Trend zur Resistenzentwicklung darstellen, wurde in den USA längst festgestellt, dass eine Menge Unkräuter wie Ryegrass, Quackgrass, Birdsfoot und Arten von Cirsium nicht mehr durch diesen Wirkstoff absterben. Es führt also zu mehr resistenten Unkräutern. (Alstad 1995) Dieses Phänomen wurde auch bei Atrazin festgestellt, bei dem Anfang der achtziger Jahre eine Menge Wildkräuter durch Mutationen eine Resistenz gegen dessen Wirkstoff bildeten: „Besonders bei den bisher verwendeten Totalherbiziden ist die gentechnische Konstruktion der widerstandsfähigen Nutzpflanzen nur die Vorderseite der Medaille. Ebenso leicht können spontan resistente Mutanten entstehen, besonders dann, wenn die Mutation einer einzelnen Nukleinsäure (Punktmutation) ausreicht. Beispielsweise waren bereits zu Anfang der 80er Jahre 37 Wildkräuter gegen Atrazin resistent. Doch kann sich die Resistenz auch durch sexuellen oder nicht-sexuellen Gentransfer mit den Nutzpflanzen herausbilden. Damit wird der fatale Wettlauf um immer neue, wirksamere Produkte fortgesetzt". (Bartsch 1989: 99)

Die Gefahr der Genübertragung transgener Pflanzen auf andere Pflanzenarten, die eine Art herbizidresistenter Unkräuter darstellen können, wurde von Darmency (1994) festgestellt. Solche Probleme können sowohl zwischen eng verwandten Pflanzen als auch zwischen allen sexuell kompatiblen Pflanzen, wie zum Beispiel Sorghum und wildem Sorghum (*Sorghum bicolor*) oder Rübe (*Raphanus sativus*) und wilder Rübe (*Raphanus raphanistrum*), auftreten. (Radosevich et al. 1996) Dies Phänomen ist also ganz real und sollte nicht unterschätzt werden, denn vorhandene Studien beweisen, dass solche Probleme bereits aufgetreten sind. Wie es weiter gehen wird, ist noch unklar; die Gefahren der Invasion exotischer Erbanlagen sind allerdings vorhersehbar: „Die über gentechnische Methoden eingebrachten Erbanlagen können über den Pollenweg oder durch Tiere (Blattläuse z.B.) auf andere Pflanzen übertragen werden. (...) Auch wenn sicherlich die prinzipiellen Unterschiede zwischen dem Gen-Transponieren von Art zu Art und der Einkreuzung ganzer Erbanlagen-Pakete nicht zu übersehen sind, ist doch die Chance für die Einführung einer Reihe von invasiven Unkräutern ganz real". (Ammann 1995: 179,181)

Die Soja selbst kann zu Unkraut werden, wenn sie bei den anderen Nutzpflanzen wächst und deren Entwicklung verhindert. Wird die Soja zunehmend resistenter gegen Herbizide, wird es auch schwieriger, sie zu bekämpfen, und die Möglichkeit der Entwicklung einer unbekämpfbaren Art von Unkraut der von einer Anbauperiode zur nächsten stehen gebliebenen Pflanzen wird immer größer. Vor dieser Gefahr warnte Roberto Kishinami, Direktor von Greenpeace Brasilien. Er geht davon aus, dass die RR-Soja sich mit anderen Sojasorten durch eine gekreuzte Bestäubung vermischen und Mutantenpflanzen verursachen kann. Es handele sich um eine ungewöhnliche Situation bei Soja, aber die Möglichkeit sei da, so dass in diesem Fall eine Sojasorte außer Kontrolle geraten könnte. (Zitiert in Negromonte 1997) Aber auch das Gegenteil kann durch Rückkreuzungsprozesse stattfinden. Ammann zeigt am Beispiel von transgenem Raps, dass Generbanlagen mit der Zeit in einer Pflanze verschwinden können: „Die einmal eingeführten Erbanlagen können durch Rückkreuzungs-Prozesse oder auch sonstige instabil werden und allmählich wieder verschwinden, es ist keineswegs gesagt, daß sie für immer in der betreffenden neu eingekreuzten Artengruppe weiterexistieren. (...) Erste Hinweise zeigen uns, daß im Falle des transgenen Raps die Wildsorten bisher einen Konkurrenzvorteil ausspielen, der ein Ausbreiten der transgenen Pflanzen verhindert". (Ammann 1995: 181)

Vorsicht sollte das Stichwort in solcher Perspektive sein, dennoch scheint es nicht so zu sein, denn die meisten, weltweiten Versuche mit Genpflanzen wurden bisher mit wenig Rücksicht durchgeführt: „Vorsicht ist also am Platze. Wer heute noch behauptet, daß es keine ernstzunehmenden, konkret bezeichneten Möglichkeiten von negativen Effekten gibt, liegt bereits falsch. Herbizidresistenzen sind ökologisch in vielen Fällen wenig sinnvoll, besonders dort, wo frühzeitig mit Resistenzproblemen bei nahe verwandten Wildarten zu rechnen ist: So z.B. beim Hafer, dessen wilder Verwandter, der Wildhafer, bereits jetzt ein ernstzunehmendes Unkraut darstellt. Obschon die Fachwelt davor ausdrücklich warnte, wurden diese Versuche in den USA dennoch kürzlich bedenkenlos durchgeführt". (Ebenda: 184, 183)

Aufgrund des zunehmenden Herbizideinsatzes durch den Gensojaanbau wurden auch Auswirkungen von Glyphosat auf die Vielfalt des Bodenlebens festgestellt. Manche Wirbellose, inklusive Spinnen und Käfer, und die für den Boden vorteilhaften Regenwürmer werden durch den Herbizideinsatz abgetötet. Auch Fischarten und Wasserorganismen können durch Glyphosat absterben, was u.a. auch Frage nach den Rückständen des Wirkstoffs in den Gewässern aufwirft.

(Pimentel et al. 1989) Es betrifft also das ganze Ökosystem, in dem die biologische Vielfalt mit einer größeren Wahrscheinlichkeit zerstört werden kann. Die Unkrautvernichtung durch den Einsatz von Breitbandherbiziden kann zu unerwünschten ökologischen Auswirkungen in der Natur führen, denn nach Studien von Altieri (1994) spielt die Vielfalt von sogenannten Unkräutern eine wichtige Rolle sowohl im biologischen Pflanzenschutz wie als Schutzdecke gegen die Erosion des Bodens.

Der Anbau transgener Soja hat auch die Intensivierung der Monokultur zur Folge, in dem es zunehmende Probleme nicht nur mit Unkräutern, sondern auch mit Schädlingen und Krankheiten geben wird, was wieder den Einsatz von Chemikalien in einem Teufelskreis verursacht. (Radosevich et al. 1996) Nach Robinson (1996) zeigt die Geschichte der Landwirtschaft, dass pflanzliche Gleichförmigkeit sehr anfällig für neue Schädlinge ist, und dass die langfristige Nutzung des Bodens mit lediglich einer Pflanze allmählich den Verlust an genetischer Vielfalt verursacht. Die selben Gefahren sieht Gnekow-Metz für die Zukunft im transgenen Sojaanbau, wobei er vor einem Szenario der genetischen Einförmigkeit der Soja, bzw. wegen des Vorzugs transgener Soja warnt: „Die biotechnologische Züchtung führt zu einer weiteren Konzentration auf wenige Kulturpflanzenarten. Dieser als ‚genetische Erosion‘ bezeichnete Prozess wird noch dadurch verstärkt, dass wohl auch nur die im Anbau vorherrschenden Sorten bevorzugt werden. Weiter wird die genetische Einförmigkeit der Pflanzenbestände dadurch gefördert, dass die wenigen erfolgreich gentechnisch veränderten Pflanzen zur raschen Vermehrung einer Klonierung unterworfen werden. Genetische Einförmigkeit macht Pflanzenbestände jedoch anfälliger gegenüber Krankheiten und Schädlingen und weniger geeignet für den Anbau unter verschiedenartigen Verhältnissen von Klima und Boden“. (Gnekow-Metz, 1999: 59)

Guerra und Nodari (2003) zitieren eine Studie von Wolfenbarger und Phifer aus dem Jahre 2000, die beweisen, dass bei 2/3 der bisherigen Experimente mit gentechnisch veränderten Pflanzen Schäden für Komponenten des Ökosystems festgestellt wurden. Beeindruckend sind die Ergebnisse beim RR-Raps, wobei eine Veränderung an der Struktur des Wurzelsystems und an der Vielfalt der Bodenbakterien zu beobachten war. In Schottland gab es Probleme bei RR-Raps, weil der Pollen der transgenen Pflanzen alle anderen Plantagen in einer Umgebung von 2,5 km infizierte. (Scottish Crop Research Institute 1996) Dieses Problem ist auch in Kanada aufgetreten, wobei die Rapsplantagen des Farmers Percy Schmeiser durch den transgenen Raps der Nachbarn infiziert wurden. Er wurde weltweit bekannt, weil er wegen des unerwünschten RR-Rapsanbaus durch ein Gericht verurteilt und gezwungen wurde, Lizenzgebühren an Monsanto zu bezahlen. Dieser Bauer äußerte 2003 beim Dritten Weltsozialforum in Porto Alegre, dass die kanadischen Bauern nach drei Jahren transgenen Rapsanbaus zur Zeit drei bis vier mal mehr „Pflanzenschutzmittel“ einsetzen. (Deak 2003)

Bei RR-Baumwolle zitieren Guerra und Nodari (2003) eine Studie von Colyer et al. (2000), wo eine größere Anfälligkeit für Nematoden (*Meloidogyne incognita*) an den Wurzeln der Pflanze im Vergleich zu den herkömmlichen Baumwollsorten bekannt wurde. Die Ernte von RR-Baumwolle in Mississippi wurde auch dadurch beschädigt, dass die Wollkugeln sich deformiert entwickelten. (Lappe/Bayley 1997; Myerson 1997) Das Problem einer steigenden Anfälligkeit für Nematoden wurde auch bei der RR-Soja festgestellt. In ähnliche Richtung gehen die Ergebnisse einer Studie von Kremer et al. (2000) über die RR-Soja, bei denen eine Woche nach dem Einsatz von Glyphosat eine Wurzelkrankheit durch die Bakterie *Fusarium spp.* (Wurzel- und Stängelfäule) festgestellt wurde, was bei den herkömmlichen Sojasorten nicht vorkam. Als Erklärung solcher Phänomene stellt Benbrook eine reduzierte Produktion der essentiellen Aminosäuren bei der RR-Soja vor, die dazu beitrage, dass die Pflanze eine zeitweilige Immunschwäche zeige und deshalb anfälliger für den Angriff von Schädlingen sei. (Zitiert in John 2003) Ähnliche Ergebnisse sind bei Sanogo (2000) zu finden.

Auch eine Veränderung an der Fixierung von Stickstoff an den Wurzeln von RR-Soja wurde bekannt. Eine Untersuchung von EMBRAPA in Brasilien zeigt, dass der Einsatz von 1,1 bis 5,6 kg Roundup pro Hektar die Aktivität von *Rhizobium spp.* reduziert (EMBRAPA 1986). Dieses Problem wurde besonders bei Trockenheit und in schwachen Böden festgestellt, was ein Beweis dafür sein kann, dass die RR-Soja in Stresssituationen weniger widerstandsfähig im Vergleich zu den herkömmlichen Sojabohnen ist. (King 2001) Wird die Fixierung von Stickstoff an den Wurzeln der Soja verhindert, müssen die Bauern mit den zusätzlichen Kosten des Stickstoffeinsatzes in der Sojaproduktion rechnen, was sicherlich auch Auswirkungen auf das Ökosystem haben wird, denn die Folgen von Nitraten durch den Einsatz von chemisch hergestelltem Stickstoff sind schon seit längerer Zeit bekannt.

Für Nodari und Guerra (2000) stellt die genetische Kontamination, die die biologische Vielfalt bedroht, die größte Gefahr dar, und zwar durch die Zerstörung von Pflanzen und der Nahrungskette im Ökosystem, die Entwicklung neuer Schädlinge und Krankheiten sowie das Auftreten resistenter Unkräuter. Und das schlimmste ist, dass die Einführung der Gentechnik Probleme verursacht, die unkontrollierbar werden. „Das Problem besteht darin, daß die Gentechnologie zwar über einen greifbaren Anfang verfügt, nicht aber über ein klares Ende". (Rifkin 1998: 259) Beim konventionellen Anbau, der bereits auch großen Schaden in der Natur anrichtet, kann der Einsatz von Chemikalien eingestellt werden, damit in einer Periode ein Gleichgewicht zwischen Schädlingen und Fressfeinden usw. erreicht wird. Bei der Gentechnik ist es anders: wenn einmal eine gentechnisch veränderte Pflanze in die Natur freigesetzt wird, sind die Auswirkungen auf die Ökosysteme unvermeidbar, denn die spontanen Prozesse der Gentechnik können nicht kontrolliert werden.

4.5. Die Auswirkungen auf die Gesundheit

Der Stand der Forschung erlaubt bisher keine abschließende und sichere Bewertung der möglichen Auswirkungen der Agro-Gentechnik auf die menschliche Gesundheit. Die Risiken gesundheitlicher Beeinträchtigungen sind aber nicht auszuschließen, denn es handelt sich um ein sehr komplexes Feld, worüber die Wissenschaft mit einer Zunahme an ungeklärten Fragen zu tun hat und deshalb zur Zeit wenige Antworten anbieten kann. Umso mehr müsste das Vorsorgeprinzip gelten. Da die biologische Aktivität von einzelnen Genen im Zusammenhang mit der Summe aller Gene (Genom) einer Pflanze steht und dies zusätzlich vom jeweiligen Kontext und den Umwelteinflüssen abhängt, scheinen ernsthafte Antworten um so komplizierter, je mehr die Forschung fortgesetzt wird.

Die Annahme, dass ein Gen ausschließlich für eine bestimmte Funktion zuständig ist, wurde 2001 widerlegt, als festgestellt wurde, dass der Mensch nicht wie angenommen 100.000, sondern nur etwa 30.000 Gene hat, die für die Herstellung von circa einer Million Proteine zuständig sind. Es wird jetzt von der neuen Auffassung ausgegangen, dass mindestens 40% der menschlichen Gene mehrere und komplexere Aufgaben übernehmen als bisher gedacht war. Inwieweit der gesamte Kontext, in dem ein lebender Organismus lebt, Auswirkungen auf deren Entwicklung hat, macht die Forschungslage jedoch viel schwieriger, denn es reicht nicht aus, wissenschaftliche Erkenntnisse im Labor zu nehmen, wenn deren Übertragbarkeit sehr gering ist. „Gene wirken niemals isoliert, ihre Wirkung wird durch den genetischen Hintergrund und die Umwelt bestimmt". (Pickardt 2001: 1)

Trotzdem wird von Seiten der Gentechnik-Industrie versucht, die Risiken von gentechnisch veränderten Produkten aus wirtschaftlichen Hintergründen zu verdrängen. Bei der Risikoabschätzung wird von einer sogenannten „substantiellen Äquivalenz" zwischen gentechnisch veränderten und herkömmlichen Organismen ausgegangen, wobei lediglich das Erbgut untersucht wird, ohne auf die Wirkungen der Gene aus ihrem Gesamtkontext einzugehen. Selbst das Erbgut von Mensch und Affe stimmt zu 99 Prozent überein, was deutlich macht, dass die Erbgutanalyse allein wenig in Bezug auf die Zusammensetzung eines Organismus erklärt. Was die Soja betrifft, sind von ihren 100.000 bis 200.000 Genen bisher nur 20 untersucht worden, also 0,02% vom Genom dieser Pflanze. (Parodi 2005) Auf diesem Hintergrund ist klar, dass das Prinzip einer „substantiellen Äquivalenz" zwischen herkömmlicher und gentechnisch veränderter Soja mehr von wirtschaftlichem Wunschdenken geprägt ist als von wissenschaftlicher Ernsthaftigkeit.

Die Agrarkonzerne arbeiten mit zwei zentralen Dogmen, nämlich, dass die Gentechnik zielgerichtet sei (also, dass die Gene isolierbar und zielgerichtet zwischen den Lebewesen übertragbar seien) und dass bei den neu eingebrachten

Genen nur die gewünschte Wirkung nachzuweisen sei. Diese Behauptungen sind jedoch nicht wissenschaftlich belegt. Nach den bisherigen Methoden, sei es durch die sogenannte DNS-Kanone[104] oder durch den Einsatz von Bodenbakterien (wie bei der Gensoja der Fall ist), werden die neuen Gene zufällig eingebracht, so dass sowohl der genaue Einbauort im Genom des Empfängerorganismus als auch die Häufigkeit des Einbaus unbekannt sind.

Da die Wirkungsweise eines Gens von seiner genauen Position, vom zellulären Umfeld und der Umwelt abhängt, ist es sehr unwahrscheinlich, dass ein neu eingebautes Gen nur eine Wirkung haben wird, und unerwünschte Nebeneffekte, wie zum Beispiel neue toxische Stoffe, sind von daher schwerlich auszuschließen. Auch wenn neue Methoden entwickelt werden, um die bisher schwierige Kontrolle der Wirkungsweise eines einzigen eingebauten Gens sicher zu stellen, wie zum Beispiel über den Weg, mehrere Genkonstrukte auf einmal in eine Pflanze einzubauen, werden die Nebenwirkungen nicht geringer. Im Gegenteil: Diese Wahrscheinlichkeit kann nur steigen, je komplexer die neuen Stoffwechselwege in der Pflanze werden. Die Molekulargenetik wird durch das Konzept der Gentechnik als Pflanzenzuchtmethode vereinfacht und auf verwertbare Einheiten reduziert. Dadurch wird die Tatsache vernachlässigt, dass eine Pflanze nicht einfach aus einer Summe von Genen besteht, dass die Genregulierung netzwerkartig funktioniert und dass eine Vielfalt an Wechselwirkungen mit der Umwelt als Folge ihres historischen Anpassungsvermögens stattfindet.

Ein weiteres, oft gebrauchtes Argument der Agrarkonzerne ist, dass bisher keine ernsthaften Unfälle durch den Anbau und Konsum von gentechnisch veränderten Pflanzen nachzuweisen sind. Da keine ausreichende Kennzeichnungspflicht von gentechnisch veränderten Nahrungsmitteln in den mit Genanbau führenden Ländern besteht, weil sie gerade durch die hartnäckigen Bemühungen der Agrarkonzerne verhindert wird, ist folglich auch keine notwendige Vergleichsgruppe vorhanden, um solche Untersuchungen durchführen zu können. Da die Ergebnisse in Laboren nicht einfach zu übertragen sind, bleiben mögliche Auswirkungen unentdeckt und erst festzustellen, wenn die Gefahren bereits auftreten. Es kommt auch die Tatsache hinzu, dass sehr wenige unabhängige Untersuchungen über die gesundheitlichen Auswirkungen der Gentechnik stattfinden. Viele Forschungsinstitute, die in der Lage sind, solche Untersuchungen durchzuführen, werden zunehmend von den Agrarkonzernen selbst finanziert oder beeinflusst.

Trotzdem gibt es bereits konkrete Fälle, die eine Sicherheit der Gentechnik in Bezug auf die Gesundheit in Frage stellen. Bei der Maissorte StarLink, die von Bayer mit einer Insektenresistenz entwickelt wurde, ist 2002 die Gefahr festgestellt worden, dass sie Allergien verursacht, was dazu führte, dass der Chemiekonzern die Investitionen in Gentechnikforschung einschränkte. (Aventis 2001)

[104] Schrotschussverfahren, wodurch Zellen mit Metallpartikeln beschossen werden, damit ein ausgewähltes Gen im Genom landet.

Die insektenresistente Maissorte MON863 von Monsanto hat 2004 eine riesige Polemik hervorgerufen, als eigene Untersuchungen des Konzerns bei Fütterungsversuchen deutliche Veränderungen im Blutbild von Ratten (Zunahme der weißen Blutkörperchen, Erhöhung des Blutzuckers und Zunahme von Nierenentzündungen) feststellten. (Carrel/Rowell 2005) Was Soja betrifft, haben Forscher der Universitäten von Urbino und Perugia im Jahre 2002 bei Fütterungsversuchen festgestellt, dass Veränderungen in der Leberstruktur von Mäusen eingetreten sind, die 14% Gensoja in ihrem Futtermittel erhielten. (Malatesta et al. 2002) Dies kann sowohl auf unbekannte Stoffwechselprodukte durch Positionseffekte des herbizidresistenten Gens zurückzuführen sein als auch auf bekannte Effekte von Rückständen des übermäßig angewandten Herbizides und seiner Nebenprodukte.

Ob die Auswirkungen, die bei Ratten festgestellt wurden, auch auf den menschlichen Organismus übertragbar sind, bleibt weiter ungeklärt. Abgesehen davon, ist die Frage der Rückstände von Roundup und dessen Wirkungen auf die menschliche Gesundheit bei der Gensoja jedoch von besonderer Bedeutung. Seit Anfang der neunziger Jahren wird Roundup in Brasilien als Herbizid verwendet, womit es möglich wurde, die „direkte Aussaat“[105] einzuführen. Bei der Gensoja ist es möglich, dass Roundup auch während der Wachstumsperiode gespritzt wird, was zusammen mit dessen übermäßigem Einsatz aufgrund der Resistenzbildung von Unkräutern die Wahrscheinlichkeit für Rückstände erhöht. In Brasilien haben Wissenschaftler der Universität von Curitiba bei 74% der Proben bis zu 14 Milligramm Rückstände des Herbizides pro Kilogramm Gensoja nachgewiesen, was weit über dem Grenzwert liegt, der in der brasilianischen Pflanzenschutzgesetzgebung vorgeschrieben ist. (Skalisz 2005)[106] Da circa 80% der Soja in Futtermittel gelangt und auf die entsprechende Kennzeichnung für Fleisch, Eier und Milch in der Gesetzgebung der Europäischen Union verzichtet wurde, wäre eine Untersuchung der Auswirkungen von Glyphosat-Rückständen bei Gensoja auf den Organismus von Schweinen, Kühen und Geflügel von großer Bedeutung auch in Hinblick auf die Interessen der Konsumenten solcher Produkte.

Das Herbizid Roundup besteht aus Glyphosat, Isopropylaminsalz, Polyoxyethylen-Alkylamin und Wasser. Obwohl die WHO die akute Toxizität von Glypho-

---

[105] Vor der Saat wurde das Totalherbizid gespritzt, um die gesamte Vegetation abzutöten und danach direkt säen zu können, also ohne Pflug- und Eggeneinsatz. Siehe mehr dazu im Kapitel V.

[106] Der Grenzwert wurde 2004 aufgrund der Debatte um die Freisetzung der Gensoja von 0,2 mg/kg auf 10 mg/kg erhöht. Gleichzeitig wurde auch die Freigabe des Glyphosat als Spritzmittel in der Pflanzenschutzgesetzgebung neu geregelt, denn vorher war dessen Einsatz auf Nutzpflanzen verboten. Damals wurde das Totalherbizid gebraucht, um die Soja künstlich zu trocknen, wenn sie vom Schädling *Nezara viridula* betroffen war, dessen Angriff dazu führte, dass die betroffene Soja nicht reifte und dadurch die Ernte erschwerte. Das Verbot bezog sich auf die Gefahr der Übertragung von Rückständen auf die Soja.

sat im Vergleich zu anderen Wirkstoffen als gering einschätzt, sind bereits gesundheitliche Schäden bei Tests an Säugetieren festgestellt worden, die sowohl auf die Nebenwirkungen des Wirkstoffs hinweisen als auch auf die Wirkungen der weiteren Inhaltstoffe von Roundup und dessen Kombination mit anderen Stoffen im Boden und lebenden Organismen. Roundup enthält bis zu 15 % des oberflächenaktiven Stoffes POEA (Polyoxyethylen-Alkylamin), das für die Surfactant-Wirkung zuständig ist, d.h. es reduziert die Oberflächenspannung der Pflanze, damit der Wirkstoff des Herbizids besser in das pflanzliche Gewebe eindringen kann. Die Wirkung dieses Zusatzstoffs ist nach Kaczewer für die Zerstörung von Leber- und Nierenfunktionen bei Tieren verantwortlich. (Kaczewer 2002) Da die meisten Untersuchungen des Herbizids ausschließlich den Wirkstoff Glyphosat isoliert im Labor betrachten, wird die gesamte Formel von Roundup vernachlässigt, deren akute Toxität bei Versuchen mit Ratten sich im Vergleich zu dem einzelnen Wirkstoff als viel stärker erwies. (Cox 1998; Martinez/Brown 1991)

Besonders wichtig sind die Untersuchungen, die sich auf die möglichen Reaktionen des Glyphosats im Boden konzentrieren. Es wurde festgestellt, dass während des Abbaus von Glyphosat im Boden eine krebserregende Substanz gebildet werden kann, nämlich Formaldehyd und dass Glyphosat in Kombination mit Nitraten im Boden Nitroglyphosat bildet, ein Stoff, der seit langem für die Auslösung von Leberkrebs bekannt ist. (Kaczewer 2002) Wichtig sind auch chronische Effekte von Glyphosat, die besonders auf den Hautkontakt mit dem Produkt zurückzuführen sind. Dies betrifft nicht nur Lebewesen mit einer dünnen, durchlässigen Haut wie Frösche, sondern auch Menschen. Hardell und Eriksson vermuten aufgrund ihrer Untersuchungen in Schweden, dass ein Zusammenhang zwischen einem langfristigen Kontakt mit Glyphosat und kanzerogenen Effekten wie dem Non-Hodgkin-Lymphom (NHL)[107] besteht. (Hardell/Eriksson 1999) Ein weiteres Feld, das im Mittelpunkt der Untersuchungen steht, bezieht sich auf die Auswirkungen von Roundup auf die Reproduktion von Säugetieren, denn hier wurde sowohl eine verringerte Libido als auch ein geringeres Ejakulatvolumen festgestellt. (Yousef et al. 1995) Dies wird dadurch erklärt, dass Rückstände von Roundup die Synthese von Steroiden im Organismus und das Regulationsprotein StAR (steroidogenic acute regulatory protein) hemmt. (Walsh et al. 2000) Dies wurde in Brasilien von Eliane Dallegrave an der Universität aus Porto Alegre bestätigt, die bei ihren Untersuchungen zu dem Ergebnis kam, dass folgende Reproduktionsprobleme bei Wistar-Ratten auftauchen, die in Kontakt mit Roundup kamen: a) ein größerer Anteil an anormalen Spermatozoen; b) eine geringere tägliche Spermatozoenproduktion; c) Veränderungen bei der Entwicklung der Testikelgewebe. (Dallegrave et al. 2003)

Die verfügbaren Untersuchungen lassen vermuten, dass die Auswirkungen von Roundup bei erhöhtem Einsatz in Verbindung mit der herbizidresistenten Soja

[107] Eine Erkrankung, bei der sich bösartige Krebszellen im Lymphsystem entwickeln.

weiter intensiviert werden. Das Herbizid ist zum wichtigsten Verursacher von Intoxikationen in Brasilien geworden, mit allein 11,2% der gesamten Vergiftungsfälle zwischen 1996 und 2002. (Benatto 2002) Nach dem brasilianischen Institut für Umwelt und erneuerbare Ressourcen IBAMA ist der Verkauf des Wirkstoffs Glyphosat in Rio Grande do Sul zwischen 1998 und 2001 (Periode der Einführung der Gensoja) von 3,85 Tonnen auf 9,13 p.a. Tonnen gestiegen. Die offiziell registrierten Vergiftungsfälle sind nach dem toxikologischen Informationszentrum von Rio Grande do Sul zwischen 1999 und 2002 von 31 auf 119 gestiegen. (IBAMA 2003)

4.6. Das Argument der Hungerbekämpfung

Schon seit längerer Zeit wird von interessierter Seite die Hungerbekämpfung in Zusammenhang mit einer Steigerung der Produktivität an Nahrungsmitteln gebracht. Das Szenario einer steigenden Bevölkerung und die Zahl der an Hunger leidenden Menschen werden als Rechtfertigung für die Einführung „technischer Fortschritte" in der Landwirtschaft dargestellt. Nach dieser Vorstellung schafft die herkömmliche Landwirtschaft es nicht allein, genügend Nahrungsmittel für eine bis 2050 auf 9,37 Milliarden Menschen geschätzte Weltbevölkerung zu erzeugen. (Deak 2003) Die Gentechnik wird als Lösung propagiert, damit besonders arme Länder ihre Lebensmittelproduktion nicht nur steigern, sondern auch verbessern könnten. „Ihre eifrigsten Verfechter sehen die gentechnische Manipulation von Leben zur Verbesserung menschlicher Zukunftsaussichten zweifellos als höchste Stufe ethischen Verhaltens an. Jeder Widerstand gegen die neuen Technologien wird von der wachsenden Armee ihrer überzeugten Anhänger vermutlich als unmenschlich, unverantwortlich und moralisch nicht vertretbar, vielleicht sogar als kriminell kritisiert". (Rifkin 1998: 257) Stimmt dieses Konzept, und inwieweit kann die technische Entwicklung der Landwirtschaft eigentlich zur Hungerbekämpfung beitragen?

Überlebte die Menschheit in früheren Zeiten mit einer sehr geringen Produktion von Nahrungsmitteln, und mussten während Mangelperioden, vor allem durch Naturkatastrophen viele sterben, so sind wir heutzutage mit einer ganz anderen Situation konfrontiert: Der Überproduktion. Es wird eigentlich zu viel produziert; Nahrungsmittel werden beim Transport verschwendet und verderben in den Lagern; Prämien zur Stilllegung landwirtschaftlicher Betriebe wurden in den Industrieländern eingesetzt, und große Mengen an Nahrungsmitteln werden absichtlich zerstört, damit die Preise nicht sinken. Aber trotzdem steigt der Hunger weltweit: Nach den aktuellen Berichten der UN-Welternährungsorganisation FAO betrifft der Hunger ca. 42 Millionen Menschen mehr als vor 20 Jahren, obwohl die Nahrungsmittelproduktion in der selben Zeit um 15 % gestiegen ist: Es hungern weltweit 842 Millionen Menschen, wovon 798 Millionen in den „Entwicklungsländern" leben und 70% Bauern und Landlose sind. (FAO 2003)

Es ist jedoch zugleich zu berücksichtigen, dass in der selben Periode die Weltbevölkerung um 1,6 Milliarden Menschen stieg. (UNDP 2001)

Nach offiziellen Angaben der FAO könnten 2.800 Kalorien pro Kopf jeden Tag verbraucht werden, gäbe es eine gerechte Verteilung der Nahrungsmittelproduktion (1.900 Kalorien benötigt ein Mensch pro Tag, so die FAO). „Es könnten zwei kg Nahrung täglich pro Mensch zur Verfügung stehen, davon 1,1 kg Getreide, 450 g Fleisch, Milch und Eier und außerdem noch 450 g Früchte und Gemüse". (Londres 2003: 06) Eine mangelnde Nahrungsmittelproduktion kann also überhaupt nicht mehr als Ursache des Hungers angegeben werden, was im Übrigen auch der Prognose von Thomas Malthus aus dem 19. Jahrhundert über das Risiko einer zunehmenden Weltbevölkerung mit unzureichender Verfügung an Lebensmitteln widerspricht, denn mindestens seit 1961 übersteigt die Menge verfügbarer Nahrungsmittel pro Kopf den entsprechenden menschlichen Bedarf, was bedeutet, dass seit 1961 niemand mehr an Hunger oder Unterernährung hätte leiden müsse, würde die produzierte Menge entsprechend dem Bedarf verteilt. (Bogner 1981)

Das Problem des Hungers ist deshalb kein technisches Problem, und es hängt auch nicht mehr von einer unzureichenden Produktionsmenge ab. Es ist auch kein Problem der Überbevölkerung, denn es gibt keinen direkten Zusammenhang zwischen Hunger und Bevölkerung: Es sind sowohl Länder mit einer großen Bevölkerungsdichte wie Bangladesch und Haiti, als auch Länder mit einer geringen Bevölkerungsdichte wie Brasilien und Indonesien davon betroffen. Es ist auch nicht so, dass physische Ressourcen oder Naturkatastrophen allein dafür verantwortlich gemacht werden können, sondern es handelt sich um ein Problem der Verteilung. Viele der Naturkatastrophen werden auch durch die Art menschlicher Eingriffe in das Ökosystem verursacht bzw. verstärkt, wie die auf hoher Produktivität basierende Landwirtschaft (Abholzung von Wäldern, langjähriger Anbau von Monokulturen, Auslaugung und Erosion des Bodens, Einsatz von Chemikalien usw.).

Wenn von Ressourcen die Rede ist, stellt deren Konzentration in vielen Ländern ein wichtiges Problem dar, wie z.B. in Brasilien, wo eigentlich nur ein Teil des verfügbaren landwirtschaftlichen Bodens bewirtschaftet wird und circa 100 Millionen Hektar brachliegen. (Marques 1999) Würden diese Ressourcen nachhaltig genutzt, könnte die Bevölkerung sich sogar verdoppeln, ohne dass es zu Problemen bei den Produktionsmengen käme. Aber von den 175 Millionen Brasilianern leiden trotzdem 44 Millionen an qualitativer Unterernährung. Wegen der Landkonzentration und der auf Export basierenden Landwirtschaft ist es ein Paradox, dass gerade auf dem Land 15 Millionen Menschen in Brasilien (36,8% der ländlichen Familien) an Hunger leiden. (Fome Zero 2002) Es ist wieder ein politisches Problem, das nicht so einfach durch die Förderung oder Stärkung der Landwirtschaft gelöst werden kann. Im Gegenteil, die Förderung der auf Export basierenden Landwirtschaft hat dazu beigetragen, dass die Nahrungsmittelproduktion (wie Reis, schwarze Bohnen und Maniok) zugunsten der Monokulturen (wie Soja, Kakao, Baumwolle) reduziert wurde. (Kageyama/Silva 1983)

Wenn das Hungerproblem nicht durch technische Fortschritte gelöst werden kann, stellt die Gentechnik auch keine Alternative zur Hungerbekämpfung dar. „Gentechnik ist nur eine Technik. Hunger und ländliche Armut aber sind soziale Phänomene, für deren Lösung nur soziale und politische Strategien taugen". (Buntzel/Sahai 2005: 190) So wie es schon mit der „Modernisierung" der Landwirtschaft ab den fünfziger Jahren mit dem Versprechen der Hungerbekämpfung der Fall war, wird die arme Bevölkerung sicherlich nicht von der Gentechnik profitieren, sondern große Unternehmen wie Monsanto, die mit der Kontrolle über das Saatgut und die Chemikalien verdienen werden. Durch die Kontrolle über das Saatgut werden die Konzerne auch die Nahrungsmittelproduktion kontrollieren können: Was angebaut wird, welche Betriebsmittel eingesetzt und wo die Produkte verkauft werden. (Vgl. Mooney 1987: 51) Deswegen ist auch damit zu rechnen, dass durch das Monopol an Saatgut und die Zahlung von Lizenzgebühren die landwirtschaftliche Produktion teurer und der Zugang zur Nahrung für die Armen noch schwieriger wird. Außerdem sind die bisher angebauten transgenen Pflanzen (Soja, Mais, Raps und Baumwolle) für den Export in die Industrieländer bestimmt, was den Armen des Südens wenig nützt.

Die bisher angebauten transgenen Pflanzen sind nicht ertragreicher als die konventionellen, sondern auf Herbizid- und Insektentoleranz entwickelt worden, so dass sie gar nicht zu der angeblich als Lösung angekündigten Ertragssteigerung beitragen werden. Die Ursachen des Hungers wie Armut, soziale Ungleichheit und fehlender Zugang zu den Produktionsmitteln, werden durch den Einsatz gentechnisch veränderter Pflanzen nicht gelöst, sondern wahrscheinlich noch verschärft, denn es kann zu einer noch größeren Landkonzentration, Landflucht, sozialer Ausgrenzung und Abhängigkeit vieler Kleinbauern führen.

4.7. Die Abhängigkeit der Bauern

Die sogenannte Grüne Revolution stellte den Bauern eine Menge Alternativen vor, um die landwirtschaftliche Produktivität zu steigern und den Arbeitseinsatz zu reduzieren. Die neue Technologien basieren auf einer zunehmenden Mechanisierung und dem Einsatz von Chemikalien, worauf die Bauern sich allmählich einstellten und daran gewöhnten. Die Chemiekonzerne boten jährlich neue Produkte an und nutzten die Agrarberatung, um die Bauern von der Wirksamkeit ihrer Innovationen zu überzeugen. Deshalb gilt die Landwirtschaft schon seit Jahrzehnten als eine wichtige Einnahmequelle der Chemiekonzerne. Anstatt dass die durch die „Grüne Revolution" eingeführte moderne Technologie zur Entwicklung der Völker beitrug, machte sie die Völker lediglich abhängiger von Chemikalien. (Hobbelink 1990) José Lutzenberger erklärte diesen Prozess: „Die löslichen synthetischen Düngemittel und die Herbizide sind exzellente Instrumente zur Entwicklung der Abhängigkeit. Durch die Zerstörung und Verminderung des Mikrolebens im Boden wird der Pflanzenmetabolismus aus dem Gleichgewicht gebracht. Die Pflanzen werden also ein leichtes Ziel für Schädlinge, die genau schwache Pflanzen suchen. Der Bauer wird dadurch ein zunehmender Verbraucher von Chemikalien: Insektiziden, Fungiziden, Akariziden, Nematiziden und anderen Bioziden. Chronische und akute Krankheiten, die als Folge der Umwelt- und Nahrungsvergiftung zustande kommen, führen zur Steigerung des Medikamentenverbrauches. Das alles wird von den Chemiekonzernen geliefert". (Lutzenberger 1987: 10)

Das neue an der aktuellen Phase der „Grünen Revolution" ist die Einführung neuer Pflanzensorten im Zusammenhang mit dem Einsatz von Chemikalien. Die Chemiekonzerne versuchen, Pflanzensorten zu entwickeln, die den Verkauf von Chemikalien besser stimulieren können. Durch die Patentierung der Pflanzen und das Inkrafttreten der Eigentumsrechte der Pflanzenzüchter wurde für die großen Chemiekonzerne der Weg zur Kontrolle des Saatgut-Chemikalienmarktes geöffnet. Das neue Saatgut soll besonders bei Bauern in den Entwicklungsländern durch Angebote eingeführt werden, die sie nicht ablehnen können, und zu Preisen, die sie nicht bezahlen können. (Vgl. Mooney 1987: 69-70) Dazu zählt die Tatsache, dass die sogenannte Dritte Welt institutionell sehr verwundbar ist. „Die Technologie ist also der Schlüssel zu den Profiten und die Lizenzgebühren stellen die Garantie zur Kontrolle der Technologie dar". (Ebenda: 54) Dieser Prozess ist schon seit Jahrzehnten in Gang, als den Bauern die neuen ertragreichen Pflanzensorten angeboten und sie vom Chemikalieneinsatz abhängig gemacht wurden.

Mit der Gentechnik wird dies nur vertieft, denn viel wichtiger als die Lizenzgebühren ist für die Chemiekonzerne die Möglichkeit, den Markt zu kontrollieren. Und das ist es eigentlich, was hinter der Strategie der Chemiekonzerne mit dem Gensaatgut steckt: Die Patentierung erlaubt es, durch das Monopol die Preise fest zu setzen und die Bauern dazu zu zwingen, ihre Produkte einzukaufen. „Das Saatgut ist der Anfang des landwirtschaftlichen Produktionszyklus. Die genetischen Ressourcen, die das Ergebnis des Saatguts regulieren, stellen ein sehr mächtiges Instrument zur Verbesserung der landwirtschaftlichen Produktion dar. Dennoch können sie zur Steigerung einer monopolistischen Kontrolle der Produktion führen". (Hobbelink 1990: 19)

Stimmt es, dann wird durch die Gentechnik die Kluft und die Abhängigkeit zwischen Industrieländern und Entwicklungsländern noch größer und die Kleinbauern werden zunehmend vom Produktionsprozess ausgeschlossen. „Zwar ließen sich mit der ‚Laborlandwirtschaft' möglicherweise geringere Preise und eine bessere Versorgung von Nahrungsmitteln erreichen, gleichzeitig aber würden Millionen Bauern in Industrienationen und Entwicklungsländern gleichermaßen ihrem Land entwurzelt, und daraus könnte eine der größten sozialen Umwälzungen der Weltgeschichte erwachsen". (Rifkin 1998: 24-25)

Die Chemiekonzerne machen damit ihr größtes Geschäft: Durch die Kontrolle am Saatgut werden sie gleichzeitig das passende Düngemittel und die passenden Pestizide in einem Paket los. Das Paradox besteht darin, dass die Gentechnik, die eigentlich (technisch betrachtet) zur Reduzierung des Chemikalieneinsatzes genutzt werden könnte, genau ins Gegenteil entwickelt wird, weil dies den Interessen der Chemiekonzerne entspricht. Die Ergebnisse des zunehmenden Einsatzes von Herbiziden in Brasilien zwischen 1991 und 2001 sind in dieser Richtung eindeutig. Das Wachstumspotenzial des Herbizidmarktes ist enorm (Tabelle 13).

Tabelle 13: Verkauf von Pestiziden und Herbiziden in Brasilien*

Jahr	Herbizide	Pestizide Total
1991	533.591	988.060
1992	515.714	947.409
1993	588.597	1.049.811
1994	775.762	1.404.047
1995	834.976	1.535.648
1996	1.005.112	1.792.671
1997	1.214.818	2.181.091
1998	1.367.155	2.560.190
1999	1.175.933	2.329.067
2000	1.300.515	2.499.958
2001	1.143.089	2.287.482

* In Milliarden US-Dollar.

Quelle: SINDAG. Download: <http://www.sindag.com.br> (30.03.2003).

Durch die Gentechnik werden Pflanzensorten entwickelt, um wirtschaftliche Ziele der Chemiekonzerne zu erreichen. In dieser Hinsicht ändern die Sorten sogar ihren Namen und werden eine Marke, wie zum Beispiel Roundup Ready, die einem großen Konzern gehört, der eine Pflanze gentechnisch so entwickelt hat, dass eine Garantie zum Verkauf seines Herbizids besteht. Der Zyklus ist komplett und erfordert die Einhaltung des „technologischen Pakets", so dass es mit den transgenen Pflanzen fast unmöglich wird, von den monopolisierten Konzernen unabhängig zu werden. „Mit dem ‚Paket' der ‚modernen Landwirtschaft' gab es noch die Möglichkeit, eine milde Technologie anzuwenden, damit man

Ergebnisse haben konnte, die mit der ökologischen Landwirtschaft zu vergleichen sind. Aber mit dem ‚biotechnologischen Paket' muss man entweder das gesamte Paket nehmen oder man verliert alles. (...) So sieht die Abhängigkeit aus, die dadurch entsteht". (Hobbelink 1990: 189)

Ein Argument, das immer wieder vorgebracht wird, um diese schwerwiegende Problematik zu simplifizieren, lautet: Die Bauern und die Verbraucher sollen die Freiheit haben, sich zwischen den transgenen und den herkömmlichen Sojabohnen zu entscheiden. Das Problem dabei ist aber, dass es nicht möglich ist, gleichzeitig herkömmliche und transgene Sojabohnen auf einer Fläche zu produzieren. Wegen der Gefahr der Kontamination ist eine Koexistenz von gentechnisch veränderten und herkömmlichen Sojabohnen nicht möglich, besonders bei kleinen Produktionsflächen. „Es ist unmöglich, die zwei Arten von Anbau auf einer gleichen Fläche zu haben, auch wenn es sich um selbstbefruchtende Pflanzen wie Soja handelt. (...) Man muss sich auch den Transport der Soja durch Lkws vorstellen: es fallen immer Körner herunter, die aufgehen und ganze Regionen infizieren. Es ist klar, dass dies nicht im ersten Jahr passieren wird, aber nach zehn Jahren Sojatransport wird dadurch eine ökologische Produktion fast unmöglich, denn mit der Zeit wird alles kontaminiert". (Nodari zitiert in Deak 2003: 08)

Für die kleinbäuerliche Landwirtschaft ist die Situation noch schlimmer, weil viele Bauern von Maschinen anderer abhängen, so dass zum Beispiel Sämaschine und Mähdrescher von einer Fläche zur anderen transportiert werden und dazu beitragen, dass transgene Körner mit herkömmlichen vermischt oder einfach auf die nicht infizierten Flächen gebracht werden. Um das Problem zu lösen, müssten die Flächen mit transgenem Anbau streng vom herkömmlichen getrennt werden, was nicht effizient ist und zu zusätzlichen Kosten führt, die die bisherigen Vorteile der herkömmlichen Soja neutralisieren würden. Wer sollte eigentlich die Kosten dieser Trennung bezahlen? Nach Nodari verursacht die Freisetzung transgener Pflanzen indirekte Kosten für diejenigen, die sie nicht anbauen. (Ebenda)

Und letztendlich kommt noch ein anderes Problem hinzu: Wegen des Saatgutmonopols besteht die Gefahr, dass immer weniger herkömmliche Saat zur Verfügung steht, was diese Art von Anbau allmählich unmöglich macht. Der größte Anteil (65%) der brasilianischen Sojasaat liegt in der Hand der EMBRAPA (Brasilianisches Agrarforschungsinstitut), und Monsanto besitzt 18% des gesamten Sojasaatguts. Wenn man in Betracht zieht, dass EMBRAPA Verträge zur Herstellung herbizidresistenter Sojabohnen mit Monsanto abgeschlossen hat, kann man davon ausgehen, dass die beiden Organisationen für 83% der brasilianischen Sojasaat verantwortlich sind. Der weltweite Trend zur Monopolisierung der Saatgutproduktion war bereits im Jahr 1999 vorhersehbar: Monsanto dominierte alleine 80% der weltweiten transgenen Saatgutproduktion (Tabelle 14).

Tabelle 14: Die weltweite Konzentration bei der Herstellung transgenen Saatguts im Jahr 1999	
Agrarkonzerne	**% der gesamten Sorten**
Monsanto	80%
Aventis (AgrEvo/R.Poulenc) Bayer	7%
Syngenta (Novartis/AstraZeneca)	5%
BASF (mit Cyanamid)	5%
DuPont (mit Pioneer)	3%
Quelle: RAFI Genotypes, 12.12.2000. Download: <http://www.rafi.org> (27.03.2003).	

Die Strategie der Chemiekonzerne geht jedoch viel weiter. Es ist viel günstiger für einen Konzern, transgenes Saatgut zu produzieren, statt neue Pestizide zu entwickeln. Schon im Jahre 1978 wurden die Kosten zur Herstellung eines neuen Pestizids auf 15 Millionen US-Dollar geschätzt, während die Kosten zur Entwicklung einer neuen Pflanzensorte nur 2 Millionen US-Dollar ausmachten. „Wegen der hohen Kosten und der Gefahr des Verbots eines neuen Pestizids wurde die Saatgutproduktion Teil der neuen Strategie der Chemiekonzerne, damit ein Produkt vom anderen abhängig gemacht wird". (Mooney 1987: 102) Es ist deshalb nicht zufällig, dass die gleichen Konzerne, die vorher nur als Pestizidlieferanten auftraten, gegenwärtig die Saatgutproduktion übernehmen und die selben Vermarktungswege benutzen. Zu der neuen Strategie kommt auch die Priorität an breit wirkenden Herbiziden, deren Wirkstoffe (wie Glyphosat) zum Ersatz unwirksam gewordener Pestizide entwickelt wurden: „Demgegenüber sind die breit wirkenden chemischen Pflanzenschutzmittel für die Chemiekonzerne ein einträgliches Geschäft. Allgemein zeichnet sich deshalb ein verstärktes Interesse der Industrie im biotechnischen Pflanzenschutz nur auf dem Sektor der Resistenzzüchtungen ab, da hier die obigen Rahmenbedingungen am ersten erfüllt sind". (Bartsch 1989: 104)

Mit der Gentechnik streben die Konzerne danach, die Landwirtschaft durch zu industrialisieren und die Abhängigkeit der Bauern von den Chemikalien zu intensivieren. Dazu tragen die Patentrechte bei, die es den Bauern rechtlich verbieten, Sojasaat zu vermehren, zu tauschen und zu lagern. Werden die Lizenzgebühren nicht gezahlt, so hat Monsanto schon einen neuen Plan: Saatgut unfruchtbar zu machen. Die GURT-Technologie (Genetic Use Restriction Technology) wurde sofort als Terminator bekannt, weil es tatsächlich den Konzernen die Alternative gibt, die Reproduktion einer Pflanze zu zerstören. Ein Teil der DNS der *Saponaria officinalis* (eine Wildpflanze aus den USA) wurde in die DNS der Baumwolle eingebaut. Die Körner keimen und entwickeln sich normal. Wenn die Baumwolle reif wird, setzt sich das Vernichtungsgen durch und produziert ein Toxin, das die neuen Embryonen der Pflanze tötet. Die Pflanze wird dadurch steril und erzeugt keine zweite Generation. Monsantos Begründung für die Entwicklung der GURT-Technologie ist die Verringerung der Kontamination durch gentechnisch veränderte Pflanzen, damit eine Koexistenz mit herkömmlichen Sorten ermöglicht werden soll. Die Bauern werden auf diese Weise jedoch jedes Jahr gezwungen, Saatgut vom Konzern einzukaufen. Es wurde bisher nur bei der Baumwolle versucht, aber die Technologie kann auch bei den Sojabohnen eingesetzt werden. (Segatto/Waack 1999)

Die Gentechnik stellt ein Potenzial dar, eine Vielfalt an Pflanzensorten zu entwickeln. Aber auch das scheint nicht der Realität der Genforschung in der Landwirtschaft zu entsprechen. Die Strategie der Konzerne ist die Ausbreitung eines internationalen Marktes für uniformes Saatgut. (Mac Donald 1991) Das Entscheidende für die Genforschung im landwirtschaftlichen Bereich sind die wirtschaftlichen Kriterien der Unternehmen. „Ein Direktor von Sandoz sagte mir, weswegen die großen Chemiekonzerne soviel Geld für Forschung investieren: ‚Wir werden nur in einem Bereich investieren, wenn es uns eine besondere Position im Markt bringt und es sich lohnt'. Deshalb wird Saatgut mit Toleranz gegenüber Pestiziden entwickelt und nicht Pflanzen, die eine Resistenz gegen Trockenheit oder Schädlinge beinhalten". (Hobbelink 1989: 189)

Gensoja ist nicht durch die Forderung einer Bewegung oder wegen der Bedürfnisse der Bauern entstanden; sie wird von den Profitinteressen der Konzerne gesteuert. Das Herbizid Roundup war schon im Jahr 1998 für die Hälfte des Umsatzes von Monsanto verantwortlich, und das Unternehmen setzte seitdem auf die Verbreitung dieses Produkts auf dem Weltmarkt. Die Gensoja gehört zum wichtigsten Geschäft des Konzerns und die Diskussion darüber kann nicht von diesem Hintergrund getrennt werden. Bauern, die in Brasilien noch Sojabohnen auf kleinen Anbauflächen produzieren, werden durch die Ausbreitung der Gensoja am meisten betroffen. Passen sie sich der neuen Technologie an, werden sie noch abhängiger von den Konzernen, und die Mehrheit von ihnen wird wahrscheinlich vom Produktionsprozess zu Gunsten der Großproduzenten ausgeschlossen. Leisten sie Widerstand, besteht dennoch die Gefahr, dass ihre Grundfläche von der Gensoja der Nachbarn kontaminiert wird, was es für sie unmöglich macht, herkömmliche Sojabohnen zu produzieren.

Exkurs II: Gensoja und Welthandel: globale Zusammenhänge in Zeiten der „Globalisierung“

Im Zuge der kapitalistischen Entwicklung ist auch das Saatgut zur Ware geworden. War Saatgut für den Bauern über sehr lange – auch vorkapitalistische – Zeiträume nur ein zurückgehaltener Teil der letzten Ernte, so ist es mehr und mehr ein Fremdprodukt geworden, das er kaufen muss. Die Möglichkeiten der Gentechnik vertiefen die Warenform des Saatguts auf neue Weise, indem sie seinen Gebrauchswert so verändert, dass er nur in neuen und noch weiterreichenden Abhängigkeitsbeziehungen angewendet werden kann. Mit gentechnisch verändertem Saatgut kaufen die Bauern auch nolens volens Fremdbestimmung und fremde Kontrolle über ihren Hof ein. Es wird von außen bestimmt, was sie anbauen, welche Betriebsmittel im Produktionsprozess eingesetzt werden und was letztendlich damit verdient werden kann. Die Nutzung von gentechnisch veränderten Pflanzen, die durch die Patentierung des Saatgutes den Interessen von Agrarkonzernen dienen, führen zu einer bisher ungekannten, noch umfangreicheren Monopolisierung des Agrarmarkts, zu einer kapitalistischen Durchdringung der Familienlandwirtschaft und zu einem zunehmenden Ausschluss von Kleinbauern.

Der Prozess des Aufbaus einer weltweiten Wirtschaft zieht sich inzwischen über mehrere Jahrhunderte hin. Die Entstehung und Entwicklung des Welthandels, die Industrialisierung in Ländern des Nordens, Kolonialismus und Halbkolonialismus, Kapitalexport, Ausbrechen einer ganzen Ländergruppe aus der kapitalistischen Welt, ihr Zusammenbruch und ihre vollständige Reintegration in den Weltmarkt sowie die aktuelle Form der Globalisierung sind entscheidende Stichworte. Schon in den kolonialen Zeiten gab es Versuche, interkontinentale Standorte in ein Reich zu integrieren, womit die Idee der „Weltbeherrschung“ immer näher kam. Andrerseits ist die Integration der verschiedenen Kulturen und Völker in „eine Welt“ schon seit längerer Zeit ein Wunsch und bleibt weiter ein Ziel für kommende Generationen. „Obwohl in den letzten Jahren, oftmals mit Pauken und Trompeten, die Globalisierung der Märkte als eine neue Ära für die Menschheit gefeiert wurde, ist ihr Ziel doch überraschend konventionell. Sie dient erklärtermaßen dazu, der Welt einen Sprung an wirtschaftlichem Wachstum zu bescheren. Indes bedienen sich Unternehmen auch im Zeitalter der Weltmärkte den hergebrachten Wachstumsstrategien wie Rationalisierung oder Expansion. (...) Der utopische Horizont der Globalisierung liegt darin, für die Mobilität von Kapital und Gütern eine durchgängige, grenzenlose Welt zu schaffen“. (Sachs 2002: 172, 173) In Wirklichkeit sind die Grenzen solcher Expansion jedoch längst bekannt: „Es regiert schließlich allenthalben ein industriegesellschaftlicher Mimetismus, der Produktions- und Konsumweisen nachahmt, die angesichts der Naturkreise bereits als historisch überholt gelten können. (...) Die Entgrenzung der Investitionstätigkeit steht daher in zunehmender Spannung mit der Begrenzung der bio-physischen Kapazitäten der Erde“. (Ebenda: 172)

Der Begriff Globalisierung könnte eine ambivalente Bedeutung erhalten, wäre er nicht so stark vom neoliberalen Zerrbild der internationaler Wirtschaftsbeziehungen und Politiken geprägt. Nach Ulrich Beck werden mit Globalisierung Prozesse identifiziert „in deren Folge die Nationalstaaten und ihre Souveränität durch transnationale Akteure, ihre Marktchancen, Orientierungen, Identitäten und Netzwerke unterlaufen und querverbunden werden". (Beck 1997: 28-29) Deshalb ist es so, dass man von Globalisierungsbefürwortern und von Globalisierungskritikern spricht, durch deren Streit im Übrigen verschiedene Organisationen in beiden Lagern immer bekannter werden. In diesem Sinne handelt es sich nicht um den Streit über die Globalisierung als solche, sondern entweder um die ungehemmte Ausweitung und Konsolidierung kapitalistischer Übermacht oder die Bekämpfung seiner Übermacht zugunsten des Aufbaus einer anderen, solidarischen und zukunftsfähigen Welt. Dieser Prozess, so wie er heutzutage abläuft, dürfte überhaupt nicht als Globalisierung bezeichnet werden, da er den gesamten Globus in seinen Auswirkungen sehr unterschiedlich betrifft und den größten Teil von wohlverstandener Entwicklung sogar ausschließt. Die neoliberale Globalisierung hat nichts mit der wachsenden Angleichung aller Teile des Globus im Sinne der Menschenrechte und humaner Lebensverhältnisse zu tun. Wenn man die weltweite Zirkulation des Kapitals betrachtet, sieht man, dass die Mehrheit der Weltbevölkerung (in Asien, Afrika und Lateinamerika) davon ausgeschlossen bleibt. „Die Globalisierung scheint sich derzeit auf einen Kreis von Ländern zu beschränken, die bestimmte kulturelle, wirtschaftliche, politische und rechtliche Rahmenbedingungen aufweisen. Demnach ist die sogenannte Globalisierung keine globale Erscheinung, sondern eher eine regionale". (Korthoff 2005: 1)

Diese Form von Globalisierung – geführt unter den Schlagworten Freiheit und Marktwirtschaft – unterwirft grundsätzlich alles der Warenform und dem Verwertungsinteresse. Konkret führt es zur weltweiten Dominanz der Finanzmärkte, zu oligopolistischen Marktstrukturen, zur Reduzierung der Spielräume von Regierungen und zu einer ungeheuren Reichtumskonzentration bei immer weniger Akteuren und „global players". „Man stellt sich die Welt als einen enormen Marktplatz vor, wo Produktionsfaktoren dort gekauft werden, wo sie am billigsten sind (‚global sourcing') und Waren dort abgesetzt werden, wo sie am billigsten sind (‚global marketing'). (...) Die Kärrnerarbeit der Globalisierer besteht darin, die schnöde Wirklichkeit dem idealen Modell anzupassen. Sie sehen es als ihre Mission, unermüdlich Barrieren für den freien Fluss der Waren zu beseitigen und so die umfassende Zugänglichkeit der Welt herzustellen. Genau darin liegt das Programm des multilateralen Wirtschaftsregimes der WTO". (Sachs 2002: 166) Ganze Volkswirtschaften werden unter das Paradigma neoliberaler Wirtschafts- und Gesellschaftspolitik gezwungen, zur kapitalorientierten Vertiefung der weltweiten Arbeitsteilung, zur Konkurrenz und völligen Marktöffnung, und nicht zuletzt ist die wachsende Verschuldungskrise der Nationalstaaten ein hervorstechendes Merkmal. Für ihren zweifelhaften Siegeszug benötigte diese

Globalisierung eine weltweite Vernetzung der Kommunikationstechniken und die Angleichung des Warenangebots, der Währungen und der Sprachen, was sich in den letzten Jahrzehnten fortschreitend entwickelte. Dabei werden die neuen Technologien mehr und mehr als Hilfsmittel dazu genutzt, die internationale Arbeitsteilung in Echtzeit umzusetzen (Széll 2005b). Die Konzentration des Kapitals, die wachsende Kluft zwischen Arm und Reich und die Zunahme der Arbeitslosigkeit und der Armut sind die wichtigsten sozialen Probleme der neoliberalen Globalisierung, die immer mehr an Bedeutung gewinnen. Und dies nicht nur in der sogenannten Dritten Welt, denn die Ausbreitung der informellen Ökonomie und der Präkarisierung der Arbeitsverhältnisse findet auch zunehmend in der „Ersten Welt" statt. (Altvater/Mahnkopf 2002)

Die Sojaproduktion für den Agrarexport mit ihren Auswirkungen ist ein gutes Beispiel, um die sogenannte Globalisierung der Landwirtschaft zu beleuchten, denn besonders ab Ende der neunziger Jahre wird Soja als der billigste Eiweißträger für die Fortsetzung der Massentierhaltung in Europa eingeschätzt, was zur rasanten Erhöhung der Importe führte. „An keinem anderen Produkt bzw. Produktionszweig lässt sich die Globalisierung deutlicher demonstrieren, als am Einsatz großer Mengen von Sojaschrot in der Tierhaltung. Rund ein Drittel aller europäischen Agrarimporte besteht aus einer Pflanze, der Sojabohne bzw. dem Sojaschrot als Futtermittel". (Lanje 2005: 1) Damit große Flächen mit Soja zu geringen Kosten angebaut werden können, wird stark auf den Einsatz der Gentechnik gesetzt, dessen Folgen weiterhin meistens lediglich unter technischer Betrachtung angenommen werden. „Technokraten verhandeln die eigentlich politischen Fragen als reine Technika, die kein Mensch durchschaut und die dann alle Welt vor vollendete Tatsachen stellen. Das ist der wahre Kern der Globalisierung, von der die Agro-Gentechnik ein Schlüsselelement bezüglich der Landwirtschaft ist. (Buntzel/Sahai 2005: 189)

Der Anbau gentechnisch veränderter Soja begann 1996 in den USA als eine Folge des TRIPS-Abkommens – Trade Related Intellectual Property Rights – , das die Patentierung von Pflanzen ermöglicht und den Chemiekonzernen den Weg zum Saatgutmarkt eröffnete. „Ohne ein solches Abkommen wäre besonders die Ausbeute neu verfügbarer Rohstoffreserven, das genetische Material von Lebewesen, kommerziell ohne große Zukunft. (...) Denn erst der Eigentumstitel konstituiert eine Ware; ohne einen solchen wären nützliche Objekte frei zugänglich und Teil der *commons* eines Gemeinwesens. Aus diesem Grunde ist ja eine garantierte Eigentumsordnung das rechtlich-soziale Korsett einer Marktwirtschaft, wie eben auch die – mehr oder weniger gewaltsame – Einhegung der ländlichen *commons* (Äcker, Weiden, Wälder, Fischgründe) historisch die Voraussetzung für den Aufschwung des Agrarkapitalismus war". (Sachs 2002: 186) Bereits 1994 bekam der weltweit aktive Großkonzern Monsanto die Zulassung für den Anbau der herbizidresistenten Roundup Ready-Sojabohnen, deren erste Ernte 1996 unter heftigen Protesten von Umwelt- und Verbraucherorganisationen nach Europa kam und die die erste große Auseinandersetzung um transgene Pflanzen auslöste. Danach wurde der Anbau der RR-Soja auch in Japan, Kanada, Argentinien und Mexiko zugelassen. In Brasilien hat Monsanto 1995 mit den Forschungen begonnen, und ab 1999 versuchte das Unternehmen den kommerziellen Anbau einzuführen. (Agrofolha 1998) Wie Mooney (1987) und Hobbelink (1989) schon Ende der achtziger Jahre unterstrichen, handelt es sich bei der Gentechnologie in der Landwirtschaft um eine weltweite Strategie, die gesamte Nahrungsmittelproduktion zu kontrollieren, wodurch große Marktchancen besonders für einige wenige transnationale Konzerne geöffnet werden. Tappeser et al. bezeichnen dies als einen Krieg der westlichen Welt gegen die Natur, gegen die weniger privilegierten Länder, gegen die Zukunft und gegen sich selbst, der neuerdings auch mit biotechnischen Waffen geführt wird. (Tappeser 1999) Es erinnert an das Buch von Peter Krieg, das unter dem Titel „Septemberweizen" erfolgreich verfilmt wurde und in dem die Kontrolle über die Ernährung als politische Macht dargestellt wird. (Krieg 1981)

Die Hoffnung der Chemiekonzerne auf eine neue Prosperitätsperiode durch die Entdeckung der Biotechnologie wird durch die finanzielle Unterstützung der Regierungen in Industrieländern gestärkt, denn für sie geht es um die Wahrung der Konkurrenzfähigkeit ihrer Chemieindustrie, obwohl es sich um eine der am wenigsten beschäftigungsintensiven Branchen handelt, von den Risiken für Natur und menschliche Gesundheit ganz zu schweigen. „Es geht, das geben Industrie- und Wissenschaftsvertreter offen zu, eben nicht um Arbeitsplätze, sondern um die Sicherung von Marktanteilen am Weltmarkt". (Riewenherm 2000: 83) Hans-Günter Gassen, Direktor des Instituts für Biochemie an der technischen Universität Darmstadt, bestätigte diese Aussage und betonte, dass die Biotech-Industrie im Sinne des Strukturwandels gefördert werden müsse, obwohl sie kaum zusätzliche Arbeitsplätze schaffe. (Gassen 1999)

Ohne die Entwicklung gentechnisch veränderter Pflanzen würde in der Chemieindustrie wenig laufen, denn sie spiele eine Schlüsselfunktion für den Pestizidverbrauch, so Hobbelink (1989). Der dramatisch angestiegene Verbrauch von Herbiziden ist nach Hobbelink eine Folge veränderter landwirtschaftlicher Methoden, d.h. der Anbau von Monokulturen und das Motto „Spritzen statt Hacken", was in Wirklichkeit aber zur Zunahme von resistenten Unkräutern und zum Rückgang an effektiveren Unkrautbekämpfungsmethoden führte, wie die Gemischtpflanzenanbausysteme und die Nutzung allelopathischer Pflanzen. Das Ziel, den Absatz für Herbizide zu steigern, ist der Grund, weswegen die Chemiekonzerne nicht auf die Forschung von unkrautresistenten Sorten setzen, sondern die Entwicklung von herbizidresistenten Pflanzen betreiben, denn die Kombination vorhandener Herbizide mit neuen Pflanzensorten ist für sie billiger und profitversprechender. „Der Anbau herbizidresistenter Pflanzen wird den weltweiten Herbizidmarkt erheblich vergrößern, was sich natürlich auf die Gesamteinkünfte der transnationalen Konzerne auswirkt". (Ebenda: 72) Eine solche Strategie vertieft selbstverständlich die Abhängigkeit der Länder des Südens, den Konflikt zwischen Nord und Süd und die Kluft zwischen Arm und

Reich innerhalb der ärmeren und armen Länder: „Wie schon zuvor bei der ‚Grünen Revolution', wird auch diesmal die Technologie aus dem Norden zunächst von den Großbauern angenommen werden. Damit wird der chemische Input die Dritte Welt in noch größere Abhängigkeit vom Norden bringen. Die Armen in den ländlichen Regionen, die eine ganz andere Technologie nötig hätten, werden noch stärker an den Rand gedrängt". (Ebenda)

Die Vertiefung der Abhängigkeit des Südens vom Norden[108] spielt in der Gentechnik-Debatte eine entscheidende politische Rolle, denn bei der Gentechnologie ist die transnationale Bioindustrie des Nordens an der Vielfalt genetischer Ressourcen des Südens interessiert. Die u.a. von Wallerstein (1979) beschriebene internationale Arbeitsteilung, in der Entwicklungsländer sich auf den Export von Rohstoffen und die Industrieländer auf Fertigprodukte konzentrieren, bleibt dabei erhalten und wird vertieft. Den Agrarkonzernen geht es dabei im Grunde darum, die bisher noch nicht „inwertgesetzten" Naturressourcen und deren Wirtschaftspotenziale in die kapitalistische Marktwirtschaft zu integrieren und zu ihrer privaten Kapitalakkumulation zu nutzen. „Die ‚erweiterte Reproduktion' des Gesamtkapitals, kapitalistisches Wachstum durch Akkumulation von immer neuem Kapital, ist nur möglich im ständigen Austausch zwischen dem kapitalistischen und dem nicht-kapitalistischen Teil der Volks- bzw. Weltwirtschaft". (Lutz 1984: 58) Es besteht also weiter die schon länger bekannte Agrarstruktur, in der der Süden Rohstoffe liefern soll und die wirtschaftlichen Gewinne und die wirtschaftliche Macht im Norden bleiben. „Über 90% der weltweiten Biodiversität sind in den Ländern des Südens zu finden, aber Unternehmen aus Industriestaaten besitzen 97% aller geistigen Eigentumsrechte". (Mayer et al. 2002: 14) Daraus folgt die Tatsache, dass Agrarkonzerne aus dem Norden durch Patentrechte ermächtigt sind, sich Lebewesen und traditionelles Wissen aus dem Süden anzueignen, daraus Produkte zu entwickeln und diese den selben Ländern als Erfindung anzubieten und die Zahlung von Lizenzgebühren für deren Nutzung zu fordern. „Manche westlichen Biotechnologie-Firmen holen sich die Gene aus diesen Ländern, lassen sie per Patent zum Besitz erklären, entwickeln

[108]Wir beziehen uns hier auf die u.a von Córdova dargelegten Abhängigkeitsstruktur Lateinamerikas. „In unseren Gesellschaften hat die Entwicklung eines abhängigen kapitalistischen Sektors historisch die Existenz nicht-kapitalistischer Sektoren vorausgesetzt; dadurch wurde die Ungleichheit der Verteilung erheblich verschärft. (...) Doch nicht die einfache Monoproduktion macht den Charakter der Abhängigkeit aus. Wenn sie tatsächlich im nationalen Besitz und auf diese Weise kontrolliert wäre, verschwände eines ihrer entscheidenden Attribute: ihre Extra-Nationalität. Im Allgemeinen aber befindet sich in den monoproduzierenden Ländern dieser Sektor im Besitz oder unter der Kontrolle von ausländischen Unternehmen; das mag an der Eigentumslage des im Sektor investierten Kapitals und/oder an der Kontrolle über den Außenmarkt der Produktion liegen. Und das ist der Schlüssel zur wirtschaftlichen Abhängigkeit. Die Entscheidungen über das Produktionsvolumen und die Preisdynamik werden getroffen, um Ziele zu erreichen, die mit dem Allgemeinwohl der Einwohner des Landes nichts zu tun haben". (Córdova 1973: 54; Córdova/Michelena 1971: 115)

daraus neue Produkte und verkaufen diese Produkte dann wieder – unter anderem an die Länder der ‚Dritten Welt'". (Riewenherm 2000: 87)

Es handelt sich um die Ausbeutung der Entwicklungsländer mit anderen Mitteln, wobei die Währungskrisen und Verschuldung der ärmsten Länder sie in eine Sackgasse führt und die Abhängigkeit der Peripherie von den wirtschaftlichen Zentren zunimmt[109]. Wichtig dabei sind die seit der Kolonisierung aufgebauten und weiterbestehenden Asymmetrien zwischen Industrie- und Entwicklungsländern, die durch Ausbeutung und Machtungleichheit gekennzeichnet sind und im gegenwärtig propagierten Freihandel nicht berücksichtigt werden. „Durch die Einschließung neuer Gebiete und Bereiche für industrielle Produktion und marktwirtschaftliche Austausch- und Verkehrsformen verschaffte sich der moderne Sektor der Industrienationen unter sehr vorteilhaften Bedingungen Zugang zu Ressourcen, die er für sein eigenes Wachstum nutzen konnte: billige Rohstoffe und Agrarprodukte zur industriellen Verarbeitung und zur Versorgung der von Lohnarbeit abhängigen Bevölkerung als Ertrag der imperialistischen Landnahme vor dem Ersten Weltkrieg; zahlreiche Arbeitskräfte mit einem spezifischen Arbeitsvermögen als Ertrag der Absorption des traditionellen Sektors in der Zeit nach dem Zweiten Weltkrieg". (Lutz 1984: 263)

In der „globalisierten" Weltwirtschaft werden die schon bestehenden Asymmetrien zwischen armen und reichen Ländern vertieft, indem der hohe Lebensstandard der Industrieländer auf der Externalisierung von sozialen und ökologischen Kosten in den Entwicklungsländern basiert. (Massarat 1999) Dies führt zu neuen Abhängigkeiten und zur Vertiefung der Machtungleichheit, sowohl zwischen den Ländern als auch zwischen den Akteuren in den Entwicklungsländern selbst bezüglich des ungleichen Zugangs zu den Produktionsmitteln und lebenswichtigen Ressourcen. Die „Schuldenfalle" und die daraus folgende finanzielle Abhängigkeit von Ländern spielt dabei eine zentrale Rolle bezüglich der Unterwerfung und zunehmenden Verwundbarkeit der Wirtschaft und des Nationalstaats in den Entwicklungsländern.

Das Argument von Seiten der Industriestaaten und internationalen Organisationen wie der Weltbank und des IWF lautet, Entwicklungsländer hätten gerade aufgrund ihrer Vielfalt an genetischen Ressourcen die Chance, Investitionen anzuziehen und ihre Exporte zu steigern, damit sie ihre Handelsbilanz verbessern und der Zahlung von Auslandschulden gerecht werden könnten. Damit die Investitionen der transnationalen Konzerne tatsächlich in die Entwicklungsländer

---

[109] Wir sind hier mit Sachs einverstanden: „Währungskrisen stellen leicht eine Bedrohung für den Naturbestand in den betroffenen Ländern dar. Länder, die reich an exportierbaren Naturressourcen sind, sehen sich unter Druck, deren kommerzielle Ausbeutung zu erweitern und zu beschleunigen. (...) Während Kolonialisten sich früher mineralische oder agrarische Ressourcen durch die physische Kontrolle eines Territoriums aneigneten, sichern Gentech-Firmen die Ausbeute genetischer Ressourcen durch weltweit anerkannte Patente auf DNA-Sequenzen". (Sachs 2002: 180, 186)

fließen, sei es jedoch wichtig, dass die Gesetzgebung es ihnen ermöglicht, ihre Gewinne zu sichern. „Dem liegt die Annahme zu Grunde, dass Unternehmen eher dann in ein Land investieren und Technologien (freilich nur gegen Lizenzgebühren) transferieren, wenn ihre Erfindungen vor unentgeltlicher Nachahmung in dem Land geschützt sind". (Mayer et al. 2002: 15) Genau das wird durch TRIPS verwirklicht, nämlich das Recht zur Privatisierung von Erfindungen: „Wer seine Erfindung der Öffentlichkeit mitteilt, erhält dadurch einen Schutz gegen Nachahmung oder darf Lizenzgebühren erheben". (Riewenherm 2000: 86) Und darum geht es in erster Linie bei den weltweiten Verhandlungen der *World Trade Organisation* WTO, wenn vom „Abbau der Handelshindernisse" im Bereich der Gentechnik die Rede ist. Politische und rechtliche Rahmenbedingungen zum Thema Biotechnologie werden gezielt abgelehnt, damit eine „industriefreundliche Deregulierung" stattfindet. „Das Deregulierungswettrennen ist in allen Bereichen kurz vor dem Start oder schon mitten im Lauf. (...) Die Neuregulierung der Patente (TRIPS) im Bereich der Lebewesen ist ein eklatantes Beispiel dafür". (Weizsäcker 1998: 08)

Dabei steht die Bekämpfung des *Cartagena Protocol on Biosafety* im Mittelpunkt der Interessen der Agrarkonzerne, denn das setzt Sicherheitsstandards für den grenzüberschreitenden Verkehr von gentechnisch veränderten Organismen auf internationaler Ebene und betont das Vorsorgeprinzip. „Der Import eines GVO unterliegt einem Genehmigungsverfahren, welches verbindlich eine Information des Importlandes durch den Exporteur und eine anschließende Risikoanalyse vorsieht". (Brühl/Meyer 2001: 27) Regierungen, die Schaden für die Umwelt oder Gesundheit durch den Import von Gentechnik-Produkten befürchten, können sich auf das Cartagena-Protokoll beziehen, um diese Importe zu verbieten. Zur Bekämpfung des Cartagena-Protokolls setzen sich am meisten die USA ein, die auf die Marktöffnungsverpflichtungen der WTO hinweisen, um ihre Exportprodukte zu verteidigen. „Die USA drängen angesichts ihrer chronisch defizitären Handelsbilanz mit ihren Agrarüberschüssen verstärkt auf den Markt. Kennzeichnungspflicht für Produkte aus gentechnisch veränderten Organismen und andere ‚nichttarifäre Handelshemmnisse' auszuräumen, gehört mittlerweile zu den Hauptzielen der US-amerikanischen Handelspolitik". (Maier 1998: 4) In diesem Kontext ist die Klage der US-Regierung von 2003 gegen das damalige Gentechnik-Moratorium der Europäischen Union zu verstehen, was weltweit die Bedeutung der Gentechnik in den Zusammenhang mit der Globalisierungskritik brachte. „Seitdem Bush im Auftrag seines Großspenders Monsanto im Mai 2003 vor der WTO gegen das EU-Gentechnik-Moratorium Klage eingereicht hat, ist das Thema Gentechnik und WTO plötzlich hoch aktuell in der gesamten globalisierungskritischen Bewegung. Mit seiner mit neoliberalen Floskeln begründeten Anti-Umwelt-Politik hat er viele in der Bewegung erst auf den engen Zusammenhang zwischen Umweltzerstörung und neoliberaler Globalisierung hingewiesen". (Mittler 2003: 17)

Für einen Chemiekonzern wie Monsanto geht es dabei um riesige Investitionen in die Forschung, die durch die Zahlung von Lizenzgebühren und den Verkauf von Herbizid rentabel gemacht werden sollen. Mit dem Ziel, den „Ernährungsmarkt“ unter sich aufzuteilen, sind wenige Konzerne auf dem Markt geblieben, die massiv in das Gentechnik-Geschäft investieren, in der Erwartung, es werde sich zukünftig lohnen. Dafür haben sich die meisten Chemiekonzerne untereinander verbunden und die wichtigsten Saatgutbetriebe aufgekauft. Die sogenannten *Life Science-Konzerne* versuchen, durch riesige Investitionen in die Forschung zunehmend Wissenschaftler und sogar öffentliche Universitäten für ihre Projekte zu gewinnen. „In keinem anderen Bereich der öffentlichen Forschung arbeiten Universitäten, öffentliche Labors, Privatunternehmen und Konzerne bei der Entwicklung und Forschung so eng zusammen wie bei der Gentechnologie. Immer mehr Spitzenforscher aus der akademischen Grundlagenforschung liebäugeln mit der eigenen Vermarktung ihrer Ergebnisse“. (Riewenherm 2000: 85)

Beim Konzern Monsanto, der in den neunziger Jahren für Firmenaufkäufe fast 9 Milliarden US-Dollar investierte, ging es dabei um „Leben oder Tod“. Das Patent für sein wichtigstes Produkt, nämlich das Totalherbizid Glyphosat, war 2000 abgelaufen und der Konzern setzte auf seine Strategie, durch herbizidresistentes Saatgut seine wirtschaftliche Lage wieder zu verbessern. (Ebenda) Brian Tokar, Professor am Institut für soziale Ökologie in Vermont (USA), beschäftigt sich seit Ende der achtziger Jahre intensiv mit der Geschichte von Monsanto und weist darauf hin, dass der Konzern eine wichtige Rolle sowohl im Ersten als auch im Zweiten Weltkrieg spielte, indem er mit der Lieferung von Chemieprodukten an die US-Regierung seine Umsätze steigern konnte. In den sechziger Jahren wurde Monsanto berüchtigt für die Entwicklung des Agent Orange, ein Herbizid, das im Indochina-Krieg der USA massiv eingesetzt wurde und nicht nur große Umweltschäden, sondern auch zahlreiche menschliche Tragödien hervorgerufen hat (Vergiftungen, Fehl- und Missgeburten). Ende der neunziger Jahre konzentrierte sich der Konzern auf die Saatgutproduktion und kaufte in Brasilien das größte Saatgutunternehmen Agroceres für 8 Milliarden US-Dollar auf. 2002 erlebte Monsanto eine schwierige Situation, als der Konzern nur 4,8 Milliarden Umsatz erzielte, rund 1,7 Milliarde weniger als 2000, als er noch über das Glyphosat-Monopol verfügte. (Castanheira 2003) Immerhin sind weiterhin zwei Drittel der Umsätze dem Verkauf von Herbiziden zu verdanken, wozu auch die Gewinne mit dem Roundup Ultra (einer Variante von Glyphosat, die noch konzentrierter und wirksamer ist), das in Kolumbien angeblich zur Zerstörung von Kokaplantagen eingesetzt wird. Da der Preis von Roundup nach 2000 auf die Hälfte reduziert wurde und Monsanto im Markt mit anderen Anbietern konkurrieren muss, setzt das Unternehmen gezielt auf die Saatgutproduktion. Von den bereits auf dem Markt existierenden gentechnisch modifizierten Sorten besitzt Monsanto allein 90% der Patentrechte. (Tokar 2004)

Monsanto berichtet von seinen weltweiten Schwierigkeiten, die dazu führen sollen, dass ein Teil der 16.000 Beschäftigten ihren Arbeitsplatz verlieren würde. In

Lateinamerika wird die Lage als sehr problematisch geschildert. Schuld daran sei besonders die Wirtschaftskrise Argentiniens. Nach Francisco Diaz, dem Leiter der lateinamerikanischen Abteilung Monsantos, habe das Unternehmen allein 2001 150 Millionen US-Dollar verloren. Argentinien ist der zweitgrößte Kunde von Monsanto und der Konzern plant, durch die Expansion in Brasilien die Verluste zu stoppen. 800 Millionen US-Dollar wurden neuerlich in Brasilien investiert, davon 350 Millionen allein am neuen Standort Camaçari, im nordöstlichen Bundesland Bahia. Der Geschäftsführer in St. Louis, Hugh Grant, rechnete bereits im September 2002, dass 2005 Brasilien die Zulassung für den Anbau der Gensoja erlauben würde. (Lopes 2002) Die Prognose wurde genau bestätigt, und laut Monsanto selbst umfasst der gesamte Umsatz des Konzerns in Brasilien jährlich 750 Millionen US-Dollar und schafft 1.700 Arbeitsplätze. (Monsanto 2004) Lizenzgebühren wurden 2004 nur in den Bundesländern Rio Grande do Sul und Santa Catarina eingezahlt. Für jede Tonne Soja wurden R$ 10,00 an Monsanto gezahlt (2,7 Euro). Nach Einschätzungen von Monsanto macht das circa R$ 45 Millionen (12,85 Millionen Euro) aus. (Lopes 2004)

Die Zahlen werden von Vicente Azevedo Marques in seiner Studie über Rio Grande do Sul bestritten. Der Umsatz von Monsanto in Brasilien mache R$ 1,6 Milliarden (457 Millionen Euro) aus und die Zahlung von Lizenzgebühren ausschließlich in Rio Grande do Sul R$ 51,9 Millionen (14,4 Millionen Euro). Mit dem Verkauf von Roundup im Jahre 2004 hat Monsanto schätzungsweise bis R$ 143,5 (41 Millionen Euro) verdient. Wenn man die Zahlen des Gewinns von Monsanto mit dem staatlichen Landwirtschaftsbudget vergleicht, sieht die Lage absurd aus, denn die südbrasilianische Regierung investierte in der selben Periode lediglich R$ 49,7 Millionen. Wichtig ist auch die Tatsache, dass 1% des Umsatzes von Monsanto zur Förderung des Agrarforschungsinstituts der landwirtschaftlichen Genossenschaften FUNDACEP überwiesen wurden. Dies bedeutet R$ 520.000 während die staatliche Stiftung FEPAGRO in der selben Periode R$ 194.000 bereit stellte, was einen klaren Hinweis auf die Privatisierung der Agrarforschung darstellt. (Marques 2004) Die Föderation der Familienlandwirtschaft FETAG schätzte bei der Ernte 2003/2004 die Lizenzgebühren für Monsanto auf R$ 70 Millionen. (Zero Hora, 2004) Für die Ernte 2004/2005 sind die Kosten für Lizenzgebühren verdoppelt worden, also R$ 20,00 (5,75 Euro) pro Tonne. Die Begründung von Monsanto lautet, dass der Preis vorher ausnahmsweise niedriger lag, weil es der Zahlungsstart war. (Lopes 2004)

Argentinien ist als strategisches Land zur Ausbreitung der Gensoja in Lateinamerika ausgewählt worden. Von der geographischen Lage her liegt das Land mitten im Gebiet der Sojaproduktion des südamerikanischen Kontinents und diente als Ausgangspunkt für die Ausbreitung nach Paraguay, Brasilien und Bolivien. Die Gensoja ist laut der Molekularbiologin Lilian Joensen von der Weltbank empfohlen und durch die Regierung von Carlos Menem eingeführt worden, als Alternative zur Zahlung der Auslandschulden durch die Förderung der Agrarexporte. (Joensen et al. 2005) Laut Monsanto sollten die Bauern in Argentinien erst ab 2004 Lizenzgebühren bezahlen, also nachdem die Ausbreitung der Gensoja durch Schmuggel in die Nachbarländer bereits stattgefunden hatte. (Lopes 2004)

Im Jahre 2003 wurden weltweit 60 Millionen Hektar mit gentechnisch veränderten Pflanzen angebaut, davon 42,8 Millionen Hektar in den USA, 13,9 Millionen Hektar in Argentinien, 4,4 Millionen Hektar in Kanada, 3 Millionen Hektar in Brasilien, 2,8 Millionen Hektar in China, 0,1 Millionen Hektar in Südafrika[110]. Soja ist dabei nach wie vor die wichtigste gentechnisch veränderte Pflanze mit allein 61% Anteil am gesamten Anbau. Danach kommt Mais mit 23%, Baumwolle mit 11% und Raps mit 5%[111]. In der Konkurrenz der Sojaproduzenten befürchten die US-amerikanischen Erzeuger die niedrigen Betriebskosten und die hohe Produktivität der brasilianischen Soja. Laut einer Studie der brasilianischen Versorgungsgesellschaft CONAB produziert Brasilien bis zu 3 Tonnen pro Hektar, während die US-Amerikaner maximal 2,7 Tonnen pro Hektar erreichen. Die Produktionskosten in Brasilien sind bis zu 40% niedriger als in den USA. (Kist 2002) Aus dieser Perspektive klingt ein merkwürdiges Angebot von 2002 aus den USA logisch: Das Unternehmen Focus aus den USA bot den brasilianischen Sojaproduzenten damals 165 US-Dollar pro Hektar an, wenn sie aufhören würden, Soja zu produzieren. Das Ziel: Die brasilianische Sojaproduktion um 15% zu senken, damit die Preise weltweit ansteigen. (Canal Rural 2002) Wenn zusätzlich noch ein Potenzial besteht, dass die konventionelle Soja aus Brasilien Teile der Sojamärkte der USA erobert, ist auch die US-Regierung von Seiten der Erzeuger im eigenen Land unter Druck. „Daß Sojabohnen aus Ländern wie Brasilien, in denen noch keine gentechnisch manipulierten Sorten angebaut werden, inzwischen auf europäischen Märkten teilweise schon höhere Preise erzielen als amerikanisches Soja, ist für die USA ein Alarmzeichen". (Maier 1998: 4)

Soja ist für Brasilien das wichtigste Exportprodukt und trägt stark dazu bei, dass das Land mittlerweile seine Handelsbilanz verbessern konnte. Inzwischen findet eine rasche Ausbreitung der Produktionsfläche statt: 1993 waren 10,6 Million Hektar mit Soja angebaut und 2003 stieg diese Fläche auf 18,5 Millionen Hektar. Die Ernte 2003 umfasste 51,5 Millionen Tonnen (1993 waren es 22,6 Millionen Tonnen). Der Sojaexport brachte dem Land 2003 6 Milliarden US-Dollar Devisen und im Jahr 2004 8 Milliarden US-Dollar, was von Seiten der Regierung als entscheidend zur Stabilisierung der Außenhandelsbilanz eingeschätzt wird. Die positive Handelsbilanz Brasiliens ist – im Rahmen neoliberaler Orientierungen[112] – wichtig zur Bedienung der Auslandsschulden.

---

[110] Die Angaben stammen aus dem ISAAA-Bericht, Global Status of Commercialized Transgenic Crops 2003 von Clive James. Download: <http://www.transgen.de/pdf/dokumente/ISAAA2003.pdf> (25.11.2004).

[111] Ebenda.

[112] Vgl. Andrioli/Schmalz 2005.

Kapitel V – Biosoja versus Gensoja: Empirische Untersuchungen

Der Einsatz der Gentechnik in der Sojaproduktion vertieft die schon bekannten Folgen der „Grünen Revolution“ in Brasilien wie die Landkonzentration, Landflucht und Verarmung der Kleinbauern. Anderseits bietet die Gentechnik aber den Bauern die Möglichkeit, die Arbeit zu erleichtern/reduzieren und ihre Produktivität zu steigern. Das Saatgut wird allerdings zum privaten Eigentum von mächtigen Agrarkonzernen, die dadurch in der Lage sind, die landwirtschaftliche Produktion zu kontrollieren.

Die Bauern geraten nämlich in zunehmende Abhängigkeit von den angebotenen Betriebsmitteln, deren Anschaffungskosten steigen und höhere Produktionskosten verursachen. Ein Faktor dabei sind die Lizenzgebühren für das patentierte Saatgut. Der Konkurrenzdruck hat enorm zugenommen. Um wirtschaftlich überleben zu können, gehen sie zum Anbau von Gensoja über und versuchen ihre Anbaufläche zu vergrößern, was wiederum Landkonzentration und Landflucht verursacht.

Die Spezialisierung der landwirtschaftlichen Produktion und die Ausbreitung von Monokulturen zeigen in der Geschichte der „Grünen Revolution“, dass sie eine riesige Zerstörung natürlicher Ressourcen zur Folge haben. Entwaldung, Erosion und Auslaugung des Bodens, Zerstörung der biologischen Vielfalt, Zunahme des Chemikalieneinsatzes und daraus folgende Verseuchung von Boden und Gewässern sind Probleme, die auch bei der Sojamonokultur nicht neu aufgetreten sind. Die Konzentration der Landwirtschaft auf wenige Pflanzensorten durch die Intensivierung der herkömmlichen Sojamonokultur trägt zur Reduzierung der Bodenfruchtbarkeit bei, und die Gleichförmigkeit von Pflanzen erhöht die Anfälligkeit für Schädlinge und Krankheiten.

Die zunehmende Resistenzentwicklung von Unkrautsorten gegenüber Herbiziden, eine Folge des intensiven Produktionssystems, erhöht die Betriebskosten und erschwert die Bewirtschaftung großer Ländereien. Dagegen stellt die herbizidresistente Gensoja eine – scheinbare – Alternative dar, denn der Einsatz des Totalherbizids Glyphosat ist zunächst nicht nur billiger, sondern auch wirksamer und unkomplizierter bei der Unkrautbekämpfung. Der Einsatz eines einzigen Wirkstoffs nimmt aber auch durch den Gensojaanbau erheblich zu und damit die Resistenzentwicklung von Unkrautsorten. Hinzu kommen noch die Gefahr der genetischen Kontamination von Feldern, und die erhöhte Wahrscheinlichkeit, dass der Anbau von Gensoja sich lediglich kurzfristig lohnt.

Aufgrund dieser Problematik wird die herkömmliche Soja noch weiter produziert, und sie bekommt zur Zeit durch die Ablehnung von Genfood seitens vieler Konsumentinnen und Konsumenten einen besseren Preis. Es müssen jedoch eine Reihe von Bedingungen erfüllt werden, um die herkömmliche Soja von der Gensoja zu trennen, und die Kosten dafür werden bisher ausschließlich von den herkömmliche Soja produzierenden Bauern getragen[113]. Da eine Koexistenz zwischen gentechnisch modifizierter und herkömmlicher Soja sehr schwierig ist, besonders in kleinen Betrieben, würde die Isolierung zwischen Feldern sich erst dann lohnen, wenn die Preise sehr stark differieren würden.

Dies ist der Fall bei der Biosoja, deren Preise bis zu 50% höher liegen als die der herkömmlichen. Inwieweit die Biosoja eine Alternative für landwirtschaftliche Familienbetriebe sein könnte, wird in diesem Kapitel im Zusammenhang mit der Ausbreitung der Gensoja diskutiert. Zunächst wird die ökologische Sojaproduktion in der Region Santa Rosa vorgestellt mit besonderer Berücksichtigung ihrer wirtschaftlichen Dimension und den entscheidenden Gründen für ihren Anbau.

Als Quelle der Argumentation wird eine explorative Studie benutzt, die zwischen dem 15. Februar und dem 15. März 2003 mit Soja produzierenden Bauern in der Region durchgeführt und zwischen dem 17. Januar und 07. Februar 2005 aktualisiert wurde. Danach wird versucht zu erklären, weswegen die Familienbetriebe in der Region zum Gensojaanbau übergehen und die Biosoja als Alternative ablehnen. Dabei wird auf eine Feldforschung eingegangen, die im Januar 2005 in der Region durchgeführt wurde und mit Hilfe der in Kapitel I und II ausführlich dargelegten theoretischen Grundlage analysiert.

5.1. Die ökologische Sojaproduktion im nordwestlichen Grenzgebiet von Rio Grande do Sul

Eine Minderheit der Bauern in Südbrasilien hat sich dafür entschieden, ökologische Soja anzubauen. Im Südwesten des Bundeslandes Paraná haben Kleinbauern schon vor elf Jahren damit angefangen, und im Nordwesten des Bundeslandes Rio Grande do Sul hat der Anbau von ökologischer Soja vor sieben Jahren begonnen. Während in Paraná die Gewerkschaften die Bauern beeinflussten und der Verkauf durch Unternehmen wie z. B. GaMa Alimentos übernommen wurde, ist die Erfahrung in Rio Grande do Sul durch die Genossenschaft Cotrimaio zustande gekommen. Die Bauern bekommen einen besseren Preis im Vergleich zur konventionellen Soja, sind aber verpflichtet, sich an alle Kriterien des internationalen ökologischen Sojahandels zu halten. Erst nach zwei Jahren des Anbaus wird die Soja als ökologisch bewertet, und die Bauern dürfen keine Art von Chemikalien in der Produktion verwenden. Im folgenden wird die Situation dieser Bauern analysiert, die im nordwestlichen Grenzgebiet von Rio Grande do Sul versuchen, Biosoja zu produzieren, ein Gebiet, das, wie im Kapitel III beschrieben wurde, durch die Sojaproduktion geprägt ist und als eine der wenigen Regionen Brasiliens gilt, wo überwiegend die Familienlandwirtschaft den Sojaanbau betreibt.

[113] Was seit Jahrhunderten das Leben der Bauern charakterisiert, nämlich das Spannungsverhältnis zwischen Abhängigkeit und Selbständigkeit, bleibt also weiter bestehen. (Duby et al. 1975)

5.1.1. Das Biosojaprojekt der Genossenschaft Cotrimaio

149 Bauern haben seit 1999 im nordwestlichen Grenzgebiet von Rio Grande do Sul damit begonnen, ökologische Soja zu produzieren, unterstützt und organisiert von der Cotrimaio, einer großen landwirtschaftlichen Genossenschaft, die die ökologische Sojaproduktion nach Frankreich exportiert. Der Sojaanbau hat in diesem Gebiet stark zugenommen. Von den 219.000 Hektar, die in der Region der Cotrimaio liegen, sind 146.000 Hektar mit Soja bepflanzt worden, was 66% der Grundfläche ausmacht. Für die Cotrimaio ist die Sojaproduktion sehr bedeutend, denn allein Soja macht 35% ihres Umsatzes aus[114]. 2003 schätzte die Genossenschaft, 120.000 Tonnen Soja zu verkaufen, davon 650 Tonnen ökologische Soja. (Wünsch/Dotto 2004)

Das Gebiet, in dem die Cotrimaio tätig ist, besteht aus kleinen landwirtschaftlichen Betrieben: 99,4% der Bauern haben weniger als 100 Hektar und Dreiviertel weniger als 50 Hektar. Am Programm der ökologischen Sojaproduktion sind fast nur Familienbetriebe beteiligt. Es handelt sich um Kleinbauern (im Durchschnitt 16,3 Hektar) mit kleinen Familien (im Durchschnitt 2,6 Kinder) im Durchschnittsalter von 44 Jahren, die eine niedrige Ausbildung haben (im Durchschnitt 6 Jahre Grundschule) und sich in einer prekären sozioökonomischen Situation befinden (im Durchschnitt R$ 2.604,00 oder 700 Euro Nettoeinkommen pro Jahr)[115]. Die Sojaproduktion ist die wichtigste Aktivität der meisten dieser Bauern, aber alle betonen, dass sie parallel für ihren eigenen Bedarf sorgen, was eine diversifizierte Landwirtschaft bedeuten soll (Diagramm 7. Quelle: Andrioli, A. Ebenda).

Diagramm 7: Wichtigste Aktivität - Nordwest Rio Grande do Sul (im Projekt der Cotrimaio)

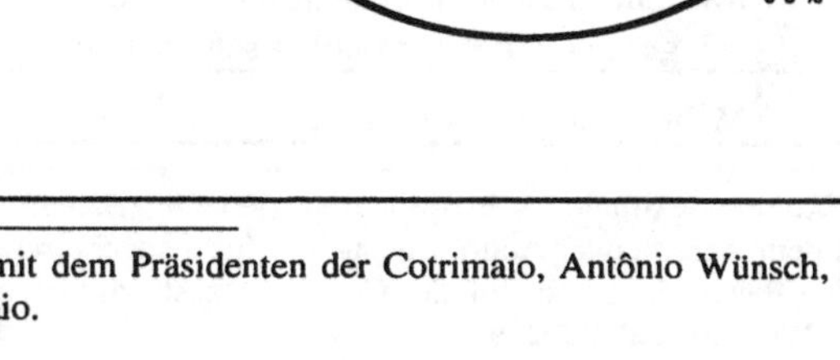

[114] Interview mit dem Präsidenten der Cotrimaio, Antônio Wünsch, am 19. Februar 2003 in Três de Maio.

Wenn man sie fragt, seit wann und warum sie Soja pflanzen, ist die Antwort sofort „seit ich denken kann", und die Gründe, die dafür genannt werden, lauten Rentabilität, Tradition, Einfluss der Regierung und die damalige Neugier (Diagramm 8. Quelle: Ebenda).

Diagramm 8: Gründe für die Sojaproduktion - Nordwest Rio Grande do Sul (im Projekt der Cotrimaio)

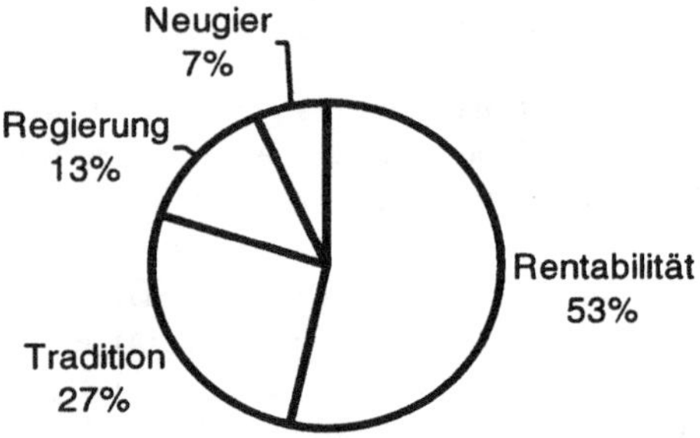

Die Bauern, die seit 1999 im Projekt der Cotrimaio sind und Interesse an ökologischer Sojaproduktion haben, beweisen, dass die ersten zwei Jahre schwierig waren und sie viel lernen mussten. Die Kriterien, die von der Cotrimaio eingesetzt wurden, um die ökologische Soja zu kontrollieren, sind folgende:

Tabelle 15: Kriterien zur Zertifizierung von Biosoja[116]	
Übergangsperiode zur ökologischen Produktion	24 Monate, so dass erst die dritte Ernte als ökologisch angenommen wird.
Konvertierungsplan	Mit einer Fläche anfangen und in fünf Jahren progressiv den gesamten Betrieb ökologisch umstellen.
Größe der Körner	Mehr als sieben Millimeter.

[115] Quelle: Andrioli, A. Explorative Studie mit Biosoja produzierenden Bauern. 2003.

[116] Quelle: Interview mit dem Agrarberater André Batista, der für die technische Beratung der Biosoja produzierenden Bauern in der Region der Cotrimaio zuständig ist, am 19. Februar 2003 in Três de Maio; Wünsch et al. 2002: 9.

Hilosfarbe des Korns	Muss unbedingt hell sein.
Proteingehalt	Mehr als 40%.
Erlaubte Feuchtigkeit	Maximal 14%.
Aussehen der Deckhaut	Sauber.
Fruchtfolge	Jede Fläche darf maximal zwei Jahre mit Soja bepflanzt werden.
Isolierung	Um ökologische Soja von anderer zu trennen, sollen dazwischen fünf Meter breite pflanzliche Absperrungen eingerichtet oder eine Fläche von zehn Metern Breite als konventionelle Soja geerntet werden.
Sojasorte	IAS-5
Herkunft des Saatguts	Selber produzieren oder von der Cotrimaio einkaufen.
Düngemittel	Alle organischen und zertifizierten Düngemittel sind erlaubt .
Unkrautkontrolle	Nur biologische und Naturmethoden sind zugelassen.
Kontrolle der Schädlinge	Biologische Kontrolle mit *Baculovirus anticarsia* und *Bacillus thuringiensis* oder physische Kontrolle mit Fallen.
Kontrolle der Krankheiten	Nur mit organischen und zertifizierten Produkten.
Ernteperiode	Wenn die Körner weniger als 14% Feuchtigkeit enthalten.

Das erklärte Ziel der Cotrimaio mit dem Biosojaprojekt ist, den Bauern eine Alternative anzubieten, um ihre natürlichen und sozioökonomischen Ressourcen zu optimieren. Die technische Unterstützung der Bauern findet durch die Genossenschaft Unitec[117] statt, die Zertifizierung der Produktion wird durch Ecocert[118] organisiert, und die Cotrimaio ist zuständig für den Vertrieb. Der Verkauf von Biosoja ist hauptsächlich auf den menschlichen Verzehr ausgerichtet und erfolgt unter der Marke *Cotrimaio* und *Raízes* in 500 Gramm- und 30 Kilo-Packungen. (Vgl. Wünsch/Dotto 2004: 380)

Das Biosojaprojekt wird im Rahmen eines Programms zur Förderung ökologischer Landwirtschaft organisiert, in dem eine Reihe von Produkten, besonders

[117] Unitec ist eine Dienstleistungsgenossenschaft, die sich auf Agrarberatung konzentriert und im Auftrag von Cotrimaio für die technische Begleitung ihrer Mitglieder zuständig ist. Quelle: Interview mit dem Präsidenten der Unitec, José Álvaro Pacheco, am 19. Februar 2003 in Três de Maio.

[118] Ecocert ist eine international bekannte Kontrollstelle für ökologische Produkten nach der EG-Öko-Verordnung 2092/91. Download: <http://www.ecocert.de> (20.07.2003).

Weizen, Mais, Roggen und Milch auf dem Markt angeboten werden. Somit erreicht die Cotrimaio mit ihrem Angebot einen Nischenmarkt an Konsumentinnen und Konsumenten von Bioprodukten und bietet den Bauern, die in das Biosojaprojekt einsteigen, die Möglichkeit, ihre Betriebe allmählich insgesamt auf ökologische Produktion umzustellen. Inzwischen nehmen rund 200 Bauern, die dabei sind, ihre Betriebe umzustellen, am gesamten Projekt zur Förderung ökologischer Produktion der Cotrimaio teil (was 965 Hektar ausmacht) [119]. Die Förderung des Biosojaanbaus von Seiten der Cotrimaio steht auch im Zusammenhang mit ihrem Programm zur Produktion nichttransgener Soja, wodurch die Genossenschaft in der Lage ist, zertifizierte herkömmliche Soja anzubieten. Diese Chance am Weltmarkt nutzt Cotrimaio für Rio Grande do Sul vorbildlich aus in Partnerschaft mit den Konzernen Giovelli[120], Olvebra[121] und Bunge Alimentos[122]. Dieses Programm begann 1999 mit der Produktion von 7.200 Tonnen Soja und erreichte schon 2003 den Vertrieb von 100.000 Tonnen durch von Ecocert herkömmlich zertifizierter Soja. (Vgl. Ebenda: 381)

5.1.2. Bauern sorgen für mehr Lebensqualität: Gesundheit und Umwelt als Kriterium

Die Familienlandwirtschaft unterscheidet sich von den Lohnarbeitsbetrieben oder modernen kapitalistischen Agrarunternehmen in der Logik ihrer Funktionstüchtigkeit. Während die Lohnarbeitsbetriebe sich ausschließlich an den Kriterien der Profitraten und wirtschaftlicher Effizienz messen lassen, ist ein landwirtschaftlicher Familienbetrieb zusätzlich der Wohn- und Lebensraum einer Bauernfamilie. In diesem Sinne, wie auch Tschajanow (1987) die Familienlandwirtschaft beschrieb, hat die Planung der Arbeitszeit, die Nutzung von Ressourcen und Stoffen, die Organisation des Raums und die Interaktion der Produktionsfaktoren eine andere Bedeutung als nur ihre wirtschaftliche Nutzung.

Wenn ein Kleinbauer Pflanzenschutzmittel und chemische Düngemittel benutzt, ist es klar, dass er selber mit den Stoffen umgehen muss und dass die Umwelt, die dadurch verschmutzt wird, gleichzeitig die Umwelt ist, in der er wohnt und lebt. Es ist also nicht so einfach wie bei einem landwirtschaftlichen Unternehmer, der in der Stadt wohnt und Angestellte für die Arbeit und den Umgang mit Pestiziden bezahlt. In den landwirtschaftlichen Familienbetrieben sind die Folgen der Chemikaliennutzung immer präsent und die Schonung der Umwelt hat direkt mit der Lebensqualität der Familie zu tun, denn Ressourcen wie Wasser, Boden und Luft sind für die Menschen, die da leben, die gleichen, die für die wirtschaftliche Produktion genutzt werden. Da die Auswirkungen der Landwirt-

---

[119] Ebenda.

[120] Hersteller von Pflanzenöl mit Sitz in Guarani das Missões. Der Konzern stellt auch Eiweiß und Weißmehl für Lebensmittel her.

[121] Raffinerie und Abfüller von Öl der Marke Raízes (von Cotrimaio).

[122] Abnehmer von GVO-freier Soja für Lebensmittel.

schaft auf die Umwelt, auch Auswirkungen auf das Leben der Bauern selbst haben, kommt der Frage der Ökologie eine besondere Rolle hinzu. Eine nachhaltige Landwirtschaft ist nicht nur eine Bedingung für die Erhaltung der Natur, sondern auch ein Bedürfnis der Bauern, die in einer zerstörten Umwelt keine Grundlage zum eigenen Leben haben. Es handelt sich konkret um die Gesundheit der Menschen, die auf dem Land leben. Und dies wurde von den ökologische Soja produzierenden Bauern stets betont, wenn sie sich über die Vorteile der ökologischen Sojaproduktion äußerten, sowohl in Rio Grande do Sul (Diagramm 9), als auch in Paraná (Diagramm 10):

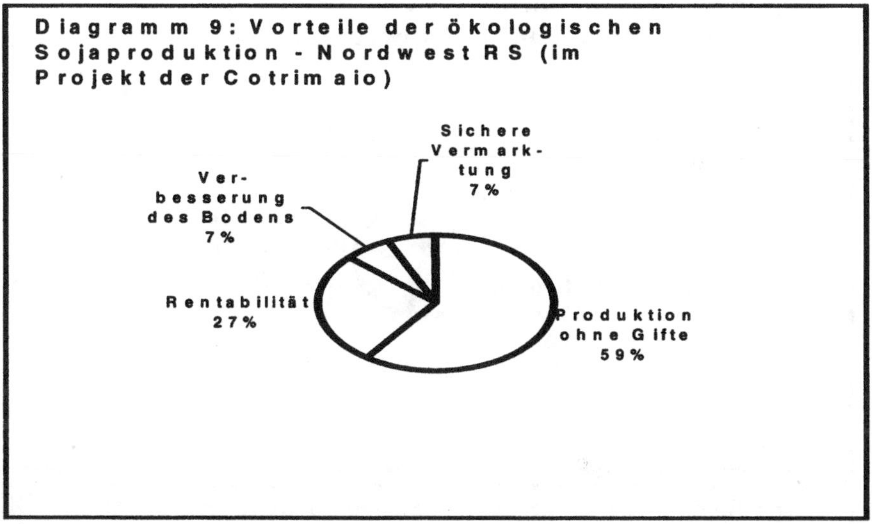

Diagramm 9: Vorteile der ökologischen Sojaproduktion - Nordwest RS (im Projekt der Cotrimaio)

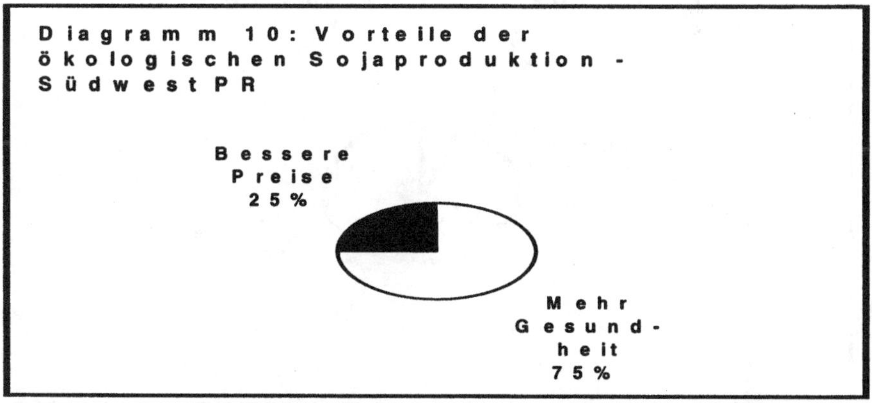

Diagramm 10: Vorteile der ökologischen Sojaproduktion - Südwest PR

Quelle: Andrioli, A. Explorative Studie. 2003.

Auch wenn man die Situation der Bauern als Produzenten ihrer eigenen Nahrung betrachtet, kommt die Frage der Pestizide wieder vor, weil eine Produktion ohne Agrochemikalien eine gesündere Ernährung für die Bauernfamilie selbst bedeutet. Ein anderer Grund, weshalb die Bauern sich als umweltfreundlich bezeichnen und sogar sagen, sie hätten sich für den ökologischen Sojaanbau wegen ihres ökologischen Bewusstseins entschieden (Diagramm 11), hat mit dem Verhältnis zwischen der Bewahrung der Ressourcen und der Struktur und Fruchtbarkeit des Bodens zu tun, was sich auch in der Befragung deutlich gezeigt hat (Diagramm 12):

Diagramm 11: Entscheidende Faktoren für den ökologischen Sojaanbau - Nordwest RS (im Projekt der Cotrimaio)

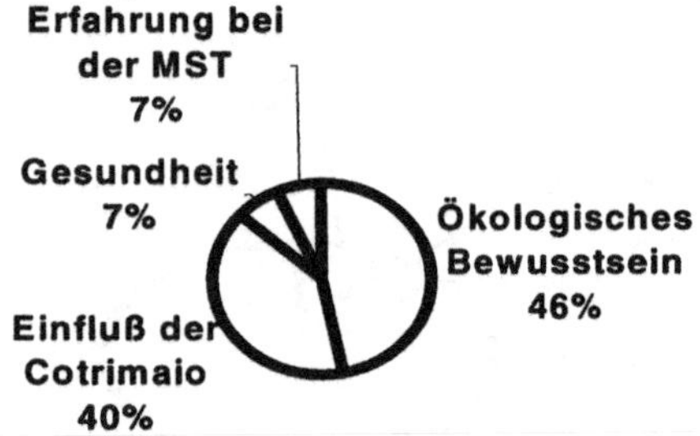

Diagramm 12: Gründe für den ökologischen Sojaanbau - Nordwest RS (im Projekt der Cotrimaio)

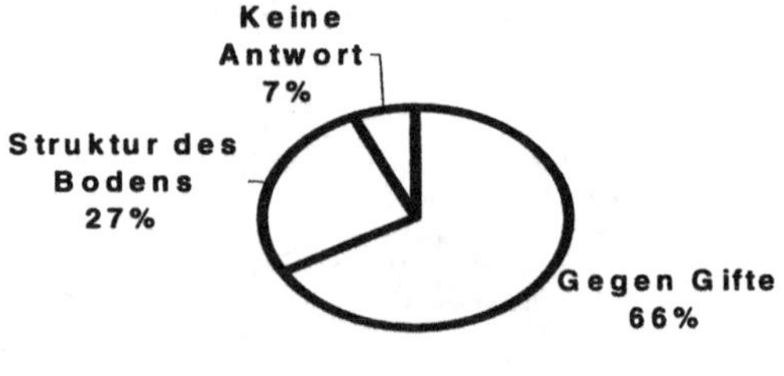

Quelle: Andrioli, A. Explorative Studie. 2003.

Die Vorteile der ökologischen Sojaproduktion nach Angaben der befragten Bauern sind auch wiederholt worden, als sie über die Auswirkungen ihres Produktionssystems auf die Umwelt befragt wurden (Diagramm 13), wobei weniger Kontamination das wichtigste ist, aber auch die bessere Struktur des Bodens und eine neue Erklärung, die nicht von der ökonomischen und Umweltdimension getrennt werden kann: Die Wahrscheinlichkeit von Schädlingsbefall ist geringer bei der ökologischen Produktion (Diagramm 14).

Diagramm 13: Auswirkungen der ökologischen Sojaproduktion auf die Umwelt - Nordwest RS (im Projekt der Cotrimaio)

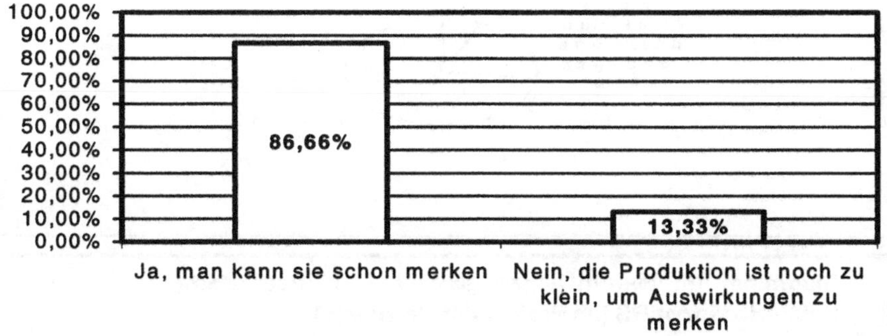

Diagramm 14: Auswirkungen der ökologischen Sojaproduktion auf die Umwelt - Nordwest RS (im Projekt der Cotrimaio)

Quelle: Andrioli, A. Explorative Studie mit Biosoja produzierenden Bauern. 2003.

In der Debatte über die gentechnisch veränderte Soja sprechen sich die meisten der Befragten dagegen aus[123]. Die Gründe dafür sind die Risiken, der Mangel an Kenntnissen und die niedrige Rentabilität. Die Frage der Gesundheit erscheint wieder unter dem Begriff „Risiken", womit die Bauern sich nicht nur über die Qualität ihrer Ernährung Sorgen machen, sondern auch über die Gesundheit der Verbraucher ihrer Produktion (Diagramm 15 und 16)[124].

Diagramm 15: Position über gentechnisch modifizierte Soja - Nordwest RS (im Projekt der Cotrimaio)

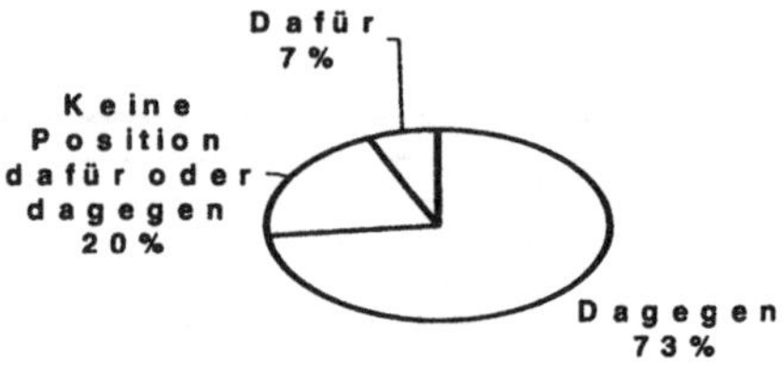

Diagramm 16: Warum gegen gentechnisch modifizierte Soja - Nordwest RS (im Projekt der Cotrimaio)

Quelle: Andrioli, A. Explorative Studie. 2003.

[123] Bei der Untersuchung 2005, nachdem die Gensoja sich in der Region ausbreitete, sprachen sich 85% dagegen aus, und die Gründe dafür sind erstens die Auswirkungen auf die Umwelt und zweitens, dass es sich langfristig nicht lohne. Quelle: Andrioli, A. Explorative Studie mit Biosoja produzierenden Bauern. 2005.

[124] Quelle: Andrioli, A. Explorative Studie mit Biosoja produzierenden Bauern. 2003.

In Anbetracht der heftigen Auseinandersetzung über die gentechnisch veränderte Soja, die im Zeitraum dieser Untersuchung in Südbrasilien stattfand und der Tatsache, dass die meisten Bauern sich für die Gentechnik aussprachen, ist die Position der ökologische Soja produzierenden Bauern schon eine Besonderheit.

Es scheint ein Zeichen des Bewusstseins dieser Bauern zu sein, das zwar nicht ihrer Situation als Kleinbauern widerspricht, das sie aber von anderen Bauern unterscheidet. Obwohl sie eine Minderheit in ihrer Position sind, verweisen sie bewusst auf die Interessen, die hinter dem Einsatz der Gentechnik in der Sojaproduktion stecken und auf die Nachteile einer Technologie, die sich auf den Einsatz von Herbiziden und die Abhängigkeit von Agrarkonzernen gründet.

5.1.3. Die wirtschaftliche Dimension des ökologischen Sojaanbaus

Für viele Bauern, die sich am Programm der Cotrimaio beteiligen, hat der bessere Preis der ökologischen Soja für ihre Entscheidung eine wichtige Rolle gespielt. Im Durchschnitt werden US$ 15,00 pro 60 Kilo[125] bezahlt, also 50% mehr als der Preis der konventionellen Soja. Die meisten Kleinbauern, die nicht in der Lage sind, mehr Land zu kaufen, um die Produktion zu vergrößern, sahen in dem besseren Preis eine attraktive Option zur Rentabilitätssteigerung.

Die Bedingungen der Sojaproduktion tragen dennoch dazu bei, dass vieles an den Betrieben geändert werden muss, und 25% haben seit dem Beginn des Programms die ökologische Produktion aufgegeben. Sie haben grundsätzlich nichts gegen das Programm und planen sogar, sich zukünftig wieder zu integrieren, aber zur Zeit scheint es ihnen zu kompliziert zu sein (Diagramm 17 und 18), und sie glauben, dass sie noch nicht so weit waren, um daran teilzunehmen.

Die Produktivität der ökologischen Soja im Vergleich zur konventionellen ist nach Angaben der ökologischen Soja produzierenden Bauern in den ersten zwei Jahren zwar niedriger aber gleich danach sogar höher. Für die Bauern in Paraná, die seit acht Jahren im Programm sind, ist die Produktivität gleich geblieben. Die Bauern, die nicht mehr ökologische Soja produzieren, haben noch positiver auf diese Frage geantwortet, so dass sie überhaupt nicht von einer niedrigeren Produktivität sprachen, obwohl sie nur in den ersten Jahren ökologische Soja anbauten (Diagramm 19. Quelle: Ebenda).

[125] 60 kg-Sack. Da früher, bevor es den Mähdrescher gab, die Sojabohnen eingesackt gelagert wurden, blieb dies als Maß erhalten, mit dem nicht nur die Bauern, sondern auch die Händler rechnen. Besonders in den Zeiten der hohen Sojapreise wurde die Bezeichnung *Sacksoja* eine Art Währung für viele Geschäfte in der regionalen Landwirtschaft. Der Preis eines Traktors oder sogar eines Grundstücks z.B. wurden nicht in Reais, sondern in „Sojasäcke" umgerechnet. Die von uns durchgeführten empirischen Untersuchungen haben deshalb dieses Merkmal bei der Befragung berücksichtigt.

Die meisten der Befragten im Projekt der Cotrimaio sprachen von einer gleichen und von einer höheren Produktivität der Biosoja im Vergleich zur herkömmlichen (Diagramm 20. Quelle: Ebenda).

Diagramm 17: Gründe für den ökologischen Sojaanbau - Nordwest RS (nicht mehr im Projekt der Cotrimaio)

Diagramm 18: Gründe für das Aufhören mit der ökologischen Sojaproduktion - Nordwest RS (nicht mehr im Projekt der Cotrimaio)

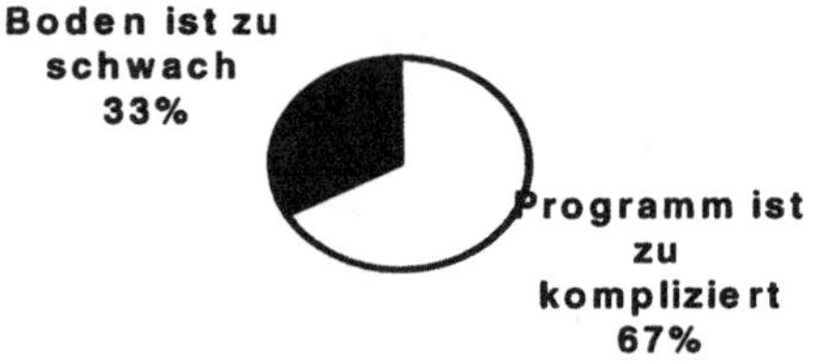

Die angegebenen Ursachen für eine höhere Produktivität der ökologischen Soja sind zum einen die organischen Düngemittel, die nach Angaben der Befragten langfristiger reagieren und eine bessere Bodenstruktur entwickeln, damit die Soja in Dürrezeiten die Sonne besser verträgt und über mehr Feuchtigkeit verfügt. Bei der Untersuchung 2005, also 2 Jahre später, antworteten die befragten Bauern dennoch etwas anders auf die Frage der Produktivität: Obwohl die Mehrheit weiter betont, dass sie den selben oder sogar einen höheren Ertrag mit der Biosoja erreichen, steigen die Angaben derer, die dabei eine niedrigere Produktivität feststellen, auch wenn es nur einen geringen Unterschied ausmacht[126].

Diagramm 19: Produktivität der ökologischen Soja im Vergleich zur konventionellen - Nordwest RS (nicht mehr im Projekt der Cotrimaio)

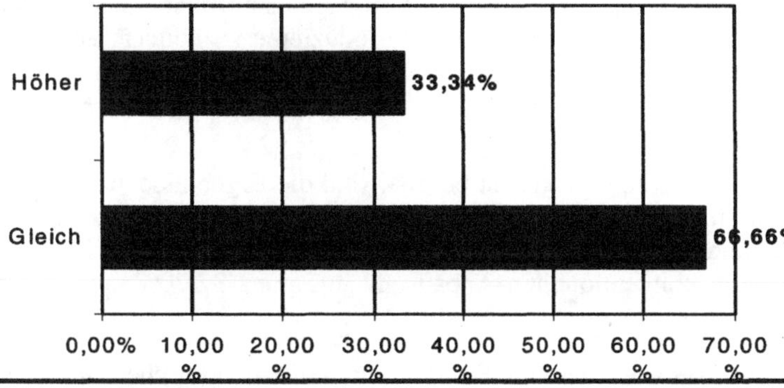

Diagramm 20: Produktivität der ökologischen Soja im Vergleich zur konventionellen - Nordwest RS (im Projekt der Cotrimaio)

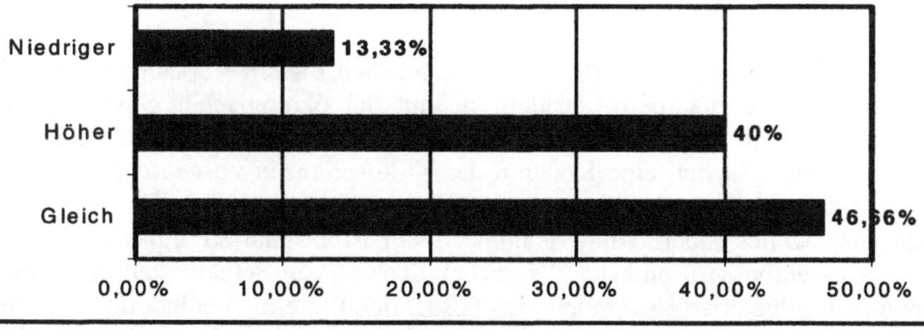

Quelle: Andrioli, A. Explorative Studie. 2003.

Eine Erklärung dafür kann die Tatsache sein, dass im Biosojaanbau auf Grund der Qualitätskriterien nur eine bestimmte Sorte erlaubt ist, die nicht unbedingt die ertragreichste ist. Eine weitere Erklärung, die wiederum dem Argument der Vorteile organischer Düngung widerspricht, ist, dass bei einer Monokultur der komplette Verzicht auf chemische Düngung sich langfristig auch nachteilig auf

126 Quelle: Andrioli, A. Explorative Studie mit Biosoja produzierenden Bauern. 2005.

die Produktivität auswirkt. Wünsch et al. (2002) untersuchten die in der Region mit Biosoja bewirtschafteten Felder und stellten dabei fest, dass durch den ausschließlichen Einsatz organischer Düngung ein Mangel an für die normale Entwicklung der Soja bestimmten notwendigen Nährstoffen, nämlich Phosphat und Kalium, zu bemerken ist.

Der geringe Verlust an Ertrag, der bei manchen Biosojaproduzenten auftaucht, scheint aber nicht die Rentabilität ökologischer Produktion zu beeinträchtigen, denn bei der Untersuchung 2005 stiegen die Angaben signifikant, dass die Vorteile der Biosoja darin liegen, „ohne Gifte" produzieren zu können, aber auch, dass dadurch die Produktion rentabler wird[127]. Entscheidend dabei ist die Einsparung von Betriebskosten, die an Bedeutung gewinnt, je länger die Erfahrung mit dem ökologischen Anbau ist.

Was die Frage der Produktionskosten betrifft, sind die Ergebnisse am wichtigsten für die Bauern. Alle stimmen darin überein, dass die Produktionskosten sinken: In Rio Grande do Sul liegen die Kosten pro Hektar im Durchschnitt 43% niedriger als beim konventionellen Anbau und in Paraná 32,70% niedriger als beim konventionellen Anbau[128].

Ein wesentlicher Faktor ist, dass die Bauern sich die Kosten für chemische Düngemittel und Pflanzenschutzmittel sparen. Viele Bauern waren sich dieser Tatsache bewusst und sagten, dass sie jetzt sparen, statt den großen Chemieunternehmen einen Teil ihrer Produktion zu geben. Jetzt könnten sie durch die Einsparung die Arbeit der Familie besser entlohnen. Hier haben wir den entscheidenden Punkt bei der ökologischen Sojaproduktion: die Bauern verdienen mehr und können billiger und besser produzieren[129].

Es ist auch wichtig zu bemerken, dass die meisten Bauern Veränderungen an ihren Betrieben vornahmen, nachdem sie mit der ökologischen Sojaproduktion begonnen hatten. Eine Bedingung der ökologischen Produktion ist die Fruchtfolge, so dass jährlich eine Rotation der Kulturpflanzen vorgenommen werden muss. Nach vier Jahren ist festzustellen, dass viele Bauern nicht die Sojaproduktion ausgeweitet haben, sondern immer mehr Pflanzenarten anbauten, um den Boden zu verbessern und die Wahrscheinlichkeit von Schädlingen und Krankheiten zu reduzieren. Es handelt sich tatsächlich um eine Veränderung des Produktionssystems, die durch die Umstellung der Sojamonokultur begann (Diagramm 21. Quelle: Andrioli, A. Explorative Studie. 2003)[130].

---

[127] Waren es bei der Untersuchung 2003 nur 26% der befragten Bauern, die auf die Rentabilität hinwiesen als Antwort auf die Frage nach den Vorteilen der Biosoja, so waren es 2005 42%.

[128] Quelle: Andrioli, A. Explorative Studie mit Biosoja produzierenden Bauern. 2003.

[129] Bei der Untersuchung 2005 machten die Betriebskosten pro Hektar R$ 234,00 (ca. 80 Euro) aus.

[130] Quelle: Andrioli, A. Explorative Studie mit Biosoja produzierenden Bauern. 2003.

Diagramm 21: Veränderungen an den Betrieben durch die ökologische Sojaproduktion - Nordwest RS (im Projekt der Cotrimaio)

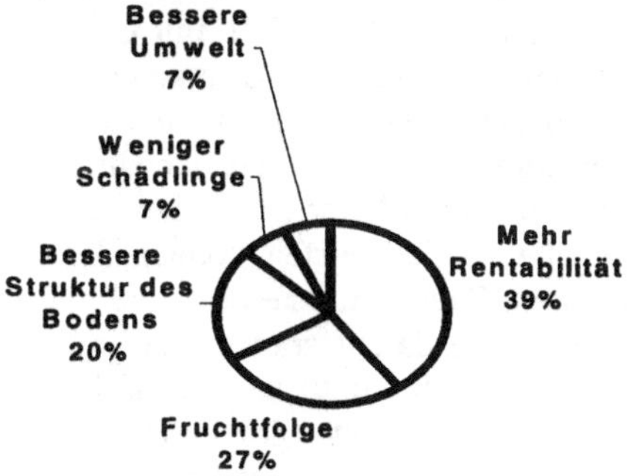

5.1.4. Die Frage des Arbeitseinsatzes im Sojaanbau

Ein Grund für die erfolgreiche Einführung der Sojaproduktion in den fünfziger Jahren und ihre bisherige Erhaltung als wichtigste landwirtschaftliche Aktivität im nordwestlichen Grenzgebiet von Rio Grande Sul ist sicherlich der niedrigere Arbeitseinsatz in ihrem Produktionsprozess. Mit der Mechanisierung und Technisierung wurden den Bauern immer mehr Alternativen nahegelegt, um Arbeit zu sparen und die Produktivität zu erhöhen.

Nach der Mechanisierung, die zwischen 1950 und 1980 intensiviert wurde, begann ab den neunziger Jahren ein Prozess der Reduzierung des Maschinengebrauchs, mit der Folge, dass die Bodenflächen immer weniger gepflügt und geeggt wurden. Das neu eingeführte System wurde als „plantio direto" – direkte Aussaat – bekannt, wofür spezielle Sämaschinen entwickelt wurden und der Einsatz des Herbizids Glyphosat nötig wird. Die Wintervegetation wird durch das Totalherbizid getrocknet, und danach kann sofort die Soja eingesät werden. Durch dieses System wurden auch mehr und verschiedene Sorten von Herbiziden eingesetzt, um das Unkraut in der Wachstumsphase der Soja zu kontrollieren. Das Hacken, das einen hohen Arbeitseinsatz erfordert, wird als veraltet dargestellt, weil der moderne Sojaanbau mit immer weniger manueller Arbeit auskommt. In vielen Betrieben, besonders in den größeren, wurde das Hacken immer mehr abgeschafft und wird als Symbol „harter Arbeit" betrachtet. In wenigen Jahren reduzierte sich die Wirksamkeit vieler Herbizide aber so, dass die Bauern sie ständig wechseln und miteinander kombinieren mussten. Das Unkraut wurde resistenter und brauchte toxischere Stoffe, um bekämpft zu werden. In diesem Kontext ist das Hacken für viele Bauern noch unvorstellbarer geworden. Es gab schon Anbauflächen, auf denen wegen der Zunahme an Unkraut die Sojaproduktion eingestellt wurde und der Boden inzwischen brachliegt.

Als Alternative wurde die gentechnisch veränderte Soja aufgebracht, wobei das Unkraut während der Wachstumsperiode auch mit Glyphosat bekämpft werden kann, ohne dass es der Soja schadet. Die Argumente der Bauern, die gentechnisch veränderte Soja anbauten, beziehen sich auf eine vermeintliche Reduzierung der Herbizidkosten und die Leichtigkeit der Unkrautbekämpfung. In diesem Produktionssystem werden fast nur Maschinen und Herbizide eingesetzt. Die Arbeit der Bauern, die es sich leisten können, besteht dann lediglich im Umgang mit den Maschinen. Bauern, die keine Traktoren und Ausrüstungen dafür haben, bezahlen andere, die darauf spezialisiert sind, mit ihren Maschinen diese Arbeit für die kleineren Bauern zu leisten. Mehrere Bauern geben allerdings ihre Produktion auf und verpachten ihr Land an die besser ausgestatteten Bauern. In diesen Fällen wird fast nur gentechnisch veränderte Soja angepflanzt, und die Sojaproduktion wird tendenziell von Großbauern kontrolliert.

In der Familienlandwirtschaft, wo Arbeitskraft zur Verfügung steht, ist die große Herausforderung jedoch, die Arbeit der Familie entlohnen zu können. Wegen der schwierigen Situation in diesen Betrieben, in denen sehr wenig verdient wird, blieben immer weniger Jugendliche in der Landwirtschaft, so dass die meisten mit einer besseren Ausbildung schon nicht mehr auf dem Land sind. In der Landwirtschaft bleiben die, die keine andere Alternative in den Städten finden, und die Eltern, die noch weniger Chancen in der Stadt haben und sich auch nicht so einfach an das städtische Leben gewöhnen können.

Trotzdem bestehen viele Familienbetriebe weiter, sorgen für ihr Überleben und bauen Soja an, was im Grunde genommen nur für größere Betriebe rentabel wäre. Das ist die Situation der Bauern, die anfingen, ökologische Soja zu produzieren. Im Hinblick auf die Rentabilität der ökologischen Soja lohnt es sich, da sie mehr pro Hektar verdienen als im konventionellen oder gentechnisch veränderten Sojaanbau. Der große Unterschied im Produktionsprozess ist, nach Angaben der Befragten, dass sie Soja nur mit organischen Düngemitteln und ohne jeden Chemikalieneinsatz produzieren (Diagramm 22. Quelle: Ebenda).

Diagramm 22: Wie ökologische Sojabohnen produziert werden - Nordwest RS (im Projekt der Cotrimaio)

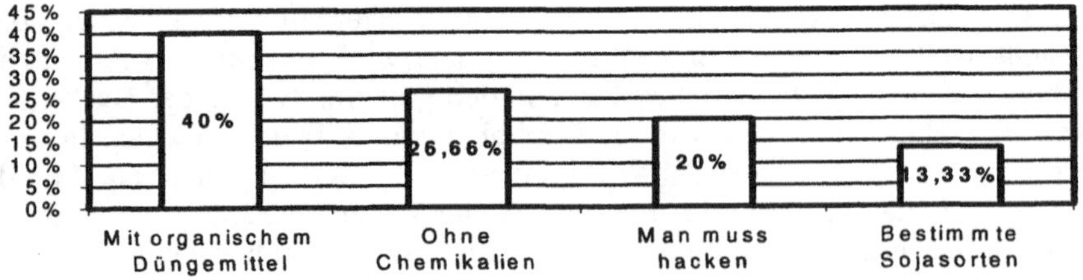

Für die meisten Befragten erfordert ein solches Produktionssystem mehr Arbeitseinsatz, was auch in dem Sprichwort „man muss hacken“ deutlich wird. Das scheint auch die größte Schwierigkeit in größeren Betrieben zu sein, um ökologische Soja anzubauen. Bei den seit 1999 im Projekt der Cotrimaio integrierten 149 Bauern sind nur zwei, die mehr als 50 Hektar besitzen. Die entscheidenden Ursachen dafür sind, nach Angaben der befragten ökologische Soja produzierenden Bauern, die Verfügbarkeit an Arbeitskraft, die in größeren Betrieben geringer ist, und das Unkraut, das in vielen Betrieben durch die „Modernisierung“ der Landwirtschaft unkontrollierbar geworden ist. Trotzdem hält die Mehrheit der Befragten es für möglich, ökologische Soja in großen Betrieben anzubauen (Diagramm 23).

Diagramm 23: Über die Möglichkeit, ökologische Soja auch in großen Betrieben zu produzieren - Nordwest RS (im Projekt der Cotrimaio)

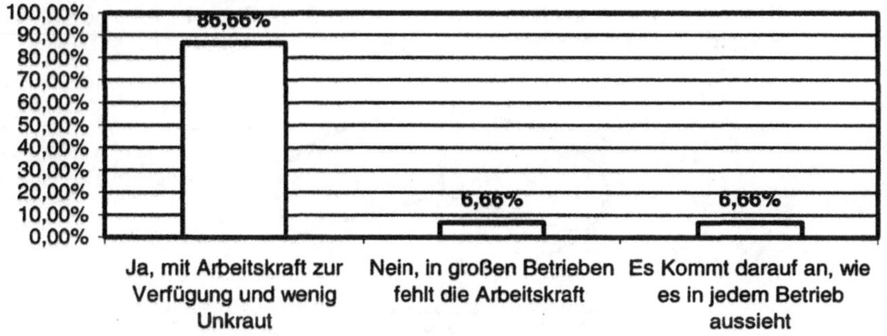

Quelle: Andrioli, A. Explorative Studie mit Biosoja produzierenden Bauern. 2003.

Was wahrscheinlich in dieser Hinsicht eine wichtige Rolle spielt, ist die Leichtigkeit der Produktion mit gentechnisch veränderter Soja im Vergleich zur ökologischen Soja, deren Bedingungen für viele Großbauern diese Option uninteressanter machen. Im Gespräch mit Großbauern hat sich auch herausgestellt, dass viele von ihnen überhaupt keine Lohnarbeiter zum Hacken mehr anstellen wollen, wenn sie allein mit Herbiziden für die Unkrautbekämpfung zu Recht kommen. Sie behaupten auch, Arbeiter einzustellen, führe zu Problemen mit der Justiz, da viele Lohnarbeiter normalerweise nicht regelmäßig als registrierte Arbeiter angenommen werden. Die Frage der Arbeitserleichterung scheint für die Großbauern, die sowieso nicht selber für den größten Teil der Arbeit im Betrieb zuständig sind, nicht so wichtig zu sein. Sie interessiert, was am Ende als Profit aus der Produktion herauskommt, wobei die Arbeit schon als Produktionskostenfaktor gerechnet wird, und je produktiver sie wird, desto besser für das Unternehmen. Wenn in diesem Kontext die Arbeitskosten durch den Einsatz von

Herbiziden reduziert werden können, wird es für sie rentabler, auch wenn Herbizide manchmal teurer sind.

Bei der ökologischen Sojaproduktion ist der Arbeitseinsatz für die meisten Bauern höher, da keine Herbizide eingesetzt werden dürfen und die Bedingungen des Produktionsprozesses auch mehr Sorgfalt erfordern. Dies ist aber nicht der Grund, weswegen Bauern mit der Biosoja in der Region aufgehört haben, denn nur 1/3 von ihnen spricht von einer höheren Arbeitsintensität ökologischer Produktion im Vergleich zur herkömmlichen (Diagramm 24. Quelle: Ebenda). Von den Bauern, die wenig Unkraut in ihren Plantagen hatten, bevor sie mit der ökologischen Produktion anfingen, wurde nicht mehr Arbeit eingesetzt (Diagramm 25. Quelle: Ebenda).

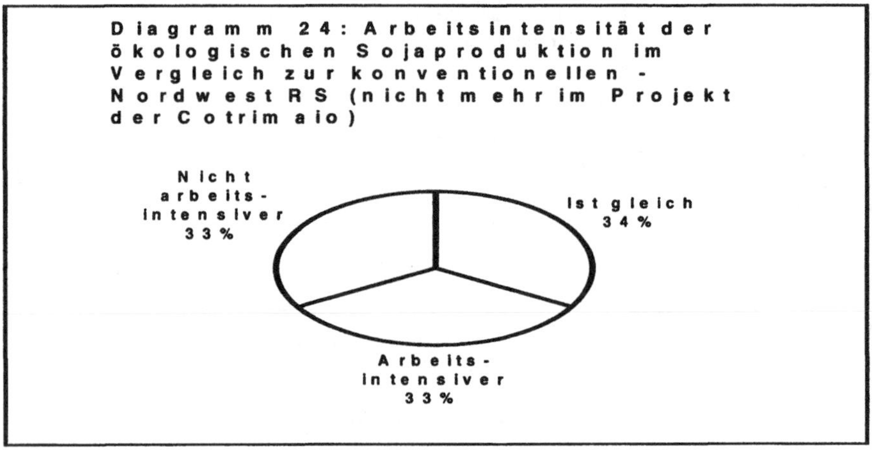

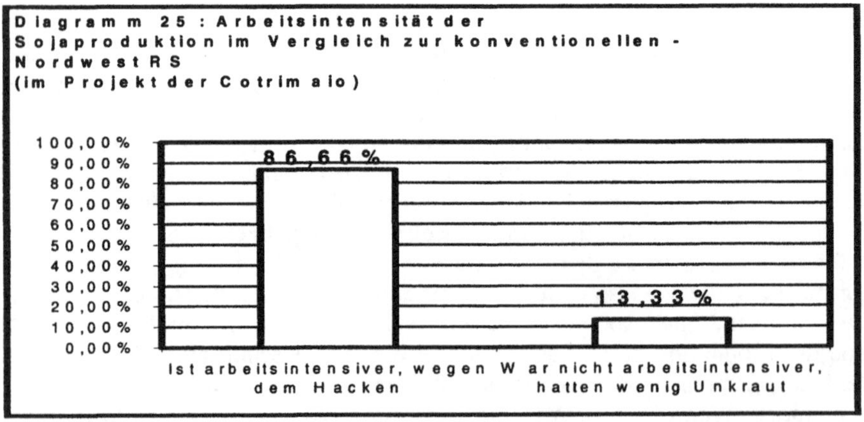

Das ist die Situation der Bauern, die schon vorher ohne Pestizide produzierten und bei denen die Umstellung wenig an der Logik des Betriebs änderte. In solchen Fällen wurde die ökologische Produktion sogar weniger arbeitsintensiv, was auch bei den Bauern der Fall ist, die sich schon längere Zeit mit der ökologischen Soja beschäftigen[131].

Wenn auf der einen Seite die ökologische Sojaproduktion im Vergleich zur konventionellen für die meisten Bauern arbeitsintensiver ist, ist sie auf der anderen Seite rentabler. In diesem Fall ist die höhere Rentabilität der Sojaproduktion, die durch die reduzierten Produktionskosten und die besseren Preise erreicht wird, die Entlohnung der Arbeit, die im Produktionsprozess eingesetzt wurde. Das ist auch der Grund, weswegen die Kleinbauern die ökologische Sojaproduktion als eine Alternative für die Familienlandwirtschaft ansehen. In der Familienlandwirtschaft, wo keine Lohnarbeiter angestellt werden, stellt das gesamte Nettoeinkommen die Entlohnung der Arbeit dar, die von der Familie geleistet wird.

5.2. Familienbetriebe gehen zum Gensojaanbau über

In der Konkurrenz zwischen der Gensoja und der Biosoja ist die ökologische Produktion der Produktion gentechnisch modifizierter Soja auch aus Kostengründen überlegen. Von daher kann man sich eine Situation vorstellen, in der die Familienbetriebe ihre Chance mit ökologischer Produktion wahrnehmen könnten. Die Realität der sojaproduzierenden Betriebe im nordwestlichen Grenzgebiet von Rio Grande do Sul zeigt aber einen ganz anderen Trend: 70,9% der befragten Bauern geben an, sie produzieren Gensoja[132] und 76% sehen die Entscheidung der brasilianischen Regierung, den Gensojaanbau im Lande zu erlauben, als korrekt an[133]. In der gesamten Region sind es nur 1,7%, die Biosoja anbauen[134] und 36%, die noch herkömmliche Soja produzieren[135]. Von den 149 Bauern, die 2003 im Rahmen des Projekts der Cotrimaio Biosoja anbauten, sind es 2005 nur mehr 68 gewesen, mit insgesamt 278,75 Hektar. Die gesamte Produktion von Biosoja in der Region der Cotrimaio betrug in der Ernte 2003/2004 rund 600 Tonnen, also 0,62% der gesamten Sojaproduktion, die von der Cotrimaio in dem Jahr aufgekauft wurde. Das Biosojaprojekt der Genossenschaft lei-

---

[131] Bei der Untersuchung 2005 ist festzustellen, dass sich die Angaben zur Arbeitsintensität im Biosojaanbau in zwei Jahren erheblich änderten. 2003 antworteten 86%, dass die Biosoja arbeitsintensiver ist, während 13% darauf hinwiesen, dass nicht mehr Arbeitseinsatz notwendig ist, weil sie in ihren Betrieben mit wenig Unkraut konfrontiert waren. 2005 sanken die Angaben zur Erhöhung der Arbeitsintensität auf 57%, und die Antworten, dass die Biosoja nicht arbeitsintensiver sei, stiegen auf 42%, was die Hypothese bestätigt, dass der Umgang mit Unkräutern beim ökologischen Anbau effektiver ist und sich langfristig als deutlich vorteilhafter in Bezug auf den Arbeitseinsatz auswirkt.

[132] Siehe Tabelle 17. (S. 315)

[133] Siehe Tabelle 18. (S. 315)

[134] Siehe Tabelle 19. (S. 315)

[135] Siehe Tabelle 20. (S. 315)

det darunter, dass im Vergleich zur Nachfrage viel zu wenig produziert wird[136]. Wie ist es zu erklären, dass die Kleinbauern trotz der Möglichkeit, Biosoja billiger zu produzieren und einen besseren Preis dafür zu bekommen, zur Gensojaproduktion übergehen?

5.2.1. Die Tendenz zur kapitalistischen Differenzierung in der Landwirtschaft

Die Landwirtschaft ist keineswegs isoliert von der gesamten Struktur der kapitalistischen Gesellschaft. Ein Bauer strebt, wie Schultz (1964) bemerkt, wie jeder andere kapitalistische Unternehmer danach, die Anwendung seiner Ressourcen so zu kombinieren und zu optimieren, dass die besten wirtschaftlichen Resultate erzielt werden. Dies ist jedoch nur als Trend festzustellen, in dem die Bauern von der Logik der kapitalistischen Marktwirtschaft geprägt und von der Konkurrenz gezwungen werden, der technischen Entwicklung zu folgen, um überleben zu können. Es ist das, was Tschajanow (1987) als kapitalistische Durchdringung in der Landwirtschaft bezeichnet, d.h. ein Prozess, der die landwirtschaftlichen Familienbetriebe zunehmend an die Agrarindustrie bindet und sie letztendlich zum Verschwinden verurteilt.

Da die Technik ein geschichtlich-gesellschaftliches Projekt ist, in dem die beherrschenden Interessen der Gesellschaft projektiert sind (Marcuse 1979), wird sich das eigene ökonomische Kalkül der landwirtschaftlichen Familienbetriebe tendenziell zunehmend verändern und an die herrschende Logik kapitalistischer Wirtschaft anpassen. Dies ist jedoch kein linearer Prozess, denn alte Strukturen können durchaus mit den neuen koexistieren, der Grund weswegen die landwirtschaftlichen Familienbetriebe in vielen Ländern noch existieren, obwohl die meisten Prognosen dagegen sprachen.

Der Anpassungsdruck kapitalistischer Wirtschaft, dem auch die Familienlandwirtschaft zunehmend unterliegt, fordert die landwirtschaftlichen Betriebe zu einer Erhöhung ihrer Produktion und Wettbewerbsfähigkeit heraus. Und weil für die erforderliche Erhöhung der Produktion Ackerböden nur eine begrenzt verfügbare Ressource sind, führt das Ganze zur Landkonzentration und Landflucht, also letztendlich zum Zusammenbruch der Familienbetriebe. Die Steigerung der Produktivität des Ackers reduziert die Kosten pro Produkteinheit; und eine Anbaufläche, die an Produktivität gewinnt, erhöht die Differentialrente für ihren Eigentümer, sei es im Fall der Pacht oder des Verkaufs von Land. Auch für die Kleinbauern, die wegen der Begrenzung ihrer Fläche benachteiligt sind, bietet die Erhöhung der Flächenproduktivität die Chance, auf dem selben Acker mehr produzieren und dadurch die Kosten pro Produkteinheit zu verringern, was im Konkurrenzkampf eine erhebliche Rolle spielt. Viele befragte Bauern geben an,

[136] Interview mit Nelson Hammes, Geschäftsführer des agroindustriellen Komplexes der Cotrimaio, am 17. Januar 2005 in Três de Maio.

ähnlich wie bei der von Romeiro (1998) in Brasilien durchgeführten Studie, dass für sie der entscheidende Grund zur technischen Innovation die Erhöhung der Flächenproduktivität sei, wobei auch wichtig ist, dass eine Gruppe sich bereit erklärt, Technik einzusetzen, wenn angemessene Kreditbedingungen zur Verfügung stünden (Diagramm 26. Quelle: Ebenda).

Diagramm 26: Entscheidender Grund zur technischen Innovation im landwirtschaftlichen Betrieb

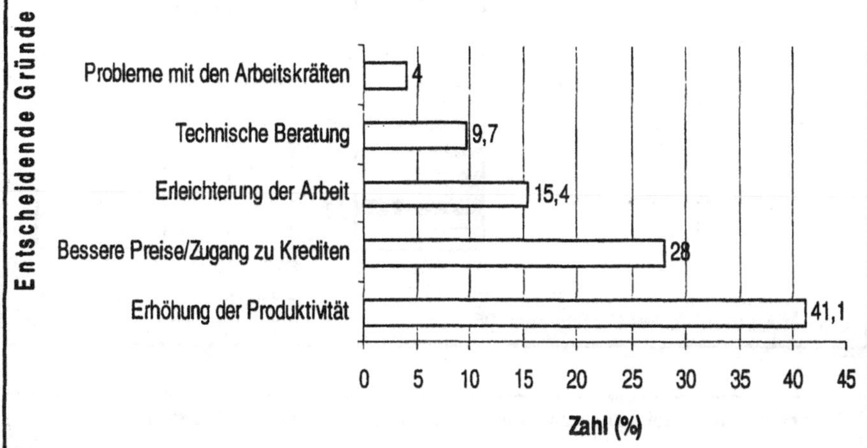

Bauern, die auf Grund der natürlichen Fruchtbarkeit ihres Bodens schon über eine hohe Produktivität verfügen (erste Differentialrente), versuchen durch den Technikeinsatz, eine zweite Differentialrente zu erzielen und setzen weiterhin auf die Erhöhung der Flächenproduktivität. Durch unsere Feldforschung wurde dieser Trend auch bestätigt, denn bei den Bauern, die die Erhöhung der Produktivität als entscheidenden Grund zur technischen Innovation in der Landwirtschaft angeben, besteht schon die höchste Produktivität (Diagramm 27. Quelle: Ebenda).

Auch als nach der Bedeutung von Technik in der Landwirtschaft gefragt wurde, kam die Erhöhung der Flächenproduktivität an erster Stelle (Diagramm 28. Quelle: Ebenda). In diesem Sinne ist es bemerkenswert, dass mehr als 80% der Befragten von eingekauftem Saatgut, chemischer Düngung, direkter Aussaat und Herbiziden Gebrauch machen, in der Hoffnung, dadurch die Flächenproduktivität steigern und die Produktionskosten senken zu können[137].

---

[137] Siehe Tabelle 21. (S.316)

Diagramm 27: Entscheidender Grund zur technischen Innovation und durchschnittliche Produktivität (in 60 kg-Sack pro Hektar)

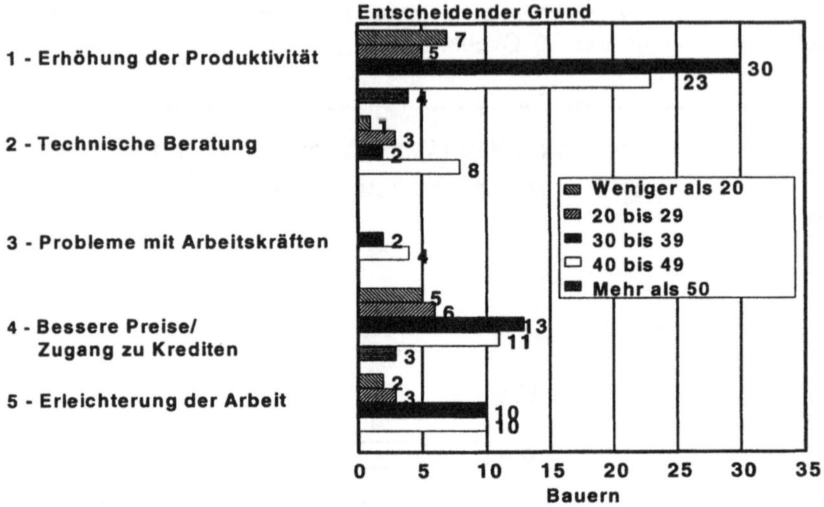

Quelle: Andrioli, A. Feldforschung 2005.

Diagramm 28: Meinung zum Einsatz von Technik in der Landwirtschaft

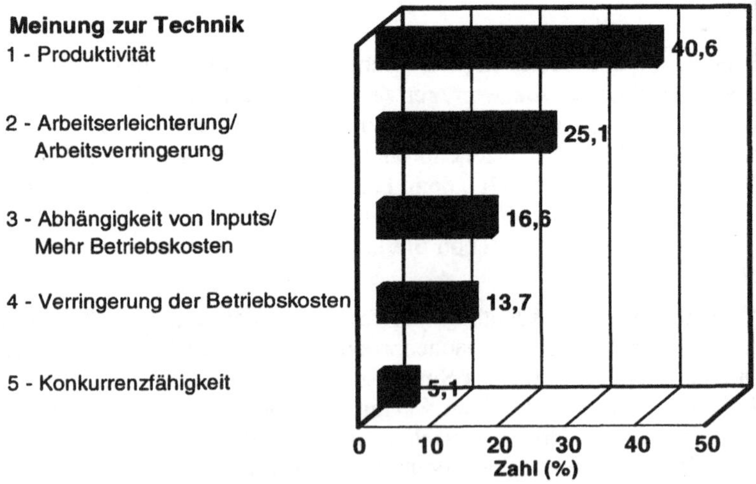

Quelle: Andrioli, A. Feldforschung 2005.

Was also den Technikeinsatz angeht, besteht kein grundsätzlicher Unterschied zwischen den Großbetrieben und den Kleinbetrieben in der regionalen Sojaproduktion. Die bereits von Kautsky und Lenin angenommene technische Überlegenheit der Großbetriebe trifft da nicht zu, denn schon seit Anfang der neunziger Jahre folgen die meisten der befragten Kleinbauern in der Region dem höchsten Stand der Technik in der Sojaproduktion, mit intensivem Maschineneinsatz und zunehmendem Gebrauch von sogenannten modernen Betriebsmitteln. Als nach der durchschnittlichen Produktivität in den jeweiligen Betrieb selbst gefragt wurde, gab die Mehrheit der Befragten Erträge zwischen 30 und 50 Sack[138] pro Hektar[139] und Betriebskosten zwischen 10 und 30 Sack pro Hektar[140] an. Wenn man nach diesen Angaben ausrechnet, was letztendlich als Nettoeinkommen in der Sojaproduktion für einen Betrieb übrig bleibt, kommt man auf einen Durchschnitt von 16,7 Sack pro Hektar, also 501 Reais (143 Euro) wobei 65% der Befragten eine Schwankung zwischen 5,85 Sack (50 Euro) und 27,5 Sack (235 Euro) als Nettoeinkommen pro Hektar vorweisen[141] (Diagramm 29).

Diagramm 29: Unterschied zwischen dem durchschnittlichen

Sojaproduktion (in 60 Kg-Sack pro Hektar)

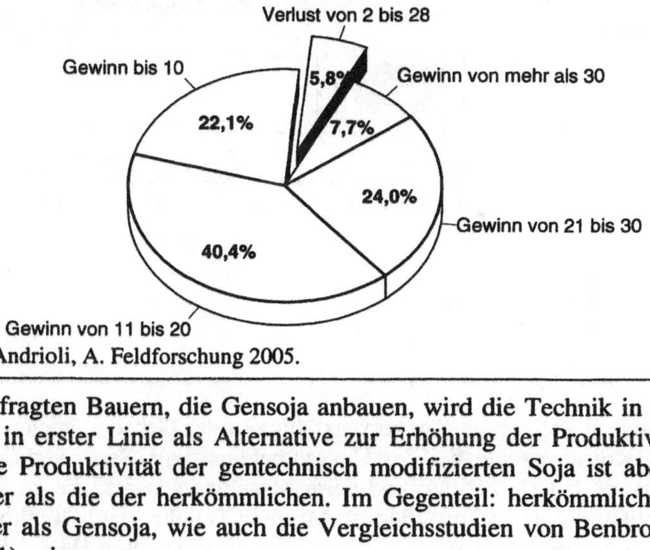

Quelle: Andrioli, A. Feldforschung 2005.

Für die befragten Bauern, die Gensoja anbauen, wird die Technik in der Landwirtschaft in erster Linie als Alternative zur Erhöhung der Produktivität gesehen[142]. Die Produktivität der gentechnisch modifizierten Soja ist aber keineswegs höher als die der herkömmlichen. Im Gegenteil: herkömmliche Soja ist produktiver als Gensoja, wie auch die Vergleichsstudien von Benbrook in den USA (2001) zeigen.

[138] 60 kg-Sack. Siehe dazu Fußnote 125. (S.197)
[139] Siehe Tabelle 22. (S.316)
[140] Siehe Tabelle 23. (S.316)
[141] Siehe Tabelle 24. (S.317)
[142] Siehe Tabelle 25. (S.317)

Die befragten Gensoja produzierenden Bauern erreichen eine niedrigere Produktivität im Vergleich zu denen, die bisher auf die Gentechnik verzichteten (Diagramm 30).

Diagramm 30: Welche Soja angebaut wird und durchschnittliche Produktivität (*)

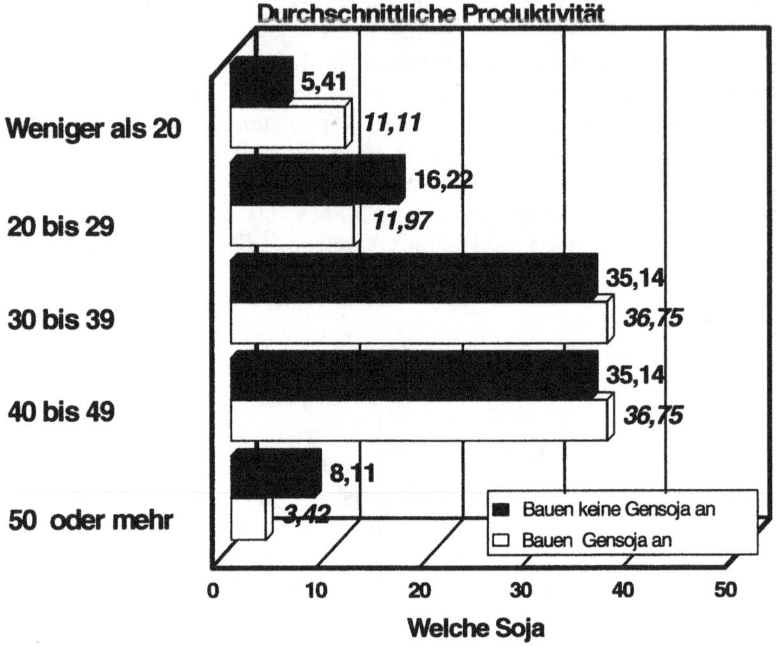

Quelle: Andrioli, A. Feldforschung 2005.
(*) In 60 Kg-Sack pro Hektar

Eine wichtige Rolle für die Konkurrenzfähigkeit der Gensoja spielen jedoch die bisherigen Kostenvorteile bei der Unkrautbekämpfung. Sehr wichtig dabei ist die Einsparung bei Herbiziden und beim Maschineneinsatz, die zu Beginn des Gensojaanbaus sofort festzustellen ist. Mit dem Totalherbizid Glyphosat, das im Vergleich zu anderen und zur Zeit sogar weniger effizienten Herbiziden billiger ist, kann ein Bauer Kosten pro Hektar einsparen und eine einfachere Unkrautbekämpfung durchführen.

Diese beiden Faktoren, also die Arbeitserleichterung und die Reduzierung der Produktionskosten, sind für die befragten Bauern die entscheidenden Gründe, weshalb sie Gensoja anbauen (Diagramm 31).

Diagramm 31: Gründe für den Gensojaanbau

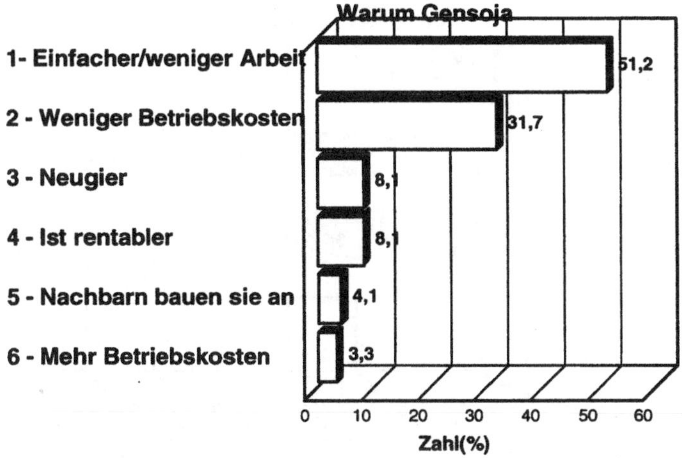

Quelle: Andrioli, A. Feldforschung 2005.

Wichtig dabei ist, dass die Reduzierung der Produktionskosten durch den Einsatz der Gentechnik den Bauern nicht nur die Chance bietet, zunächst mehr pro Hektar zu verdienen, sondern auch in der weltweiten Konkurrenz der Sojaproduktion mithalten zu können, denn die größten Konkurrenten, also die US-amerikanischen und die argentinischen Sojaproduzenten, sind schon länger dabei, die Gentechnologie anzuwenden.

In diesem Sinne handeln die meisten befragten Bauern, und sie sehen überhaupt keine Chance, dem sogenannten technischen Fortschritt mittels Gensoja nicht zu folgen, denn sie befürchten einen Verlust an Wettbewerbsfähigkeit. Wie die Untersuchung Gensoja produzierender Bauern beweist, entwickelt sich die Lage aber sehr widersprüchlich, denn bei diesen sind die Produktionskosten höher im Vergleich zu den Bauern, die keine Gensoja anbauen (Diagramm 32).

Für die Bauern, die bisher auf die Gentechnik verzichteten, bedeutet Technik in der Landwirtschaft auch mehr Abhängigkeit und eine Erhöhung der Produktionskosten (Diagramm 33). Deshalb wird gerade bei der Frage der Produktionskosten die Polemik zwischen Gensoja und Biosoja spannend. Die ökologische Soja produzierenden Bauern, die in der Region befragt wurden, beweisen eine durchschnittliche Reduzierung der Produktionskosten in Höhe von 43% im Vergleich zur herkömmlichen Soja, was mit der Gensoja nicht zu erreichen war. Die entscheidende Frage lautet dann, weswegen die Bauern es vorziehen, Gensoja zu produzieren, wenn sie mit der Biosoja deutlich mehr Kosten einsparen könnten.

Diagramm 32: Gensojaanbau und Betriebskosten pro Hektar (*)

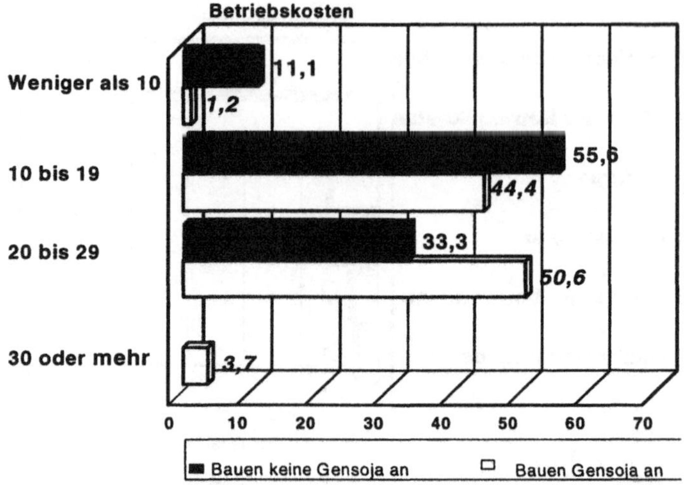

Quelle: Andrioli, A. Feldforschung 2005.
(*) In 60 Kg Sack pro Hektar

Diagramm 33: Welche Soja angebaut wird und die Bedeutung von Technikeinsatz in der Landwirtschaft

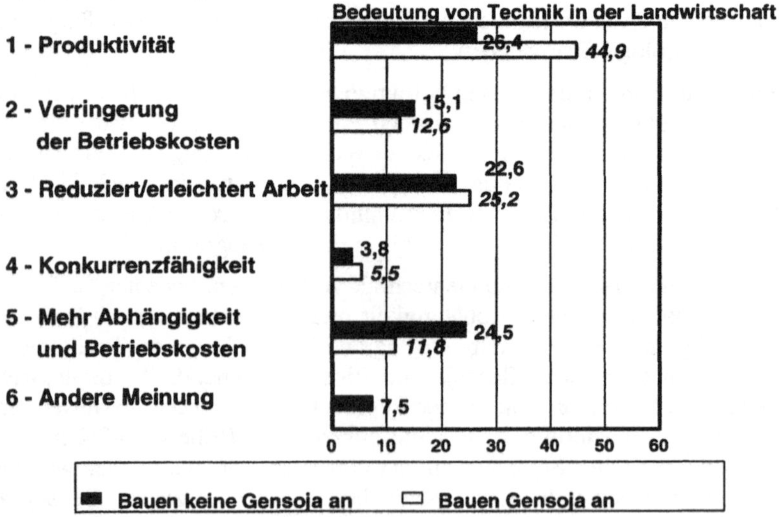

Quelle: Andrioli, A. Feldforschung 2005.

Die Antwort der Bauern bezieht sich an erster Stelle auf die Unkompliziertheit und Arbeitserleichterung bei der Unkrautbekämpfung beim Einsatz der Gensoja, was als erster Grund angegeben wird[143]. Diese Antwort stimmt mit dem überein, was Bauern bezüglich der Arbeitsintensität bei der Biosojaproduktion angaben[144]. Die Antwort, dass die Biosojaproduktion zu kompliziert ist, kam auch von den Bauern, die darüber befragt wurden, was sie über die Biosoja denken, wobei auch geäußert wird, dass es eine Alternative für Kleinbauern sei, dass es sich nicht lohne, dass sie arbeitsintensiver sei, und dass Kosten eingespart werden könnten.[145] Die Angabe der Unkompliziertheit wird jedoch deutlicher bei der Frage nach der Gensoja geäußert, wobei der geringere Arbeitseinsatz im Vordergrund steht (Diagramm 34).

Diagramm 34: Meinung zur Gensoja

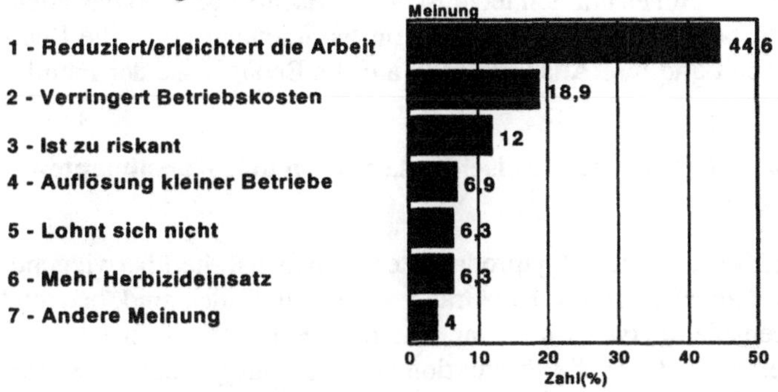

Quelle: Andrioli, A. Feldforschung 2005.

Auch wenn die meisten Bauern normalerweise nicht ihre eigene Arbeit als Produktionskosten rechnen[146], zeigt sich hier, dass sie die Erhöhung der Arbeitsproduktivität als vorteilhaft ansehen, denn eingesparte Arbeitszeit kann irgendwo anders produktiv eingesetzt werden. Gerade bei den Bauern, die an der Biosoja das Problem sehen, dass sie zu arbeitsintensiv sei, werden die Effekte der Technik in der Landwirtschaft mehr in Bezug auf die Erleichterung und Verringerung der Arbeit gesehen, - ein Hinweis darauf, dass in der Familienlandwirtschaft neben der üblichen Analyse wirtschaftlicher Resultate zusätzlich interne spezifische Gründe eine Bedeutung bei der Entscheidung über technische Innovationen haben[147].

---

[143] Siehe Diagramm 31. (S. 211)
[144] Siehe Diagramm 25. (S. 204)
[145] Siehe Tabelle 26. (S. 317)
[146] Mit Rücksicht auf dieses Merkmal wurden die Produktionskosten auch ohne Einbezug der Arbeitskosten in der Feldforschung aufgenommen, was auch für die Auswertung gilt.
[147] Siehe Tabelle 27. (S. 318)

5.2.2. Interne Gründe für die technische Modernisierung der Familienbetriebe

Durch die wirtschaftliche Analyse auf der Makroebene wird der Trend zur kapitalistischen Differenzierung (nach Kautsky und Lenin) oder Durchdringung (nach Tschajanow und Tepicht) in der Landwirtschaft auf Basis der untersuchten Betriebe bestätigt. Auf der Mikroebene sind dennoch subjektive Elemente präsent, die bei der Entscheidung über den technischen Einsatz für die Kleinbauern eine wichtige Rolle spielen. Es ist also genauso wichtig, partikuläre Merkmale der Familienlandwirtschaft zu entdecken, die aus der Sichtweise der meisten Kleinbauern dazu führen, dass sie die Gensoja anwenden und ihre Betriebe nicht auf die Biosojaproduktion umstellen. Es wird besonders auf zwei Aspekte hingewiesen, die für das Konzept einer bäuerlichen Familienwirtschaft im Mittelpunkt stehen, wenn es um den technischen Fortschritt geht: a) das Gleichgewicht zwischen Arbeitern und Konsumenten im Familienbetrieb b) die Beschwerlichkeit der Arbeit und ihre Auswirkungen auf die Bedürfnisse der Familienmitglieder.

5.2.2.1. Das Gleichgewicht zwischen Arbeitern und Konsumenten im Familienbetrieb

Für die kleinbäuerlichen Sojaproduzenten Brasiliens, die überwiegend im nordwestlichen Grenzgebiet von Rio Grande do Sul zu finden sind, bedeutet der Einsatz der Gensoja in erster Linie eine Alternative, die Beschwerlichkeit der Arbeit zu reduzieren, wodurch die Produktion zunächst mit geringeren Kosten erreichbar scheint. Wie bereits Tschajanow die Logik der Familienwirtschaft beschrieb, werden Kleinbauern danach streben, „ihre Bedürfnisse mit möglichst geringer Mühe zu decken, ihre Arbeitskraft in Anpassung an die vorhandenen Produktionsmittel und unter Berücksichtigung aller Verwendungsmöglichkeiten so zu verwenden, daß alle Möglichkeiten zur Erzielung eines hohen Ertrages ausgenützt werden". (Tschajanow 1987: 60)

Das Ziel des Kleinbauern sei also, möglichst einen hohen Rohertrag zu erzeugen, der zur Bedürfnisbefriedigung der Familie am besten geeignet ist. Von den befragten Bauern in der Region Santa Rosa sind 92% Grundeigentümer[148], die ausschließlich mit der Arbeitskraft der eigenen Familie zurecht kommen[149]. Die Mehrheit besitzt weniger als 20 Hektar[150] und obwohl die meisten Kinder haben[151], handelt es sich um kleine Familien, die im Durchschnitt aus vier Personen bestehen[152]. Die Mehrheit der Familienmitglieder arbeitet im eigenen land-

[148] Siehe Tabelle 28. (S. 318)
[149] Siehe Tabelle 29. (S. 318)
[150] Siehe Tabelle 30. (S. 319)
[151] Siehe Tabelle 31. (S. 319)
[152] Siehe Tabelle 32. (S. 319)

wirtschaftlichen Betrieb[153] und erbringt eine hohe wöchentliche Arbeitszeit, die für 34% mehr als 60 Stunden umfasst[154].

Bei den Familien, die Gensoja anbauen, ist die Zahl der arbeitenden Mitglieder kleiner im Vergleich zu denen, die bisher keine Gensoja anbauen (Diagramm 35). Dies stimmt mit Tschajanows Analyse überein, denn für die Familien, die über weniger Arbeitskraft verfügen, bietet die Gensoja die Chance, mit weniger Arbeit produzieren zu können. Aber auch die Zahl der Familienmitglieder[155] und die wöchentliche Arbeitszeit ist geringer bei den Bauern, die Gensoja produzieren[156]. Es kommt noch hinzu, dass bei den Familien, die Gensoja anbauen, die Zahl der Rentner[157] durchschnittlich höher ist, eine zusätzliche Einnahmequelle, die für die Kleinbauern eine wichtige Rolle bei der Bedürfnisbefriedigung spielt[158].

Diagramm 35: Welche Soja angebaut wird und die Zahl der arbeitenden Familienmitglieder

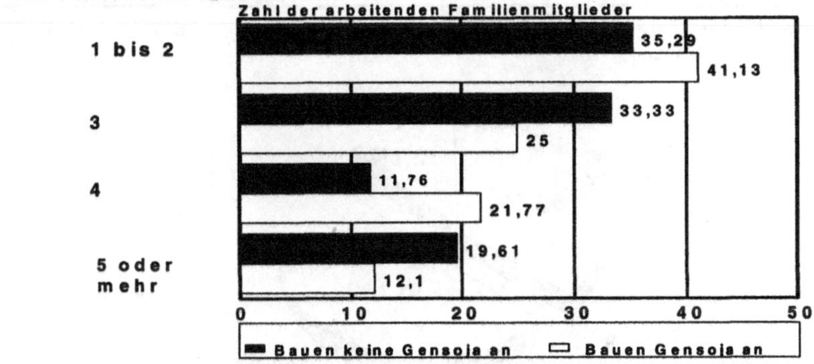

Quelle: Andrioli, A. Feldforschung 2005.

Bei der Meinung zur Biosoja sind auch die Größe der Familie, die Zahl der arbeitenden Mitglieder, die Zahl der Rentner und die wöchentliche Arbeitszeit von Bedeutung: Bei den Bauern, die angeben, die Biosojaproduktion sei zu arbeitsintensiv, steigen die Angaben, je kleiner die Familie (Diagramm 36) und je höher die wöchentliche Arbeitszeit ist (Diagramm 37). Bei der Antwort, es würde sich

[153] Siehe Tabelle 33. (S. 319)
[154] Siehe Tabelle 34. (S. 319)
[155] Siehe Tabelle 35. (S. 320)
[156] Siehe Tabelle 36. (S. 320)
[157] Die Rente für Bauern in Brasilien entspricht dem nationalen Mindestlohn und wird für Frauen ab 55 und Männer ab 60 Jahren erreicht. Ein Mindestlohn beträgt nach dem Dekret 248/2005 vom 20.04.2005 300 Reais pro Monat (ca. 100 Euro. Umrechnung: 20.02.2006).
[158] Siehe Tabelle 37. (S. 320)

nicht lohnen, steigen die Angaben, je geringer die Zahl der arbeitenden Mitglieder[159] und je größer die Zahl der Rentner[160].

Diagramm 36: Meinung zur Biosoja: Man muss mehr arbeiten und Größe der Familie

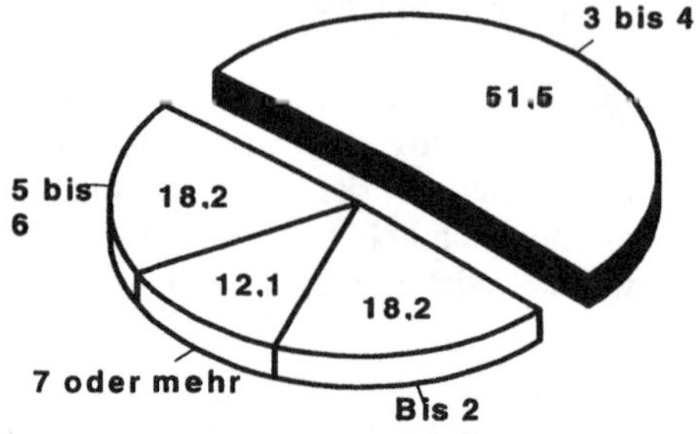

Quelle: Andrioli, A. Feldforschung 2005.

Diagramm 37: Meinung zur Biosoja: Man muss mehr arbeiten und durchschnittliche Arbeitszeit pro Woche

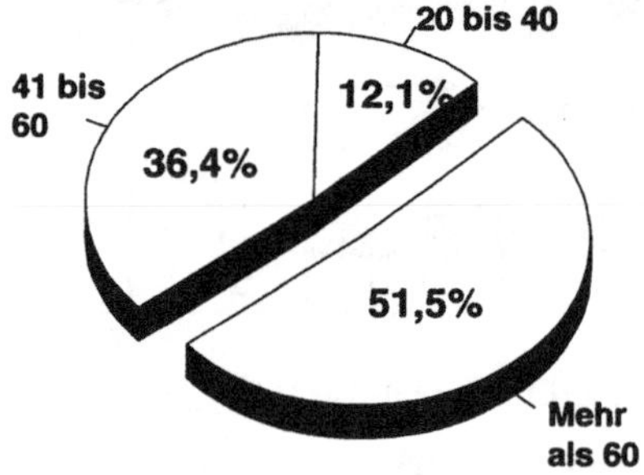

Quelle: Andrioli, A. Feldforschung 2005.

Auch die Größe des Betriebs spielt dabei eine Rolle, denn bei der Antwort, die Biosoja sei zu arbeitsintensiv, steigen die Angaben, je größer die Grundfläche[161], und bei der Antwort, es reduziere die Betriebskosten, steigen die Angaben, je kleiner die Grundfläche[162] und je größer die Zahl der arbeitenden Mitglieder ist[163]. Bei der Antwort, die Biosoja sei eine Alternative für Kleinbauern, steigen die Angaben, je größer die Familie, also die Zahl der Konsumenten ist, die nach Tschajanows Analyse mehr Gewicht hat, als die Zahl der arbeitenden Mitglie-

[159] Siehe Tabelle 38. (S. 321)
[160] Siehe Tabelle 39. (S. 321)
[161] Siehe Tabelle 40. (S. 322)
[162] Siehe Tabelle 40. (S. 322)
[163] Siehe Tabelle 38. (S. 321)

der, da die Bedürfnisse der Familie den Druck auf die Intensität der Arbeit bestimmen[164]. 92% der Befragten produzieren Soja[165], und zwar, weil für dieses Produkt eine sichere Vermarktung gegeben ist sowie aus Traditionsgründen[166]. Die meisten Bauern geben an, dass sie weiterhin in der Landwirtschaft tätig sind, weil sie keine andere Alternative haben und wegen ihrer Tradition[167], so dass sie auch nicht bereit sind, einen Arbeitsplatz in der Stadt anzunehmen[168]. Die meisten arbeiten das ganze Jahr in der Landwirtschaft[169] und sehen in der Arbeit eine notwendige Tätigkeit zum Überleben[170]. Bei der Frage, was für sie der entscheidende Grund zur technischen Innovation ist, unterscheiden sich die Angaben je nach Größe der Anbaufläche, Größe der Familie, Zahl der arbeitenden Mitglieder und durchschnittlicher wöchentlicher Arbeitszeit: Die Erhöhung der Produktivität gewinnt an Gewicht, je größer die verfügbare Anbaufläche[171] und die Familie ist[172], je mehr Arbeitskraft zur Verfügung steht[173], und je höher die wöchentliche Arbeitszeit ist[174]. Die Erleichterung der Arbeit wird mehr angegeben, je weniger Arbeitszeit zur Verfügung steht (Diagramm 38), je kleiner die verfügbare Anbaufläche[175] und bei einer durchschnittlichen hohen Arbeitszeit (Diagramm 39).

Diagramm 38: Entscheidender Grund zur technischen Innovation: Erleichterung der Arbeit und Zahl der arbeitenden Familienmitglieder

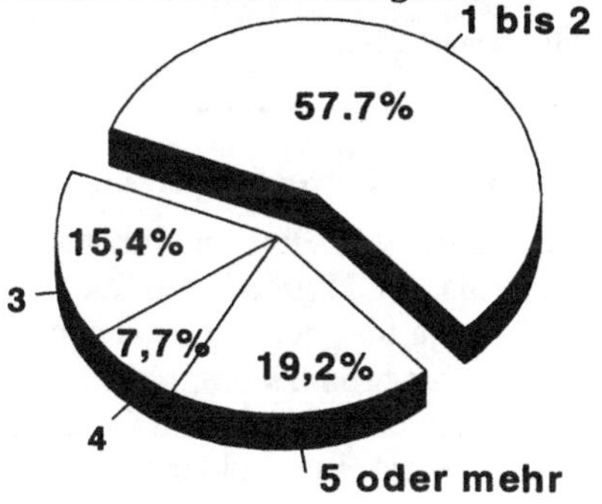

Quelle: Andrioli, A. Feldforschung 2005.

[164] Siehe Tabelle 41. (S. 322)
[165] Siehe Tabelle 42. (S. 323)
[166] Siehe Tabelle 43. (S. 323)
[167] Siehe Tabelle 44. (S. 323)
[168] Siehe Tabelle 45. (S. 324)
[169] Siehe Tabelle 46. (S. 324)
[170] Siehe Tabelle 47. (S. 324)
[171] Siehe Tabelle 48. (S. 324)
[172] Siehe Tabelle 49. (S. 325)
[173] Siehe Tabelle 50. (S. 325)
[174] Siehe Tabelle 51. (S. 326)
[175] Siehe Tabelle 48. (S. 326)

Diagramm 39: Entscheidender Grund zur technischen Innovation: Erleichterung der Arbeit und durchschnittliche Arbeitszeit

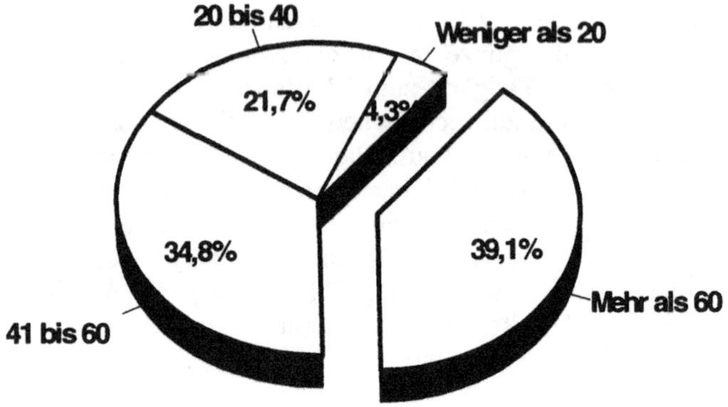

Quelle: Andrioli, A. Feldforschung 2005.

5.2.2.2. Die Reduzierung der Beschwerlichkeit der Arbeit

Für die Familienlandwirtschaft wird die Technik mehr in Bezug auf die Beschwerlichkeit der Arbeit als im Hinblick auf die Produktionskosten eingeschätzt, denn durch die Gensoja und den zunehmenden Einsatz von Herbiziden besteht die Möglichkeit, Soja zu produzieren, ohne hacken zu müssen. In ihrem Sinne sind beim Konflikt zwischen Biosoja und Gensoja nicht allein die zurzeit besseren Marktpreise der Biosoja entscheidend, sondern der Arbeitsaufwand, der erforderlich ist, um die Bedürfnisse der Familie zu befriedigen. Gibt es eine Alternative, mit weniger Anstrengung ihre Bedürfnisse zu befriedigen, wird sich die Familienlandwirtschaft darauf konzentrieren, auch wenn langfristig Risiken bestehen. Risiken werden von 36% der Bauern ausdrücklich genannt, die weiterhin herkömmliche Soja anbauen [176]. Für sie ist eine Risikominimierung im Sinne des Konzepts von Lipton[177] (1968) und Scott[178] (1976) entscheidend, was durch die Angaben „weniger Risiken" und „sichere Vermarktung" deutlich wird (Diagramm 40).

[176] Ein Teil der Befragten baut gleichzeitig gentechnisch modifizierte und herkömmliche Soja an, während 29,7% überhaupt keine Gensoja anbauen, also entweder herkömmliche oder Biosoja (1,7%).
[177] Siehe Kapitel I.
[178] Siehe Kapitel I.

Diagramm 40: Gründe für den Anbau der herkömmlichen Soja

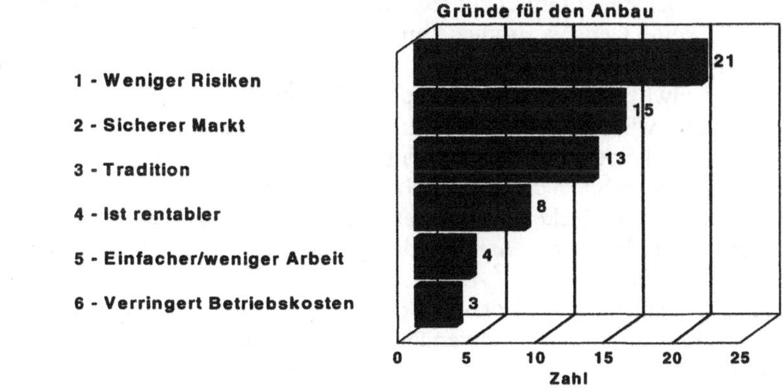

Quelle: Andrioli, A. Feldforschung 2005.

Für die meisten wird jedoch angesichts der Risiken daran geglaubt, man könne immer noch zu jener anderen Form wechseln, wenn Probleme bei der Gensojaproduktion tatsächlich auftauchen. Wenn es um die Meinung zur Gensoja geht, steht die Frage der Arbeitsverringerung im Vordergrund, wobei auch die Kosteneinsparung eine wichtige Rolle spielt (Diagramm 41).

Diagramm 41: Meinung zur Gensoja

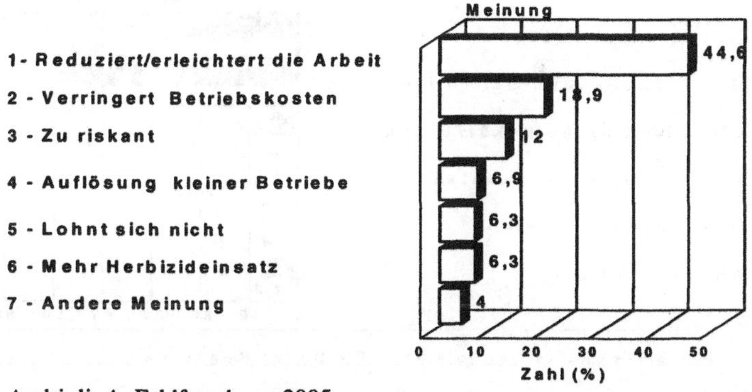

Quelle: Andrioli. A. Feldforschung 2005.

Weniger Arbeitseinsatz ist der entscheidende Grund für 70,3% der befragten Bauern, die bereits Gensoja anbauen, was auch bei der Frage nach ihrer Meinung zur Gensoja bestätigt wird. Auch wenn die Mehrheit die Erhöhung der Produktivität als wichtigsten Grund zur technischen Innovation angibt, werden die Effekte des Technikeinsatzes an der Reduzierung/Erleichterung der Arbeit gesehen[179]. Dieser Faktor kommt bei den Gensoja produzierenden Bauern auch stärker als entscheidender Grund zur technischen Innovation vor[180] im Vergleich zu denen, die keine Gensoja produzieren, für die wiederum Preise und Kredite vergleichsweise häufiger vorkommen[181]. Was konkret die technische Veränderung in der Landwirtschaft betrifft, die durch den Einsatz der herbizidresistenten Soja ermöglicht wird, nämlich den Ersatz der Hacke durch das Herbizid Glyphosat, unterscheiden sich die Meinungen der Bauern, die Gensoja anbauen, von denen, die weiterhin nicht die Gentechnik anwenden. Bei der Frage nach dem, was sie über die Hacke denken, antworten die meisten befragten Bauern, dass es sich um ein Werkzeug handelt, das in der Landwirtschaft notwendig ist und dass sie es gerne benutzen[182]. Der Hinweis, dass sie die Hacke gerne benutzen, kommt jedoch stärker bei den Bauern vor, die keine Gensoja anbauen[183], während bei den Gensoja produzierenden Bauern genau so viele betonen, dass die Hacke nicht mehr notwendig sei, nachdem es Herbizide zur Unkrautbekämpfung gibt[184]. Das Herbizid Roundup (Glyphosat) wird insgesamt als ein Mittel gesehen, wodurch das Hacken reduziert wird, gleichzeitig aber auch als Verursacher von Gesundheits- und Umweltproblemen[185]. Im Vergleich kommt die Verbindung des Herbizids mit Gesundheits- und Umweltproblemen bei den Bauern, die nicht Gensoja anbauen, häufiger vor, während bei den Gensoja produzierenden Bauern stärker betont wird, dass dessen Einsatz die einzige Alternative zur Unkrautbekämpfung darstelle und zur Reduzierung der Betriebskosten beitrage (Diagramm 42).

Diagramm 42: Meinung zum Herbizid Roundup (Glyphosat)

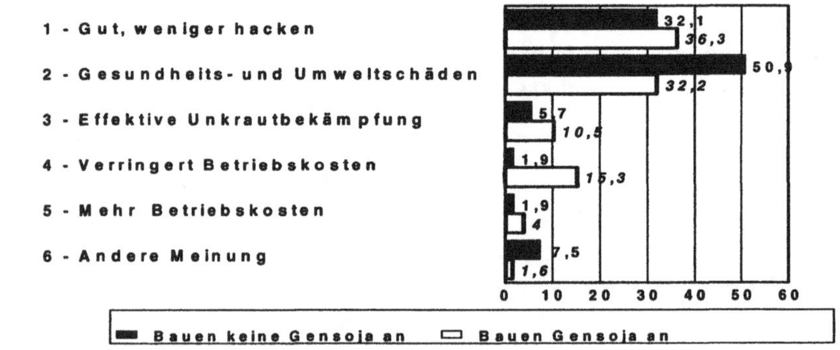

Quelle: Andrioli, A. Feldforschung 2005.

[179] Siehe Tabelle 52. (S. 326)
[180] Siehe Tabelle 53. (S. 327)
[181] Siehe Tabelle 53. (S. 327)
[182] Siehe Tabelle 54. (S. 327)
[183] Siehe Tabelle 55. (S. 328)
[184] Siehe Tabelle 55. (S. 328)
[185] Siehe Tabelle 56. (S. 328)

Bei der Frage nach den Effekten von Technik in der Landwirtschaft kommen die Angaben zur Reduzierung/Erleichterung der Arbeit mehr bei den Bauern vor, die keine Gensoja produzieren[186], während bei den Gensoja produzierenden Bauern immer noch die Erhöhung der Produktivität und die Reduzierung der Betriebskosten gehäuft auftaucht[187]. Paradox scheint jedoch die Situation bei der Angabe, der entscheidende Grund zur technischen Innovation in der Landwirtschaft sei die Erleichterung der Arbeit, denn sie kommt sowohl bei den größeren Familien als auch bei den kleineren Familien vor und gleichzeitig sowohl bei den Betrieben mit mehr verfügbarer Arbeitskraft als auch bei denen mit weniger arbeitenden Mitgliedern (Diagramm 43).

Diagramm 43: Entscheidender Grund zur technischen Innovation: Erleichterung der Arbeit und Größe der Familie

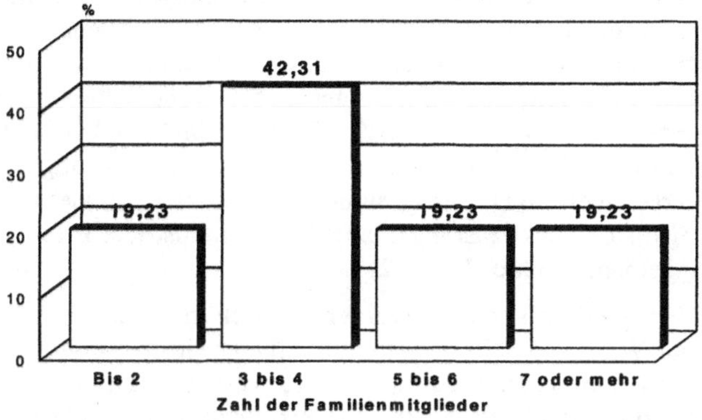

Quelle: Andrioli, A. Feldforschung 2005.

Bei diesen Daten fällt auf, dass die Beschwerlichkeit der Arbeit nicht nur in bezug auf die physischen Grenzen des menschlichen Organismus und die Selbstausbeutung der Bauernfamilie begrenzt wird, wie Tschajanow in seinen Studien feststellt, sondern auch dann, wenn eine große Anzahl an arbeitenden Mitgliedern im Vergleich zur Größe der Familie zur Verfügung steht und die Möglichkeit besteht, Arbeit zu sparen oder zu erleichtern. Nach Tschajanow wird die Grenze zur Selbstausbeutung einer Bauernfamilie dann erreicht, wenn die Intensivierung der Arbeit der Familienmitglieder sich als nachteilig in bezug auf die Befriedigung ihrer Bedürfnisse erweist. In dem Moment, wo festgestellt wird, der Mehraufwand an Arbeit sei für eine Bauernfamilie subjektiv unvorteilhaft, hört nach Tschajanows Konzept die Produktion bzw. erweiterte Produktion im Familienbetrieb auf. Die Chance also, durch den Technikeinsatz die Arbeit der Familie reduzieren oder erleichtern zu können, wird im Fall der Gensoja zum

[186] Siehe Tabelle 52. (S. 326)
[187] Siehe Tabelle 52. (S. 326)

Kriterium selbst, um Technik als vorteilhaft oder nachteilig einzuschätzen. Wenn bei der herkömmlichen oder ökologischen Produktion das Gleichgewicht zwischen der Bedürfnisbefriedigung und dem dafür notwendigen Arbeitsaufwand als nachteilig im Vergleich zu der Gensojaproduktion eingeschätzt wird, ist es für die kleinbäuerlichen Familienbetriebe klar, dass sie sich für die letztere Option entscheiden.

Ähnlich wie für Industriearbeiter erscheint die Technik in der Landwirtschaft den Bauern unmittelbar als Mittel zur Befreiung von der Arbeitsbelastung, wobei sie aber tatsächlich vom Ziel kapitalistischer Produktion geprägt ist, nämlich der Erhöhung der Arbeitsleistung. „Technischer Fortschritt und wachsende Güterproduktion bedeuten keineswegs eine Befreiung von belastender und eintöniger Arbeit, sondern weitere Arbeitsteilung und höhere Leistung". (Wiesenthal 1982: 64) Auch wenn die Bauern durch den Einsatz von Technik bestimmte körperliche Arbeitsbelastungen vermeiden oder verringern können, bedeutet dies nicht die Befreiung von der Arbeitsbelastung insgesamt, denn um bestehen zu können, sind sie gefordert, ihre Arbeit intensiv für zusätzliche Aufgaben einzusetzen. „Die Entwicklung der Produktivkräfte hat freilich die landwirtschaftliche Arbeit in einem beträchtlichen Maße von körperlichen Belastungen befreit, sie hat aber die Arbeitsbelastungen insgesamt nicht reduziert, sondern nur verschoben, ähnlich wie sich die Belastungsmomente bei Industriearbeitern verschoben haben". (Brüggemann/Riehle 1986: 32)

Indem die Arbeit produktiver wird, werden dadurch in erster Linie die Produktionskosten einer Ware, also die notwendige Arbeitszeit im Vergleich zur gesellschaftlich durchschnittlich erforderlichen Arbeitszeit gesenkt, ob in der Industrie oder in der Landwirtschaft, denn „die Produktionskosten reflektieren unmittelbar den Stand der Technologie". (Bergmann 1968: 102) Um dieses Ziel zu erreichen, wird zumeist in Technik investiert, was für einen Lohnarbeitsbetrieb zur Einsparung von Löhnen beiträgt. Für Bauern in landwirtschaftlichen Familienbetrieben, die in der Lage sind, den Rhythmus und die Intensität ihrer Arbeit selbst zu bestimmen, wird der Einsatz von Technik jedoch stärker von der Motivation geprägt, ihre eigene Arbeit zu erleichtern und zu sparen. Deshalb wird die durch den Technikeinsatz verursachte Erhöhung der Zeit von Nichtarbeit von den Bauern tendenziell nicht als Problem betrachtet, sondern sie erscheint ihnen als gewonnene „freie" Zeit. Andrerseits führt dies dazu, dass ihre Betriebskosten durch Anschaffung, Unterhaltung und Zusatzinvestitionen steigen.

5.2.3. Der Einfluss der Genossenschaften und der Agrarberatung

Im Gespräch mit den Vorsitzenden der drei großen Genossenschaften in der Region – Cotrimaio, Cotrirosa und Coopermil – war festzustellen, dass nur bei der Cotrimaio eine kritische Betrachtung der Gensoja zu finden ist. Sie ist auch die einzige unter den 70 Genossenschaften der Föderation Fecotrigo in Rio Grande do Sul, die sich klar im Rahmen der Debatte geäußert und ein Biosojaprojekt als

Alternative angeboten hat. Nach dem Präsidenten der Cotrimaio wurde 1999 mit Unterstützung der damaligen Landesregierung von Rio Grande do Sul die Verbindung zum Export von Biosoja nach Europa hergestellt. Es wurden bis 2003 72 Tonnen Biosoja exportiert und es wird davon ausgegangen, dass ein großer Markt dafür da ist, wodurch auch bessere Preise für die Soja erzielt werden können. 50% mehr wurde für die Biosoja bezahlt, die ausschließlich für den menschlichen Verzehr in den konsolidierten ökologischen Betrieben produziert wird, bei denen sowohl eine Erhöhung der Produktivität als auch eine erhebliche Reduzierung der Produktionskosten festzustellen ist. Damit diese Betriebe aber bestehen können, sei es wichtig, dass der gesamte Betrieb sich auf ökologische Landwirtschaft umstelle. Bei der Gensoja sieht der Präsident der Cotrimaio besonders die Gefahr, dass Umweltprobleme verursacht werden können und das Risiko, dass Pflanzensorten durch die Kontamination einfach verloren gehen[188].

Der Vorsitzende der Coopermil spricht sich deutlich für die Gensoja aus, denn seiner Meinung nach ist sie rentabler, weil dadurch die Unkräuter besser und billiger kontrolliert werden können. Eine Sojaplantage ohne Unkräuter sei auch produktiver und schaffe folglich mehr Steuereinnahmen und Arbeitsplätze. Die Polemik zu dem Thema in Rio Grande do Sul sei parteipolitisch geprägt und übertrieben, denn es gäbe keine wissenschaftlichen Untersuchungen über negative Auswirkungen gentechnisch veränderter Pflanzen auf die menschliche Gesundheit. Was die Biosoja angeht, sieht er die Möglichkeit, Produktionskosten zu reduzieren, dennoch sei es notwendig, mehr Arbeit einzusetzen, und es sei schwierig, den Bauern ökologische landwirtschaftliche Methoden zu vermitteln, wofür eine Stärkung ihrer genossenschaftlichen Organisation wichtig wäre. Der Markt für ökologische Produkte existiere jedenfalls, und der größte Vorteil der Biosoja sei der Schutz von Wasserquellen. Anderseits sieht er bei der Biosoja das Problem, dass dadurch der Boden ausgenutzt wird, weil da „nicht richtig gedüngt wird“[189].

Für den Vizepräsidenten der Cotrirosa geht es darum, Alternativen zu unterstützen, die für die Bauern am besten passen. Die Genossenschaft habe kein gentechnisch modifiziertes Saatgut zur Verfügung gestellt und die Ausbreitung der Gensoja auch nicht stimuliert, sei dennoch von den Bauern überholt worden, indem sie sich eingeschmuggeltes Saatgut besorgt hätten. Seiner Erfahrung nach biete die Gensoja die Chance, insbesondere geringere Kosten und mehr Effizienz bei der Unkrautbekämpfung, was zu einer Erhöhung der Produktivität führe, denn die gentechnisch modifizierten Sorten seien auch sehr produktiv. Ein Problem seien jedoch Krankheiten durch die Einschmugglung von Sojasorten aus dem Ausland. Bei ökologischen Produkten sei eine Reihe von Regeln einzuhalten, was ihre Produktion komplizierter mache, aber die Cotrirosa sei dabei offen, so wie bei jedem Projekt, das technische, ökonomische und praktische

[188] Interview mit dem Präsidenten der Cotrimaio am 19. Februar 2003 in Três de Maio.
[189] Interview mit dem Präsidenten der Coopermil am 20. Februar 2003 in Santa Rosa.

Vorteile vorweisen könne. Dennoch fehlen seiner Meinung nach Studien und Informationen zu dem Thema, besonders was den Markt betrifft, denn die meisten Konsumenten würden billigere Produkte vorziehen[190].

Der Präsident der Kreditgenossenschaft Sicredi[191] ist ein Befürworter der Gensoja. Er spricht von seiner eigenen Erfahrung als Landwirt und sieht ohne die Gensoja überhaupt keine Chance für große und mittelständische Betriebe. Das zentrale Problem sei, dass viele Unkräuter eine Resistenz gegenüber vielen Herbiziden gebildet hätten und nur noch mit Glyphosat bekämpft werden könnten. Die Zulassung von Gensoja sei entscheidend, damit die Landwirte mit der Unkrautbekämpfung zu Recht kommen und weiter produzieren können. Kleine Betriebe haben seiner Meinung nach die Möglichkeit, die Arbeitskraft der Familie einzusetzen und daher den Vorteil, Biosoja anzubauen und einen differenzierten Preis zu erreichen. Der Preis der Biosoja sei dafür entscheidend, denn nur wenn ein Markt dafür bestehe und mindestens 30% Preisvorteil im Vergleich zu der herkömmlichen Soja erreicht werden, lohne es sich, denn die Biosoja sei nicht so produktiv wie die herkömmliche. Er sieht einen zunehmenden Trend zugunsten ökologischer Produkte, bei deren Produktion noch hinzukomme, dass der Boden besser erhalten werde[192].

Das Agrarberatungsinstitut Emater orientiert sich an den politischen Richtlinien der Landesregierung von Rio Grande do Sul. Obwohl es eine autarke Organisation ist, hat der Einfluss der Regierungen auf ihre Arbeit allmählich zugenommen, so dass sowohl der Vorstand als auch die regionalen Geschäftsführer von der Landesregierung nominiert werden. Der regionale Geschäftsführer in Santa Rosa bestätigte das und betonte, dass sie die Rechtsvorschriften einhielten, die sie vom Landwirtschaftsministerium bekommen. Er denke, dass Studien fehlten, aber klar sei, dass durch die Gensoja die Plantagen mit weniger Herbizid frei von Unkräutern gehalten werden könnten, was dazu beitrage, sie produktiver zu machen. Er sieht auch Vorteile in der ökologischen Produktion, in die die Emater ab 2001 stark investiert hat. Eine Priorität dabei war der Gewässerschutz. Es bestehe ein zunehmender Trend zugunsten ökologischer Produkte, wobei das Entscheidende für die Bauern der differenzierte Preis sei. Um mit der ökologischen Produktion bestehen zu können, müsse ein landwirtschaftlicher Betrieb sich jedoch gänzlich umstellen und mit den Nachbarn zusammenarbeiten. Ökologie habe mit Kultur zu tun und, um eine Umstellung bewirken zu können, sei es wichtig, die Vermarktung kollektiv mit den Nachbarn zu organisieren[193].

---

[190] Interview mit dem Vize-Präsidenten der Cotrirosa am 15. März in Santa Rosa.

[191] Die Genossenschaft ist zuständig für Kredite im ländlichen Bereich, hat also erheblichen Einfluss auf technische Innovation in der Region.

[192] Interview mit dem Präsidenten der Sicredi am 21. Februar 2003 in Santa Rosa.

[193] Interview mit dem regionalen Geschäftsführer der Emater am 21.Februar 2003 in Santa Rosa.

Die Bauerngewerkschaftler in der Region sind in der Frage gespalten. Während die im Dachverband CUT integrierten Gewerkschaften sich einheitlich gegen die Gensoja positionierten, haben die in der Föderation FETAG zusammengefassten Gewerkschaften sich mehr zurückgehalten. Der Präsident der regionalen Vereinigung der Bauerngewerkschaften, die in der FETAG integriert ist, bezieht sich auf eine einheitliche Entscheidung der Föderation, die Zulassung der Gensoja von der Bundesregierung zu fordern. Für ihn wird die Gensoja deswegen angebaut, weil die Produktionskosten geringer seien und sie weniger Arbeit erfordere. Zu Beginn haben die Gewerkschaften auf die möglichen Probleme mit der Gensoja hingewiesen, wurden dabei aber von den Genossenschaften und kommunalen Regierungen nicht unterstützt. In der Biosoja sieht er die Chance, besser, umweltfreundlicher und billiger zu produzieren. Dennoch herrsche ein großes Misstrauen unter den Bauern, und es fehle an ökologischem Bewusstsein auch bei den Gewerkschaftlern. Das schwierigste sei der Mangel an Agrarberatern, die bereit seien, die ökologische Produktion zu unterstützen, denn ca. 90% von denen, die in der Region tätig sind, folgten dem Modell der „Grünen Revolution", wofür sie eigentlich ausgebildet wurden[194].

Bei der Befragung der Bauern während unserer Feldforschung stellte sich heraus, dass viele der Argumente von Genossenschaftern, Gewerkschaftern und Agrarberatern in der gesamten Region verbreitet sind. Zunächst ist wichtig zu berücksichtigen, dass 33% der befragten Bauern in der Biosoja eine Alternative für Kleinbauern und 8% eine Chance zur Reduzierung der Betriebskosten in der Sojaproduktion sehen, obwohl sie selbst als Kleinbauern sie nicht anbauen (Diagramm 44).

Diagramm 44: Meinung zur Biosoja

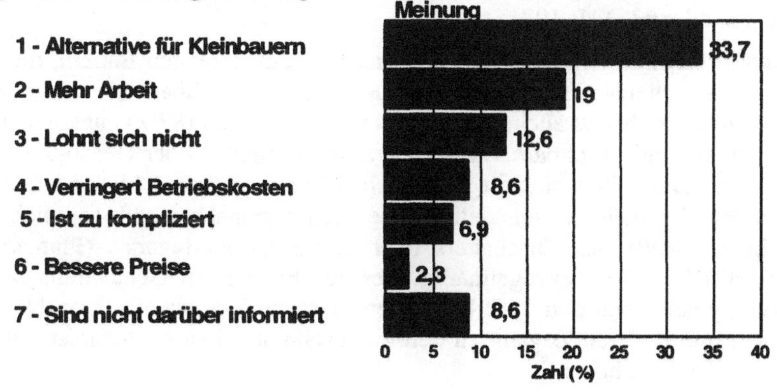

Quelle: Andrioli, A. Feldforschung 2005.

[194] Interview mit dem Präsidenten der regionalen Vereinigung der Bauerngewerkschaften am 26. Februar 2003 in Tucunduva.

Renata Menasche stellte bereits 1996 in ihrer Studie über den Agrarwandel in der Region fest, dass die Kleinbauern mehrmals von den „Anderen" sprechen als einer Distanzierungsstrategie oder als Ausdruck der eigenen Ohnmacht angesichts der Probleme. (Menasche 1996) Bauern sprechen über Bauern so, als ob es um die Anderen ginge, d.h. ohne sich selbst dazu zu rechnen. „'Man muss sich irgendwie arrangieren'. (...) Gelebte Ohnmacht schafft Desinteresse. (...) Abhängigkeit, Marginalisierung, Flexibilität, und Verunsicherung – diese Grundmuster bäuerlicher Erfahrung prägten und prägen das Zusammenleben im Dorf bis auf den heutigen Tag". (Brüggeman/Riehle 1986: 223, 196, 190)

Es ist auch festzustellen, dass den meisten Kleinbauern die Bereitschaft fehlt, bei neuen Ideen ganz vorn zu sein, denn es wird die Führerschaft eines „Anderen" erwartet, dessen Vorbild gefolgt wird. „Schließlich können sich in den Erfahrungen der Bauern den Luxus grundlegender Innovationen nur die Reichen leisten, denn für diese bedeutet Misserfolg kein Existenzverlust. (...) Die Ideologie der herrschenden Klasse wird bekanntlich von der beherrschten weitgehend übernommen". (Ebenda: 226-227, 57) Bei den meisten technischen Innovationen in der Landwirtschaft der Region ist festzustellen, dass zunächst eine kleine Gruppe bereit ist, sie einzusetzen und danach findet eine Verallgemeinerung statt. „Wer seinen Hof nicht ‚in Ordnung' hält, sprich, wer nicht modernisiert und dem Standard der anderen entsprechend anpaßt, taugt nichts. (...) Die Regelhaftigkeit des Denkens und Kommunizierens bedeutet für den einzelnen nicht nur Schutz oder Integration in das Sozialsystem Dorf, sie ist ebenso Ausdruck des Zwangs, mit den Menschen an diesem Ort auskommen zu müssen. (...) Soziale Kontrolle garantiert also eine dem Dorf eigene Erfahrungs- und Verhaltenskontinuität, sie sorgt dafür, daß sich Veränderungen im Lebensstil nicht individuell, spontan ereignen, sondern als langsamer kollektiver Prozess durchsetzen". (Ebenda: 63, 141, 197)

Es sind immerhin mehr als 10% der Gensoja produzierenden Bauern, die angeben, dass sie es aus Neugier machen oder weil die Nachbarn sie schon anbauen[195]. Wichtig dabei ist auch, dass die meisten Befragten (87%) angaben, sie unterhielten sich mit Nachbarn, Verwandten und Freunden über Gensoja und Biosoja[196]. „Im Dorf bildet sich die öffentliche Meinung hauptsächlich im Gespräch und in der allgemeinen Indiskretion. Die Meinungsmacher befinden sich meistens in der Rolle des Zuschauers oder des Zwischenträgers". (Planck/Ziche 1979: 142) Es wird also regelmäßig über den Einsatz der Gentechnik und ihre Wirkung gesprochen und 17% bestätigen, dass sie Saatgut mit ihren Nachbarn tauschen und dadurch Zugang zu den eingeschmuggelten gentechnisch modifizierten Sojasorten haben[197].

---

[195] Siehe Diagramm 31. (S. 211)
[196] Siehe Tabelle 57. (S. 328)
[197] Siehe Tabelle 58. (S. 329)

Noch wichtiger bei der Nachahmung ist aber der Einfluss der Genossenschaften und der Agrarberatung[198]. 48,5% der Befragten geben an, dass die Genossenschaften ihre Entscheidung zum technischen Einsatz beeinflussen, besonders durch den Aufkauf der Ernte und die Versorgung mit Betriebsmitteln (13%), die technische Beratung (13%), die Verbreitung von Forschungsergebnissen (12,6%) und die Beratung im Allgemeinen (9,7%)[199]. Die große Mehrheit der Bauern in der Region ist Mitglied einer Genossenschaft (66% der Befragten) und Bauerngewerkschaft (64% der Befragten)[200]. 79,4% geben an, dass sie an sozialen Aktivitäten teilnehmen, wobei Versammlungen in den Gemeinden am meisten erwähnt werden[201]. Beim Zugang zu Informationen ist das Radio sehr wichtig, denn es wird von 73% der Befragten als erstes Kommunikationsmittel erwähnt[202]. Ein entscheidender Grund dafür ist sicherlich, dass das Radio über lokale Ereignisse berichtet, die sie am meisten interessieren, was beim Fernsehen z.B. nicht im Vordergrund steht. Das Radio wird auch oft während der Arbeit eingeschaltet, und die Genossenschaften haben tägliche Sendungen, bei denen ausschließlich landwirtschaftliche Themen behandelt werden. Die Bauerngewerkschaften, das Institut für Agrarberatung EMATER und die kommunalen Sekretariate für Landwirtschaft nutzen das Radio einmal pro Woche, um ihre wichtigsten Informationen den Bauern mitzuteilen. Die Agrarberater versuchen möglichst, den direkten Kontakt mit den Bauern herzustellen. Was den Zugang zur Agrarberatung betrifft, sprechen 26,9% der befragten Bauern von einer regelmäßigen Beratung und 33,1% geben an, dass sie manchmal von Agrarberatern besucht werden[203]. Der Einfluss der EMATER und der kommunalen Sekretariate für Landwirtschaft ist geringer als der der Genossenschaften, dennoch bedeutend, indem sie die Bauern beraten (17,1%), Aufklärungskampagnen in den Gemeinden durchführen (11,4%), die Kreditvergabe maßgeblich bestimmen (6,9%) und Betriebsmittel zur Verfügung stellen (5,7%)[204]. Der Einfluss der Agrartechniker, Agronomen und Tierärzte ist für die meisten Befragten entscheidend durch ihre Beratung (18,9%), die Empfehlung von Technik und Betriebsmitteln (13,7%), die Vertretung von Agrarkonzernen (11,4%) und Verbreitung von Forschungsergebnissen (8,6%)[205]. Auch die Bauerngewerkschaften haben nach den Angaben der Befragten Einfluss auf ihre Entscheidung über den Technikeinsatz, obwohl sie für die Mehrheit (56%) angeblich keine Rolle spielen. Der Einfluss der Bauerngewerkschaft vollzieht sich durch Beratung (15,4%), Mobilisierung (10,3%) und Aufklärungskampagnen in den Gemeinden

[198] Siehe Tabelle 59 (S. 329), Tabelle 66 (S. 331) und Tabelle 67. (S. 331)
[199] Siehe Tabelle 59 (S. 329).
[200] Siehe Tabelle 65 (S. 331)
[201] Siehe Tabelle 60 (S. 329) und Tabelle 61. (S. 329)
[202] Siehe Tabelle 62. (S. 330)
[203] Siehe Tabelle 63. (S. 330)
[204] Siehe Tabelle 66. (S. 331)
[205] Siehe Tabelle 67. (S. 331)

(9,1%)[206]. Die Agrarberatung und die Genossenschaften spielen eine entscheidende Rolle beim technischen Einsatz in der Landwirtschaft, indem sie die Bauern beeinflussen, "moderne" Technik einzuführen. In Bezug auf die Gründe zur technischen Innovation in der Landwirtschaft ist im Rahmen der Feldforschung festzustellen, dass Bauern, die dabei die Erhöhung der Produktivität als entscheidend ansehen, einen größeren Zugang zur Agrarberatung haben[207], und dass bei den Bauern, die die Erleichterung der Arbeit als entscheidenden Faktor sehen, ein geringerer Zugang zur Agrarberatung besteht[208]. Bei den Bauern, die bereits Gensoja anbauen, wird ein größerer Zugang zur Agrarberatung gemeldet (Diagramm 45) so wie ein größerer Einfluss der Genossenschaften im Vergleich zu den Bauern, die keine Gensoja anbauen (Diagramm 46).

Diagramm 45: Welche Soja angebaut wird und Zugang zur Agrarberatung

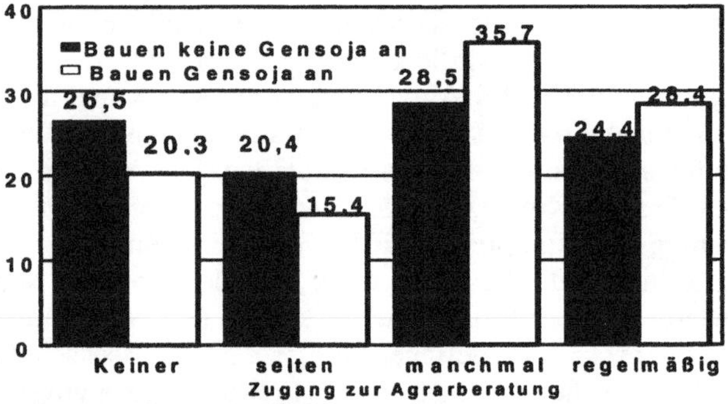

Quelle: Andrioli, A. Feldforschung 2005.

Diagramm 46: Welche Soja angebaut wird und Einfluss der Genossenschaften auf die Entscheidung zur technischen Innovation

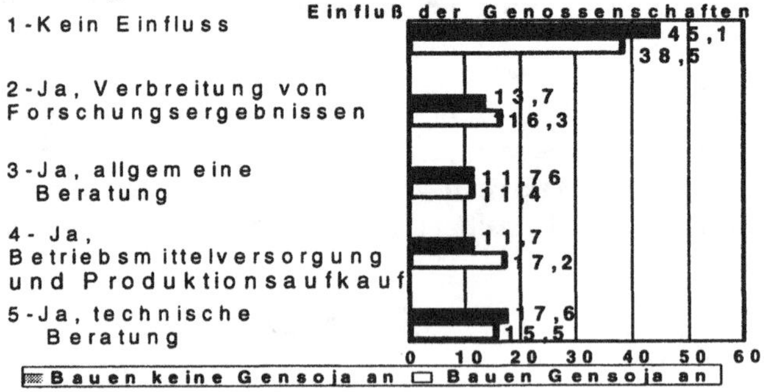

Quelle: Andrioli, A. Feldforschung 2005.

[206] Siehe Tabelle 64. (S. 330)

[207] Siehe Tabelle 68. (S. 332)

[208] Siehe Tabelle 68. (S. 332)

Was die Ansichten über die Biosoja betrifft, so kommt das Argument, deren Produktion sei zu kompliziert, mehr bei den Bauern vor, die einen geringeren Zugang zur Agrarberatung einräumen[209], was darauf hindeutet, dass sie sich nicht in der Lage sehen, ökologisch zu produzieren, wenn keine technische Unterstützung von außen vorhanden ist. Würde die Agrarberatung, wie Altieri (2001) betont, sich genauso stark auf die ökologische Produktion wie auf die Verbreitung sogenannter „moderner" Techniken konzentrieren, könnte dies jedoch ganz anders aussehen. Andrerseits steigen bei den Bauern, die sagen, es sei durch die Biosoja möglich, Produktionskosten zu reduzieren, die Angaben, je geringer der Einfluss der Genossenschaften (Diagramm 47), Emater und der Agrarberatung (Diagramm 48) gesehen wird.

Diagramm 47: Meinung zur Biosoja: Verringert die Betriebskosten und Einfluss der Genossenschaften auf die Entescheidung zur technischen Innovation

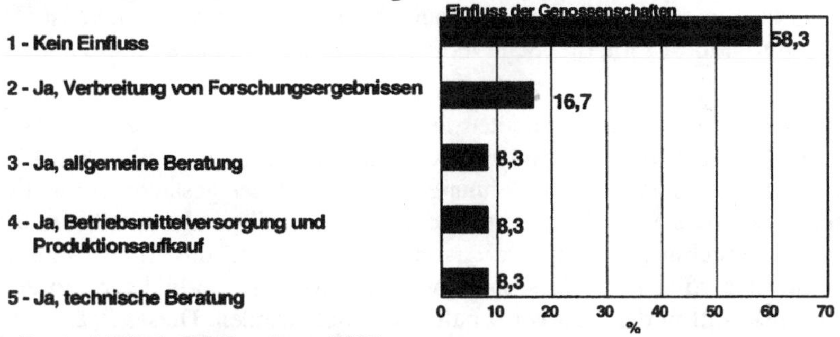

Quelle: Andrioli, A. Feldforschung 2005.

Diagramm 48: Meinung zur Biosoja: Verringert die Betriebskosten und Einfluss der Agrarberater auf die Entscheidung zur technischen Innovation

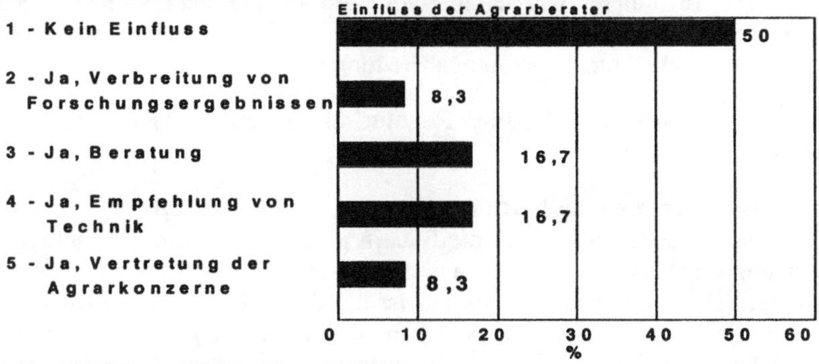

Quelle: Andrioli, A. Feldforschung 2005.

[209] Siehe Tabelle 69. (S. 332)

Entscheidend dabei ist, inwieweit die Bauern bisher mit der Unkrautbekämpfung zu recht kamen. Für Bauern, die in der Lage sind, Unkraut ohne Herbizideinsatz zu bekämpfen, ist die Biosoja weniger kompliziert. Sie kann sogar dazu beitragen, dass aufgrund des Verzichts auf chemische Düngung und Pestizide Kosten eingespart werden. Für diejenigen Bauern andrerseits, die mit Hilfe der konventionellen Herbizide nicht mehr in der Lage sind, das Unkraut zu bekämpfen, bietet die Gensoja die Möglichkeit, wirksamer, unkomplizierter und billiger zu produzieren.

In der Familienlandwirtschaft, auf kleineren Flächen, lohnt sich die herbizidresistente Sojaproduktion jedoch nicht, wenn genügend Arbeitskräfte zur Verfügung stehen und die Investitionsfähigkeit beschränkt ist. Auf kleineren Flächen ist das Einkommen gering und der Gewinn geht ausschließlich in die Entlohnung der Arbeit der Bauern. Wenn in dieser Situation die Kosten des Saatguts und des Herbizids die gesamten Betriebskosten noch steigern, bedeutet es, dass die Summe von der Vergütung der Arbeit abgezogen wird, was anders ist als bei den Großgrundbesitzern, die mehr verdienen und damit andere für die Arbeit anstellen.

Für die Großgrundbesitzer bedeutet die Arbeit lediglich einen Faktor unter den anderen bei den Produktionskosten, der jederzeit geändert werden kann, während für kleine Bauern die Entlohnung ihrer Arbeit der gesamte Verdienst ist. Tatsache ist, dass viele Kleinbauern unter dem Einfluss der Großbauern und Anbieterunternehmen stehen, die davon profitieren und die Agrarberatung zu ihren Gunsten so steuern, dass ihre Entscheidungen als Vorbild für den technischen Fortschritt in der Landwirtschaft dargestellt werden. Dieses Phänomen ist in der Geschichte der Landwirtschaft als Element der reaktionären Konstellation in der Gesellschaft zu sehen. Es handelt sich um „die Koalition zwischen den alten grundbesitzenden Eliten und den aufsteigenden Handels- und Industrieeliten, die gegen die unteren Klassen in Stadt und Land gerichtet war, der es jedoch zuweilen auch gelang, bei bestimmten Fragen eine ziemlich breite Unterstützung in den unteren Schichten zu gewinnen". (Moore 1974: 16)

5.3. Die Fortsetzung der „Grünen Revolution" durch die Ausbreitung der Gensoja

Die Gensoja kann als eine Fortführung der „Grünen Revolution"[210] verstanden werden, ein Prozess, der also für die Bauern nicht neu ist, dennoch tiefe Veränderungen in ihrer Produktionsform auslöst. Besonders wichtig bei der sogenannten Modernisierung der Landwirtschaft ist die dadurch mögliche Ertragssteigerung und die Überwindung von natürlichen Beschränkungen, um die Konkurrenzfähigkeit und die Rentabilität landwirtschaftlicher Produktion zu erhöhen. Bei der bisher verfügbaren Gensoja ist die Ertragssteigerung zwar nicht direkt

---

[210] Siehe Kapitel III.

zu erreichen, dennoch mit einer effizienteren Unkrautbekämpfung verbunden, wodurch wiederum Auswirkungen auf die Produktivität zu erwarten sind[211].

Die „Grüne Revolution“ und die Spezialisierung der Landwirtschaft auf die Sojamonokultur zeigte jedoch auch eine andere Seite in der brasilianischen Geschichte. Ihre Auswirkungen auf die Umwelt und die menschliche Gesundheit sowie die Zerstörung der Lebensgrundlage von Indianervölkern und Kleinbauern sind eng miteinander verbunden und beweisen, dass die Bewahrung natürlicher Ressourcen einerseits mit einer wirtschaftlichen und sozialen Dimension der Landwirtschaft im Zusammenhang steht und andrerseits mit der vorhandenen Ausbreitung der Sojaproduktion unvereinbar ist.

Indem die Entwaldung, die Erosion und Auslaugung des Bodens, die Zerstörung der biologischen Vielfalt und die Zunahme des Chemikalieneinsatzes sich auf die Produktion und die Lebensumwelt der Bauern auswirken, kommt der Ökologiefrage in der Familienlandwirtschaft hinsichtlich ihrer sozialen und wirtschaftlichen Dimension eine besondere Rolle zu. Das besondere Verhalten der Kleinbauern hinsichtlich der Risiken betrifft also auch die Frage der Umwelt, denn die Notwendigkeit des Erhalts der Bodenfruchtbarkeit ist nicht lediglich durch ein Umweltbewusstsein zu erklären, sondern durch ihre Bedeutung für die landwirtschaftliche Produktion selbst.

Die Zerstörung natürlicher Ressourcen und die Konzentration der Landwirtschaft auf wenige Pflanzensorten führen zur Abnahme der Bodenfruchtbarkeit und erhöhen die Anfälligkeit für Schädlinge und Krankheiten. Der Einsatz eines einzelnen Herbizids hat die zunehmende Resistenzentwicklung von Unkrautsorten zufolge, ein Phänomen, das nicht nur in Argentinien und in den USA anzutreffen ist, sondern auch in Südbrasilien[212].

Diese Auswirkungen sowie die Gefahr einer genetischen Kontamination von Feldern und die offensichtliche Unvermeidbarkeit der Folgen der Freisetzung von Gentechnik in der Landwirtschaft stellen die kurzfristigen Vorteile der Gensoja in Frage, indem eine Wiederholung und Fortführung von bekannten Begleiterscheinungen und Auswirkungen der „Grünen Revolution“ sehr wahrscheinlich ist.

Trifft diese Hypothese zu, dann ist auch die Verschärfung der sozialen Problematik für die Kleinbauern vorauszusehen, denn die Erhöhung der Betriebskosten, die zunehmende Abhängigkeit von Agrarkonzernen und die Senkung der Preise landwirtschaftlicher Produkte führen zum Zusammenbruch der Familienlandwirtschaft und folglich zur Landkonzentration, Landflucht und Zunahme der Armut in Brasilien.

---

[211] Siehe Kapitel IV.
[212] Ebenda.

5.3.1. Bodenfruchtbarkeit und Kostenfrage in der Landwirtschaft

Der Technikeinsatz in der kapitalistischen Landwirtschaft zielt darauf, die Barrieren der Natur zu überwinden und dadurch den Produktionsprozess nach dem Vorbild der Industrialisierung effektiver, intensiver, billiger und damit profitabler zu gestalten[213]. Der grundlegende Unterschied zwischen der landwirtschaftlichen und der industriellen Produktion besteht jedoch darin, dass die Landwirtschaft von natürlichen und biologischen Prozessen abhängig ist, deren Bedeutung auch wirtschaftlich zu berücksichtigen und deshalb mit der Frage der Technik eng verbunden ist[214].

Landwirtschaft hat mit Leben zu tun und ist direkt mit der Frage der Umwelt konfrontiert, so dass die grundlegende Funktion von Agrartechnik darin besteht, die Produktionsprozesse mit Lebensprozessen so zu verbinden, dass eine Optimierung der Nutzung natürlichen Ressourcen stattfindet. Der Boden ist für die Landwirtschaft nach wie vor die wichtigste Ressource, oder wie Schumacher bemerkt „ihr Produktionsmittel ist der lebende Boden". (Schumacher 1981: 100)

Die Umwelt wird in der kapitalistischen Entwicklung insgesamt aufgrund der Profitmaximierung vernachlässigt. Die sozialen und ökologischen Kosten werden externalisiert und nach dem Konzept des Liberalismus überhaupt nicht berücksichtigt, denn es wird davon ausgegangen, dass der Markt die Verhältnisse der Menschen untereinander und mit der Natur regelt[215]. Eingriffe des Staates in wirtschaftliche Aktivitäten hinsichtlich der Beachtung sozial gerechterer und umweltfreundlicherer Kriterien sind nach der liberalen Vorstellung von Gesellschaft nicht willkommen, denn sie würden der Effizienz und Dynamik der Marktwirtschaft schaden.

Beim Technikeinsatz in der Landwirtschaft ist auch nach liberalem Denkmuster die Profitmaximierung entscheidend und die Rolle des Staates sei die, den Transfer moderner Technik zu stimulieren, damit mit effizienteren Produktionsfaktoren ertragreicher, intensiver, billiger und folglich wettbewerbsfähiger produziert wird[216]. Im Fall einer Störung des Produktionsprozesses aufgrund der natürlichen Abhängigkeit der Landwirtschaft wird versucht, mit Hilfe einer angeblich fortschrittlicheren Technik, das Problem zu überwinden.

In dem Sinne basiert der größte Teil sogenannter moderner Technik in der Landwirtschaft auf dem Versuch, Umweltprobleme einfach als isolierte Störungen zu betrachten, ohne zu berücksichtigen, dass die Natur ein komplexer und dynamischer Organismus ist, der sich nicht so einfach aufteilen lässt, und dass zwischen den Bestandteilen wiederum eine Reihe von Prozessen stattfinden, die

---

[213] Siehe Kapitel II.
[214] Ebenda.
[215] Ebenda.
[216] Ebenda.

eng miteinander verbunden sind. „Experimente hatten schon zu der Einsicht geführt, daß ein Organismus sich nicht ganz in seine Bestandteile auflösen ließ und aus mehr als der bloßen Summe seiner Teile bestand. (Giedion 1982: 773)

Der intensive Chemieeinsatz bei der Sojamonokultur bestätigt Liebigs Hinweis auf die negative Seite „moderner" Landwirtschaft[217]. Schon in den achtziger Jahren war in Brasilien zu bemerken, dass: 1) die zu Beginn der Monokultur steigende Flächenproduktivität der Soja eine Grenze hat; 2) durch den ausschließlichen Einsatz mineralischer Düngung in der Sojamonokultur der Ertrag langfristig sinkt; 3) die Bodenfruchtbarkeit stark von den biologischen Prozessen bestimmt wird, wobei der Anteil an organischer Materie entscheidend ist [218]. Im Fall der intensiven Monokulturen werden Nahrungsketten und der Kreislauf von Nährstoffen aus ihrem Gleichgewicht gebracht, so dass langfristig mit Schwierigkeiten im Produktionsprozess zu rechnen ist. Dies scheint zu bestätigen, was Marx im ersten Band des *Kapitals* prognostizierte[219].

Die herbizidresistente Gensoja erlaubt aufgrund der Unkompliziertheit bei der Unkrautbekämpfung die Bewirtschaftung riesiger Ländereien, also die Ausbreitung der Sojamonokultur mit ihren schon bekannten Folgen[220]. Es kommt jedoch hinzu, dass der steigende Herbizideinsatz eine Zerstörung der Vielfalt von Bodenbakterien zur Folge hat, die teilweise schon festgestellt werden kann[221]. Insbesondere der durch den übermäßigen Einsatz von Glyphosat verursachte Rückgang der Aktivität von Knöllchenbakterien *Rhizobium spp.*, die für die Fixierung von Stickstoff zuständig sind[222], hat direkte Auswirkungen auf die Produktivität der Soja, d.h. der Ertrag sinkt, was deutliche wirtschaftliche Nachteile für die landwirtschaftlichen Betriebe hat.

Für Bauern, die über eine kleine Grundfläche verfügen und gerade von den technischen Innovationen eine Erhöhung der Produktivität erwarten, ist die Situation noch problematischer als für die Großbauern, die in der Lage sind, die Produktion auf weiteren Flächen auszudehnen. Die Kleinbauern könnten deshalb die Chancen ökologischer Produktion nutzen, in der „der landwirtschaftliche Betrieb als eine Einheit verstanden wird, als ein Organismus höherer Ordnung, dessen Lebensprozesse sich im Kreislauf vollziehen und in dem jedes Einzelgeschehen an das Ganze gebunden und darin rückgekoppelt ist". (IMA 1994: 110)

Und in der Familienlandwirtschaft ist doch der Reinertrag am wichtigsten, denn davon hängt in erster Linie die Entlohnung der Arbeit der Familienmitglieder und ihre wirtschaftliche Überlebenschance ab. Dabei stellt die ökologische Vari-

---

[217] Vgl. Liebig 1862.
[218] Siehe Kapitel III.
[219] Siehe Kapitel I.
[220] Siehe Kapitel III.
[221] Siehe Kapitel IV.
[222] Ebenda.

ante die beste Alternative dar, denn auch wenn zu Beginn einen geringeren Ertrag erreicht wird, können aufgrund geringeren Einsatzes von Betriebsmitteln Produktionskosten gespart werden.

Bei unserer Untersuchung bringen die befragten Bauern auch die Auswirkungen des Gensojaanbaus auf die Umwelt mit der Kostenfrage in Verbindung. Bei den befragten Bauern, die in der Biosoja eine Alternative für Kleinbauern sehen, werden die Effekte von Technik in der Landwirtschaft zwar mit dem Vorteil einer Arbeitserleichterung, aber auch mit dem Risiko einer Abhängigkeit von Agrarkonzernen, der Erhöhung von Betriebskosten und der Schädigung der Umwelt verbunden (Diagramm 49).

Diagramm 49: Meinung zur Biosoja: Alternative für Kleinbauern und Effekte des Einsatzes "moderner" Technik

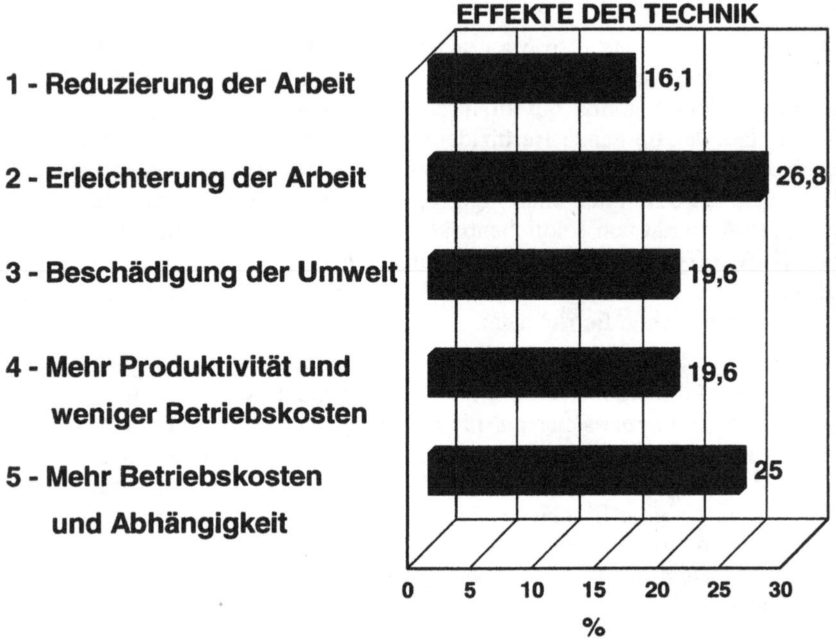

Quelle: Andrioli, A. Feldforschung 2005.

Die Bauern, die in der Biosoja gerade die Möglichkeit sehen, dadurch Betriebskosten einsparen zu können, sehen an den Effekten der Technik zunächst den Vorteil, Arbeit zu reduzieren und zu erleichtern aber auch die Schädigung der Umwelt (Diagramm 50).

Diagramm 50: Meinung zur Biosoja: Verringert Betriebskosten und Effekte der Technik in der Landwirtschaft

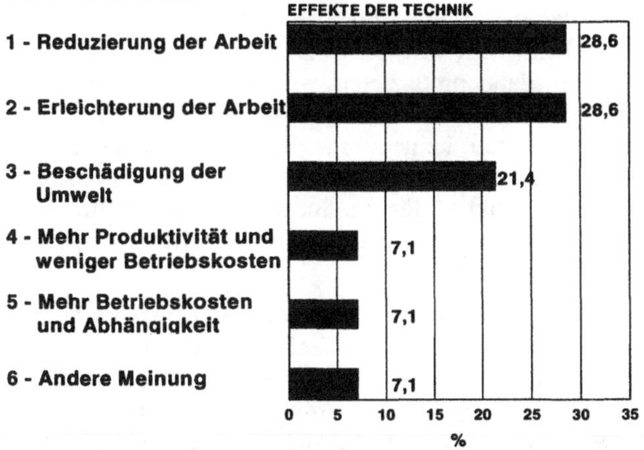

Quelle: ANDRIOLI, A. Feldforschung 2005.

5.3.2. Schädlinge, Krankheiten und Unkräuter in Bezug auf Gesundheit und Lebensqualität im landwirtschaftlichen Familienbetrieb

Die Abnahme der Bodenfruchtbarkeit und (mit ihr verbunden) die Zunahme von Schädlingen, Krankheiten und Unkräutern in der brasilianischen Sojaproduktion ist ein unübersehbares Zeichen der Umweltzerstörung, der negativen Folgen der Gleichförmigkeit und des übermäßigen Chemikalieneinsatzes, die über Jahrzehnte stattfinden und den gesamten Produktionsprozess der Monokultur begleiten. Um mit den Problemen zurechtzukommen, wäre die Fruchtfolge von den bisherigen vorhandenen Methoden immer noch die beste, obwohl sie aufgrund der Monokultur wenig Anwendung findet. „Eine geeignete Fruchtfolge ist gewöhnlich die einzige vernünftige Lösung sowohl auf wirtschaftlicher wie ökologischer Ebene für die wichtigsten pathogenen Probleme der Kulturpflanzen und zur Verhinderung der Bodenverdichtung“. (Veiga 1993: 10) Besonders was Unkräuter betrifft, weisen Erkenntnisse der Agronomie darauf hin, dass ihre Bedeutung stark von der Gleichförmigkeit und Bestandsdichte von Nutzpflanzen (wie im Fall der Monokultur) dem Standort, der Bodenfruchtbarkeit und Bodenhandhabung abhängt. (Primavesi 1983)

Erfahrungen südbrasilianischer Bauern mit der Fruchtfolge zeigen, dass es möglich ist, diverse Arten von Unkräutern durch Fruchtfolge zu bekämpfen, wodurch das Phänomen der Allelopathie entdeckt wurde, d.h. die wechselseitige Wirkung von Pflanzen aufeinander. Das Wachstum von Unkräutern kann also stark von bestimmten Pflanzen beeinflusst werden, die als ein natürliches Herbizid wirken. Pflanzenarten wie Roggen, Gerste, Weizen, Tabak und Hafer setzen durch ihre Wurzeln oder Zersetzung toxische Substanzen frei, die die Keimung und die Entwicklung mancher Unkräuter hemmen. (Vgl. Altieri 2001: 26)

Die Anwendung der Fruchtfolge ist jedoch hinsichtlich des Trends zur Spezialisierung der Landwirtschaft schwierig. Besonders für Großbetriebe, die ausschließlich für den Markt produzieren, wird die Fruchtfolge als nachteilig betrachtet, denn manche für das Gleichgewicht des Bodens wichtigen Pflanzen finden entweder überhaupt keine Vermarktung oder deren Anbau ist nicht so rentabel verglichen mit den Monokulturpflanzen. In der Familienlandwirtschaft, wo ein Anteil der Produktion für die Subsistenz der Familie bestimmt ist und deshalb noch eine diverzifiziertere Landwirtschaft stattfindet, kann die Fruchtfolge eher angewendet werden.

Auch der Einsatz von Herbiziden sieht in der Familienlandwirtschaft anders aus als bei Lohnarbeitsbetrieben. Bei den Lohnarbeitsbetrieben wird diese Arbeit von Angestellten durchgeführt, während Kleinbauern selbst damit beschäftigt und mit den Gesundheitsrisiken einer Anwendung gefährlicher Produkte direkt konfrontiert sind, was die Entscheidungen dementsprechend beeinflusst, denn sie sehen in der Intensivierung der Landwirtschaft nicht nur eine Gefahr für das Ökosystem, sondern ebenso eine Gefahr für die Ernährungsqualität und für ihre eigenen Arbeitsweisen und –bedingungen. (Vgl. Brüggemann/Riehle 1986: 27)

Letztendlich ist der Mensch selbst der Natur unterworfen, deren Zustand die Lebensqualität aller in der Umwelt lebenden Wesen berührt. Nicht nur bei der Meinung zum Herbizid Roundup wird die Sorge vor den Gesundheits- und Umweltauswirkungen von Agrargiften deutlich. 23,8% der befragten Bauern geben an, bereits Vergiftungsprobleme durch Pestizide in der Familie gehabt zu haben (Diagramm 51). Bei den Bauern, die keine Gensoja anbauen, taucht dies noch stärker auf im Vergleich zu denen, die bereits Gensoja anbauen, denn die Wahrscheinlichkeit, auf die herbizidresistente Soja zu verzichten, scheint bei denen größer zu sein, die schon von Vergiftungsproblemen betroffen waren (Diagramm 52).

Diagramm 51: Vergiftungsprobleme durch Pestizide in der Familie

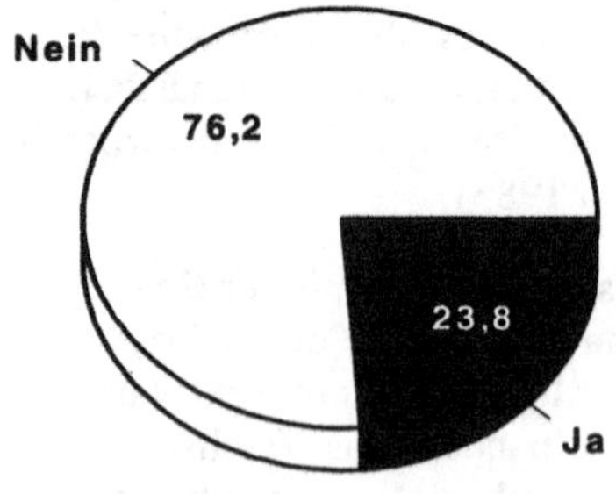

Quelle: Andrioli, A. Feldforschung 2005.

Diagramm 52: Welche Soja angebaut wird und Vergiftungsprobleme durch Pestizide in der Familie

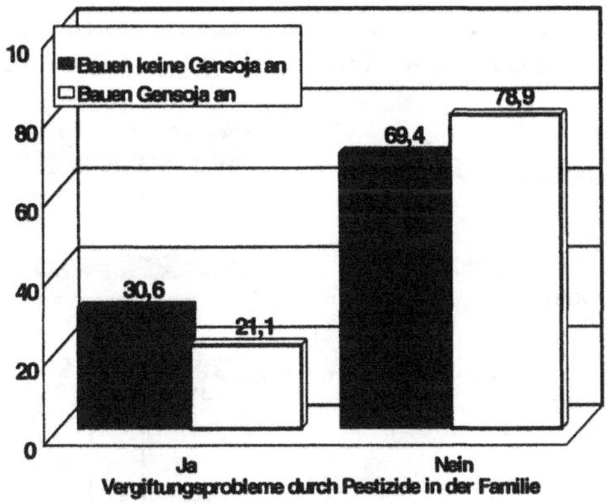

Quelle: Andrioli, A. Feldforschung 2005.

Festzustellen ist jedoch, dass die befragten Bauern, die angeben, bereits Vergiftungsprobleme durch Pestizide in der Familie gehabt zu haben, mehr sogenannte „moderne" Techniken einsetzen, besonders was Herbizide, Fungizide und Insektizide betrifft[223]. Für sie ist die Erhöhung der Produktivität ein gewichtigerer Faktor beim technischen Einsatz, und die mögliche Arbeitsersparnis ist wichtiger für die Bauern, die angeben, noch keine Vergiftungsprobleme durch Pestizide in der Familie erlebt zu haben[224]. Bei ihrer Meinungsäußerung zur Hacke betonen sie stärker, dass dieses Werkzeug die Beschwerlichkeit der Arbeit darstelle und überflüssig geworden sei, während die Bauern ohne Vergiftungserlebnisse stärker betonen, die Hacke sei notwendig und eine Alternative zum Herbizideinsatz[225].

Diese Gründe, besonders die Arbeitserleichterung durch den Einsatz der Gensoja, machen es verständlich, warum bei den Bauern mit Vergiftungserlebnissen in der Familie eine größere Befürwortung der brasilianischen Regierung, den Gensojaanbau zu genehmigen, zu finden ist[226]. Außerdem muss auch auf die vom Monsanto-Konzern verbreitete Meinung hingewiesen werden, Roundup sei nicht so giftig im Vergleich zu anderen bekannten Pestiziden, die im herkömmlichen Sojaanbau eingesetzt werden. Die Sorge um die Auswirkungen des Gensojaanbaus auf die menschliche Gesundheit und die Umwelt ist jedenfalls ausgeprägt. Bei Bauern, die angeben, Vergiftungen in der Familie erlebt zu haben, scheint eine größere Sensibilität vorhanden zu sein, weil sie stärker betonen, die Um-

---

[223] Siehe Tabelle 70. (S. 333)
[224] Siehe Tabelle 71. (S. 333)
[225] Siehe Tabelle 72. (S. 334)
[226] Siehe Tabelle 73. (S. 334)

welt solle bewahrt werden, um die Lebensqualität auf dem Land zu verbessern (Diagramm 53).

Diagramm 53: Meinung zur Umwelt und Vergiftungsprobleme durch Pestizide in der Familie

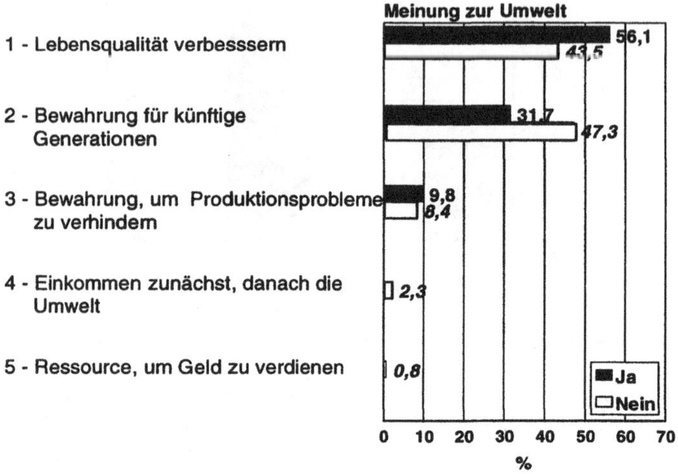

Quelle: Andrioli, A. Feldforschung 2005.

Dies wird indirekt dadurch bestätigt, dass die Produzenten herkömmlicher Soja in ihrem Produktionssystem weniger Risiken sehen (Diagramm 54).

Diagramm 54: Vergiftungsprobleme durch Pestizide in der Familie und Gründe für die herkömmliche Sojaproduktion

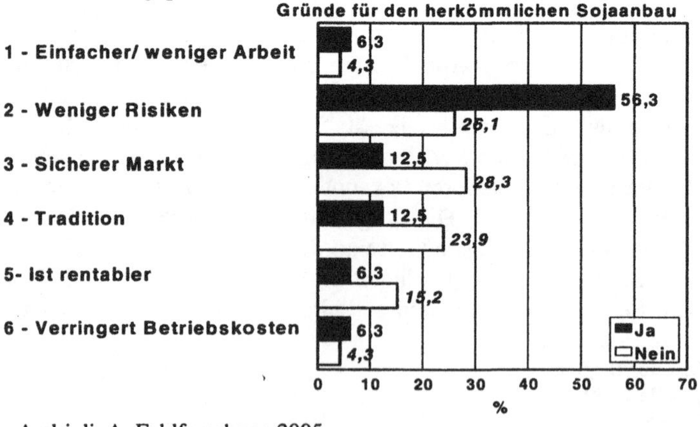

Quelle: Andrioli, A. Feldforschung 2005.

Wenn es um die Meinung zur Gensoja geht, ist bei den Bauern mit Vergiftungserlebnissen die Angabe „lohnt sich nicht“ viel häufiger (Diagramm 55) und bei der Meinung zur Biosoja seltener als bei den anderen (Diagramm 56). Es wird dadurch bestätigt, dass ein Teil der Bauern bereit ist, aus Gesundheitsgründen Biosoja anzubauen. Das kann auch die Tatsache bestätigen, die sich bei beiden Untersuchungen zeigt: Frauen tendieren dazu, kritischer gegenüber Gensoja zu sein als Männer[227], denn sie sind mehr mit den Fragen der Ernährung und Gesundheit der Familie beschäftigt (Mies/Shiva 1995).

Diagramm 55: Meinung zur Gensoja und Vergiftungsprobleme durch Pestizide in der Familie

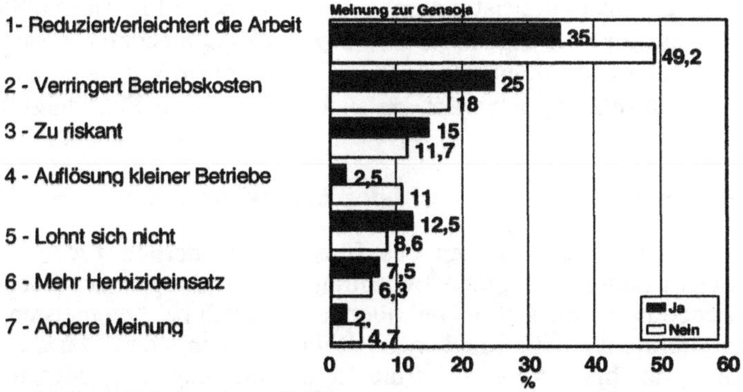

Quelle: Andrioli, A. Feldforschung 2005.

Diagramm 56: Meinung zur Biosoja und Vergiftungsprobleme durch Pestizide in der Familie

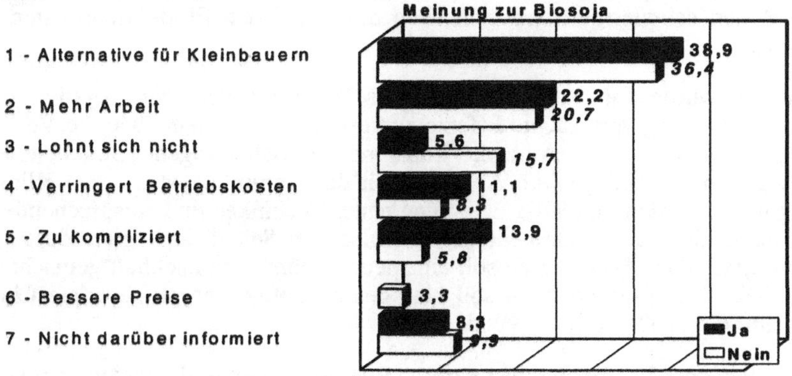

Quelle: Andrioli, A. Feldforschung 2005.

[227] Tabelle 74. (S. 334)

Die Möglichkeit, Soja auf ökologische Weise zu produzieren, stellt ein konkretes Beispiel dafür dar, wie Alternativen außerhalb der Polemik zwischen herkömmlichem und gentechnisch modifiziertem Anbau bestehen können, die sich hinsichtlich der Risiken der Gensoja auf Nachhaltigkeitsprinzipien richten und mit der Lebensqualität der auf dem Land lebenden Bauern vereinbar sind.

Da aufgrund der Kriterien für ökologischen Anbau dennoch für die meisten Produzenten am Anfang eine höhere Arbeitsintensität erforderlich ist, interessiert sich lediglich eine geringe Zahl von Kleinbauern dafür, die versuchen, der Ausbreitung der Gensoja zu widerstehen und dadurch zu einer diversifizierten Landwirtschaft überzugehen, um aus der Sojamonokultur herauszukommen. Wegen der zumindest kurzfristig erhöhten Arbeitskosten für Angestellte und die angeblich nicht kostendeckenden Preise der Biosoja, erscheint diese Produktionsform auch den Lohnarbeitsbetrieben unvorteilhaft im Vergleich zur Gensoja, obwohl es technisch möglich wäre, sie auch auf größeren Flächen zu praktizieren.

5.3.3. Die Integration in das Projekt der Agrarkonzerne

Die ökologischen Auswirkungen des Einsatzes moderner Techniken in der Landwirtschaft haben eine große Bedeutung bei der Frage nach der Erhaltung der Familienbetriebe, die sowohl bei liberalen als auch bei den meisten marxistischen Autoren nicht ausführlich behandelt wurde, auch wenn Marx, Engels und auch Kautsky in ihren Werken auf die Naturzerstörung hingewiesen haben[228]. Wenn die größere Sorgfalt und die Qualität der Arbeit in den Familienbetrieben einen Vorteil für die Kleinbetriebe darstellt, ist die Bewahrung der Naturressourcen die Grundlage zu einer möglichen Erhaltung ihrer Aktivität. Durch die „Modernisierung“ der Landwirtschaft wird eine langfristige produktive Nutzung der Böden schwieriger, was sich auch direkt bei den Produktionskosten ausdrückt.

Dennoch wurde durch den Einsatz neuer Techniken versucht, negative, durch ihre Anwendung verursachte Effekte zu verringern. Probleme wie die Verringerung der Bodenfruchtbarkeit, die Zunahme von Schädlingen, Krankheiten und Unkräutern und die größere Abhängigkeit der Agrarökosysteme von Klimabedingungen werden durch die Erfindung neuer Techniken und entsprechende Angebote an die Bauern als neue Profitchance von Seiten der Agrarindustrie genutzt. „Mit alten Argumenten soll eine neue Technik schmackhaft gemacht werden. Mit Umweltargumenten soll eine gentechnologische aufgepeppte Chemie verkauft werden“. (Kiper 1990: 51)

Angesichts der Verfügung über externe Energiequellen und künstlich hergestellte chemische Nährstoffe zielen Agrarkonzerne darauf, die historische Verbindung zwischen der Erhaltung einer kurz- und mittelfristigen Produktivität und

[228] Siehe Kapitel I.

der langfristigen ökologischen Reproduzierbarkeit der Agrarökosysteme zu brechen. Trotz der Werbung der Agrarindustrie, die behauptet, an neuen Methoden und Produkten zur Förderung der Nachhaltigkeit des Produktionssystems zu arbeiten, wird durch die zunehmende Industrialisierung das Potential einer nachhaltigen Entwicklung der Landwirtschaft erheblich verringert, was die Überlebensfähigkeit der Landwirtschaft in ihrer Substanz bedroht. „Auf dem weltweiten Markt für Saatgut ergibt sich für die wenigen, multinational operierenden Großfirmen die Chance, über die Beherrschung des Genpools für Saatgut eine strukturelle Abhängigkeit der Landwirte (und damit großer Teile der Ökonomien der Länder des Südens) zu schaffen". (Spangenberg 1990: 132)

Die kapitalistische Differenzierung in der Landwirtschaft ist also weltweit in Gange und auch im nordwestlichen Grenzgebiet von Rio Grande do Sul zu sehen, wo dennoch ein großer Anteil an Kleinbauern zu finden ist. Die Landflucht ist ein reales Phänomen, besonders bei Jugendlichen, die eine bessere Lebensperspektive in den Städten suchen und der Landwirtschaft den Rücken kehren. Um weiter bestehen zu können, passen die Bauern sich an die herrschenden Strukturen an und akzeptieren allmählich Veränderungen und die Voraussetzungen dafür im Produktionsprozess, die ihre Produktionsform in den Markt integrieren und sie abhängiger von den Agrarkonzernen machen.

Eine Bestätigung dafür, dass es sich bei der Gensoja nur um eine Fortsetzung der im Rahmen der „Grünen Revolution" vorhandenen, äußerst zweifelhaften Technik handelt, ist die Feststellung, dass die Gensoja produzierenden Bauern gerade die sind, die auch schon mehr sogenannte moderne Techniken u.a. Herbizide einsetzen[229]. Ein Übergang von einer kleinbäuerlichen Familienlandwirtschaft zu einer typisch kapitalistischen Landwirtschaft ist bei den Bauern festzustellen, die in der untersuchten Region Gensoja anbauen. Es gibt also deutliche Hinweise dafür, „dass ‚fortschrittsorientiertes' und traditionelles Denken offensichtlich nebeneinander existieren, dass sich Haushalt und Familie und gesamtgesellschaftliche, ökonomische Veränderungen nicht gleichzeitig entwickeln". (Brüggemann/Riehle 1986: 34-35)

Die befragten Bauern können nach ihrer Begründung für den Anbau von Gensoja in zwei unterschiedliche Typen von Familienlandwirtschaft eingeteilt werden: a) eine mehrheitliche Gruppe, die behauptet, Gensoja auf Grund der Erleichterung und Reduzierung der Arbeit anzubauen, reproduziert Merkmale einer kleinbäuerlichen Familienlandwirtschaft; bei ihnen sind interne Faktoren entscheidender beim Einsatz von Technik; b) eine zweite Gruppe, die behauptet, Gensoja auf Grund der Einsparung von Betriebskosten anzubauen, kann dadurch charakterisiert werden, dass sie Merkmale eines kapitalistischen Agrarunternehmens in den Vordergrund stellt. Für sie sind die marktwirtschaftlichen Faktoren beim Einsatz von Technik von größerem Gewicht (Tabelle 16).

[229] Siehe Tabelle 75. (S. 335)

Tabelle 16: Zwei Typen von Familienlandwirtschaft beim Gensojaanbau	
Grund für den Gensojaanbau: Erleichterung/Reduzierung der Arbeit	**Grund für den Gensojaanbau: Einsparung von Betriebskosten**
Größere Familien	Kleinere Familien
Mehr Rentner	Weniger Rentner
Kürzere wöchentliche Arbeitszeit	Längere wöchentliche Arbeitszeit
Niedrigere Produktivität	Höhere Produktivität
Niedrigere Betriebskosten	Höhere Betriebskosten
Geringerer Zugang zur Agrarberatung	Größerer Zugang zur Agrarberatung
Geringerer Einsatz „moderner" Techniken	Größerer Einsatz „moderner" Techniken
Technik steht weniger in Verbindung mit der Erhöhung der Produktivität	Technik steht stärker in Verbindung mit der Erhöhung der Produktivität
Effekte der Technik: außer der Erleichterung/Reduzierung von Arbeit wird auf die Erhöhung der Betriebskosten und die Umweltauswirkungen hingewiesen	Effekte der Technik: außer der Erleichterung/Reduzierung von Arbeit wird auf die Erhöhung der Produktivität und Reduzierung von Betriebskosten hingewiesen
Quelle: Andrioli, A. Feldforschung 2005.	

Der Trend zur Anpassung und Integration der Familienbetriebe in das Projekt der Agrarkonzerne ist also vorgegeben und wird dadurch stimuliert, dass die Bauern immer mehr für den Markt produzieren und die Selbstversorgung einschränken. „In der Landwirtschaft bedeutet wirtschaftliche Modernisierung, dass die Marktbeziehungen auf ein viel größeres Gebiet als zuvor ausgedehnt werden und dass der Anbau für den Eigenbedarf mehr und mehr durch die Produktion für den Markt ersetzt wird". (Moore 1974: 536) Durch die Intensivierung der exportorientierten Landwirtschaft ist mit großer Wahrscheinlichkeit eine zunehmende Zerstörung der Natur und Vernichtung kleiner Betriebe zu erwarten. In diesem Kontext scheint für die Kleinbauern entweder die Existenz als „moderne Selbstversorger" oder die völlige Integration der noch übrig gebliebenen Betriebe in das Agrobusiness als Alternativen übrig zu bleiben. Die erste Alternative ist für keinen modernen Bauern interessant, denn der Zugang zu dem durch den Kapitalismus geschaffenen Lebensniveau ist auch für ihn wünschenswert. Die zweite Option ist nur für eine Minderheit möglich, die es schafft, die Konkurrenz auszuhalten und ihre Existenz zu sichern, was für Kleinbauern besonders schwierig ist.

Durch den Einsatz der Gentechnik in der Sojaproduktion werden die Chancen für die kleinbäuerliche Familienlandwirtschaft noch geringer, denn sie verfügt über eine geringe Investitionskraft, die verhindert, dass sie beim technischen Fortschritt mithalten kann. Die konventionellen Bauern gehen damit lediglich ein weiteres Risiko ein, das sie jedoch geringer einschätzen: „Für den Landwirt stellt sich die Frage nach gentechnologischen Veränderungen an Nutzpflanzen auf der gleichen Ebene wie die nach dem Einsatz von Pestiziden und Kunstdüngern. Wer auf letztere verzichtet, entfernt sich bewußt von den konventionellen Anbaumethoden und geht ein hohes ökonomisches Risiko ein". (Bernhard 1990: 36) Die Industrie zur Versorgung mit Betriebsmitteln ist in diesem Zusammenhang entstanden und setzt ihre Forschung weiter fort. Es wird dabei versucht, die Nachfrage selbst durch die Erfindung neuer technischen Produkte zu steuern. „Soweit mein begrenztes Wissen reicht, ist mir kein Fall bekannt, in dem eine einschneidende technische Revolution in der Landwirtschaft aus der Bauernschaft selbst hervorgegangen wäre". (Moore 1974: 536-537)

Damit die Gentechnik sich als Sachzwang in der Landwirtschaft durchsetzt, wurde mit der Taktik begonnen, zunehmend Felder durch eingeschmuggeltes Saatgut zu kontaminieren. „Die effektivste Taktik ist die weltweite schleichende gentechnische Verschmutzung". (Buntzel/Sahai 2005:189) In diesem Sinne wird die Strategie von Monsanto in Brasilien gezielt durchgesetzt, und sie vollzieht sich in folgenden Schritten: a) Bauern an das Herbizid gewöhnen, was seit Anfang der neunziger Jahre mit der Methode der „direkten Aussaat" im Gange ist; b) staatliche Forschung beeinflussen, besonders durch die Finanzierung von Forschungen und Forschungseinrichtungen sowie durch die Verbindung zu den Forschungsinstituten und deren Leitungen; c) Saatgutbetriebe im Inland aufkaufen und monopolisieren; d) ein Gebiet auswählen und Kontamination erwarten (in diesem Fall ist Argentinien das ursprüngliche Gebiet für Lateinamerika und das Bundesland Rio Grande do Sul innerhalb Brasiliens); e) Wissenschaftler und Politiker gezielt für die Interessen des Konzerns gewinnen; f) ein Netz von Agrarberatern partnerschaftlich durch die Gründung von Beratungsunternehmen einrichten, die im Auftrag des Konzerns oder durch dessen Finanzierung arbeiten; g) riesige Werbekampagnen durchführen, besonders im Fernsehen, in Radio und Zeitungen; h) erfolgreiche Bauern als Musterbetriebe in den ländlichen Gemeinden auswählen und u.a. mit Studienreisen unterstützen; i) vollendete Tatsachen schaffen, wodurch kritische Argumente in der Öffentlichkeit an Bedeutung verlieren; j) günstige Angebote für Herbizide und Saatgut machen (also zunächst frei von Lizenzgebühren); k) gesetzliche Rahmenbedingungen durch Lobbyarbeit bzw. Einfluss auf Parlamente und Regierungen erzwingen; l) Partnerorganisationen für die Kontrolle gewinnen: Die Genossenschaften und weitere Agrarunternehmen, die für den Aufkauf der Produktion und die Versorgung mit Betriebsmitteln (insbesondere Saatgut und Herbizid) zuständig und bereit sind, für einen Anteil der Einnahmen bei den Bauern die Zahlung von Lizenzgebühren einzufordern.

Durch die Konzentration im Bereich der Agrargentechnik wächst das Forschungs- und Investitionspotenzial der Agrarkonzerne, die durch ihre oligopolistische, marktbeherrschende Stellung bei der Preisbildung für neue technische Produkte ausschlaggebend sind und die Entscheidungen der Bauern bei der Auswahl und dem Einsatz von Technik beeinflussen. Das Expansionspotenzial der Agrarindustrie im Bereich der Technikforschung macht die Investitionen in der Landwirtschaft insofern attraktiv, als es durch die Patentrechte möglich ist, einen bedeutenden Anteil der Resultate der Entwicklung der Produktivkräfte privat anzueignen. Das Weiterbestehen der Kleinbauern wird in diesem Kontext als Marktchance zum Angebot technischer Produkte gesehen und nicht komplett vernichtet, solange es dem Kapital noch nützlich ist[230], d.h. solange es zu dessen Akkumulation beiträgt.

[230] Vgl. Luxemburg 1975: 392.

Schlussfolgerungen und Perspektiven

Der Konflikt um den Gensoja- und Biosojaanbau prägt die aktuelle Debatte über die Agrarreform in Brasilien. Es handelt sich dabei um den Zugang zu Ressourcen, um das Recht auf Land und Nahrung und letztendlich um politische Macht, die unmittelbar damit verbunden ist. Die meisten sozialen Fortschritte, die es bisher in der brasilianischen Agrarpolitik gab, sind als Reaktion der Regierungen auf die Mobilisierung von Landlosen und Kleinbauern zu verstehen, was sicherlich auch für die Zukunft eine Lehre bleibt. Eine spannende Frage bei der sozialen Mobilisierung zur Durchführung der Agrarreform und Förderung der Familienlandwirtschaft in Brasilien ist die Breite der Bewegung, wobei der Zugang zu Land und das Recht auf Nahrung zunehmend als eine gemeinsame Kampfaufgabe der meisten sozialen Bewegungen gesehen wird, ein entscheidender Grund zur Erklärung ihrer wachsenden politischen Akzeptanz in der Zivilgesellschaft. Dabei ist die Hoffnung auf den Aufbau eines Sozialstaats lebendig. Die Durchsetzung ist jedoch sehr unwahrscheinlich, denn das, was in Europas als Wohlfahrtsstaat bekannt wurde, hängt stark mit der historisch früheren Industrialisierung und Weltmarktstellung, mit dem jahrzehntelangen „Ost-West"-Systemkonflikt zusammen, zwei Elemente, die so nicht mehr vorhanden sind, was inzwischen auch in den Industrieländern den Weg zum Sozialabbau eröffnet hat. Der Aufbau eines Sozialstaats oder der Sozialabbau hängen aber auch stark vom Kräfteverhältnis und der sozialen Mobilisierung in einer Gesellschaft ab, und die Defensive, die zurzeit bei den sozialen Bewegungen festzustellen ist, hat mit der weltweiten Zunahme der Vormachtstellung des Kapitals und dem Siegeszug des Neoliberalismus seit den siebziger Jahren zu tun. Eine ökonomische und gesellschaftspolitische Vormachtstellung, die sich allerdings genau so wie frühere erschöpfen wird und der weitere Paradigmenwechsel folgen werden.

Die weltweite Zunahme der Konzentration im Ernährungsbereich, die Monopolisierung des agroindustriellen Komplexes und die Tendenz zum Freihandel im Agrarsektor verstärken die Konkurrenz zwischen den Produzenten, was die Überlebensfähigkeit von Kleinbauern stark beeinträchtigt. Die Existenz der Kleinbauern als individuelle Produzenten wird durch den Einsatz der Gentechnik in der Landwirtschaft in dem Maße erschwert, wie sie durch die schleichende gentechnische Verseuchung gezwungen werden, der Strategie der Agrarkonzerne zu folgen. Die Fortführung der sogenannten Grünen Revolution vertieft die Abhängigkeit, Verschuldung und Verarmung der Kleinbauern, die unter einen massiven Anpassungsdruck stehen, ohne eine reale Zukunftsperspektive zu haben. Ihr tendenzieller Ausschluss vom Produktionsprozess vertieft die Landkonzentration, beschleunigt die Landflucht und erhöht die Zahl von Landlosen und zugleich Arbeitslosen, eine Tendenz, die stark zur wachsenden sozialen Ungleichheit und der daraus entstehenden Gewalt in Brasilien beiträgt.

Die Landlosen suchen neue Überlebensperspektiven im Kampf um die Durchsetzung der gesetzlich vorgesehenen Agrarreform, in der Hoffnung, durch den Landzugang in den Ansiedlungen (assentamentos), organisiert in den landwirtschaftlichen Produktionsprozess wieder einsteigen zu können. Durch die genossenschaftliche Organisation der Produktion, Verarbeitung und Vermarktung von Nahrungsmitteln, kombiniert mit einer schrittweisen Umstellung auf agrarökologische Methoden, konnten die auf legalisierten Landnahmen und Landzuteilungen Angesiedelten inzwischen die Abhängigkeit von den Agrarkonzernen erheblich verringern und durch ihre Aktivitäten einen Beitrag zur Demokratisierung des Landes leisten. (Calcagnotto/Gottwald 2003) Für ihre wirtschaftlichen Erfolge war u.a. das Angebot an günstigen Krediten notwendig, das zunächst durch ihren politischen Druck als größte Sozialbewegung Lateinamerikas auf die Regierungen möglich wurde. Auch der Zugang zu privaten Krediten wurde durch ihre gemeinsame Beantragung erleichtert, und es wurde ein eigenes genossenschaftliches Kreditsystem von den Angesiedelten eingerichtet, das zusätzlich zur Bereitstellung von günstigen Finanzmitteln beiträgt. Der Aufbau von öffentlicher Infrastruktur in den Ansiedlungsgebieten, Ausbildungs- und Weiterbildungsangeboten und die Vernetzung der wirtschaftlichen Aktivitäten der Angesiedelten mit Industrieansiedlungen, regionalen und überregionalen Vermarktungschancen usw., worauf die Agrarreformpolitik der gegenwärtigen Regierung Lula besonderen Wert legt, tut ein übriges.

Inwieweit solche Organisationsformen, die in den Ansiedlungen der Agrarreform entwickelt wurden, auch für die Kleinbauern eine Alternative bieten könnten, um zu verhindern, dass durch die Zerstörung der Familienlandwirtschaft die Zahl der Landlosen steigt, motivierte ursprünglich ganz erheblich zu der vorliegenden Studie. Indem wir das nordwestliche Grenzgebiet des Bundeslandes Rio Grande do Sul als Gegenstand unserer Untersuchung auswählten, stand im Zentrum der Analyse zu verstehen, warum, wie und inwieweit Technik die Familienlandwirtschaft verändert oder fördert, Abhängigkeitsstrukturen verstärkt oder reduziert und die Chancen der Kleinbauern erhöht oder verringert. Zugleich konzentrierten wir uns auf die Frage, ob die Agrarökologie eine Alternative für die Kleinbauern bieten könnte, um Produktionskosten zu verringern, natürliche Ressourcen zu bewahren und die Bauernarbeit in landwirtschaftlichen Familienbetrieben aufzuwerten. Methodisch entschieden wir uns, eine Fallstudie durchzuführen und wählten den Konflikt zwischen Gensoja und Biosoja aus, worauf unsere Untersuchung begrenzt blieb. Zwei unserer Hypothesen wurden dabei bestätigt, nämlich: a) dass die Sojaproduktion eine wichtige Rolle für die Entwicklung der Region spielt, sich dennoch auf wesentliche Interessen multinationaler Konzerne bezieht, die am meisten davon profitieren; b) dass die Steigerung der Produktionskosten in den landwirtschaftlichen Familienbetrieben durch die Einführung „moderner" Agrartechnologien eine wichtige Erklärung für die Verschuldung und Verarmung der Bauern und die zunehmende Landflucht in der Region darstellt.

Die dritte Hypothese, die auf die Biosoja als Alternative zur Anwendung „moderner“ Agrartechnik für die Kleinbauern angesichts der Ausbreitung der Gensoja verwies, wurde durch unsere Studie widerlegt, denn auf der objektiven Ebene sind die Durchsetzungsmöglichkeiten der Biosoja unter den vorherrschenden Bedingungen sehr gering und was die subjektive Voraussetzung betrifft, nämlich die Bereitschaft der Kleinbauern, sie entschlossen anzubauen, ist sie noch unwahrscheinlicher. Denn trotz der besseren Preise und niedrigeren Betriebskosten der Biosoja geht die absolute Mehrheit der Produzenten zum Gensojaanbau über. Dies zu erklären, führte uns zur intensiveren Analyse der Auswirkungen von kapitalorientierter Technik in der Landwirtschaft, besonders in Hinblick auf vorgebliche (und reale) Arbeitsersparnis und –erleichterung und dem daraus folgenden Trend zur Anpassung und Zerstörung der Familienlandwirtschaft und der natürlichen Produktionsgrundlagen. Da die Biosoja als solche keine Überlebensperspektive für die Kleinbauern in der untersuchten Region darstellt, werden wir hier auf andere mögliche Perspektiven hinweisen, die jedoch nicht Gegenstand unserer Untersuchung waren und deshalb ausschließlich als Diskussion betrachtet werden können, deren Vertiefung weitere Forschungsvorhaben erfordert.

Die wichtigste Perspektive für die Familienlandwirtschaft, die auch stark die Geschichte der regionalen Entwicklung des nordwestlichen Grenzgebiets von Rio Grande do Sul prägt, hängt mit der Stärkung der genossenschaftlichen Selbstorganisation der Kleinbauern zusammen, die sowohl die Produktion als auch die Verarbeitung und Vermarktung von ökologischen Nahrungsmitteln in der Region umfassen könnte. Auch die Biosoja kommt dabei in Frage, vorausgesetzt, dass sie nicht in der Form einer Monokultur für den Agrarexport, sondern in einer regionalen Produktions-, Verarbeitungs- und Vermarktungsstruktur integriert wird. Diese Perspektive beschränkt sich nicht allein auf die Form *wie* produziert wird, sondern versucht zugleich auf die zentrale Machtfrage der Gesellschaft Einfluss zu nehmen, nämlich *was*, *wo*, *für wen*, *wann* und *durch wen* produziert wird. (Széll 2005a)

Die Frage nach den Möglichkeiten genossenschaftlicher Organisation der Produzenten betrifft auch die Konsumenten, die schließlich am meisten von möglichen Risiken der Gensoja auf ihre Gesundheit betroffen sind. Nach den verfügbaren Befragungen, sowohl in Europa als auch in Brasilien, stehen – in dieser Größenordnung seit Jahren relativ stabil – circa 70% der Konsumenten der Gentechnik kritisch gegenüber und würden konventionelle, „saubere“, auf jeden Fall gentechnikfreie Lebensmittel vorziehen[231]. Obwohl viele Verbraucher- und Umweltverbände sich weltweit gegen die Ausbreitung der Gentechnik wehren und inzwischen den größten Widerstand leisten, gehen die meisten Gesetze zu dem Thema dennoch an ihren Interessen vorbei. „Während die Kontrolle über die neuen Technologien in den Händen von Wissenschaftlern, supranationatio-

[231] Siehe Kapitel IV.

nalen Unternehmen, Regierungsbehörden und anderen Institutionen ruht, werden ihre Produkte und Dienstleistungen unter dem Deckmantel größerer Konsumentenfreiheit vermarktet". (Rifkin 1998: 257-258)

Die bisherigen Gesetze sehen in der Regel nur unzureichende Sicherheiten gegen gentechnische Kontamination, unzureichende Haftungsregeln und Kennzeichnungspflichten vor. In Wahrheit handelt es sich um fragwürdige Kompromisse, die eher geeignet sind, dem schrittweisen Vordringen der Gentechnik in der Produktion und in der Konsumtion den Weg zu ebnen, indem sie es zulassen, dass immer mehr Fakten geschaffen werden. Angesichts der fortschreitenden Ausbreitung der Gentechnik und der großen Wahrscheinlichkeit einer genetischen Verseuchung von benachbarten Feldern, die eine Koexistenz zwischen gentechnisch verändertem, herkömmlichem und ökologischem Anbau erschweren und in manchen Fällen bereits verunmöglichen, wird die Mehrheit der Verbraucher zunehmend erzwungen, gentechnisch veränderte Nahrungsmittel zu konsumieren. „Der Konsument ist nicht freier als der Produzent. Seine Meinung hängt ab von seinen Mitteln und seinen Bedürfnissen. Beide werden durch seine soziale Lage bestimmt, die wiederum selbst abhängt von der allgemeinen sozialen Organisation". (Marx 1974: 75)

Gerade aufgrund der Einstellung vieler Konsumentinnen und Konsumenten, gentechnisch veränderte Nahrungsmittel abzulehnen, haben manche Nahrungsmittelketten sich stärker dafür eingesetzt, ihre Waren zu kennzeichnen und möglichst von Produzenten zu kaufen, die angeblich das Angebot gentechnikfreier Produkte garantieren können. Dennoch: Circa 80% der gentechnisch veränderten Pflanzen gelangen in die Futtermittel, denn besonders seit dem BSE-Skandal, dem nachgewiesenen Zusammenhang zwischen Fleischkonsum und der tödlich verlaufenden Kreutzfeld-Jakob-Krankheit, der Vernichtung von vielen Millionen Stück Rindvieh vor allem in Europa und den dadurch bedingten schweren wirtschaftlichen Schäden und massiven öffentlichen Kompensationen ist der Einsatz von Tierkadavermehl in der Viehzucht verboten, und Soja stellt den billigsten Ersatz als Eiweißträger auf dem Weltmarkt dar. Und nach den gegenwärtigen gesetzlichen Regelungen, zum Beispiel in der EU, sind Tierprodukte wie Eier, Milch und Fleisch von einer Kennzeichnungspflicht ausgenommen, was dazu führt, dass den Verbrauchern in der Tat nicht einmal eine Auswahl möglich ist. Selbst die Biomärkte haben inzwischen Probleme, für den weltweit steigenden Markt ihrer Produkte gentechnikfreie Nahrungsmittel zu garantieren, denn ihre Produktion wird durch die Verseuchungswahrscheinlichkeiten während der Produktion, der Lagerung und des Transports erschwert. In dieser Hinsicht wird die sogenannte Konsumentensouveränität erneut stark in Frage gestellt, denn die Art der Konsumtion wird zunehmend von der Produktion erzwungen: „Die Produktion geht der Konsumtion voraus, das Angebot erzwingt die Nachfrage. (...) Schon durch die Instrumente, über welche sie verfügt, in beständig größerem Maße zu produzieren, kann die Großindustrie nicht die Nachfrage abwarten". (Marx 1974: 97)

In Brasilien wird selbst die für viele Länder übliche Kennzeichnungspflicht gentechnisch veränderter Nahrungsmittel nicht eingehalten, obwohl sie gesetzlich vorgeschrieben ist. Es kommt noch die Tatsache hinzu, dass die Mehrheit der Bevölkerung sehr wenig über das Thema informiert ist, was bei Befragungen immer wieder festgestellt wird, und mögliche Risiken werden selten öffentlich angesprochen. (Deak 2003) Die Organisation der Verbraucher – abgesehen von der Tätigkeit des brasilianischen Instituts für Verbraucherschutz IDEC und des Netzwerks *GMO Free Brazil Campaign* – ist in Brasilien insgesamt sehr schwach ausgeprägt. Außerdem ist das Interesse an der Frage der Gensoja bei der Mehrheit der Konsumenten ohnehin gering, da Soja in erster Linie ein Exportprodukt ist und in Brasilien nur wenig konsumiert wird.

Dabei wird jedoch einfach übersehen, dass eine Reihe von Nahrungsmitteln, besonders Lecithin, aus Nebenprodukten der Soja hergestellt werden, und dass Soja in Form von Öl und Margarine längst auf dem Markt ist und auch im Inland bei der Erzeugung von Tierprodukten verwendet wird. Es stimmt, dass die brasilianische Sojaproduktion weit überwiegend auf den Weltmarkt ausgerichtet ist, was aber wiederum dazu führt, dass der Verbrauch an Soja im Lande selbst zunimmt, indem der bestimmende Lebensmittelhandel nicht auf deren riesigen Verfügbarkeit verzichten will. Wie Marx es interpretierte, ist es letztendlich die Wirtschaft, die in der kapitalistischen Gesellschaft über die Auswahl von Produkten entscheidet, die verwendet werden oder nicht: „Die Verwendung der Produkte wird bestimmt durch die sozialen Verhältnisse, in welchen sich die Konsumenten befinden, und diese Verhältnisse selbst beruhen auf dem Gegensatz der Klassen. (...) Die Ökonomie gab den Ausschlag, sie diktierte dem Konsum ihre Befehle“. (Marx 1974: 92)

Aber selbst die These, dass eine starke und bewusste Organisation der Konsumenten die Logik kapitalistischen Wirtschaftens zu einem ökologisch nachhaltigen oder sogar „fairen Handel“ führen könnte, ist hier zu hinterfragen. Zunächst ist wichtig anzuerkennen, dass tatsächlich bestimmte Gruppen von Konsumenten weltweit bereit sind, mehr für Produkte zu zahlen, die so produziert und kontrolliert werden, dass ökologische und soziale Kriterien eingehalten werden. Die Gründe für die Umstellung dieser Verbraucher sind eng mit Fragen der Gesundheit, Umwelt und sozialen Gerechtigkeit verbunden und besonders in kirchlichen Kreisen ist ein zunehmender Trend beim „fairen“ Handel festzustellen. Nach Luuk Zonneveld, Geschäftsführer der *Fair-Trade-Labelling* (FLO), eine der weltweit größten Zertifizierungsagenturen für „fair“ gehandelte Produkte, erfüllten 2004 40% der Bioprodukte die Vorgaben für das sogenannte *Fair-Trade-Label*, dessen Trend steigend zu bewerten sei. Es sind 350 Produzenten in über 45 Ländern Afrikas, Asiens und Lateinamerikas, überwiegend Kleinbauergenossenschaften, die allein von der FLO zertifiziert werden. (Lenhardt 2005) Für diese Bauern ist dieser Nischenmarkt existenzentscheidend, und die Konsumenten kaufen mit diesen Produkten sicherlich auch ein wenig Bewusstsein für die schwierige Lage vieler Kleinbauernfamilien ein.

Obwohl es eine steigende Tendenz für den Konsum von Öko- und Fairprodukten gibt, ist die entscheidende Frage jedoch, inwieweit es möglich ist, durch Konsumveränderungen den Handel fair und ökologisch zu gestalten und auf diesem Weg weitreichende, positive Auswirkungen auf die landwirtschaftliche Produktion zu erzielen. Insofern ist bei den bisherigen Versuchen, die kapitalistische Marktwirtschaft durch eine sogenannte bewusste Konsumentensouveränität sozial zu gestalten, ein ähnliches Phänomen festzustellen wie bei den marktorientierten Ansätzen eines „grünen Kapitalismus"[232]: Solche Ansätze bleiben auf eine Nischenexistenz beschränkt, es sind Teilfortschritte, die auch in der politischen Auseinandersetzung ihre Bedeutung haben. Aber viele der damit verbundenen Erwartungen unterschätzen in der Regel die strukturelle Macht der kapitalistischen Warenproduktion und Verwertungslogik. „Moralisierende Appelle an die ökologische Verantwortung des Individuums sind also weder gerechtfertigt noch erfolgversprechend, wenn die gesellschaftlichen und ökonomischen Rahmenbedingungen für ein prinzipiengeleitetes Handeln nicht geschaffen werden". (Siebert 1993: 99)

Die brasilianische Gensojaproduktion wird sich weiter ausbreiten und dies unabhängig von dem ökologischen und sozialen Bewusstsein europäischer Konsumentinnen und Konsumenten, die tendenziell durch das Angebot auf dem expandierenden Weltmarkt gezwungen werden, die verfügbaren Produkte zu konsumieren. Der Weltmarkt und besonders China bieten in dieser Hinsicht für die brasilianischen Sojaproduzenten Expansionsmöglichkeiten an, die selbst die Einschränkungen im Fall einer vollständigen Kennzeichnungspflicht der Gensoja durch die Europäische Union weitgehend neutralisieren würden. Die Waren werden in der kapitalistischen Produktionsweise keineswegs auf einer willkürlichen Stufe produziert, sondern je mehr die Produktivkräfte sich entwickeln, um so mehr werden die Produzenten dazu gezwungen, auf einer bestimmten Stufenleiter zu produzieren, die von einer Erweiterung des Weltmarktes abhängt. (Vgl. Marx 1974: 75) Im Kapitalismus ist also zum ersten nicht nur die Herstellung von Produkten an sich abhängig vom Verwertungsinteresse, die Produkte werden zum zweiten auf eine bestimmte Weise hergestellt und zum dritten werden auch die Subjekte, die Konsumentinnen und Konsumenten dieser Waren geschaffen: „Die Produktion liefert dem Bedürfnis nicht nur ein Material, sondern sie liefert dem Material auch ein Bedürfnis. (...) Die Produktion liefert daher nicht nur einen Gegenstand für das Subjekt, sondern auch ein Subjekt für den Gegenstand". (Marx 1978: 624)

Damit ist nicht gemeint, es sei ausgeschlossen, dass bestimmte Konsumentengruppen sich dagegen wehren können, die vom herrschenden Produktionssystem hergestellten Waren zu kaufen und zu verbrauchen. Die Verallgemeinerung solcher Bereitschaft (die in großem Maße von moralischen und voluntaristischen Überzeugungen geprägt ist) auf die gesamte Konsumentenschaft oder wenigs-

[232] Siehe Kapitel I.

tens auf einen großen Marktanteil außerhalb der Nischen zu übertragen, scheint sehr unwahrscheinlich, weil aufgrund der lediglich auf Konsumveränderung bezogenen Bewusstseinsbildung keine einschneidende strukturelle Veränderung an der kapitalistischen Logik der Warenproduktion stattfindet.

Die Logik der kapitalistischen Warenproduktion orientiert sich nicht an dem Gebrauchswert ihrer Produkte, wie es sich „bewusste Konsumenten" wünschen, sondern am Tauschwert, um den Profit zu vermehren. Auch die Konsumenten tendieren dazu, sich am Tauschwert der Waren zu orientieren, indem billigere Waren den Vorzug auf dem Markt bekommen, wie sie durch die Massenproduktion ermöglicht werden. Bei der Kaufentscheidung spielt auch der durch die Werbung verbreitete „Symbolstatus" des Besitzes bzw. Konsums einer Ware eine wichtige Rolle, denn das Begehren von Waren wird größtenteils durch Marketingstrategien seitens der Produktions- und Vermarktungsbranche künstlich stimuliert. „Waren sind mit Bedeutung aufgeladen; sie stellen ein System von Zeichen dar, mit denen ein Käufer eine Aussage über sich selbst, seine Familie und seine Freunde macht. Während aber in den frühen Tagen der Konsumgesellschaft Güter hauptsächlich etwas über den sozialen Status aussagten, signalisieren sie heute die Zugehörigkeit zu einem bestimmten Lebensstil und laden die Menschen dazu ein, sich voneinander zu differenzieren (...) Produkte dienen nicht mehr dem Kampf ums Überleben, sondern ums Erleben (...) Wenn Produkte zu kulturellen Symbolen werden, gibt es für die wirtschaftliche Expansion kein Ende". (Sachs 2002: 212-213)

Mit Hilfe von Werbestrategien soll also die gesteigerte Nachfrage nach Waren sichergestellt werden, damit eine möglichst kurze Umschlagszeit und Verwertung des Kapitals möglich wird, wozu die geplante Begrenzung der realen Haltbarkeit oder sogar Obsolenz der Waren wichtig ist (Methe 1981). Bei gentechnisch veränderten Nahrungsmitteln kommt auch die Neugier der Konsumenten hinzu, denn solange Gefahren größtenteils ausgeschlossen bleiben und lediglich Risiken behauptet werden können, rechnen die meisten Herstellerfirmen mit einer Phase des Anlockens von Verbrauchern durch billige Angebote, die durch ein Überangebot auf dem Markt gesteuert werden. „Was die neuen Erzeugnisse betrifft, so wird die Serienproduktion und das ‚Auf-den-Markt-Werfen' dieser Güter, d.h. die weitgestreute Verteilung unter die Verbraucher, auch schon von den Herstellerfirmen und nicht von den Launen der Verbraucher bestimmt. Es ist also schlecht und recht ‚geplant' – geplant allerdings von einer Handvoll kapitalistischer Firmen, die sich ausschließlich von dem Kriterium des privaten Profits leiten lassen und nicht von den objektiven rationellen Bedürfnissen der Gemeinschaft und ihrer Individuen. Wie aber kann man von einem ‚dringenden Bedarf' des Verbrauchers für Erzeugnisse sprechen, von deren Existenz er überhaupt nicht weiß, von ‚dringendem Bedarf', der sich durch nichts offenbart, bis ein Fabrikant zufällig ein neues Produkt auf den Markt wirft?". (Mandel 1972: 841-842)

Aufgrund der billigen Preise dieser Produkte wird auch mit dem Argument geworben, gentechnisch veränderte Nahrungsmittel trügen zur Hungerbekämpfung bei, denn die dadurch mögliche Steigerung der Nahrungsmittelproduktion käme besonders den ärmsten Bevölkerungsschichten zugute. Nahrungsmittel, die mehrheitlich abgelehnt werden von Konsumenten, die sich eine Auswahl auf dem Markt leisten können, sollen also in erster Linie denen angeboten werden, die nicht über eine bestimmte Kaufkraft verfügen, sei es durch staatliche Programme zur Hungerbekämpfung oder sogar Spenden von Herstellerfirmen mit dem Hinweis auf ihre angebliche soziale Verantwortung. Auch wenn diese Diskriminierung der Armen allein schon aus ethischen Gründe zurück gewiesen werden muss, so ist an der Förderung einer Massenproduktion zur Versorgung der vom Markt weitgehend ausgeschlossenen Bevölkerungsteile die Absicht zu erkennen, mit der solche Produkte auf dem Markt verbreitet werden.

Es muss in diesem Zusammenhang überhaupt die Frage gestellt werden, aus welchem Grund bestimmte Produkte und Produktionsmethoden Vorrang haben, auch wenn eine Mehrheit der Konsumentinnen und Konsumenten sie ablehnt. Weil sie am besten den Interessen der kapitalistischen Warenproduktion entsprechen, d.h. sie erfordern am wenigsten Arbeit und können demzufolge zu den niedrigsten Preisen angeboten werden, damit eine breite Masse von Konsumenten sie kauft. Dies hat weniger mit den Bedürfnissen der Konsumentinnen und Konsumenten zu tun, als mit dem Ziel der Profitsteigerung für die Herstellerfirmen. „Warum entscheidet das Minimum des Preises in bezug auf das Maximum der Konsumtion? Vielleicht etwa wegen der absoluten Nützlichkeit dieser Gegenstände, wegen der ihnen innewohnenden Nützlichkeit, wegen ihrer Nützlichkeit, insofern sie auf die nützliche Art den Bedürfnissen des Arbeiters als Mensch und nicht des Menschen als Arbeiter entsprechen? Nein – sondern weil in einer auf das *Elend* begründeten Gesellschaft die *elendsten* Produkte das naturnotwendige Vorrecht haben, dem Gebrauch der großen Masse zu dienen". (Marx 1974: 93)

Die sogenannte Konsumentensouveränität hat in der kapitalistischen Marktwirtschaft nur eine Chance, indem Verbraucher sich direkt mit den Produzenten verbinden, die auch von der Ausbreitung der Massenproduktion betroffen sind, nämlich den Kleinbauern. Eine genossenschaftliche Organisation der Kleinbauern – die nicht nur von der Ausbreitung der Gentechnik als Produzenten existentiell bedroht sind, sondern gleichzeitig in ihrer Lebensqualität als Konsumenten ihrer eigenen Nahrungsmittelproduktion und als in einer ungesunden Umwelt lebende Menschen beeinträchtigt werden – hat wiederum nur eine Chance, indem direkte Absatzmöglichkeiten bei den Verbrauchern geschaffen werden. Dies kann durch die Bildung eines genossenschaftlichen Netzwerks zwischen Produzenten und Konsumenten gelingen, die bereit sind, der herrschenden Logik kapitalistischer Marktwirtschaft bewusst zu widerstehen und sich ihrem Anpassungsdruck zu widersetzen. „Was die Genossenschaften, und zwar vor allem die Produktivgenossenschaften betrifft, so stellen sie ihrem inneren Wesen nach inmitten der kapitalistischen Wirtschaft ein Zwitterding dar: eine im kleinen sozialisierte Produktion bei kapitalistischem Austausche. (...) Daraus folgt, daß die Produktivgenossenschaft sich ihre Existenz inmitten der kapitalistischen Wirtschaft nur dann sichern kann, wenn sie auf einem Umwege den in ihr verborgenen Widerspruch zwischen Produktionsweise und Austauschweise aufhebt, indem sie sich künstlich den Gesetzen der freien Konkurrenz entzieht. Dies kann sie nur, wenn sie sich von vornherein einen Absatzmarkt, einen festen Kreis von Konsumenten sichert. Als solches Hilfsmittel dient ihr eben der Konsumverein". (Luxemburg 1974: 417, 418)

Obwohl diese Versuche, Bauern und Konsumenten zu vereinigen, in der Geschichte zumeist gescheitert sind, scheint diese Perspektive jedoch sinnvoller als die, lediglich auf ein „bewusstes" Verhalten der Konsumenten zu setzten, denn letztendlich wird die kapitalistische Produktion, wie oben beschrieben, von der Produktionssphäre gesteuert. Besonders schwierig bei der genossenschaftlichen Organisation der Kleinbauern sind jedoch ihre Stellung im Produktionsprozess, d.h. gleichzeitig Arbeiter als auch Besitzer zu sein und die daraus folgenden Auswirkungen auf deren Beziehungen untereinander. „Die Beziehungen zwischen den Bauern sind mehrfach bestimmt: als Arbeiter durch die Notwendigkeit, sich solidarisch zur Seite zu stehen; als Anbieter derselben Waren auf dem Markt durch die Konkurrenz. Welche dieser Verhaltensnormen – Konkurrenz oder Solidarität – stärker ist, hängt neben dem jeweiligen Problem, um das es geht, von den Erfahrungen ab, die man schon gemacht hat". (Poppinga 1975: 145)

Die Erfahrungen der Kleinbauern im nordwestlichen Grenzgebiet von Rio Grande do Sul sind, geschichtlich gesehen, von genossenschaftlicher Organisation geprägt[233]. Durch die „Grüne Revolution" und die Einrichtung großer Genossenschaften von oben nach unten seitens brasilianischer Regierungen, den Zusammenbruch zuvor existierender Gemeinschaftsgenossenschaften und durch die zunehmende Integration der Kleinbauern in das Projekt der Agrarkonzerne ist jedoch ein wachsendes Missvertrauen gegenüber genossenschaftlicher Organisation zu bemerken. Der undemokratische Charakter der nach 1960 organisierten großen Genossenschaften, deren Verbindung mit den Agrarkonzernen, die Herrschaft der Großbauern im Vorstand und häufige Korruptionsaffären[234] trugen dazu bei, dass die Kleinbauern sich heute eher ablehnend gegenüber kooperativen Zusammenschlüssen äußern. Neue Erfahrungen in den neunziger Jahren mit der Organisation von Maschinenringen, gemeinschaftlich organisierten Produktionsstätten („Associações" und „Condomínios rurais", besonders in der Schweine- und Milchproduktion), kleinen lokalen Genossenschaften und Vermarktungsvereinigungen auf kommunaler Ebene haben jedoch zu einer Wiederbelebung genossenschaftlicher Organisation der Kleinbauern in der Region bei-

[233] Siehe Kapitel III.
[234] Vgl. Oliveira 1985.

getragen. (Andrioli 2001) Die gegenwärtige gemeinschaftliche Organisation der Kleinbauern wird von etlichen Kleinbauerngewerkschaften in der Region vorangetrieben. Deren Zusammenarbeit führte 2001 zur Gründung der Nichtregierungsorganisation AREDE[235], deren Ziel es ist, durch Bildungsarbeit und Organisation der Zivilgesellschaft Alternativen zur Regionalentwicklung heraus zu bilden. Ein erster Erfolg von AREDE ist die Organisation der Zentralgenossenschaft der Familienlandwirtschaft CRECAF[236], die 8 kleine Bauerngenossenschaften umfasst und eine Vermarktungsstelle für Nahrungsmittel in der Stadt Santa Rosa unterhält. (Eitelwein 2005)

Im Gegensatz dazu wird von großen Genossenschaften, Kommunalregierungen, Unternehmerverbänden und Gewerkschaften der FARSUL stark auf die Verbreitung einer Unternehmerideologie[237] gesetzt, die darauf abzielt, die Bauern „konkurrenzfähig zu machen". Dieser Ansatz ist auch sehr stark in der Agrarberatung präsent und wird von den meisten Medien als fortschrittliche Perspektive verbreitet, ohne Rücksicht darauf, dass die Unternehmerideologie eher für Großbauern und Lohnarbeitsbetriebe geeignet ist, die eine absolute Minderheit in der Region darstellen, aber dennoch starken Einfluss auf Entscheidungen der Kleinbauern hat. „Die Unternehmerideologie ist eine der wichtigsten Ursachen dafür, daß der Zusammenhalt zwischen Bauern, die Solidarität, oft genug nur sehr schwach ist. Insbesondere in Verbindung mit der von der bürgerlichen Agrarökonomie in die Welt gesetzten Ente, wenn nur die Abwanderungsrate aus der Landwirtschaft hoch genug sei, würde der ‚Kuchen' (Anteil der Landwirtschaft am Sozialprodukt) für die in der Landwirtschaft Verbleibenden groß genug sein können, bewirkt die Unternehmerideologie, daß Bauern in relativ günstigen Positionen im Konkurrenzkampf durchaus dafür sein können, daß schlechter gestellte Gruppen von Bauern aus der Landwirtschaft hinausfliegen". (Poppinga 1975: 148-149)

Da wir die genossenschaftliche Organisation der Kleinbauern in der Region nicht als Schwerpunkt in unserer Feldforschung betrachtet haben und uns daher wichtige Erkenntnisse, insbesondere hinsichtlich der regionalen Marktstrukturen fehlen, können wir sie hier nur als mögliche Perspektive andeuten und auf die Notwendigkeit weiterer Forschungsvorhaben verweisen. Festzuhalten ist jedoch, dass eine ökologische Produktion für einen Nischenmarkt bereits für Gruppen von Bauern möglich ist. Ihre Verallgemeinerung als Alternative für alle vom

---

[235] Associação Regional de Educação, Desenvolvimento e Pesquisa (Regionaler Verein zur Erziehung, Entwicklung und Forschung), ist eine Vereinigung von 17 regionalen Organisationen, darunter Kirchen, Gewerkschaften und Genossenschaften.

[236] CRECAF - Central Regional de Cooperativas da Agricultura Familiar Noroeste Ltda. (Regionale Genossenschaftszentrale der Familienlandwirtschaft im Nordwesten).

[237] Damit ist die Stärkung der Stellung der Bauern als Besitzer eines landwirtschaftlichen Betriebes gemeint, wodurch deren Stellung als Arbeiter bewusst vernachlässigt wird, um sie an Strategien der Großbauern und Lohnarbeitsbetrieben anzupassen.

Zusammenbruch bedrohten Bauern leidet dennoch grundsätzlich an der bisher mangelnden Bereitschaft der Konsumenten und Produzenten, sich ökologischen Produkten noch stärker zuzuwenden.

Aber selbst wenn mit einer Zunahme des Marktes und der Erzeugung ökologischer Produkte zu rechnen wäre, würde dies keineswegs bedeuten, dass dadurch die Umweltzerstörung und die soziale Problematik der kapitalistischen Produktionsweise beseitigt werden. Gerade die Erfahrung mit der Biosoja in Brasilien zeigt, dass riesige Ländereien von Großgrundbesitzern damit bewirtschaftet werden könnten, deren heutige Produktion in ihren Auswirkungen auf die Natur und die Kleinbauern sehr weit von Nachhaltigkeits- oder Gerechtigkeitsprinzipien entfernt ist. Untersuchungen von Ortega et al. (2002), die durch eine Stoffstromanalyse den herkömmlichen mit dem ökologischen und dem gentechnisch modifizierten Sojaanbau verglichen haben, kommen zu dem Ergebnis, dass zunächst die Biosoja im Vergleich zu herkömmlichen und gentechnisch modifizierten Sojaproduktion als nachhaltiger betrachtet werden kann, insbesondere wegen des geringeren Energieverbrauchs im Produktionsprozess. Diese Einsparung von Energie und die geringere Umweltbelastung im Vergleich zum herkömmlichen und Gensojaanbau wird jedoch beim Transport nach Europa zunichte gemacht. (Ortega 2004)

Wenn die Verbraucher sich dennoch durchsetzen und die Biosoja einen entsprechend hohen Preis auf dem Weltmarkt erzielt, und es dadurch attraktiver wird, sie zu produzieren, kann es durchaus möglich werden, dass weitaus mehr Bauern bereit sind, sie anzubauen. Dies würde jedoch an der grundsätzlichen Problematik der Familienlandwirtschaft wenig ändern, denn sie wird weiter mit den großen Lohnarbeitsbetrieben konkurrieren müssen. Dass die Familienbetriebe dabei Chancen haben können, aufgrund der verbesserten Handlungsautonomie und ihres spezifischen Umgangs mit Technik ist wahrscheinlich, aber der Erfolg ihrer Produktionsform wird von tendenziell sinkenden Preisen gesteuert, worauf sie isoliert keinen Einfluss haben sowie vom Einkauf von Betriebsmitteln, deren Preise von den Agrarkonzernen bestimmt werden. So wie bei der individuellen Bioproduktion die Gefahr der Kontamination durch Nachbarn eine Koexistenz zwischen Biosoja und Gensoja verhindert, so ist die genossenschaftliche Organisation der Kleinbauern bei Vermarktung und Ankauf von Betriebsmitteln die einzige Alternative. Durch ihre Einigung auf größere Mengen und Anbauflächen könnten sie die Nachteile kleiner Betriebe in der kapitalistischen Landwirtschaft teilweise überwinden. Die Assoziation erlaubt außerdem eine Effizienzerhöhung durch Rationalisierung der bisher isolierten Strukturen, besonders bei einer gemeinsamen Nutzung von Technik (etwa von Landmaschinen), den verbesserten Zugang zu Agrarberatung und Krediten, eine bessere Planung bei der Organisation der Produktion und beim Arbeitseinsatz. Dennoch: Sowie bei der Frage der Technik, werden auch die Planung, der Arbeitseinsatz und die gesamte Organisation der Familienbetriebe stets anders als bei den Lohnarbeitsbetriebes ausfallen, denn ihre Beziehung zu Natur und Arbeit hängt eng mit der Bedürfnisbefriedung der Familie zusammen. Zusammen genommen kommt dies objektiv gesehen den Prinzipien der Selbstverwaltung und der genossenschaftlichen Selbstorganisation eher entgegen.

Deutlich hat sich bei unseren Untersuchungen von Biosojaproduzenten herausgestellt, dass eine ökologische Produktion nicht unbedingt mit einem niedrigeren Ertrag, mit höherer Arbeitsintensität und höheren Betriebskosten verbunden ist, die normalerweise als pauschale Begründung für höhere Preise von Bioprodukten genommen wird. Das Beispiel der Biosoja kann gleichwohl nicht einfach auf andere Bioprodukte übertragen werden. Hier sind weitere Fallstudien erforderlich und ihre Ergebnisse sind selbstverständlich offen. Das Argument, dass die Preise von Bioprodukten sich auf niedrige Erträge, höheren Arbeitseinsatz und höhere Betriebskosten beziehen, geht aber an der Realität vorbei, denn die gegenwärtigen Preise sind in einem Nischenmarkt mehr von einem niedrigeren Angebot gesteuert als von der Bereitschaft „bewusster" Konsumenten, für Bioprodukte aufgrund ihrer besseren Qualität mehr zu zahlen. Die Preisbildung in der kapitalistischen Marktwirtschaft ist ein quantitatives Verhältnis. Also würde eine Zunahme der Produktion von Biosoja sicherlich auch zu einer Senkung der Preise dieses bisherigen Nischenprodukts führen und dadurch die Chancen der Kleinbauern weiter reduzieren.

Die Logik der Konkurrenz in der kapitalistischen Marktwirtschaft wird also nicht durch die Umstellung auf ökologische Produkte geändert: Großbetriebe können sich im Fall einer möglichen Ausweitung des Markts für ökologische Produkte grundsätzlich genauso darauf einstellen und diese Chance zur Profitmaximierung ausnutzen. Je länger die Chemisierung durch Agrobusiness aber anhält, je stärker die Böden kontaminiert sind und ihre Fruchtbarkeit erodiert, je rasanter sich gentechnisch veränderte Organismen ausbreiten und eine massive Deprivation des landwirtschaftlichen Produktionsumfelds eingetreten ist, um so schwieriger werden allerdings die Umstellungsprobleme. Daraus ziehen wir die Schlussfolgerung, dass allein die Anwendung einer neuen Technologie und Erzeugungsweise, die zwar umweltfreundlicher als die vorherige ist, für die soziale Problematik der Kleinbauern von geringer Bedeutung ist. Die agroindustriellen Komplexe könnten sich auf ökologische Produkte umstellen, die Bauern mit „biologischen" Betriebsmitteln versorgen, ihre Verarbeitungs- und Vermarktungsstrukturen an Bioprodukte anpassen, ohne damit die Abhängigkeitsstrukturen aufzuheben. (Rosset/Altieri 2002)

Die Sojamonokultur bietet keine Alternative für Kleinbauern, egal ob sie auf herkömmliche, gentechnisch veränderte oder ökologische Weise produziert wird, denn sie erfordert hohe Investitionen und zunehmend größere Flächen. Beides ist für kleine Erzeuger am schwierigsten zu erreichen, und zwar aufgrund ihrer geringen Investitionsfähigkeit und ihres mangelnden Zugangs zu Krediten und der Tatsache, dass der Boden eine begrenzte, nicht beliebig vermehrbare Ressource darstellt. Und Biosojaproduktion als Monokultur wäre ein Widerspruch in sich, denn ökologische Produktionsmethoden setzen Fruchtfolge und die Umstellung eines gesamten Gebiets voraus, was wiederum für Kleinbauern nur in Zusammenarbeit mit mehren Nachbarn möglich ist.

Die Agrarökologie als Perspektive für Kleinbauern ist angesichts der Ausbreitung der Gentechnik in der Landwirtschaft in dem Maße schwierig geworden, wie sie also nur im Zusammenhang mit der Bereitschaft von Bauern möglich ist, zusammenzuarbeiten, sowohl bei der Produktion als auch bei der Direktvermarktung. Außerdem schließt die Vermarktung vieler landwirtschaftlicher Produkte auch deren Weiterverarbeitung ein, die es ermöglicht, qualitativ auf dem Markt zu konkurrieren. Der Aufbau einer genossenschaftlichen Struktur, die die Produktion, Verarbeitung und Vermarktung landwirtschaftlicher Produkte unter die Kontrolle der Kleinbauern und Konsumenten bringt, könnte der Agrarökologie neue Perspektiven eröffnen. Denn sie beschränkt sich nicht auf die Art und Weise, wie produziert wird, sondern was, für wen und unter welchen Bedingungen, die zurzeit den von den Agrarkonzernen geschaffenen Abhängigkeitsstrukturen (einschließlich der von den Großgrundbesitzern kontrollierten Genossenschaften) überlassen sind.

Die völlige Integration in der sogenannten freien Marktwirtschaft ist für die meisten Kleinbauern von Nachteil, und mögliche Perspektiven sind deshalb gefordert, nach Überlebensstrategien und Möglichkeiten zur Überwindung der kapitalistischen Marktwirtschaft zu streben. Ein erster Erfolg bei der Ablehnung der Sojamonokultur und schrittweisen Umstellung auf eine diversifizierte ökologische Produktion ist sicherlich die Möglichkeit, die Nahrungsmittelproduktion zur Selbstversorgung sowohl quantitativ als auch qualitativ zu steigern, denn bei der Monokultur leiden viele Kleinbauern selbst an mangelhafter Ernährung. Die Produktion zur Selbstversorgung kann in erster Linie zur Existenz und Selbständigkeit von Kleinbauern beitragen und ihre Lebensqualität konkret verbessern. Die Vermarktung des Produktionsüberschusses würde dennoch weiter im Wettbewerb mit anderen Erzeugern stehen, was die Chancen der Kleinbauern wieder erheblich verringert, auch wenn eine direkte Verbindung zum Verbraucher entsteht, denn auch dieser wird weiterhin von der Logik der Marktwirtschaft, und zwar auf internationaler Ebene, geprägt und von den verschiedenen Angeboten beeinflusst bleiben.

Die steigende internationale Konkurrenz stärkt die Tendenz, dass der durch die Arbeit der Bauernfamilien erzeugte Wert nicht auf dem Markt realisiert, d.h. dass sie zunehmend ausgeplündert werden. Wegen der unterdurchschnittlichen organischen Zusammensetzung des Kapitals liegen die Produktionskosten für die meisten Produzenten von landwirtschaftlichen Produkten über dem durchschnittlichen Produktionspreis[238]. In diesem Kontext auf mehr Arbeitseinsatz zu

[238] Auch die Gestaltung des Welthandels durch den Protektionismus der Industrieländer trägt dazu bei, dass Bauern in den Ländern des Südens ungleich mit den politisch gesteuerten

setzen, führt logisch zu mehr Selbstausbeutung der Bauernfamilien. Da die Arbeit für die Wertbildung entscheidend ist und von daher keinen eigenen Wert darstellt, werden in der kapitalistischen Marktwirtschaft die von ihr geschaffenen Wertteile über die Verarbeitungs- und Zirkulationssphäre umverteilt, tendenziell zuungunsten der landwirtschaftlichen Betriebe mit höherem Arbeitseinsatz: „Mit Ausnahme der Bauern, die über die Klasse der besten Produktionsbedingungen verfügen, werden die Bauern über den ungleichen Tausch in der Zirkulationssphäre ausgeplündert. (...) Die Bauern mit den schlechtesten und den mittleren Produktionsbedingungen können auf Dauer nicht einmal die einfache Reproduktion aufrechterhalten. Sie fallen dem Proletarisierungsprozeß zum Opfer. Aufgrund besonderer Bedingungen dauert dieser Prozeß oftmals sehr lange". (Poppinga 1975: 36, 37)

Die Bauern mit höheren Produktionskosten aufgrund des höheren Arbeitseinsatzes in der herkömmlichen Produktion tragen in einer Situation steigender Nachfrage zur Preisbildung bei, die günstig ist für die Großbauern mit niedrigeren Produktionskosten. Von daher ist deren Existenz zunächst von Vorteil für die Bauern mit besten Produktionsbedingungen. Auch der ökologische Ansatz als Perspektive für die Kleinbauern ist für die Großbauern von Vorteil[239], denn anstatt zu rebellieren, werden diese Kleinbauern versuchen, sich in den Markt zu integrieren und zwar für einen Nischenmarkt zu produzieren, der nicht unmittelbar die Preise des wachsenden „konventionellen" Sojamarktes beeinflusst, also keinen direkten Wettbewerb zu den Großbauern darstellt, solange diese nicht auch in die Bioproduktion einsteigen. Es sind also mehrheitlich die Kleinbauern, die als Vorreiter die Risiken der Biosojaproduktion tragen: Im Fall des Scheiterns werden sie eliminiert, und im Fall des Erfolgs haben sie unter ungleichen Bedingungen mit den in die ökologische Produktion einsteigenden Großbauern zu konkurrieren.

Das Überleben der Kleinbauern kann aufgrund der Selbstausbeutung der Familien eine Weile andauern, sie werden aufgrund der höheren Produktionskosten pro Einheit auf dem Markt ausgeplündert und solange mehr Nachfrage als Angebot herrscht, können sie einigermaßen mithalten. In der für die kapitalistische Landwirtschaft charakteristischen Überproduktion werden die Kleinbauern dennoch nicht mehr konkurrenzfähig, egal ob im „konventionellen" oder ökologischen Markt. Die Großbauern haben dann mit der Auflösung kleiner Betriebe und der folgenden Landflucht weitere Vorteile: a) es verschafft ihnen neue Spielräume in der Konkurrenz; b) sie können nahe gelegene Bodenflächen zu

---

niedrigen Preisen von landwirtschaftlichen Produkten aus Übersee zu konkurrieren haben, die weit unter den „realen" durchschnittlichen Produktionskosten liegen.

[239] Es ist also logisch, dass brasilianische Großbauern sich positiv gegenüber der Initiative von Kleinbauern äußern, sich auf Biosoja umzustellen und betonen, dass dies eine Alternative für Bauern sei, die über kleine Grundflächen mit genügend Arbeitskraft verfügen.

billigen Preisen kaufen; c) sie können die ehemaligen Kleinbauern als qualifizierte Landarbeiter in ihren Lohnarbeitsbetrieben einstellen. Der Arbeitskräfteüberschuss auf dem Lande ist besonders in Erntezeiten für die Großbetriebe wichtig, so dass die billige Arbeitskraftreserve jahreszeitlich „flexibel" eingesetzt werden kann und das Problem der Zeit von Nichtarbeit dadurch erledigt wird. Während sie stattfindet und danach wird die technische „Modernisierung" der Landwirtschaft also von Vorteil für die konkurrenzfähigsten Bauern in der kapitalistischen Marktwirtschaft sein, was auch ihre Begeisterung und Befürwortung technischer Angebote der Agrarkonzerne erklärt.

Die Bauern werden unterschiedlich von der technischen „Modernisierung" der Landwirtschaft betroffen, so dass auch innerhalb der Großbauernschaft Differenzierungen stattfinden (z.B. die Trennung der sogenannten modernen Landwirte, die sich auf die Erzeugung von Mehrwert und Profit konzentrieren von den ausschließlich auf die Grundrente gerichteten Großgrundbesitzern). Insgesamt ist die technische „Modernisierung" jedoch in erster Linie für die Agrarkonzerne interessant, denn sie können durch eine zunehmende Monopolisierung technischer Innovationen die Betriebsmittelpreise bestimmen. Gab es vorher noch die Konkurrenz auf dem Weltmarkt im Fall eines Monopols bei der nationalen Betriebsmittelversorgung oder die Möglichkeit, durch Subsitutivprodukte ein Monopol zu umgehen, so wird durch die Patentierung von Technik eine umfassende Kontrolle über die Betriebsmittel durch die Agrarkonzerne immer wahrscheinlicher. Bei der Patentierung gentechnisch veränderten Saatguts handelt es sich um eine monopolistische Privatisierung von Saatgut und zwar auf internationaler Ebene, denn das Patent erlaubt für eine gewisse Zeit einem einzigen Konzern weltweit das Monopol über die Bestimmung von Preisen. Der Einsatz der Gentechnik in der Landwirtschaft erschwert die individuelle Existenz von Kleinbauern in einem bisher nicht bekannten Maße und wird mit Hilfe eines starken Entpolitisierungsprozesses bewusst vorangetrieben, wodurch große Bevölkerungsteile leichter zu regieren sind und die peripheren Gebiete durch die Erhaltung des *status quo* und die Rechtfertigung der dort herrschenden Machtverhältnissen stabilisiert werden soll.

Als Überlebensstrategie gegenüber dieser zunehmenden Konzentration im Ernährungsbereich kann durchaus der Ansatz einer genossenschaftlichen Organisation von Kleinbauern und Konsumenten interessant sein, wenn er zugleich auf eine regional vernetzte Produktion und Versorgung setzt. Dies steht aber frontal im Gegensatz zu dem im Zeitalter der fortschreitenden Globalisierung des Kapitals zunehmenden internationalen Warenangebot. In der gegenwärtigen Situation Brasiliens, wo ein gewichtiger Anteil an der Bevölkerung vom regelmäßigen Zugang zu Nahrungsmitteln ausgeschlossen ist und eine grundlegende Lebensmittelversorgung aufgrund der auf Agrarexporte ausgerichteten Landwirtschaft verhindert wird (eine starke Nachfrage also vorhanden ist), kann die Schaffung einer auf den unmittelbaren Nahrungsbedarf ausgerichteten, regionalen genossenschaftlichen Vermarktungsstruktur, in der sowohl Kleinbauern als auch Konsumenten beteiligt und vereint sind, von großer sozioökonomischer Bedeutung sein. „Sind die Existenzbedingungen der Produktivgenossenschaften an die Existenzbedingungen der Konsumvereine gebunden, so folgt daraus in weiterer Konsequenz, daß die Produktivgenossenschaften im günstigsten Falle auf kleinen lokalen Absatz und auf wenige Produkte des unmittelbaren Bedarfs, vorzugsweise auf Lebensmittel, angewiesen sind". (Luxemburg 1974: 418)

Eine vertiefte Analyse und Darlegung dieser Alternative, dass in einem solchen Kontext Kleinbauern und Konsumenten als „freiassoziierte Menschen" eine regionale Solidarwirtschaft[240] aufbauen können, würde den Raum dieser Dissertation sprengen und kann hier, wie oben erwähnt, leider nicht ausführlich behandelt werden. Es ist uns jedoch klar, dass unter der Herrschaft des Kapitals und dem ausbeuterischen Charakter der kapitalistischen Marktwirtschaft die Menschen nicht frei, sondern zunehmend abhängig von ökonomischen und politischen Machtstrukturen sind. Das Bewusstsein wird von Fetischen geprägt, die die Herrschaftsverhältnisse verschleiern und die menschlichen Beziehungen neigen dazu, der Logik kapitalistischer Produktion inhärente Entäußerungs- und Entfremdungsprozesse zu reproduzieren, denn „die Menschen werden – weitgehend – von dem geformt, was sie tun". (Galtung 1972: 168)

Technik ist nicht wertneutral, sondern ihre Art und Ausprägung ist mehr und mehr die Folge eines Prozesses, dem Machtverhältnisse zugrunde liegen, die mit ökonomischen Interessen und soziokulturellen Aspekten verknüpft sind. Insofern kann die Frage der Agrartechnik unseres Erachtens nach keineswegs als isolierte technische Lösung gesehen werden, sondern als ein sozialpolitisches Problem, das mit den herrschenden Produktionsverhältnissen verbunden ist. Die Agrarökologie ist als eine Reaktion auf die negativen Auswirkungen der Umsetzung sogenannter Modernisierungstheorien[241] besonders in den ärmsten Ländern zu verstehen und hat deshalb eine starke politische Komponente, indem sie bezüglich der Senkung von Inputs und der Bewahrung der natürlichen Produktionsgrundlagen ökonomisch stabilisierend bei Kleinbauern wirken kann und auf die Reduzierung technischer Abhängigkeit zielt. (Wolff 1992) Sie kann jedoch als technische Innovation nur an Bedeutung gewinnen, indem sie sich nicht strikt auf eine Korrektur von Fehlern herkömmlicher Agrartechnik beschränkt, sondern als interdisziplinärer Ansatz auf die Veränderung herrschender Tech-

---

[240] Wir benutzen hier den Begriff Solidarwirtschaft wie Paul Singer ihn versteht: „Eine alternative Produktions- und Distributionsform zum Kapitalismus, die periodisch von denen erzeugt und verändert wird, die vom Arbeitsmarkt marginalisiert sind oder diese Marginalisierung befürchten". (Singer/Souza 2000: 13) Die Solidarwirtschaft umfasst Organisationsformen, die auf kollektivem Eigentum, der Solidarität unter den Produzenten und dem Recht auf individueller Freiheit bei den wirtschaftlichen Initiativen basieren. Um die Solidarwirtschaft zu gestalten, sind nach Singer staatliche Mechanismen einer solidarischen Umverteilung des Einkommens notwendig.

[241] In Bezug auf die auf Techniktransfer basierenden induzierten Innovationen. Siehe Kapitel I.

nikentwicklung zielt und zu alternativen Organisationsmöglichkeiten der Kleinbauern beiträgt, die ihre Handlungsautonomie stärken.

Die besondere soziale Rolle der Agrarökologie besteht darin, dass sie auf dem kollektiven Handeln bestimmter Gruppen in der Zivilgesellschaft in Bezug auf ihr Verhältnis zur Natur basiert[242]. Zunächst geht sie nicht am Wissen der Bauern vorbei und legt auf die Bewahrung der natürlichen Ressourcen, auf die Schaffung wirtschaftlichen Wachstums, das nicht auf Naturzerstörung gründet, einen besonderen Wert, – also Faktoren, die neben der Arbeit die historische Grundlage landwirtschaftlicher Produktion bilden. Durch den Einsatz der Agrarökologie im Familienbetrieb bleibt zusätzlich auch die Kontrolle über die angewandte Technik und die damit verbundene Bestimmung der Arbeitsintensität bei den Produzenten erhalten. Entscheidend für die Bauern sind dabei jedoch die möglichen Vorteile für ihre Lebensqualität, besonders die Fragen der Gesundheit und der Arbeitserleichterung[243]. Beide Elemente, die durch den Einsatz ökologischer Technik angesprochen werden, stehen im Mittelpunkt der politischen Debatte um technische Innovation in der Landwirtschaft, denn sie haben direkt mit den Bedürfnissen der auf dem Lande arbeitenden Menschen zu tun, können also zum Ausgangspunkt der Bildung eines politischen Bewusstseins unter den Bauern werden. Die Möglichkeit, durch einen besseren Umgang mit der Natur Arbeit zu sparen, zu erleichtern und gesünder zu gestalten, sind besonders wichtig bei der Entscheidung der Bauern zur technischen Innovation[244]. Es handelt sich dabei aber auch um einen Lernprozess, in dem Bauern dazu befähigt werden, organisiert über ihre konkreten Probleme zu reflektieren und begleitet von wissenschaftlichen Erkenntnissen Lösungen zu entwickeln, die angesichts ihrer Komplexität eine breitere soziale und politische Organisation erfordern, so dass kulturelles Kapital (Wissen) zum ökonomischen und sozialen Kapital werden kann. (Bourdieu 1983)

Technik umfasst Produktions- und Organisationsmethoden, die für die herrschende Produktionsweise bestimmt sind. Von daher wird im Kapitalismus die Auswahl von Technik auch in der Landwirtschaft von den herrschenden Produktionsverhältnissen bestimmt und sie kann nicht einfach von den Zielen, für die sie entwickelt wurde, getrennt werden, nämlich der Erhöhung der Produktivität und der sozialen Kontrolle als Vergegenständlichung der Arbeitsteilung (Bahr 1970). Der Technikeinsatz ist also in seinem historischen Entwicklungsprozess von den gesellschaftlichen Verhältnissen und Machtstrukturen bestimmt. Diese beantworten auch die Frage, wem er eigentlich dienen soll. Besonders wichtig ist, dass Wissenschaft und Technik im Spätkapitalismus schon bei der Grundlagenforschung nicht neutral oder als ein transzendentales Prinzip behandelt werden, sondern sie spiegeln ein bestimmtes Moment der Entwicklung der Produk-

[242] Vgl. Guzmán 2001.
[243] Siehe Kapitel I und V.
[244] Siehe Kapitel V.

tivkräfte wider, in dem sie wiederum von den Produktionsverhältnissen in der Gesellschaft beeinflusst werden. Insofern ist klar, „dass jeder Versuch, die Produktionsverhältnisse zu ändern, scheitern muß, wenn nicht auch die Natur der Produktivkräfte (und nicht bloß deren Nutzung) verändert wird". (Gorz 1973: 94-95)

Die Technik ist also ein Resultat und nicht der Verursacher einer Entwicklung der Produktivkräfte, und die Beziehung der Menschen zur Natur spiegelt die Verhältnisse der Menschen untereinander wider. Die Umweltzerstörung, die Schädigung der Gesundheit sowie die Ausbeutung und soziale Ausgrenzung von Menschen sind ein Zeichen des zentralen Widerspruchs der kapitalistischen Gesellschaft, in der die Entwicklung der Produktivkräfte es eigentlich ermöglicht, die Produktion sozial zu gestalten; die Produktionsmittel und die Resultate der Produktion werden jedoch nach wie vor privat angeeignet. In diesem Sinne scheint ein technischer Fortschritt außerhalb der technischen und institutionellen Zwänge der kapitalistischen Marktwirtschaft undenkbar, denn im Konkurrenzkampf dominiert die Macht stärker als die Rationalität, obwohl beide Aspekte gleichzeitig und miteinander verbunden wirken.

Wie Marx am Beispiel der Industrialisierung nachwies, treten neue Produktionsverhältnisse nur dann auf, wenn die aus der alten Gesellschaft entwickelten Voraussetzungen ihrer Existenz vorhanden sind. Die Technikentwicklung als Folge der Entwicklung der Produktivkräfte hängt ihrerseits von den neuen Produktionsverhältnissen ab. Ein Kleinbauer, der von der Entwicklung der Produktivkräfte gezwungen wird, dem modernsten Stand der Technik zu folgen, wird mit großer Wahrscheinlichkeit zum Landarbeiter, so wie die Handwerker von ihrer aktiven zur passiven Position im Produktionsprozess zu Lohnarbeitern wurden und machen damit den Weg zur weiteren Entwicklung der Produktivkräfte frei. Dennoch: Obwohl die Kleinbauern mit Hilfe der Technik unter die Herrschaftsverhältnisse in der kapitalistischen Gesellschaft subsumiert werden, bleibt ihnen anderseits jedoch ein Spielraum offen, in dem sie sich bewegen und als aktive politische Menschen reflektieren und reagieren können. „In diesem Zusammenhang sind jedoch die kleinen Erzeuger nicht nur als passive und beherrschte soziale Akteure zu sehen, sondern sie besitzen stets auch einen gewissen autonomen Handlungs- und Reflexionsspielraum, der ein Bewusstsein über die Veränderbarkeit der bestehenden Herrschaftsverhältnisse potentiell möglich macht". (Wolff 1992: 82-83)

Wissen ist nicht nur mit der Produktion verbunden, sondern stellt gleichzeitig ein Element der Machtbeziehungen in der Gesellschaft dar. Technik ist von daher auch ein soziales Verhältnis und besteht nicht nur aus materiellen Werkzeugen, sondern besonders aus Wissen, Methoden und Organisationsprozessen der Produktion. Da die Übermittlung von Wissen ein Herrschaftsverhältnis darstellt und die Schaffung autonomen Wissens nur durch Aneignung erfolgen kann, ist dabei die Machtfrage immer präsent. (Freire 1987) Es handelt sich um ein soziales Produkt der Gesellschaft, und deren Anwendung kann nicht nur zur Aufrechterhaltung sondern auch zur Veränderung der Produktionsverhältnisse führen. Nicht nur die Produktionsmittel befinden sich im Kapitalismus in einem fortwährenden, oftmals revolutionären Veränderungsprozess, sondern auch das Verhältnis der Menschen zu den Produktionsmitteln wie ihre wechselseitigen Verhältnisse können verändert werden.

Von den herrschenden internationalen Handels- und Finanzorganisationen wird Wissen jedoch zunehmend als „privates geistiges Eigentum betrachtet", dessen Entwicklung und Resultate als Geheimnis mächtiger Konzerne rechtlich geschützt werden sollen. Dementgegen können Veränderungen im Bereich der Wissens- und Technikentwicklung als kulturelle Gegenmacht auf die herrschende Gesellschaftsstruktur wirken. Es sind aber die sozialen Produktionsverhältnisse, die die Basis der Gesellschaftsstruktur bilden und durch deren Entwicklung entsteht ein Widerspruch zu den bestehenden materiellen Produktivkräften, der zur sozialen Mobilisierung und Organisation führen kann. Diese objektive Voraussetzung wird jedoch nur erfüllt, wenn subjektive Elemente vorhanden sind, also wenn der Widerspruch den benachteiligten gesellschaftlichen Gruppen bewusst ist und eine aktive Mobilisierung zur Folge hat. Und dies ist eigentlich das Entscheidende bei der Bauernfrage, also wie es dazu kommt, dass im Fall einer Existenzbedrohung eine soziale Mobilisierung und Organisation der Kleinbauern stattfinden können. „Wir machen unsere Geschichte selbst, aber erst unter sehr bestimmten Voraussetzungen und Bedingungen. Darunter sind die ökonomischen die schließlich entscheidenden. Aber auch die politischen usw., ja selbst die in den Köpfen der Menschen spukende Tradition, spielen eine Rolle, wenn auch nicht die entscheidende". (Engels 1967: 463)

Nach Moore waren, geschichtlich zusammengefasst, folgende Ursachen für Bauernrevolten entscheidend: „Das Fehlen einer von den grundbesitzenden Oberklassen angeführten kommerziellen Revolution in der Landwirtschaft und das damit einhergehende Weiterbestehen bäuerlicher Sozialinstitutionen bis in die moderne Ära hinein, wo sie neuen Belastungen und Spannungen unterworfen sind". (Moore 1974: 547) Bauernrevolten sind für ihn von der Wut geprägt, die nicht nur Bauern betrifft, nämlich „eine neue, plötzliche Auflage oder Forderung, die viele gleichzeitig betrifft und einen Bruch mit den akzeptierten Regeln und Gewohnheiten bedeutet". (Ebenda: 544) Es handelt sich also meistens um reaktionäre Bewegungen, die aus dem Widerstand gegen stattfindende Veränderungsprozesse entstanden sind, vorangetrieben von der Bedrohung ihrer Subsistenzsicherheit. (Scott 1976) Diese Revolten der Bauern sind in diesem Sinne als reaktionär zu bezeichnen, weil sie sich gegen die Entwicklung der Produktivkräfte wenden und eine Rückkehr zur Vergangenheit wünschen.

Bei den meisten Bauernrevolten der Geschichte spielt aber auch eine mitwirkende Ursache eine wichtige Rolle, nämlich „die Schwäche der institutionellen Bindeglieder, die die Bauerngesellschaft an die Oberklassen banden, im Verein mit dem Ausbeutungscharakter dieser Beziehung". (Moore 1974: 547) Dieses Element scheint besonders wichtig bei der Frage nach den technischen Innovationen in der Landwirtschaft und der Möglichkeit einer sozialen Mobilisierung von Seiten der Kleinbauern zu sein. Solange die Oberklassen es schaffen, die Kleinbauern an die Interessen einer Oberschicht wohlhabender Bauern zu binden und die Ausbeutung und Herrschaft durch die von ihnen geführten Institutionen mittels einer zu ihren Gunsten entwickelten Weltanschauung zu verschleiern, bleiben die Chancen für einen sozialen Aufstand insofern gering. „Freilich ist die ‚objektive Ordnung der Dinge' selbst ein Resultat der Herrschaft". (Hoffmann 1969: 159)

Dabei ist die Funktion der Agrarberater und des Umgangs mit Wissen entscheidend. Wie Gramsci die Unterdrückung Süditaliens beschrieb, wurde ein möglicher Aufstand der Bauern im Süden dadurch verhindert, dass sie durch die Intellektuellen mit den Großgrundbesitzern des Nordens verbunden waren. „Über dem Agrarblock fungiert im Süden ein Block von Intellektuellen, der es bisher praktisch verhindert hat, dass die Risse im Agrarblock zu gefährlich wurden und einen Erdrutsch verursachten". (Gramsci 1955: 27) Dagegen sei es nach Gramsci notwendig, „immer größere Massen von armen Bauern in selbständigen und unabhängigen Verbänden zu organisieren", aber die Bewältigung dieser Aufgabe hängt mehr oder weniger von der Fähigkeit ab, „den Block der Intellektuellen zu zersetzen, der die elastische, aber äußerst widerstandsfähige Rüstung des Agrarblocks ist". (Ebenda: 31)

In dieser Perspektive kommt der Agrarökologie und einer mit ihr verbundenen Organisationen der Kleinbauern eine zentrale Bedeutung zu. Die Möglichkeit, durch die Erfahrung mit der Agrarökologie den Ausbeutungscharakter kapitalistischer Landwirtschaft zu entlarven und die Notwendigkeit ihrer politischen Organisation zusammen mit anderen antikapitalistischen Kräften in der Gesellschaft zu vereinigen, kann einer ökologischen und genossenschaftlichen Bewegung der Kleinbauern eine revolutionäre Dimension verleihen. Dies hängt jedoch davon ab, inwieweit es durch eine sozialisierende Produktion innerhalb der kapitalistischen Marktwirtschaft möglich ist, dass deren Widersprüche tatsächlich offenbar werden (so dass die technischen, ökonomischen und sozialen Abhängigkeiten nicht mehr verschleiert sondern verdeutlicht werden) und eine breitere Bewegung zur Folge hat.

Hinsichtlich der Zusammenhänge der Agrarökologie mit den konkreten Bedürfnissen der betroffenen Menschen scheint eine Wahrscheinlichkeit dafür vorhanden zu sein, die sich bei Fortschrittserfahrungen brasilianischer Kleinbauern mit der für sie „geeigneten sozial angepassten Technik" nachweisen lässt. (Carvalho 1982) Dieses Element wurde historisch allerdings des Öfteren von der Arbeiterbewegung in dem Maße vernachlässigt, als das Bauerntum pauschal als reaktionäre Kraft und folglich als nicht tauglich für den Kampf um soziale Veränderungen betrachtet wurde, begründet durch die Tatsache, dass Bauern in Revolutionsperioden historisch mehrmals auf der Seite der herrschenden Klassen standen. Die reaktionäre Dimension der Familienlandwirtschaft und der Ökologiebewegung ist deshalb auch zu berücksichtigen, denn sie tendiert in der Tat dazu, nicht nur die Umwelt zu bewahren, sondern auch traditionalistische und patriarchale Sozialverhältnisse zu konservieren. Noch mehr: Das Ziel der traditionellen Ökologiebewegung ist die Anpassung der Menschheit an das Ökosystem, wobei oftmals eine positivistische und funktionalistische Betrachtungsweise der Gesellschaft festzustellen ist, was sich folglich auch stark bei vielen agrarökologischen Ansätzen ausgewirkt hat. (Wolff 1992)

Die Betrachtung der Agrartechnik aus dem vorrangigen Blickwinkel Investition in Wissen (Erkenntnisse und innovative Organisationsmethoden der Produktion im Einklang mit der Natur) anstelle als Investition in Kapital (Werkzeuge und Inputs, die von außen angeboten werden) ermöglicht den Kleinbauern zunächst Vorteile, die bezüglich ihrer wirtschaftlichen Bedürfnisse und der Verbesserung ihrer Lebensqualität eine positive Rolle spielen und damit einen Beitrag zur Existenzsicherung leisten können. Der Verzicht auf den Chemikalieneinsatz kann zum Beispiel direkte positive Auswirkungen hinsichtlich der Verbesserung von Lebensqualität und Arbeitsbedingungen der Kleinbauern haben. Zusätzlich ist zu betonen, dass eine zweite Differentialrente[245] in der Landwirtschaft nicht nur durch den Einsatz kapitalintensiver Inputs erfolgen kann, sondern auch durch eine Optimierung und Potenzierung vorhandener Ressourcen aufgrund des besseren Umgangs mit der Natur. Die Agrarökologie kann dabei aber auch einen politischen Bildungsprozess auslösen, im Sinne des *Empowerments* einer sozialen Randgruppe, die größtenteils vom Wissenszugang ausgeschlossen ist (schlecht informiert und ausgebildet) und deshalb als ohnmächtig bezüglich der Machtfrage in der Gesellschaft gilt. Die Zusammenarbeit von Menschen ist stark von deren Bedürfnissen abhängig, und im Kampf ums Überleben kann an die Stelle einer Isolierung der Betroffenen oder deren Kampf untereinander auch die Kooperation treten, wodurch also mehr Macht für die sozial Ausgeschlossenen möglich ist.

Da das zentrale Problem der kapitalistischen Gesellschaft, nämlich die soziale Ungleichheit, des weiteren auf der ungleichen Macht- und Kapitalverteilung beruht, entstehen neben den Abhängigkeitsstrukturen gleichzeitig überindividuelle, also soziale Konflikte, die von widersprüchlichen Elementen geprägt sind und geschichtlich zu verschiedenen Organisationsformen geführt haben, die auch verschiedene Formen des Umgangs mit der Macht zur Folge hatten. Eine der bekanntesten Organisationsformen von Betroffenen der sozialen Ungleichheit im Kapitalismus sind sicherlich die Genossenschaften, die neben ihrem ursprünglich ökonomischen Charakter auch eine politische Dimension in Bezug auf die Machtverteilung in der Gesellschaft vorweisen: „Eine Genossenschaft kann theoretisch als ein Machtfeld bezeichnet werden. Sind ihre Ziele ökonomi-

[245] Siehe Kapitel II.

scher Art, so ist das Machtfeld der assoziierten Individuen im Kontext des Kräfte- und Interessenverhältnisses organisiert, die bezüglich der Produktion und Distribution dieser Produktion in der Gesellschaft handeln". (Frantz 1985: 56)

Die besondere Rolle einer zunehmenden genossenschaftlichen Organisation der im Kapitalismus ausgeschlossenen potentiellen Produzenten und Konsumenten als Eroberung von Macht in ihrem sozialen Raum ist für den dadurch ausgelösten politischen Bildungsprozess von besonderer Bedeutung. Der Aufbau einer Solidarwirtschaft, die nicht lediglich auf die Inklusion von Ausgeschlossenen in die kapitalistische Marktwirtschaft gerichtet ist, kann von ihrem Potenzial her (also ohne zu übertreiben oder die Schwierigkeiten aus der widersprüchlichen Koexistenz zu vernachlässigen) als eine Erfahrung bezeichnet werden, die auf die Möglichkeiten einer Überwindung der kapitalistischen Produktionsweise hinweist, wie schon Marx es bei den Kooperativfabriken seiner Zeit erkannte. „Die Kooperativfabriken der Arbeiter selbst sind, innerhalb der alten Form, das erste Durchbrechen der alten Form, obgleich sie natürlich überall, in ihrer wirklichen Organisation, alle Mängel des bestehenden Systems reproduzieren und reproduzieren müssen. Aber der Gegensatz zwischen Kapital und Arbeit ist innerhalb derselben aufgehoben, wenn auch zuerst in der Form, daß die Arbeiter als Assoziation ihr eigner Kapitalist sind, d.h. Produktionsmittel zur Verwertung ihrer eignen Arbeit verwenden. Sie zeigen, wie, auf einer gewissen Entwicklungsstufe der materiellen Produktivkräfte und der ihr entsprechenden gesellschaftlichen Produktionsformen, naturgemäß aus einer Produktionsweise sich eine neue Produktionsweise entwickelt und herausbildet". (Marx 1983: 456)

Die genossenschaftliche Organisation der vom kapitalistischen Produktionsprozess tendenziell ausgeschlossenen Menschen (und zwar aufgrund des zentralen Widerspruchs der kapitalistischen Marktwirtschaft) bietet die Möglichkeit, die Produktionsmittel durch frei assoziierte Menschen selbst zu verwalten, wobei sowohl Produzenten als auch Konsumenten an den wirtschaftlichen Entscheidungen beteiligt sind. (Singer 2000) Dies ist innerhalb der kapitalistischen Marktwirtschaft durchaus möglich, sowie die Koexistenz verschiedener nichtkapitalistischer Organisationsformen, die sich am Rande der dominierenden Produktionsweise entwickeln. Die Selbstorganisation der Produzenten und Konsumenten in Genossenschaften, die sich auf die Befriedigung ihrer sozialen Bedürfnisse orientieren und dadurch einen Raum zur Mitbestimmung, Partizipation und Selbstverwaltung schaffen, kann als gesellschaftlicher Fortschritt gegenüber der herrschenden Technokratie und Bürokratie bezeichnet werden, der aber wiederum auf die dominierende Logik kapitalistischer Marktwirtschaft stößt. Damit die vom Kapitalismus Betroffenen und potentiell Ausgeschlossenen über die Reintegration in den Produktionsprozess hinaus mit einem nichtkapitalistischen Charakter überleben (und vielleicht zu einer zweiten Negation führen, d.h. zur Überwindung der kapitalistischen Produktionsweise selbst beitragen), sind sie ständig mit der herrschenden Logik der kapitalistischen Marktwirtschaft konfrontiert und tendieren dazu, zu degenerieren und kapitalistische Merkmale (wie die Konkurrenz, die Lohnarbeit und die kapitalistische Arbeitsteilung) zu reproduzieren.

Durch die Integration in die kapitalistische Marktwirtschaft wird sich die Planung (die bereits immer eine Form von Machtausübung voraussetzt) der Genossenschaften tendenziell von Wettbewerbskriterien leiten lassen, wodurch die für den Kapitalismus typischen Phänomene der Ausbeutung, Entäußerung und Entfremdung der Produzenten und Konsumenten auftauchen, wie die Geschichte der meisten Genossenschaften deutlich macht. Der Kampf der Genossenschaften gegen die Logik der kapitalistischen Marktwirtschaft ist also permanent und kann nur durch die Existenz einer breiten politisch-kulturellen antikapitalistischen Bewegung als Referenz gestärkt werden, worin die auf Solidarität basierten Unternehmen (in denen eine Vergesellschaftung der Produktionsmittel stattfindet und Lohnarbeit ausgeschlossen ist) sich integrieren. (Machado 2000)

Die Existenz einer breiten politisch-kulturellen antikapitalistischen Bewegung kann aber auch wiederum durch die Selbstorganisation der am Rande der kapitalistischen Gesellschaft lebenden Menschen gestärkt werden. Demnach besteht die erkennbar wichtigste Bedeutung der gemeinsamen Erfahrung von Produzenten und Konsumenten in einer genossenschaftlichen Organisation allerdings in dem dadurch ermöglichten Lernprozess, ein produktives Unternehmen nach egalitären, solidarischen und demokratischen Prinzipien selbst zu verwalten im Sinne einer prozesshaft-konkreten Utopie[246]. In dieser Perspektive kommt unseres Erachtens das Prinzip der Nachhaltigkeit durch die Anwendung der Agrarökologie als Ausgangspunkt zur Selbstorganisation der von der kapitalistischen Modernisierung der Landwirtschaft betroffenen Menschen und der Lernprozess in Bezug auf die Stärkung der Handlungsautonomie und Bewusstseinbildung der Bauern hinzu. Nach Freire stellt die gemeinsame Problemlage das wesentliche Moment zur Emanzipation des Individuums als kollektiver Bewusstwerdungsprozess dar, in dem „im aufklärerischen Sinn die Befreiung von nicht selbstverschuldeter Unmündigkeit betrieben wird“. (Széll 1984: 28) Dabei ist der Lernprozess zugleich als ein Forschungsprozess zu verstehen, „bei dem die Umgebung, die Arbeits- und Lebensverhältnisse Ausgangs- und Bestimmungspunkt sind“. (Ebenda)

Auch wenn die Problemlage der Kleinbauern dieselbe ist, sind deren Interessen dennoch sehr unterschiedlich, was auch bei unserer Feldforschung deutlich wurde in Bezug auf die Differenzierung von zwei Typen der Familienlandwirtschaft[247]. Die Kleinbauern werden also von ein und derselben Herrschaftsstruktur differenziert subsumiert, deren bewusste Erkenntnis sie jedoch potenziell zu einer Klasse vereinigen und zur Identität von Interessen beitragen kann. In diesem Kontext spielt Wissen eine entscheidende Rolle, denn die herrschende kapitalorientierte Verwissenschaftlichung durch die bürgerliche Agrarökonomie ten-

[246] Im Sinne der konkreten Antizipation einer möglichen Wirklichkeit. (Vgl. Bloch 1985)
[247] Siehe Kapitel V, S. 242, Tabelle 16.

diert dazu, die für die Subsumtion der Kleinbauern verantwortlichen Herrschaftsverhältnisse zu verschleiern, die Differenzierung in möglichst mehrere soziale Schichten aufrechtzuerhalten und die zugespitzte Identifizierung der Betroffenen in einer Klasse von Unterdrückten zu verhindern. Diese Verschleierung der Herrschaftsverhältnisse und der starke Einfluss der Unternehmerideologie bringen die betroffenen Kleinbauern dazu, sich als Gegner zu sehen und die Unterdrückung in den Beziehungen miteinander zu reproduzieren.

Die Zersplitterung der Kleinbauern und die Annahme der Großgrundbesitzer als Vorbild dienen also der Legitimierung einer Herrschaftsstruktur und erschweren eine mögliche genossenschaftliche Organisation, wofür eigentlich Gemeinsamkeiten notwendig sind. Die wichtigste Gemeinsamkeit der Kleinbauern liegt gerade in ihrer subsumierten Position im kapitalistischen Akkumulationsprozess, deren Subsumtionslogik in der Landwirtschaft an der Rolle der Agrartechnik deutlich wird, und zwar konkret an der Steigerung der Betriebsmittelpreise, der dafür nötigen Kredite, der folgenden Zinsbelastung und an dem Preisverfall für landwirtschaftliche Produkte aufgrund der steigenden internationalen Konkurrenz.

Diese Faktoren führen zu einem Teufelskreis für die Kleinbauern, denn als Lösung bleibt den Bauern aufgrund ihrer begrenzten Fläche nur die Ertragserhöhung übrig, wofür wieder mehr Technikeinsatz notwendig ist, der seinerseits durch die Konzentration im agroindustriellen Komplex dazu führt, dass selbst die meisten der konkurrenzfähigsten Kleinbauern durch den Preisverfall bei Agrarprodukten und steigende Betriebsmittelpreise zum Verschwinden verurteilt sind. Andrerseits ist die Realität im Kapitalismus auch in der Landwirtschaft von einer Ambivalenz gekennzeichnet: „Einerseits sind sie in den kapitalistischen Weltmarkt einbezogen und dadurch von den herrschenden Klassen subsumiert, mit allen sich daraus ergebenden Implikationen. Andererseits besitzen sie einen autonomen Handlungs- und Reflexionsspielraum, der ihnen eine Bewußtwerdung über die Veränderbarkeit dieser Situation ermöglicht. (...) Der kurzfristige Kampf der kleinen Agrarerzeuger ums Überleben sowie ihr mittelfristiger Kampf um mehr Macht wird ständig von einer fortschreitenden Bewußtwerdung ihrer Situation als Beherrschte sowie von einem gleichzeitigen Lernprozeß bezüglich ihrer potentiell herrschaftsfreien Lebensweise begleitet und befruchtet". (Wolff 1992: 91, 92)

Die an den Interessen der Großbauern und Konzernunternehmen orientierte Verwissenschaftlichung von Agrartechnologien und die dadurch betriebene Verschleierung von Herrschaftsinteressen mit Hilfe der Wissenschaft kritisch zu reflektieren, ist unseres Erachtens einer der entscheidenden Beiträge der Agrarökologie in Bezug auf die Familienlandwirtschaft und die Selbstorganisation der Kleinbauern. Indem durch einen interdisziplinären Ansatz implizites Wissen im Sinne einer Dekodierung[248] explizit gemacht wird, entsteht die Möglichkeit, in

[248] Vgl. Freire 1973.

der Gesellschaft ausgeprägte Herrschaftsverhältnisse aufzudecken, die der Technik zugrunde liegen, wie die Verdinglichung der Natur und des Menschen und die daraus folgende Subsumtion und Kontrolle des Produktionsprozesses und der Arbeit der Kleinbauern zugunsten von Agrarkonzernen und Großgrundbesitzern. „Der Mensch ist im Gegensatz zu allen anderen Lebewesen durch die Gabe der Vernunft in der Lage, über Gründe und Folgen seines Handels nachzudenken, damit über seine Identität, seine Stellung und Verantwortlichkeit in der Welt und den Sinn des Lebens. Diese Gabe der Reflexion und Selbstreflexion bestimmt unser Menschsein. Reflexion ist die Auseinandersetzung mit der inneren und der äußeren Natur, mit eigenen Einsichten und Erfahrungen und denen anderer. (...) Deshalb ist das Ergebnis von Reflexion auch Emanzipation, d.h. die Befreiung des Individuums aus sozialer, politischer und geistiger Abhängigkeit und die Erlangung einer vorurteilsfreien Mündigkeit und Selbständigkeit". (Tischler 1998: 232)

Demnach muss ein agrartechnologischer Wandel durch den Ansatz der Agrarökologie als Ausgangspunkt einer sozialen Veränderung mit einem Wandel der Herrschaftsverhältnisse auf dem Lande verknüpft sein, damit die konkrete Erfahrungen der Bauern mit der Technik und der genossenschaftlichen Organisation in ihrer Widersprüchlichkeit zur Bewusstwerdung der existierenden Unterdrückung, Identifizierung von Verantwortlichen und möglichen Verbündeten, Aufhebung der Isolation und Verbreitung der Solidarität führen können. „Der kritische Reflexionsprozeß, der mittels der Aneignung der objektiven Ebene der gesellschaftlich bestimmenden Verhältnisse das Subjekt konstituiert, ist Voraussetzung dafür, daß aus der ‚Klasse an sich' die ‚Klasse für sich' wird". (Széll 1984: 37-38)

Einen solchen gesellschaftlichen Reflexionsprozess über die Agrartechnik auszulösen, kann selbstverständlich nicht allein den Naturwissenschaftlern überlassen werden, wie die Verfechter der kapitalistischen Modernisierung der Landwirtschaft davon überzeugt zu sein scheinen und auf der Basis eines gewissen Sachzwangs versuchen, Gesetze zur Freisetzung technischer Erfindungen zugunsten herrschaftslegitimierter Interessen durchzusetzen. „Es ist offensichtlich, daß Sachzwang im naturgesetzlichen Bereich der Chemie, der Physik existiert, aber eben nicht im sozialen. Das wesentliche sozialer Erscheinungen und Strukturen ist eben, daß sie historisch und damit gestaltbar und veränderbar sind". (Széll 1989: 8) Veränderungen an der herrschenden Technikentwicklung bedürfen insofern der Begleitung von Assistenten oder Animateuren beim Reflexionsprozess, die bei der Entwicklung von Technologien mitwirken,[249] denn den Bauern mangelt es einerseits an Wissen, während andererseits zugleich ihr traditionelles Wissen allmählich verloren geht.

Entscheidend ist jedoch, dass in erster Linie die vom dominierenden Produktionsprozess subsumierten Menschen selbst an dem kritischen Reflexionsprozess

[249] Vgl. Freire 1992.

interessiert und beteiligt sind, ohne dass dadurch neue Abhängigkeitsstrukturen[250] aufgrund der weiter existierenden Arbeitsteilung zwischen Agrarberatern und Kleinbauern entstehen und reproduziert werden. „Um die Situation der Unterdrückung zu überwinden, muss der Mensch zunächst ihre Ursache kritisch erkennen, damit er durch verändernde Aktion eine neue Situation schaffen kann, eine, die das Streben nach vollerer Menschlichkeit ermöglicht (...) Diese Lehre muss jedoch von den Unterdrückten selbst und von denen kommen, die in echter Solidarität mit ihnen leben“. (Freire 1973: 34) Diesbezüglich kann das Fachwissen von den Bauern nur durch dialogisches Handel assimiliert und mit ihrem traditionellen Wissen kombiniert werden, damit durch gemeinsame Erfahrungen von Betroffenen in Gruppen neue, fortschrittliche, umweltfreundliche und sozial angepasste Technologien endogen entwickelt werden. Dieser partizipatorische Entwicklungsprozess kann zugleich als eine Eroberung sozialen Raums durch die Unterdrückten verstanden werden, wodurch sie selbst dazu befähigt werden, ihre internalisierte Unterdrückung zu verstehen und zu überwinden. „Das zentrale Problem heißt so: Wie können die Unterdrückten als gespaltene, unechte Wesen an der Entwicklung einer Pädagogik ihrer Befreiung mitwirken? Nur wenn sie sich selbst als ‚Behauser' des Unterdrückers erkennen, können sie selbst am Hebammendienst ihrer befreienden Pädagogik mitwirken. Solange sie noch in der Gespaltenheit leben, in der *Sein* bedeutet *Sein-Wie* und *Sein-Wie* heißt ‚wie der Unterdrücker' sein, ist ein derartiger Beitrag unmöglich. Die Pädagogik der Unterdrückten ist ein Instrument für ihre kritische Entdeckung, daß in ihnen und in ihren Unterdrückern die Enthumanisierung Gestalt angenommen hat“. (Ebenda: 36)

Die Frage der Technik in der Landwirtschaft wurde bisher auf zwei getrennte Alternativen begrenzt: Entweder die Technik an den Menschen oder den Menschen an die Technik anzupassen. Die meisten vorhandenen Antworten der Technikentwicklung beruhen auf der zweiten Option, mit der deterministischen Begründung des nicht aufzuhaltenden Charakters der Entwicklung der Produktivkräfte, also als Sachzwang. Bei der ersten Variante, die meistens als illusorisch betrachtet wird, sei ihre Anwendung nur lokal und kurzfristig möglich. Und hinsichtlich möglicher Vorteile „geeigneter Technik“ in der Landwirtschaft wird stark damit argumentiert, dass deren Anwendung überhaupt nicht dazu führe, dass die Kleinbauern dadurch einen höheren Anteil an dem von ihnen erzeugten Überschuss haben würden, denn dies werde weiter von der Logik kapitalistischer Produktion verhindert.

---

[250] Gemäß Széll: „Entscheidend für einen solchen Veränderungsprozeß ist, daß Veränderungen nicht von oben, autoritär durchgesetzt werden – und sei es zum Wohle aller Gesellschaftsmitglieder. Auch Humanisierung, die von anderen als den Betroffenen initiiert und durchgeführt wird – und seien es noch so wohlmeinende Wissenschaftler! –, stabilisiert so letztlich immer nur Herrschaftsverhältnisse. Denn und gerade Wissenschaftler, die nicht selbst betroffen sind von bestimmten Arbeitsverhältnissen, werden entweder eigene Interessen oder diejenigen, die sie beauftragten und finanzieren, vertreten“. (Széll 1981: 8)

Die Lösungen scheinen deshalb auch sehr begrenzt und unwahrscheinlich: Entweder sollen die Kleinbauern sich möglichst schnell an die Technik anpassen, obwohl nur wenige von ihnen eine Chance haben; oder die von ihnen gewünschten Veränderungen können erst dann stattfinden, wenn die kapitalistische Produktionsweise überwunden ist. Bei der zweiten „Lösung“ wird davon ausgegangen, dass zunächst ein neues Gesellschaftsprojekt verwirklicht sein muss, bevor die Frage nach einer „neuen“ oder „alternativen“ Technik überhaupt möglich ist. Die Situation der von den Konsequenzen technischer Entwicklung betroffenen Menschen und der potenziellen Subjekte einer Veränderung wird von beiden Lösungsansätzen vernachlässigt, als ob die Verantwortung entweder bei den individuell betroffenen Menschen selbst oder allein an der Gesellschaftsstruktur liege[251].

Auch die Frage der Beziehung zwischen Natur und Technik wird dabei oft vernachlässigt, denn es wird vorausgesetzt, dass die Natur generell an die Technik anzupassen ist sowie an die angeblichen Interessen der Menschheit. Ob die Natur an die Technik oder die Technik an die Natur angepasst wird, spielt jedoch eine entscheidende Rolle beim technischen Einsatz in der Landwirtschaft und für die auf dem Lande arbeitenden und lebenden Menschen. Dies ist die Problematik, die durch die Agrarökologie deutlich angesprochen wird, der eine politische und pädagogische Rolle hinsichtlich gesellschaftlicher Veränderungsprozesse zukommen kann. Die Frage der Natur – als besonderes Verhältnis des Menschen mit einer Gesamtheit, zu der er selbst als Teil gehört – wirkt sich besonders bei der Frage nach der Lebensqualität von Bauern aus, was im speziellen Fall des Konflikts zwischen Biosoja und Gensoja deutlich wird.

Diese Lage, die vergleichbar mit den Kämpfen der Lohnarbeiter um die Verbesserung ihrer Arbeitsbedingungen ist, steht im Widerspruch zur herrschenden Gesellschaftsstruktur, nicht nur in Brasilien. Indem noch eine duale Dimension in der Familienlandwirtschaft besteht[252], nämlich die Verbindung von Konsum und Produktion im Familienbetrieb, steigt die Aufmerksamkeit der Produzenten für die Qualität der Nahrungsproduktion und deren Auswirkungen auf die eigene Gesundheit[253]. Dieses für die kapitalistische Produktionsweise widersprüchliche Verhältnis zwischen Mehrwertproduktion und menschlichen Bedürfnissen macht die Familienlandwirtschaft insofern zu etwas besonderem für die Agrarökologie. Die Debatte um die Agrartechnologie kann die von den destruktiven Kräften herrschender Agrartechnik betroffenen Bauern verbinden und als Ausgangspunkt für den Aufbau eines neuen Bewusstseins dienen, also auch eine politische Dimension bekommen. Sich der im landwirtschaftlichen Akkumulationsprozess existierenden komplexen Subsumtion in ihrer Gesamtheit bewusst zu werden, geht jedoch nicht an der Tendenz vorbei, den Staat zunächst als Adres-

---

[251] Siehe Kapitel I.
[252] Vgl. Galeski 1972.
[253] Siehe Kapitel V.

saten zu entdecken. Ihn als die politische Einheit der herrschenden Klasse zur Etablierung ihrer Interessen in der Gesellschaft zu identifizieren ist eine weitere Stufe einer Bewusstwerdung, die jedoch konkret bei der Frage der Agrartechnik als ersten Schritt beginnen kann. „Dabei besteht die Tendenz, daß sich die Forderungen letztendlich auf den Staat als oberste Instanz der Organisation des Subsumtionsprozesses konzentrieren. Die sozialen Konflikte auf dem Lande – auf der Ebene des dominierenden ökonomischen Kapitals – bilden also einen keineswegs leicht überschaubaren Komplex. Daher erweist es sich für die kleinen Agrarerzeuger als schwierig, aus der Erkenntnis spezifischer Subsumtionsprozesse oder -situationen ein allgemeines Bewußtsein ihrer gesamtgesellschaftlichen Bedingtheit zu gewinnen. Dieser vielschichtige soziale Kontext ist nun ferner in einen natürlichen Kontext einbezogen, wobei die Agrartechnologie ein wichtiges Verbindungsglied zwischen beiden darstellt". (Wolff 1992: 71)

Alternativen für die Familienlandwirtschaft, die sich ausschließlich auf die Notwendigkeit politischer Veränderungen beschränken, scheinen für die Kleinbauern dabei inhaltsleer, weil sie nicht an ihren konkreten Bedürfnissen anknüpfen. Alternativen, die andrerseits auf eine angeblich revolutionäre Kraft der Agrarökologie als Lösung landwirtschaftlicher Probleme setzen, sind blind hinsichtlich der Bedeutung von Technik innerhalb der kapitalistischen Gesellschaft und haben eine sehr geringe Wahrscheinlichkeit zu überleben. Diesbezüglich stößt die Agrarökologie auf die Logik der gesamten kapitalistischen Gesellschaft, die bestrebt ist, alle Produktionsformen in die Markt- und Profitmaximierungslogik zu integrieren, wobei Umwelt- und Sozialprobleme verschärft werden.

Wie das Genossenschaftswesen, so kann die Agrarökologie also auch zu einem Selbstzweck und dadurch zu einer Ideologie werden – im Sinne einer politischen und sozialen Verfälschung der Wirklichkeit, die keine Zukunftsperspektive für die vom Kapitalismus am meisten betroffenen Menschen anbieten kann. Beim ökologischen Kampf geht es eher um eine Stufe, denn „er kann dem Kapitalismus Schwierigkeiten machen und ihn zu Änderungen zwingen; wenn er aber nach langem Widerstand mit Gewalt und List schließlich nachgeben wird, weil die ökologische Sackgasse unausweichlich geworden ist, wird er diesen Zwang integrieren, wie er all die anderen integriert hat". (Gorz 1980: 70)

Indem die Agrarökologie sich als Instrument begreift, das den Zusammenhang zwischen der Zerstörung der natürlichen Produktionsgrundlagen und der zunehmenden technischen und ökonomischen Probleme in der Landwirtschaft mit den politischen und sozialen Rahmenbedingungen der Gesellschaft herstellt, kann sie ein wichtiger Ausgangspunkt zur Bewusstseinsbildung und Selbstorganisation der Kleinbauern in Familienbetrieben werden. Da die Bedürfnisse der Bauernfamilie im Mittelpunkt der Familienlandwirtschaft stehen und die Erhaltung der Natur mit der Verbesserung der Lebensqualität und Verringerung der Abhängigkeit auf dem Lande engstens verbunden sind, kann die Agrarökologie diesen strukturellen Zusammenhang deutlich machen und Alternativen anbieten.

In Bezug auf die Ausbreitung der Gentechnik in der Landwirtschaft wird der agrarökologische Ansatz und die Erhaltung kleinbäuerlicher Betriebe allerdings nur durch eine zunehmende Vergemeinschaftung der Produktionsgrundlagen möglich, was das individuelle Besitzstreben der Bauern stark einschränkt. Damit ist nicht gemeint, dass die Kleinbauern ihren individuellen Grundbesitz unbedingt aufgeben und zu Formen kollektiven Eigentums übergehen müssen, sondern, dass ihre individuelle Produktion mindestens mit der ihrer Nachbarn und der Mitglieder der Genossenschaft (einschließlich der Konsumenten) vereinbar ist, was zum Beispiel bei der Auseinandersetzung über die Gensoja konkret mit der Einrichtung von gentechnikfreien Zonen zu fordern ist. Die ökologische Produktion auf kleinen Flächen ist für einen isolierten Bauern gar nicht mehr möglich, wenn die Nachbarn nicht auch ökologisch produzieren, so dass diese Zusammenarbeit die erste Voraussetzung dafür ist, dass eine weitere genossenschaftliche Organisation gestaltet werden kann. Die Zusammenarbeit mit den Konsumenten ist weit schwieriger, denn dabei ist die Produktion nach gemeinsam entwickelten Kriterien erforderlich im Gegensatz zum anarchischen Angebot von Waren auf einem auf Konkurrenz gründenden Markt. Die Schwierigkeiten dabei scheinen enorm zu sein, ihre Erfolgschancen sind jedoch größer als die Weiterexistenz als isolierter Kleinbauer und Konsument.

Eine weitere wichtige Voraussetzung zur Einrichtung einer solchen genossenschaftlichen Organisation ist sicherlich der Zugang zu günstigen Krediten, die es ermöglichen, dass die notwendigen Kapitalinvestitionen überhaupt stattfinden können, denn wie Singer feststellt, „hängen Investitionspläne im Kapitalismus von den Finanzmärkten ab" (Singer 2000: 36). Ein besserer Zugang zu Krediten kann als eine der Folgen genossenschaftlicher Organisation betrachtet werden; die Existenz eines Kreditsystems ist jedoch zunächst nur eine der Bedingungen, wodurch Genossenschaften im Kapitalismus überhaupt möglich werden. „Ohne das aus der kapitalistischen Produktionsweise entspringende Fabriksystem könnte sich nicht die Kooperativfabrik entwickeln und ebensowenig ohne das aus derselben Produktionsweise entspringende Kreditsystem". (Marx 1983b: 456) Da die von der kapitalistischen Marktwirtschaft marginalisierten Menschen auch tendenziell vom Zugang zu öffentlichen wie privaten Krediten ausgeschlossen sind, können staatliche Maßnahmen wie Mikrokredite eine entscheidende Rolle für die regionale und lokale Entwicklung spielen, wobei öffentliche Finanzmittel effektiver eingesetzt werden können, was einen entschlossenen Einsatz des Staates für die Solidarwirtschaft voraussetzt [254]. (Singer 2005) Die bisherigen Errungenschaften in der brasilianischen Agrarkreditpolitik sind allerdings ein Resultat der sozialen Mobilisierung der Betroffenen einer ungleichen Agrarstruktur gewesen, obwohl letztlich immer noch die Großbauern am meisten profitierten.

[254] Singer sieht für den Erfolg der Solidarwirtschaft auch die Notwendigkeit einer Einrichtung von Kreditgenossenschaften zur Bereitstellung günstigerer Investitionskredite vor sowie die Einführung einer eigenen Währung zur Förderung des Austausches unter den Genossenschaften. (Singer 1996)

Die Bereitstellung von günstigen Krediten durch Regierungen kann aber die regionale Entwicklung weitgehend beeinflussen, wie die Geschichte der „Grünen Revolution“ deutlich macht. Solche Kredite und die Unterstützung der Kleinbauern bei der Produktion von Nahrungsmitteln, besonders derer, die noch in der Lage sind, über die Selbstversorgung hinaus zu produzieren, sind von besonderer Bedeutung im Rahmen einer politischen Strategie der Hunger- und Armutsbekämpfung in Brasilien.

Nach Angaben des brasilianischen Ministeriums für Agrarentwicklung erbringen die 4.139.369 noch existierenden landwirtschaftlichen Familienbetriebe (85% der brasilianischen Bauern) 10% des Bruttoinlandprodukts, 77% der ländlichen Arbeitsplätze und den größten Teil der Nahrungsmittelproduktion, also 67% der schwarzen Bohnen, 84% des Manioks, 49% des Mais, 54% der Milch, 58% der Schweine und 40% des Geflügels und der Eier. (MDA, 2004) Auch 1/3 des sogenannten Agrobusiness und 32% der brasilianischen Sojaexporte werden allein von der Familienlandwirtschaft bestritten, die daher keineswegs als Subsistenzwirtschaft bezeichnet werden kann. (Rossetto 2005) In Rio Grande do Sul sind 440.000 landwirtschaftliche Familienbetriebe für 27% des BIP zuständig, während die großen Lohnarbeitsbetriebe insgesamt nur 23% dazu beitragen. Bei der Sojaproduktion in Rio Grande do Sul sind die Familienbetriebe für 58% der Gesamtproduktion zuständig. Besonders wichtig dabei ist aber die Nahrungsmittelproduktion, denn hier erbringen die Familienbetriebe 74% der Maisernte, 89% der Milch, 74% des Geflügels und 71% des Schweinefleisches. (Guilhoto 2005)

Auf diesem Hintergrund kann die Förderung der Nahrungsmittelproduktion in Familienbetrieben als Teil eines staatlich geförderten Entwicklungsmodells in Brasilien angesehen werden, indem sie mit weiteren Programmen wie zum Beispiel der Agrarreform verbunden wird und sich folgende Ziele setzt: a) Umverteilung und Armutsbekämpfung; b) Schaffung von Arbeitsplätzen und Einkommen; c) Ankurbelung des Binnenmarkts; d) Demokratisierung des Zugangs zum Land; e) Förderung der Nahrungssouveränität und des Umweltschutzes. Wichtig dabei sind zugleich die Investitionen in Infrastruktur und Verbesserung der Lebensqualität auf dem Lande, wie Wasserversorgung, Strom- und Straßenzugang und Zugang zu Wohnungskrediten, damit das Selbstbewusstsein und das Lebensniveau auf dem Land gestärkt werden. In einem Land, in dem 44 Millionen Menschen an qualitativer Unterernährung leiden[255], viele Grundnahrungsmittel auf Grund der auf Export ausgerichteten Agrarpolitik importiert werden müssen und die Familienlandwirtschaft hinsichtlich der Erhaltung einer diversifizierten Produktion für den größten Teil der Nahrungsmittelproduktion zuständig ist, könnte eine Umkehrung der Prioritäten zugunsten der Kleinbauern eine riesige Chance bieten. Zur Förderung der wirtschaftlichen Machbarkeit der Familienlandwirtschaft gehören neben der Bereitstellung günstigerer Kredite, Umschul-

[255] Vgl. Fome Zero 2002.

dungsverhandlungen, die Einrichtung einer Versicherung gegen Ernteverluste und die staatliche Unterstützung bei Aufbau und Organisation einer genossenschaftlichen Agrarindustrie und Vermarktungsstruktur für landwirtschaftlichen Produkte, damit die Bauern unabhängiger von den großen Agrarkonzernen werden. Hinzu kommt schließlich die Frage der Agrarberatung und des Zugangs zu Technik, wobei es wichtig ist, dass den Kleinbauern besonders agronomische Innovationen zur Verfügung gestellt werden, denn sie basieren auf den Organisationsmethoden und der Kombination vorhandener Ressourcen, womit eine Erhöhung der Arbeitsproduktivität ohne Einführung zusätzlicher Produkte erreicht werden kann.

Gerade weil Regierungen die Agrarpolitik zugunsten der Großbauern gestalten (die am Agrarexport orientiert sind), sehen die meisten Kleinbauern in der untersuchten Region kaum eine Alternative, als auch Monokulturen für den Export zu produzieren, mit allen ihren Konsequenzen. Eine Veränderung der Agrarpolitik zugunsten einer regionalen Nahrungsmittelproduktion würde die Selbstversorgung der ärmsten Kleinbauern (erster Typ von Familienlandwirtschaft) mit Nahrungsmitteln verbessern und deren Abhängigkeit von der paradoxen Lebensmittelversorgung durch die Regierungen verringern. Zugleich wird die Zunahme der Nahrungsmittelproduktion zur Verbesserung der regionalen Versorgung beitragen, da die von uns als zweiter Typ von Familienlandwirtschaft charakterisierte Gruppe in erster Linie unterstützt werden kann, die nach unserer Analyse noch bereit ist, Risiken einzugehen und potenziell an einer genossenschaftlichen Organisation interessiert ist. Ihre vorbildliche Rolle bei technischen Innovationen kann insofern zur Aufhebung der Isolation und Zersplitterung der Kleinbauern untereinander beitragen und zur Solidarität motivieren.

Ein solches Konzept politisch durchzusetzen, scheint in Brasilien jedoch sehr schwierig zu sein, wo die Interessen des auf Export ausgerichteten Agrobusiness größtenteils das Handeln von Regierungen bestimmen, stark im Parlament und in der Judikative vertreten sind und einen erheblichen Einfluss auf die Gesellschaft insbesondere durch die Medien ausüben. Der Sojaexport bringt dem Land bedeutende Deviseneinnahmen, was von Seiten der Bundesregierung als entscheidend zur Stabilisierung der Außenhandelsbilanz angesehen wird. Die positive Handelsbilanz Brasiliens ist ihrerseits wichtig zur Bedienung der Auslandsschulden und deshalb stehen die Begeisterung für das Agrobusiness und die damit verbundene Stabilisierung der Außenhandelsbilanz im Zusammenhang mit dem Konzept der sogenannten Regierungsfähigkeit brasilianischer Regierungen. Die damit zusammenhängende Ausbreitung der Sojaproduktion muss im Rahmen dieser makropolitischen Strategie gesehen werden, in der kaum auf Risiken und Umweltauswirkungen geachtet wird. Da die Agrarpolitik in erster Linie auf den Export ausgerichtet ist, sind damit auch die technischen Optionen für die Landwirtschaft größtenteils entschieden. Die Gensoja wird als Chance gesehen, riesige Ländereien mit geringem Arbeitseinsatz bewirtschaften zu können, wo die Regierungen auf eine große Unterstützung der Sojaproduzenten, besonders die Großbauern, stoßen, was wiederum mit ihrem Bestreben übereinstimmt, die politische Regierungsfähigkeit zu erhalten und auszubauen. Die Gensoja beschleunigt jedoch das Aussterben von Kleinbauern, indem sie ihre Abhängigkeit von Inputs erhöht und die Zerstörung natürlicher Ressourcen zur Folge hat.

Der Einsatz der Gentechnik in der brasilianischen Sojaproduktion intensiviert die Freisetzung von Destruktivkräften, die sich zugleich auf Natur und die auf dem Lande arbeitenden und lebenden Menschen auswirken. Die Privatisierung von natürlichen Ressourcen und von Wissen zugunsten multinationaler Agrarkonzerne und Großgrundbesitzer vertieft die soziale Ungleichheit in der brasilianischen Gesellschaft, und die Chancen des Widerstands durch die individuellen Kleinproduzenten und Verbraucher werden erheblich eingeschränkt. Während das Kapital, insbesondere Betriebsmittel, Kredite sowie die Verarbeitungs- und Vermarktungsstruktur landwirtschaftlicher Produktion zunehmend monopolisiert werden, stehen die selbst arbeitenden Bauern unter dem Druck, mit Hilfe von Technik untereinander um ihr Überleben zu konkurrieren. Die Familienlandwirtschaft im nordwestlichen Grenzgebiet von Rio Grande do Sul neigt dazu, sich aufgrund der angeblichen Arbeitserleichterung und -ersparnis an die beschriebene interessengeleitete Technikentwicklung anzupassen und dadurch zerstört zu werden. Der Biosojaanbau stellt aufgrund der herrschenden Agrarstruktur keine umfassende Alternative für die untersuchten Familienbetriebe dar, und mögliche Perspektiven der Agrarökologie hängen stark von einer Zunahme genossenschaftlicher Organisation von Kleinbauern und Konsumenten in der Region ab. Gerade weil die in der Landwirtschaft zusammenhängenden ökonomischen, ökologischen und sozialen Probleme die materielle Existenz der Kleinbauern bedrohen, könnten kollektive Ansätze eine Chance eröffnen. Die Selbstorganisation der von der kapitalistischen Modernisierung der Landwirtschaft betroffenen Menschen würde einen gemeinsamen Lern-, Politisierungs- und sozialen Mobilisierungsprozess erlauben, der die Voraussetzung für eine andere Entwicklungsdynamik wäre.

Literaturverzeichnis

Abramovay, R. (1992): *Paradigmas do capitalismo agrário em questão.* São Paulo-Rio de Janeiro-Campinas: Hucitec-Anpocs-Unicamp.

Abramovay, R. (2002): *Subsídios e multifuncionalidade na política agrícola européia.* Economia Rural Vol. 40, Nr. 2: 235-264, Abr/Jun 2002.

Agrofolha. (1998): *Soja é solução para alimentar o mundo.* Folha de São Paulo, São Paulo, 15.12.98.

Agrol. (2003): *Brasil exportará 50 milhões de toneladas de soja este ano.* Download: <http://www.clicrbs.com.br/agrol/jsp> (01.04.2003).

Agrol. (2005): *Embrapa vai oferecer oito cultivares de soja transgênica.* Download: <http://www.clicrbs.com.br/agrol/jsp> (05.03.2005.).

Almeida, J. (1999). *A construção de uma nova agricultura: tecnologia agrícola e movimentos sociais no sul do Brasil.* Porto Alegre: UFRGS.

Alstad, D. N./Andow, D. A. (1995): *Managing the Evolution of Insect Resistance to Transgenic Plants.* Science 268: 1894-1896.

Altieri, M. (1994): *Biodiversity and Pest Management in Agroecosystems.* New York: Haworth Press.

Altieri, M. (1995): *El estado de arte de la agroecologia y su contribución al desarollo rural en America Latina.* In: Marin, A. C. Agricultura y desarollo sustenible. Madrid: MAPA.

Altieri, M. (2001): Agroecologia: a dinâmica produtiva da agricultura sustentável. Porto Alegre: UFRGS.

Altieri, M. A. (2004). Biotecnologia agrícola: mitos, riscos ambientais e alternativas. Petrópolis: Vozes.

Altner, G./ Krauth, W./ Lünzer, I./ Vogtmann, H. (Hrsg.). (1990): *Gentechnik und Landwirtschaft: Folgen für Umwelt und Lebensmittelerzeugung.* Karlsruhe: Müller.

Altvater, E. (1986): *Lebensgrundlage (Natur) und Lebensunterhalt (Arbeit). Zum Verhältnis von Ökonomie und Ökologie in der Krise.* In: Altvater, E./Hickel, E./Hoffmann, J. Markt, Mensch, Natur. Hamburg: VSA-Verlag.

Altvater, E./Mahnkopf, B. (2002): *Globalisierung der Unsicherheit. Arbeit im Schatten, schmutziges Geld und informelle Politik.* Münster: Westfälisches Dampfboot.

Altvater, E. (2003): *Existe un Marxismo Ecológico?* Berlin: FU Berlin. Download: http://www.polwiss.fu-berlin.de/people/altvater/Aktuelles/Marxismoecolespagn.pdf> (30.10.2005).

Ammann, K. (1995): *Die ökologischen Risiken der Gentechnologie und wie wir damit umgehen können.* In: Behrens, M./Meyer-Stumborg, S./Simonis, G.

(Hrsg.). Gentechnik und die Nahrungsmittelindustrie. Köln: Westdeutscher Verlag.

Amstalden, L. F. (1991) *Os custos sócio-ambientais da modernização agrícola brasileira.* Campinas: Unicamp.

Andrioli, A. I. (2001): *Trabalho coletivo e educação: um estudo das práticas cooperativas do Programa de Cooperativismo nas Escolas na Região Fronteira Noroeste do Estado do Rio Grande do Sul.* Ijuí: UNIJUÍ (Dissertação de Mestrado na UNIJUÍ, 2000).

Andrioli, A.I./Schmalz, S. (2005). *Brasilien: politiche Wende oder Fortsezung neoliberaler Politik?* In: Boris, D./Schmalz, S./Tittor, A.: Lateinamerika: Verfall neoliberaler Hegemonie? Hamburg: VSA-Verlag.

Aventis. (2001): *Aventis Annual Report 2000.* Download:
<http://www.aventis.com/main/order_center/download/ave_annualreport_2000_short_en.pdf> (20.07.2003)

Bachi, L. C./Christensen, T. N. (1984): *Cartografia Regional.* Santa Rosa: Dom Bosco.

Bahr, H.-D. (1970): *Kritik der „politischen Technologie". Eine Auseinandersetzung mit Herbert Marcuse und Jürgen Habermas.* Frankfurt am Main: Europäische Verlagsanstalt.

Balcewicz, L. C. et al. (2001): *Estudo comparativo de custos de produção entre a cultura de soja (Glicyne max L. Merril) tradicional (ou convencional) e soja transgênica no Brasil e nos Estados Unidos da América.* Curitiba: PUC-Paraná.

Banfield, E. (1958): *The moral basis of a backward society.* New York: The Free Press.

Bartsch, D./ Kiper, M./ Thurau, M. (1989): *Wie die Gentechnik die Landwirtschaft durchkapitalisiert.* In: Thurau, M. (Hrsg.) Gentechnik – Wer kontrolliert die Industrie? Frankfurt am Main: Fischer Verlag.

Bärtschi, W./Jacobsen, H-D. (1976): *Kritische Einführung in die Außenhandelstheorie.* Reinbek bei Hamburg: Rowohlt.

Beck, U. (1997): *Was ist Globalisierung? Irrtümer des Globalismus. Antworten auf Globalisierung.* Frankfurt am Main: Suhrkamp.

Benatto, A. (2002): *Sistemas de Informação em Saúde nas Intoxicações por Agrotóxicos e Afins no Brasil: situação atual e perspectivas.* Campinas: UNICAMP (Dissertação de Mestrado na UNICAMP, 2002).

Benbrook, C. (1998): *Evidence of the Magnitude and Consequences of the Roundup Ready Soybean Yield Drag from University – Based Varietal Trials in 1998.* Idaho: Northwest Science and Environmental Policy Center Sandpoint.

Benbrook, C. (2001): *Glyphosate Efficacy is Slipping and Unstable Transgene Expression Erodes Plant Defenses and Yields.* Idaho: Northwest Science and Environmental Policy Center Sandpoint.

Benbrook, C. (2001): *Troubled times amid commercial success for Roundup Ready soybeans. 2001.* Download: <http://www.biotech-info.net/troubledtimes.html> (19.07.2003).

Benbrook, C. (2005): *Problemas que ameaçam os agricultores de soja argentinos: ferrugem asiática, ervas tolerantes, erosão do solo e elevação dos custos.* Technical Paper Nr. 8, Benbrook Consulting Service, Ag BioTech InfoNet, January 2005. Downoload: <http://www.biotech-info.net> (19.07.2003).

Benetti, M. D. et al. (1985): *Desenvolvimento e crise do cooperativismo empresarial do RS.* Porto Alegre: FEE.

Bensaid, D. (1999): *Marx, o intempestivo: grandezas e misérias de uma aventura crítica (séculos XIX e XX).* Rio de Janeiro: Civilização Brasileira.

Bergmann, J. (1968): *Technologische Rationalität und spätkapitalistische Ökonomie.* In: Habermas, J. (Hrsg.). Antworten auf Marcuse. Frankfurt am Main: Suhrkamp.

Bergmann, T. (1969): *Der bäuerliche Familienbetrieb – Problematik und Entwicklungstendenzen.* In: ZAA Heft 17.

Bernhard, J. (1990): *Methoden und Projekte der Gentechnologie in der Pflanzenzucht.* In: Altner, G./ Krauth, W./ Lünzer, I./ Vogtmann, H. (Hrsg.). Gentechnik und Landwirtschaft: Folgen für Umwelt und Lebensmittelerzeugung. Karlsruhe: Müller.

Bickel, U. (2004): *Brasil: Expansão da Soja, Conflitos Sócio-Ecológicos e Segurança Alimentar.* Bonn: Universität Bonn.

Bickel, U. (2004): *Sojaboom in Brasilien – eine unendliche Geschichte? Konflikte und Alternativen.* In: Lanje, K. Soja – so nein!? Handlungsperspektiven für einen nachhaltigen Sojahandel. Rehburg-Loccum: Evangelische Akademie Loccum.

Blecher, B. (2001): *EUA devem cortar área de transgênicos.* Folha de São Paulo, Caderno Agrofolha, São Paulo, 27.03.2001.

Bloch, E. (1985): *Das Prinzip Hoffnung.* Frankfurt am Main: Suhrkamp.

Bogner, A./Franke, M. (1981): *Die Hungerproduzenten: Die europäische Landwirtschaftspolitik fördert Hungersnöte in der „Dritten Welt".* Wien, München: Terre des Hommes.

Bourdieu, P. (1983): *Ökonomisches Kapital, Soziales Kapital, Kulturelles Kapital.* In: Kreckel, R. (Hrsg.). „Soziale Ungleichheiten". Soziale Welt, Sonderband II. Göttingen: Otto Schwarz.

Broadment, E. (1975): *Exploratory study of Brazil soybean marketing*. Londrina: CNPS.

Brockskothen, M. (1990): *Von der Grünen Revolution zur Genrevolution oder: Was man mit einem patentierten Weizen anfangen kann.* In: Altner, G./ Krauth, W./ Lünzer, I./ Vogtmann, H. (Hrsg.). Gentechnik und Landwirtschaft: Folgen für Umwelt und Lebensmittelerzeugung. Karlsruhe: Müller.

Brose, M. (2006): *Von der wissenschaftlichen Diktatur zur partizipativen Demokratie. Die rapide Ausweitung der Bürgerbeteiligung im Bundesstaat Rio Grande do Sul/Brasilien zwischen 1989 und 1999.* Osnabrück: Universität Osnabrück (Manuskript der Dissertation an der Universität Osnabrück, 2006).

Brüggemann, B./Riehle, R. (1986): *Das Dorf: über die Modernisierung einer Idylle.* Frankfurt am Main: Campus Verlag.

Brühl, T./Meyer, H. (2001): *Die Umsetzung des Übereinkommens über die biologische Vielfalt in Deutschland.* Bonn: Forum Umwelt & Entwicklung.

Brum, A. J. (1983): *Modernização na agricultura no planalto gaúcho.* Ijuí: FIDENE.

Brum, A. J. (1988): *Modernização da agricultura trigo e soja.* Ijuí: FIDENE.

Brum, A. J. (1995): O *desenvolvimento econômico brasileiro.* 14ª. Ed. Petrópolis: Vozes.

Buntzel, R./Sahai, S. (2005): *Risiko: Grüne Gentechnik. Wem nützt die weltweite Verbreitung gen-manipulierter Nahrung?.* Frankfurt am Main: Brandes & Apsel.

Büttenbender, P. L. (1995): *O cooperativismo e o desenvolvimento regional: estudo sobre as contribuições das cooperativas e das associações no desenvolvimento da região da grande Santa Rosa.* In: Revista Perspectiva Econômica, Vol. 29, Nr. 86: 99-142.

Calcagnotto, G./Gottwald, M.(2003): *Mehr oder weniger Demokratie? Der Beitrag der Landlosenbewegung MST zur Vertiefung der Demokratie in Brasilien.* Hamburg: Institut für Iberoamerika-Kunde.

Campos, G. L. R. (1998): *Cooperativismo agrário e intergração econômica.* Passo Fundo: EDIUPF.

Canal Rural. (2002): *Mapa critica proposta norte-americana a sojicultores brasileiros.* Download: <http://www.clicrbs.com.br> (25.03.2002).

Cardoso, F. H./Faletto E. (1976): *Abhängigkeit und Entwicklung in Lateinamerika.* Frankfurt am Main: Suhrkamp.

Cardoso, V. (1947): *Município de Santa Rosa.* Porto Alegre: Globo.

Carpenter, J./Gianessi, L. (1999): *Herbicid tolerant soybean: why growers are adopting roundup ready varieties.* Download: <http://www.agbioforum.org/vol2no2/carpenter.html> (20.07.2003).

Carrel, S./Rowell, A. (2005): *When fed to rats it affected their kidneys and blood counts. So what might it do to humans? We think you schould be told.* The Independent, London. Download: <http://news.independent.co.uk/science_technology> (22.05.2005).

Carvalho, H. M. (1982): *Tecnologia socialmente apropriada: muito além da questão semântica.* Curitiba: IAPAR.

Carvalho, H. M. (1990): *A geração de tecnologia agrícola socialmente apropriada.* Rio de Janeiro: AS-PTA.

Castanheira, J. (2003): *Monsanto na fogueira.* Revista Isto É Dinheiro, São Paulo.Download: <http://www.terra.com.br/istoedinheiro/299/negocios/299_monsanto_fogueira.htm> (21.05.2003).

Cavailhes, J. *Les reponses marxistes à la question agraire. Histoire des idées et des faits.* Paris: INRA/ENSSAA.

Chaboussou, F. (1987): *Pflanzengesundheit und ihre Beeinträchtigung. Die Schädigung durch synthetische Dünge- und Pflanzenbehandlungsmittel.* Karslruhe: Müller.

Christensen, T. N. (2004): *Soja 80 anos de produção 1924-2004.* Santa Rosa: Lucano Cultura e Marketing.

CMMD - Comissão Mundial para o Meio Ambiente e Desenvolvimento. *Nosso futuro comum.* (1988): Rio de Janeiro: Fundação Getúlio Vargas.

Cocran, W. G. (1965): *Técnicas de Amostragem.* Rio de Janeiro: Fundo de Cultura.

Colyer, P. D. et al. (2000): *Nematode reproduction and root galling severity on related conventional and transgenic cotton cultivars.* The Journal of Cotton Science 4: 232-236.

Coradini, O. L./Fredercq, A. (1982): *Agricultura, cooperativas e multinacionais.* Rio de Janeiro: Zahar.

Córdova, A./Michelena, H. S. (1971): *Die wirtschaftliche Struktur Lateinamerikas. Drei Strudien zur politischen Ökonomie der Unterentwicklung.* Frankfurt am Main: Suhrkamp.

Córdova, A. (1973): *Strukturelle Heterogenität und wirtschaftliches Wachstum.* Frankfurt am Main: Suhrkamp.

Corede. (1996): *Plano estratégico de desenvolvimento da região Noroeste do Estado do Rio Grande do Sul.* Ijuí: UNIJUÍ.

Correa, J. (2003): *Soja convencional tem espaço.* Jornal Zero Hora, Porto Alegre, 11.04.2003.

Correio do Povo. (2003): *Emater aponta safra recorde de soja.* Download: <http://www.cpovo.net/jornal/A108/N252/PDF/Fim15.pdf> (09.06.2003).

Cox, C. (2003): *Glyphosate (Roundup).* Journal of Pesticide Reform 18: 3–17. Downoload: <http://www.pesticide.org/gly.pdf> (30.10.2005).

CUT-RS. *Organizando a produção e construindo um novo sindicalismo.* II Congresso Estadual do DETR-CUT. Passo Fundo: CUT, 1993.

CUT-RS. Central Única dos Trabalhadores do Estado do Rio Grande do Sul. Download: <http://www.cut-rs.org.br> (19.07.2005).

Dallegrave, E./Mantese, F./Coelho, R./Pereira, J./Dalsenter, P./Langeloh, A. (2003): *The teratogenic potential of the herbicide glyphosate-Roundup® in Wistar rats.* Toxicology Letters, Vol. 142: 45-52.

Daniels, R./Boffey, C./Mogg, R./; Bond, J./Clarke, R. (2005): *The potential for dispersal of herbicide tolerance genes from genetically-modified, herbicide-tolerant oilseed rape crops to wild relatives.* Dorchester: Winfrith Technology Centre.

Darmency, H. (1994): *The Impact of Hybrids Between Genetically Modified Crop Plants and their Related Species: introgression and weediness.* Molecular Ecology 3: 37-40.

Deak, A. (2003): *As raízes do problema.* Revista Novae, São Paulo, 03.07.2003. Download: <http: //www.novae.inf.br> (03.07.2003).

Deenen, B. (1961): *Die ländliche Familie unter dem Einfluß von Industrienähe und Industrieferne. Eine familiensoziologische Untersuchung zweier Landgemeinden im nördlichen Vorland des Rheinisch-Westfälischen Industriegebietes.* In: Sozialpolitische Schriften, Band 13, Berlin, 1961.

Dickmann, J. (1933): *La véritable limite de la production capitaliste.* La critique sociale Nr. 09, 1933.

Dierkes, H. (1998): *Ökologischer Marxismus – marxistische Ökologie.* In: Marxismus und Ökologie. Zwei Debattenbeiträge. Köln: VSP-Verlag.

Duarte, L. M.. (1986): *Capitalismo e cooperativismo no Rio Grande do Sul: o cooperativismo empresarial e a expansão do capitalismo no setor rural do Rio Grande do Sul.* Porto Alegre: L & PM.

Duby, G./Vallon, A. (Hrsg.). (1975): *Histoire de la France rurale.* Paris: Seuil.

Ehlers, E. (1999): *Agricultura sustentável. Origens e perspectivas de um novo paradigma.* Guaíba: Agropecuária.

Eichler, V. (2003): *Avanço da soja desmata norte gaúcho.* Jornal Zero Hora, Porto Alegre, 27.04.2003.

Eitelwein, G. (2005): *Cooperativas ecológicas defendem necessidade de organização em rede.* Porto Alegre: Assembléia Legislativa do Estado do Rio Grande do Sul.
Download: <http://www.al.rs.gov.br/ag/NOTICIAS/2005/05/NOTICIA107280.htm> (15.12.2005).

EKD - Kirchenamt der Evangelischen Kirche in Deutschland. (2000): *Ernährungssicherung und nachhaltige Entwicklung: Eine Studie der Kammer der EKD für Entwicklung und Umwelt.* EKD Texte 67. Hannover: EKD.

Embrapa (1986): *Compatibilidade de Agrotóxicos com Rhizobium spp. e a simbiose das leguminosas.* Rio de Janeiro: CNPBS.

Embrapa (2005): *XXVII Reunião de Pesquisa de Soja da Região Central do Brasil (RPSRCB).* Cornélio Procópio: Embrapa Soja.

Engels, F. (1967): *Engels an Joseph Bloch in Königsberg vom 21.9.1890.* MEW 37. Berlin: Dietz Verlag.

Engels, F. (1971): *Nachwort zu „Soziales aus Rußland".* MEW 18. Berlin: Dietz Verlag

Engels, F. (1973): *Dialektik der Natur.* MEW 20. Berlin: Dietz Verlag.

FAO (2003): *The State of Food Insecurity in the World 2003. Monitoring progress towards the World Food Summit and Millennium Development Goals.* Rom: FAO.

FARSUL – Federação da Agricultura do Estado do Rio Grande do Sul. Download: <http://www.farsul.org.br> (15.07.2005).

FETAG. Federação dos Trabalhadores na Agricultura no Estado do Rio Grande do Sul. <http://www.fetagrs.com.br> (15.07.2005).

FETRAFSUL. Federação dos Trabalhadores na Agricultura Familiar da Região Sul. <http://www.fetrafsul.org.br> (15.07.2005).

Fialho, J.R.D. (1994): *Acción coletiva y associacionismo en la agricultura de Rio Grande do Sul, Brasil.* Córdoba: Universidad de Córdoba.

Flyvbjerg, B. (2001): *Making Social Science Matter. Why social inquiry fails and how it can succeed again.* Cambridge: Cambridge University Press.

Fome Zero. (2002): *Report of the Joint FAO/IDB/WB/Transition Team Working Group.* Download: <http://www.fomezero.gov.br/downoload/FinalReport.doc> (05.12.2003).

Foster, G. (1974): *La sociedad campesina y la imagem del bien limitado.* In: Bartolomé, L./ Gorostiaga, E. (Hrsg.). *Estudios sobre el campesinado latinoamericano: la perspectiva de la antropología social.* Buenos Aires: Ediciones Periferia.

Foster, J. B. (1998): *Marx, der Produktivismus und die Ökologie.* In: Marxismus und Ökologie. Zwei Debattenbeiträge. Köln: VSP-Verlag.

Frantz, T. R. (1982): *Cooperativismo Empresarial e Desenvolvimento Agrícola.* Ijuí: FIDENE.

Frantz, W. (1985): *O cooperativismo e a prática cooperativa.* In: Revista Perspectiva Econômica, Nr. 51: 53-70.

Freire, P. (1973) *Pädagogik der Unterdrückten.* Bildung als Praxis der Freiheit. Reinbek bei Hamburg: Rowohlt.

Freire, P. (1987): *Pedagogia do oprimido.* Rio de Janeiro: Paz e Terra.

Freire, P. (1992): *Extensão ou Comunicação?* Rio de Janeiro: Paz e Terra.

Fricke, R. M. (2005): *Estatística e aplicações aos fenômenos sociais.* Ijuí: UNIJUÍ.

Friedman, H. (1978) World market, state and family farm: Social basis ofhousehold production in the era of wage labour. Comparative Studies in Society and History, Vol 20, Nr. 4: 545-586, October 1978.

Friedman, M.D. (1990): *Concorrência e progresso técnico na indústria de máquinas para a agricultura: um estudo sobre trajetórias tecnológicas.* Campinas: UNICAMP.

Furstenau, V. (1988): *O crédito rural no Brasil e seus efeitos sobre a agricultura gaúcha: 1965-84.* Porto Alegre: FEE.

Galeski, B. (1972): *Basis Concepts of Rural Sociology.* Manchester: Manchester University Press.

Galtung, J. (1972): *Pluralismus und die Zukunft der menschlichen Gesellschaft.* In: Senghaas, D. (Hrsg.) Kritische Friedensforschung. Frankfurt am Main: Suhrkamp.

Gaskell, G. et al. (2003): *Europeans and Biotechnology in 2002. A report to the EC Directorate General for Research from the project 'Life Sciences in European Society'.* Londres: London School of Economics.

Gassen, H.-G. (1999): *Gentechnik, Grenzzone menschlichen Handelns?* Karlsruhe: Gesamtverband der Deutschen Versicherungswirtschaft.

Gazeta Mercantil. (2005): *Olvebra paga mais pela soja convencional.* Jornal Gazeta Mercantil, São Paulo, 22.08.2005.

Gazziero, D. L. P. (2003): *Manejo de plantas daninhas em áreas cultivadas com soja geneticamente modificada para resistência ao Glyphosate.* Londrina: Universidade Estadual de Londrina (Tese de Doutorado na Universidade Estadual de Londrina, 2003).

Giedion, S. (1982): *Die Herrschaft der Mechanisierung. Ein Beitrag zur anonymen Geschichte.* Frankfurt am Main: Europäische Verlagsanstalt.

Gliessman, S. R. (2001): *Agroecologia. Processos ecológicos em agricultura sustentável.* Porto Alegre: UFRGS.

Gnekow-Metz, A. (1999): *Wunderbohne mit wunden Punkten. Information zur Sojabohne.* Eichstetten: Lusophonie-Verlag.

Gorz, A. (1973): *Technische Intelligenz und kapitalistische Arbeitsteilung.* In: Vahrenkamp, R. (Hrsg.). Technologie und Kapital. Frankfurt am Main: Suhrkamp.

Gorz, A. (1980): *Ökologie und Politik. Beiträge zur Wachstumskrise.* Reinbek bei Hamburg: Rowohlt.

Gramsci, A. (1955): *Die süditalienische Frage. Beiträge zur Geschichte der Einigung Italiens.* Berlin: Dietz Verlag.

Guedes Pinto, L. C. (1978): *Notas sobre a política agrícola brasileira.* São Paulo: SBPC.

Guerra, M. P./Nodari, R. O. (2003): *Impactos ambientais das plantas transgênicas: as evidências e as incertezas.* Florianópolis: UFSC.

Guilhoto, J. J. M. (2005): *O PIB das cadeias produtivas da agricultura familiar do Rio Grande do Sul.* São Paulo: FIPE/USP.

Guivant, J. (2000): Reflexividade na sociedade de risco: conflitos entre leigos e peritos sobre os agrotóxicos. In: Herculano, S./Porto, M. F. S./Freitas, C. M. *Qualidade de vida & riscos ambientais.* Niterói: EdUFF.

Guzmán, E. S. (2001): *La perspectiva sociológica en agroecología: una sistematización de sus métodos y técnicas.* Córdoba: ISEC.

Habermas, J. (1968): *Technik und Wissenschaft als Ideologie.* Frankfurt am Main: Suhrkamp.

Hardell, L./Eriksson, M.(1999): *A case-control study of non-Hodgkin lymphoma and exposure to pesticides.* Cancer 85: 1353-1360.

Hartmann, M. (1994): *Der moderne Kanibalismus. Futtermittelimporte und regionale Agrarstruktur.* Kassel: GHK.

Hayami, Y./Ruttan, V. (1985): *Agricultural development: an international perspective.* New York: The John Hopkins University Press.

Herculano, S./Porto, M. F. S./Freitas, C. M. (2000): *Qualidade de vida & riscos ambientais.* Niterói, RJ: EdUFF.

Hobbelink, H. (1989): *Bio-Industrie gegen die Hungernden.* Reinbeck bei Hamburg: Rowohlt.

Hobbelink, H. (1990): *Biotecnologia muito além da Revolução Verde: desafio ou desastre?* Porto Alegre: Fundação Juquira Candiru.

Hoffmann, W. (1969): *Grundelemente der Wirtschaftsgesellschaft. Ein Leitfaden für Lehrende.* Reinbek bei Hamburg: Rowohlt.

Holt, J. et al. (1993): *Mechanisms and Agronomic Aspects of Herbicide Resistance.* Annual Review Plant Physiology Plant Molecular Biology 44: 203-229.

Ianni, O. (1979): *Imperialismo e cultura.* Petrópolis: Vozes.

Ibama - Instituto Brasileiro do Meio Ambiente e dos Recursos Naturais Renováveis. (2003): *Relatórios de consumo de ingredientes ativos de agrotóxicos e afins no Brasil - anos 1998 a 2001.* Brasília: IBAMA.

IBGE – Instituto Brasileiro de Geografia e Estatística. *Censo Agropecuário 1990.* (1990): Download: <http://www.ibge.gov.br>. (20.03.2005).

IBGE - Instituto Brasileiro de Geogafia e Estatística. (1996): *Censo Agropecuário Rio Grande do Sul, 1995/1996.* Download: <http://www.ibge.gov.br> (21.03.2005).

IBGE - Instituto Brasileiro de Geografia e Estatística. (2000): *Censo 2000.* Download: <http://www.ibge.gov.br> (20.03.2005).

IBGE – Instituto Brasileiro de Geogafia e Estatística.(2001): *Área plantada e colhida, quantidade produzida, rendimento médio e valor da produção, segundo os principais produtos das lavouras temporárias – Brasil, 2001.* Download: <http://www.ibge.gov.br> (20.03.2005).

IBGE – Instituto Brasileiro de Geografia e Estatística. (2002): *Banco de Dados Agregados.* Brasília, 2002. Download: <http://www.ibge.gov.br> (20.03.2005).

IBGE – Instituto Brasileiro de Geografia e Estatística. (2003): *Confronto das safras de 2002 e das estimativas para 2003.* Download: <http://www.ibge.gov.br> (20.03.2005).

IBGE – Instituto Brasileiro de Geografia e Estatística. (2003): SIDRA - *Sistema IBGE de Recuperação Automática.* Download: <http://www.sidra.ibge.gov.br/bda/agric>(20.03.2005).

IMA – Informationsgemeinschaft für Meinungspflege und Aufklärung e. V. (1994): *Agrilexicon.* Hannover: IMA.

UNDP (2001): *Human Development Report 2001.* Oxford and New York: Oxford University Press. Download: <http://www.undp.org/hdr2001/completenew.pdf> (10.01.2006).

ISAAA - International Service for the Acquisition of Agri-Biotech Application. (2001): *Global Status of Commercialized Transgenic Crops: 2001.* Download: <http://www.isaaa.org> (20.07.2003).

Janvry, A. (1973): *A socioeconomic model of induced innovations for Argentine agricultural development.* In: The Quarterly Journal of Economics, Vol. 87, Issue 3: 410-435, August 1973.

Joensen, L./Semino, S./Paul, H. (2005): *Argentina: A Case Study on the Impact of Genetically Engineered Soya.* Download: <http://www.econexus.info/pdf/ENx-Argentina-GE-Soya-Report-2005.pdf> (18.07.2005).

John, L. (2003): *Soja transgênica tem ganhos discutíveis.* O Estadão (Caderno de Ciência e Meio Ambiente), São Paulo, 25.08.2003.

Jones, J. O. (1960): *Comparisons between industrial and agricultural mechanization and their consequences.* In: Meiji, J. L. (Hrsg.) Mechanisation in agriculture. Amsterdam: North-Holland Publishing Co.

Kaczewer, J. (2002): *Toxicologia del glifosato: riesgos para la salud humana.* En: La Producción Orgánica Argentina 60: 553-561.

Kageyama, Â. A./ Silva, J. G. (1983): *Os resultados da modernização agrícola dos anos 70.* Revista Estudos Econômicos. Campinas: UNICAMP.

Kageyama, Â./ Silva, J. G. (1988): *A dinâmica da agricultura brasileira: do complexo rural aos complexos agroindustriais.* Campinas: UNICAMP.

Kageyama, Ângela. (1996): *Modernização, produtividade e emprego na agricultura: uma análise regional.* Campinas: UNICAMP.

Kautsky, K. (1966): *Die Agrarfrage. Eine Übersicht über die Tendenzen der modernen Landwirtschaft und die Agrarpolitik der Sozialdemokratie.* Zürich: Limmat.

King C. et al. (2001): *Plant growth and nitrogenase activity of glyphosate-tolerant soybeans in response to foliar application.* Agronomy Journal 93:179-186.

Kiper. M. (1990): *Pestizidresistente Kulturpflanzen – Das Bündnis von Chemie und Gentechnik im Landbau.* In: Altner, G./Krauth, W./ Lünzer, I./Vogtmann, H. (Hrsg.). Gentechnik und Landwirtschaft: Folgen für Umwelt und Lebensmittelerzeugung. Karlsruhe: Müller.

Kist, A. L. (2002): *Conab aponta soja brasileira entre as mais competitivas do mundo.* Download: <http://www.clicrbs.com.br> (07.08.2002).

Korthoff, A. (2005): *Die EU und der Mercosur: Wege einer neuen Partnerschaft?* Marburg: Tectum Verlag (Dissertation an der Universität Osnabrück, 2004).

Kosik, K. (1976): *Dialektik des Konkreten. Eine Studie zur Problematik des Menschen und der Welt.* Frankfurt am Main: Suhrkamp.

Kremer, R.J./Donald, P.A./Keaster, A.J./Minor, H.C. (2000): *Herbicide Impact on Fusarium spp. and Soybean Cyst Nematode in Glyphosate-Tolerant Soybean.* Download:<http://www.asa-cssa-sssa.org/cgbin/abstract_database_search.cgi?objective=Kremer> (15.07.2003).

Kreutz, L. (1991): *O professor paroquial: magistério e imigração alemã.* Porto Alegre: UFRGS/ UFSC/ EDUCS.

Krieg, P. (1981): *Der Mensch stirbt nicht am Brot allein.* Wuppertal: Peter Hammer Verlag.

Kusin, A. (1969): *Karl Marx und Probleme der Technik.* Leipzig: VEB Fachbuchverlag.

Lamkin, N. (1990): *Organic Farming.* Ipswich: Farming Press Boocks.

Lanje, K. (Hrsg.). (2004). Soja – so nein?! Handlungsperspektiven für einen nachhaltigen Sojahandel. Rehburg-Loccum: Evangelische Akademie Loccum.

Lanje, K. (2005): *Soja so Nein! Bericht zum 1. Runden Tisch „Sustainable Soy" vom 17. – 18. März 2005 in Foz do Iguaçú - Brasilien.* BUKO Agrarkoordination. Download: <http://www.bukoagrar.de/28+M5faf3534e34.0.html> (03.01.2006).

Lappe, M./Bailey, B. (1997): *Genetic Engineered Cotton in Jeopardy.* Download: <http:// www2.cetos.org/1/toxalts/bioflop.html> (15.07.2003).

Lenhardt, L. (2005): *Wachstum im Regal.* Die Tageszeitung, Berlin, 24.02.2005.

Lenin, W. I. (1960): *Über „linke" Kinderei und über Kleinbürgerlichkeit.* Lenin Werke, Band 27. Berlin: Dietz Verlag.

Lenin, W. I.(1970): *Das Agrarprogramm der Sozialdemokratie in der ersten russischen Revolution von 1905 bis 1907.* Lenin Werke, Band 13, Berlin: Dietz Verlag.

Lenin, W. I. (1971): *Die Entwicklung des Kapitalismus in Rußland.* Berlin: Dietz Verlag.

Levèbvre, H. (1972): *Perspektiven der Agrarsoziologie.* In: Schmidt, A. (Hrsg.). Beiträge zur marxistischen Erkenntnistheorie. Frankfurt am Main: Suhrkamp.

Liebig, J. (1862): *Die Chemie in ihrer Anwendung auf Agrikultur und Physiologie.* Gießen: Universität Gießen.

Lipton, M. (1968): *The Theory of the Optimising Peasant.* In: The Journal of Development Studies, Vol. 4, Nr. 3: 327-351.

Locke, J. (2000): *Zwei Abhandlungen über die Regierung.* Frankfurt am Main: Suhrkamp.

Londres, F. (2001): *Com bom senso e sem transgênicos.* Revista Caros Amigos, nº. 53, Agosto de 2001.

Londres, F. (2003): *Transgênicos no Brasil: as verdadeiras conseqüências.* Rio de Janeiro: AS-PTA.

Lopes, F.(2002): *Monsanto faz ajuste e busca lucro.* Jornal Valor Econômico, São Paulo, 12.09.2002.

Lopes, F. (2004): *Monsanto começa a receber royalties da soja transgênica.* Jornal Valor Econômico, São Paulo, 04.05.2004

Loureiro, M. R.(1981): *Cooperativismo e capitalismo no Brasil.* São Paulo: Cortez.

Löwy, M. (1999): *De Marx ao Ecossocialismo.* In: Sader, E./Gentili, P. (Hrsg.). Pós-neoliberalismo II. Rio de Janeiro: Vozes.

Löwy, M. (2005): *Ecologia e Socialismo.* São Paulo: Cortez.

Lutz, B. (1984): *Der kurze Traum immerwährender Prosperität. Eine Neuinterpretation der industriell-kapitalistischen Entwicklung im Europa des 20. Jahrhunderts.* Frankfurt am Main; New York: Campus.

Lutzenberger, J. A. (1987): *Apresentação.* In: Mooney, P. R. O Escândalo das sementes: o domínio na produção de alimentos. São Paulo: Nobel.

Lutzenberger, J. A. (2002): *Die selbstmörderische Sinnlosigkeit der modernen Landwirtschaft.* Download: <http://www.fgaia.org.br/texts/d-absurditat.html> (15.02.2003).

Luxemburg, R. (1974): *Sozialreform oder Revolution?* Gesammelte Werke, Band 1. Berlin: Dietz Verlag.

Luxemburg, R. (1975): *Die Akkumulation des Kapitals.* Gesammelte Werke, Band 5. Berlin: Dietz Verlag.

Luxemburg, R. (1979): *Die Krise der Sozialdemokratie.* Gesammelte Werke, Band 4. Berlin: Dietz Verlag.

Macdonald, D.F. (1991): *Agricultural biotechnology at the crossroads.* NABC Report 3. Binghamton: Union Press of Binghamton.

Machado, J. *Comentários.* (2000): In: Singer, P./Machado, J. Economia Socialista. São Paulo: Fundação Perseu Abramo.

Maier, J. (1998): *Das Biosafety-Protokoll. Internationale Gentechnikverhandlungen im Spannungsfeld von Welthandel und Sicherheit.* Bonn: Forum Umwelt & Entwicklung.

Malatesta, M./Caporaloni, C./Gavaudan, S./Rocchi, M./Serafini, S./Tiberi, C./Gazzanelli, G. (2002): *Ultrastructural morphometrical and immunocytochemical Analyses of hepatocite nuclei from mice fed on genetically modified soybean.* Cell Structure and Function, Vol. 27, Nr. 4: 173-180.

Malthus, T. (1986): *An essay on the principle of population as it affects the future improvement of society: with remarks on the speculations of Mr. Godwin, M. Condorcet and other writers.* Düsseldorf: Verlag Wirtschaft und Finanzen.

Mandel, E. (1968): *Entstehung und Entwicklung der ökonomischen Lehre von Karl Marx.* Frankfurt am Main: Europäische Verlagsanstalt.

Mandel, E. (1972): *Marxistische Wirtschaftstheorie.* Band I und II. Frankfurt am Main: Suhrkamp.

Mandel, E. (1992): *Power and money. A marxist theory of bureaucracy.* London: Verso.

Mann, S. A./Dickinson, J. (1978): *Obstacles to the development of a capitalist agriculture.* In: The Journal of Peasant Studies, Vol. 2, Nr. 4: 466-481, July 1978.

Marcuse, H. (1979): *Kultur und Gesellschaft 2.* Frankfurt am Main: Suhrkamp.

Marcuse, H. (1984): *Der eindimensionale Mensch. Studien zur Ideologie der fortgeschrittenen Industriegesellschaft.* Darmstadt: Luchterhand.

Marques, H. (1999): *Governo cancela cadastros de 3.065 latifúndios.* O Estado de São Paulo, São Paulo, 17.09.1999.

Marques, V. A. (2004): *Cobrança de royalties da soja transgênica.* Porto Alegre: Assembléia Legislativa.

Martine, G./Garcia, R. C. (1987): *O modelo, os instrumentos e as transformações na estrutura de produção agrícola.* In: Martine, G./Garcia, R. C. (org.) Os impactos sociais da modernização agrícola. São Paulo: Caetes.

Martinez, T. T./Brown, K. (1991): *Oral and pulmonary toxicology of the surfactant used in Roundup herbicide.* Proceedings of the Western Pharmacology Society 34: 43–46.

Marx, K. (1960): *Der achtzente Brumaire des Louis Bonaparte.* MEW 8. Berlin: Dietz Verlag.

Marx, K. (1962a): *Kritik des Gothaer Programms.* MEW 19. Berlin: Dietz Verlag.

Marx, K. (1962b): *Brief an die Redaktion der „Otetschestwennyje Sapiski".* MEW 19. Berlin: Dietz Verlag.

Marx, K. (1967a): *Grundrisse der Kritik der politischen Ökonomie.* Frankfurt am Main: Europäische Verlagsanstalt.

Marx, K. (1967b): *Marx an Vera Iwanowna Sassulitsch.* MEW 35. Berlin: Dietz Verlag.

Marx, K. (1968): *Ökonomisch-philosophische Manuskripte.* MEW 40. Berlin: Dietz Verlag.

Marx, K. (1969): *Theorien über den Mehrwert.* Teil II. MEW 26.2. Berlin: Dietz Verlag.

Marx, K. (1974): *Das Elend der Philosophie.* MEW 4. Berlin: Dietz Verlag.

Marx, K. (1978): *Einleitung zur Kritik der Politischen Ökonomie.* MEW 13. Berlin: Dietz Verlag.

Marx, K. (1983a): *Das Kapital.* Band I. MEW 23. Berlin: Dietz Verlag.

Marx, K. (1983b): *Das Kapital.* Band III. MEW 25. Berlin: Dietz Verlag.

Massarat, M. (1999): *Nachhaltige Entwicklung durch Kostenexternalisierung. Theorieansätze zur Analyse und Reform globaler Strukturen.* In: Thiel, R. (Hrsg.). Neue Ansätze zur Entwicklungstheorie. Bonn: Deutsche Stiftung für internationale Entwicklung.

Mayer, C./Frein, M./Reichert, T. (2002): *Globale Handelspolitik – Motor oder Bremse nachhaltiger Entwicklung? Eine Zwischenbilanz zehn Jahre nach Rio.* Bonn: Forum Umwelt & Entwicklung/EED.

MDA- Ministério do Desenvolvimento Agrário (2004). Download: <http://www.mda.gov.br> (20.01.2004).

Meadows, D./ Meadows, D./Zahn, E./Milling, P. (1973): *Die Grenzen des Wachstums. Bericht des Club of Rome zur Lage der Menschheit.* Reinbek bei Hamburg: Rowohlt.

Melgarejo, L. (2003): *Os Transgênicos e a Safra de Soja 2002-03 no Rio Grande do Sul.* Florianópolis: UFSC.

Menasche, R. (1996): *Percepções e projetos: agricultura familiar em mudança – o caso da região de Santa Rosa, Noroeste do Rio Grande do Sul.* Rio de Janeiro: UFRJ (Dissertação de Mestrado na Universidade Federal do Rio de Janeiro, 1996).

Menasche, R. (2003): *Os grãos da discórdia e o risco à mesa: um estudo antropológico das representações sociais sobre cultivos e alimentos transgênicos no Rio Grande do Sul.* Porto Alegre: UFRGS (Tese de Doutorado na Universidade Federal do Rio Grande do Sul, 2003).

Methe, W. (1981): *Ökologie und Marxismus. Ein Neuansatz zur Rekonstruktion der politischen Ökonomie unter ökologischen Krisenbedingungen.* Hannover: SOAK-Verlag. (Dissertation an der Universität Osnabrück, 1980).

Mies, M./Shiva, V. (1995): *Ökofeminismus: Beiträge zur Praxis und Theorie.* Zürich: Rotpunkt-Verlag.

Mittler, D. (2003): *WTO: Hände weg von unserer Nahrung.* In: Biologische Vielfalt: Nie war sie so wertvoll wie heute. Bonn: Forum Umwelt & Entwicklung, 2003

Molina, G. (1992): *Agroecología: bases teóricas para una historia agraria alternativa.* In: Agroecologia y Desarollo, Nr. 4: 22-31.

Monsanto. (2004): *Monsanto no Brasil.* Download: <http://www.monsanto.com.br> (15.07.2004).

Monserrat, J. (1988): *O cooperativismo na zona de colonização italiana.* In: Revista Perspectiva Econômica, Vol. 23, Nr. 61: 77-116.

Mooney, P. R. (1987): *O Escândalo das sementes: o domínio na produção de alimentos.* São Paulo: Nobel.

Moore, B. (1974): *Soziale Ursprünge von Diktatur und Demokratie. Die Rolle der Grundbesitzer und Bauern bei der Entstehung der modernen Welt.* Frankfurt am Main: Suhrkamp.

Morgan, D. (1984): *Los traficantes de granos.* 5. Auflage. Buenos Aires: Editorial Abril.

Murakawa, F. E./Ripardo, S. (2000): *Preferência européia por grão convencional faz crescer demanda.* Folha de São Paulo (Especial Transgênicos), São Paulo, 04.08.2000.

Myerson, A. R. (1997): *Breeding Seeds of Discontent: growers say strain cuts yields.* New York Times (Business Section), New York, 11.19.1997.

Nakano, Y. (1980): *A destruição da taxa de lucro na agricultura.* Campinas: UNICAMP.

Negromonte, M. (1997): *Verdes combatem a soja transgênica.* Folha de São Paulo, São Paulo, 19.03.1997.

Nodari, R. O./Guerra, M. P. (2000): *Biossegurança de plantas transgênicas.* In: Görgen, S. A. *Riscos dos Transgênicos.* Petrópolis: Vozes.

Nodari, R. O./Destro, D. (2002): *Relatório sobre a situação de lavouras de soja da região de Palmeira das Missões, RS, safra 2001/2002, cultivadas com cultivares convencionais e com cultivares transgênicas.* Florianópolis: UFSC.

Norgaard, R. B. (1989): *A base epistemológica da agroecologia.* In: Altieri, M. (Hrsg.). Agroecologia: as bases científicas da agricultura alternativa. Rio de Janeiro: PTA/FASE.

NRC - National Research Council. (1989): *Alternative agriculture.* Washington: National Academy Press.

O'Connor, J. (1998): "The Second Contradiction of Capitalism". In: O'Connor, J. Natural Causes: Essays in Ecological Marxism. New York: Guilford Press.

Oliveira, F. (1985): *O roubo é livre.* Porto Alegre: Tchê!

Orçamento Participativo. (2001): *Perfil da Região Fronteira Noroeste.* Porto Alegre: Governo do Estado do Rio Grande do Sul.

Oricolli, S. (1998): *Soja transgênica economiza defensivo*. Gazeta Mercantil, São Paulo, 12.02.1998.

Ortega, E./Miller, M./Anamy, H./Beskow, P. R. (2002): *From Emergy Analysis to Public Policy: Soybean in Brazil*. Campinas: Unicamp.

Ortega, E. (2004): *The Soybean in Brazil: Models of Production, Costs, Profits, Externalities, Sustainability and public Politics*. In: Lanje, K. (Hrsg.). Soja – so nein?! Handlungsperspektiven für einen nachhaltigen Sojahandel. Rehburg-Loccum: Evangelische Akademie Loccum.

Ortmann, G. (1995): *Formen der Produktion. Organisation und Rekursivität*. Opladen: Westdeutscher Verlag.

Owen, W. F. (1966): *The double developmental squeeze on agriculture*. In: American Economic Review, Vol. 56, Nr. 1: 43-70, March 1966.

Paasch, A. (2004): *Brasilien: Eine kritische Zwischenbilanz*. Bonn: FIAN.

Parodi, A. M. (2005): *Transgênicos: perigo da ausência de testes assusta*. Jornal A Notícia, Joinville, 28.04.2005.
Download: <http://www.an.com.br/anverde/especial1/pag02.htm> (30.04.2005).

Pengue, W. A. (2000): *Cultivos transgénicos: Hacia donde vamos? Algunos efectos sobre el ambiente, la sociedad y la economía de la nueva „recombinación" tecnológica*. Buenos Aires: Lugar Editorial.

Pengue, W. A. (2001): *Impactos de la expansión de la soya em Argentina*. Biodiversidad, Nr. 29: 7-14, Juli 2001.

Pickardt, T./ Kathen, A. (2002): *Literaturstudie zur Stabilität transgenvermittelter Merkmale in gentechnisch veränderten Pflanzen mit dem Schwerpunkt transgener Gehölzarten und Stabilitätsgene*. Berlin: Umweltbundesamt.

Pimentel, D. et al. (1989): *Benefits and Risks of genetic Engineering in Agriculture*. BioScience 39: 606-614.

Poppinga, O. (1975): *Bauern und Politik*. Frankfurt am Main: Europäische Verlsgsanstalt.

Primavesi, A. M. (1983): *Manejo ecológico do solo: a agricultura em regiões tropicais*. São Paulo: Nobel.

Radosevich, S. R et al. (1996): *Weed Ecology: implications for weed management*. New York: John Wiley and Sons.

RCW Consultores. (2002): *Custo de produção de soja e milho no Brasil, Argentina e EUA, Safra 2000/2001*.
Download: <http://www.rcwconsultores.com.br/radarsoja> (21.07.2003).

Reportagem Local. (2000): *Redução de custos chega a 17%*. Folha de São Paulo, São Paulo, 04.08.2000.

Ricardo, D. (1994): *Über die Grundsätze der Politischen Ökonomie und der Besteuerung*. Marburg: Metropolis.

Riewenherm, S. (2000): *Gentechnologie*. Hamburg: Europäische Verlagsanstalt.

Rifkin, J. (1987): *Kritik der reinen Unvernunft*. Reinbek bei Hamburg: Rowohlt.

Rifkin, J. (1994): *Das Imperium der Rinder*. Frankfurt am Main, New York: Campus Verlag.

Rifkin, J. (1998): *Das biotechnische Zeitalter. Die Geschäfte mit der Genetik*. München: C. Bertelsmann Verlag.

Rinklin, H. et al. (1992): *Agricultura ecológica*. Mondaí: Terra Nova.

Robinson, R.A. (1996): *Return to Resistance: breeding crops to reduce pesticide resistance*. Davis: AgAccess.

Rocha, A. A. (2003): *Brasil é o fiel da balança dos transgênicos*. Jornal Valor Econômico, São Paulo, 09.06.2003. Download: <http://www.valor.com.br> (15.06.2003).

Roche, J. (1969): *A colonização alemã e o Rio Grande do Sul*. Porto Alegre: Globo.

Rogers, E. (1962): *Diffusion of Innovations*. New York: The Free Press.

Romeiro, A. R. (1998): *Meio ambiente e dinâmica de inovações na agricultura*. São Paulo: Annablume/FAPESP.

Rosenbaum, H. (1982): *Formen der Familie. Untersuchungen zum Zusammenhang von Familienverhältnissen, Sozialstruktur und sozialem Wandel in der deutschen Gesellschaft des 19. Jahrhunderts*. Frankfurt am Main: Suhrkamp.

Rosset, P./Altieri, M. (2002): *Agroecologia versus Substituição de Insumos: uma contradição fundamental da agricultura sustentável*. In: Altieri, M. Agroecologia: Bases científicas para uma agricultura sustentável. Guaíba: Agropecuária.

Rossetto, M. S. (2005): *Agricultura familiar tem peso econômico*. Brasília: MDA.

Rotta, E. (1999): *A construção do desenvolvimento: análise de um "modelo" de integração entre regional e global*. Ijuí: UNIJUI.

Sachs, I. (1980): *Strategies de l'écodéveloppement. Economie et humanisme*. Paris: Éditions Ouvrières.

Sachs. W. (2002): *Nach uns die Zukunft. Der globale Konflikt um Gerechtigkeit und Ökologie*. Frankfurt am Main: Brandes & Apsel Verlag.

Salter, W. (1960): *Productivity and Technical Change*. Cambridge: University Press.

Salvador, F. (2003): *Brasil caminha para liderar exportação mundial de soja e carne*. O Estadão, São Paulo, 12.08.2003.

Sanogo, S. et al. (2000): *Effects of herbicides on Fusarium solani F. sp. glycines and development of sudden death syndrome in glyphosate-tolerant soybean.* Phytopathology 90:57-66.

Sartori, S. J./Segat, V. M. M./Christensen, T. N. (1981): *Pelos caminhos de Santa Rosa.* Santa Rosa: Barcellos.

Sayeg, R.(2002): Nova lei chinesa favorece soja do Brasil. Jornal Valor Econômico, São Paulo, 29.01.2002. Download: <http://www.valor.com.br> (29.01.2002).

Schallenberger, E./Hartmann, H. R. (1981): *Nova terra, novos rumos: a experiência de colonização e povoamento no Grande Santa Rosa.* Santa Rosa: Barcellos.

Schmookler, J. (1962): *Economic sources of inventive activities.* In: The Journal of Economic History, Vol. 22, Nr. 1: 1-20, March 1962.

Schneider, J. O. (1991): *Democracia, participação e autonomia cooperativa.* São Leopoldo: UNISINOS.

Schultz, T. W. (1964): *Modernización de la agricultura.* Madrid: Aguilar.

Schumacher, E.F. (1981): *Die Rückkehr zum menschlichen Maß. Alternativen für Wirtschaft und Technik „Small is Beautiful".* Reinbek bei Hamburg: Rowohlt.

Schumann, H. (1986): *Futtermittel und Welthunger. Agrargroßmacht Europa – Mastkuh der Dritten Welt.* Reinbek bei Hamburg: Rowohlt.

Scott, J. C. (1976): *The Moral Economy of the Peasant – Rebellion and Subsistence in Southeast Asia.* New Haven-London: Yale University Press.

Scottish Crop Research Institute. (1996): *Research Notes.* Edinburgh: Genetic Crops Community Institute.

Secretaria Estadual do Trabalho e Ação Social. (1985): *Diagnóstico da região da grande Santa Rosa.* Execução da Fundação de Integração, Desenvolvimento e Ensino do Noroeste do Estado (FIDENE). Porto Alegre: STAS.

Secretaria Municipal de Educação de Santa Rosa. (1997): *Conhecendo a Região da Grande Santa Rosa.* Santa Rosa: SME.

Segatto, C./Waack, W. (1999): *Tem comida estranha na geladeira.* Revista Época, São Paulo, 01.03.1999.

Senado Federal (1999): *Anais do Seminário Internacional sobre Biodiversidade e Transgênicos.* Brasília: Senado Federal.

Servolin, C. (1972): *Aspects économiques de l'absorption de l'agriculture dans le mode de production capitaliste.* In: L' univers politique des paysans. Paris: Armand Colin.

Siebert, H. (1993): *Psychologische Aspekte der Umweltbildung.* In: Apel, H./Haan, G./Siebert, H. Orientierung zur Umweltbildung. Bad Heilbrunn: Klinkhardt.

Silva, J. G. (2003): *Tecnologia e agricultura familiar.* Porto Alegre: Editora da UFRGS.

Singer, P. (1996): *Desemprego: uma solução não capitalista.* In: Revista Teoria e Debate, nº. 32. Download: <http://www.fpabramo.org.br/td/td32/td32_economia.htm> (12.12.2005).

Singer, P. (1998): *Uma utopia militante: repensando o socialismo.* Petrópolis: Vozes.

Singer, P. (2000): *Economia Socialista.* In: Singer, P./Machado, J. Economia Socialista. São Paulo: Fundação Perseu Abramo.

Singer, P./Souza, A. R. (Hrsg.). (2000): *A Economia Solidária no Brasil - A Autogestão como Resposta ao Desemprego.* São Paulo: Contexto.

Singer, P. (2005): *Contribuição para uma política nacional de crédito popular (micro-crédito, finanças solidárias).* In: Müller-Plantenberg, C./Nitsch, W./Schlosser, I. (Hrsg.). Solidarische Ökonomie in Brasilien und Europa - Wege zur Konkreten Utopie. Entwicklungsperspektiven 83/84, Kassel.

Skalisz, R. (2005): *Contaminação tóxica da soja transgênica.* Folha de Londrina, Londrina, 16.07.2005.

Smith, A. (1990): *Untersuchung über Wesen und Ursachen des Reichtums der Völker.* Band I. Düsseldorf: Verlag Wirtschaft und Finanzen.

Spangenberg, J. (1990): *Auswirkungen der Bio- und Gentechnik auf die „dritte Welt".* In: Altner, G./Krauth, W./Lünzer, I./Vogtmann, H. (Hrsg.). Gentechnik und Landwirtschaft: Folgen für Umwelt und Lebensmittelerzeugung. Karlsruhe: Müller.

Spittler, G. (1987): *Tschajanow und die Theorie der Familienwirtschaft.* In: Tschajanow, A. Die Lehre von der bäuerlichen Wirtschaft. Versuch einer Theorie der Familienwirtschaft im Landbau. Frankfurt am Main: Campus Verlag.

Széll, G. (1981): *Vampirismus oder Betroffenenforschung. Zur Methodologie der Sozialwissenschaften.* Osnabrück: Universität Osnabrück.

Széll, G. (1982): *Technologie und Selbstverwaltung.* In: Gikas, M./Hartmann, M./Schmieder, A./Széll, G. (Hrsg). Technologie, Arbeitsorganisation und gesellschaftliches Bewußtsein. Osnabrück: Universität Osnabrück.

Széll, G. (1984): *Bildungsarbeit als Forschungsprozeß. Anmerkungen zur Übertragbarkeit der Freireschen Pädagogik.* München: Hueber.

Széll, G. (1989): *Neue Technologien und alte Technokratiedebatte. Anmerkungen zum Verhältnis von Technisierung, Sachzwang, Ermessensspielraum und Bürgerprotest.* Osnabrück: Universität Osnabrück.

Széll, G. (2002): *Crisis of social sciences or crisis of society?.* In: University of Piraeus (ed.), Essays in Honour of Professor Litsa Nicolaou-Smokoviti. Piraeus, vol. III: 1659-1682.

Széll, G. (2005a): *Demokratie und Nachhaltige Entwicklung.* In: Frantz, W./Széll, G. (Hrsg.) Anais do Seminário alemão-brasileiro sobre desenvolvimento sustentável. Ijuí: UNIJUÍ.

Széll, G. (2005b): *Wandel der Arbeitsbeziehungen unter den Bedingungen der Globalisierung.* In: Frantz, W./Széll, G. (Hrsg.) Anais do Seminário alemão-brasileiro sobre desenvolvimento sustentável. Ijuí: UNIJUÍ.

Tambara, E. (1985): *RS: modernização & crise na agricultura.* Porto Alegre: Mercado Aberto.

Tappeser, B./Baier, A./Dette, B./Tügel, H. (1999): *Die blaue Paprika.* Basel: Birkhäuser.

Tepicht, J. (1973): *Marxisme et agriculture: le paysan polonais.* Paris: Armand Colin.

Tischler, K. (1998): *Betriebliches Umwelmanegement als Lernprozess. Theorie und Praxis organisationsorientierter Umweltbildung als Beitrag zur Steigerung der Fortschrittsfähigkeit der Unternehmung.* Frankfurt am Main, Berlin, Bern, New York, Paris, Wien: Peter Lang (Dissertation an der Universität Osnabrück, 1998).

Tokar, B. (2004): *Cientista revela história obscura da Monsanto.* Jornal Brasil de Fato. Download: <http://www.brasildefato.com.br/?page=noticia&noticia=306> (15.04.2004).

Toledo, V. M. (1993): *La racionalidad ecológica de la producción campesina.* In: Molina, M. G./Guzmán, E. S. (Eds.). *Ecología, campesinado e Historia.* Madrid: La Piqueta.

Trigo, E./ Chudnovsky, D./Cap, E./ López, A. (2002): *Los transgénicos en la agricultura argentina. Una historia con final abierto.* Buenos Aires: Libros de Zorzal.

Tschajanow, A. (1987): *Die Lehre von der bäuerlichen Wirtschaft: Versuch einer Theorie der Familienlandwirtschaft im Landbau.* Frankfurt am Main: Campus Verlag.

Tschajanow, A. (1999): *Zur Frage der nicht kapitalistischen Wirtschaftssysteme.* Düsseldorf: Verlag Wirtschaft und Finanzen.

UDR. União Democrática Ruralista. Download: <http://www.udr.org.br> (15.07.2005).

Ullrich, O. (1979): *Technik und Herrschaft.* Frankfurt am Main: Suhrkamp.

Unijuí. *Sistema de Informações Básicas.* Download: <http://seguro.unijui.tche.br/nbd/web/index.html> (15.07.2005).

Valor Econômico. (2004): *Ministério rastreia soja para fiscalizar a rotulagem.* Jornal Valor Econômico, São Paulo, 06.4.2004. Download: <http://www.valor.com.br> (06.04.2004).

Valor Econômico. (2005): *Royalties da soja renderão pelo menos R$ 60 milhões.* Jornal Valor Econômico. São Paulo. Download: <http://www.valor.com.br> (05.09.2005).

Veiga, J. E. (1993): *A insustentável utopia do desenvolvimento.* In: Levinas, L./Nabuco, M. F./Nabuco, M. R. (org.). *Reestruturação do espaço urbano e regional no Brasil.* São Paulo: Hucitec/ANPUR.

Veiga, J. E. (1993): *O berço do agribusiness está ficando verde.* In: Revista Reforma Agrária, n°. 1 Januar/April. Campinas.

Von der Weid, J. M. (2003): *Jornada de Agroecologia. 2.° Encontro Paranaense.* Download: <http://www.jornadadeagroecologia.com.br> (20.07.2003).

Wallerstein, I. (1979): *Aufstieg und künftiger Niedergang des kapitalistischen Weltsystems.* In: Senghaas, D. Kapitalistische Weltökonomie. Kontroversen über ihren Ursprung und ihre Entwicklungsdynamik. Frankfurt am Main: Suhrkamp.

Walsh, L./Mccormick, C./Martin, C./Stocco, D. (2000): *Roundup inhibits steroidogenesis by disrupting steroidogenic acute regulatory (StAR) protein expression.* Environ Health Perspect, Nr. 108: 769-776.

Weizsäcker, C. (1998): *Warum – in aller Welt – ist das Biosafety-Protokoll so wichtig?* In: Maier, J. Das Biosafety-Protokoll. Internationale Gentechnikverhandlungen im Spannungsfeld von Welthandel und Sicherheit. Bonn: Forum Umwelt & Entwicklung.

Weizsäcker, E. U. (1977): Erdpolitik: *ökologische Realpolitik als Antwort auf die Globalisierung.* Darmstadt: Primus-Verlag.

Wiesenthal, H. (1982): *Alternative Technologie und gesellschaftliche Alternativen.* In: Bechmann, G. (Hrsg.). Technik und Gesellschaft. Jahrbuch 1. Frankfurt am Main: Campus.

Wolff, L. A. (1992): *Ecofarming im Spannungsfeld zwischen Technologie und Politik.* Saarbrücken: Breitenbach (Dissertation an der Universität Giessen, 1991).

Wünsch, A./Dotto, A.J. (2004): *Perspectivas para os pequenos agricultores no sul do Brasil.* In: Lanje, K. (Hrsg.). Soja – so nein?! Handlungsperspektiven für einen nachhaltigen Sojahandel. Rehburg-Loccum: Evangelische Akademie Loccum.

Wünsch, J. A./Fernandes, S. B. V./Müller, A.G./Uhde, L. T. (2002): *Diagnóstico dos sistemas de cultivo de soja e propostas para a transição agroecológica na região de Três de Maio.* Ijuí: UNIJUÍ.

Yousef, M. I./Salem, M. H./Ibrahim, H. Z./Helmi, S./Seehy, M. A./Bertheussen, K. (1995): *Toxic effects of carbofuran and glyphosate on semen characteristics in rabbits.* Journal of Environmental Science and Health, Vol. 30, Nr. 49: 513–534.

Zamberlan, J./Froncheti, A. (1994): *Agricultura alternativa: um enfretamento à agricultura química.* Passo Fundo: Pe. Berthier.

Zamberlan, J./Froncheti, A. (2001): *Agricultura ecológica: preservação do pequeno agricultor e do meio ambiente.* Petrópolis: Vozes.

Zanatta, M. (2000): *OIT teme exlusão dos pequenos produtores.* Jornal Valor Econômico. São Paulo, 06.10.2000. Download: <http://www.valor.com.br> (18.10.2002).

Zero Hora. (2004): *Produtores gaúchos aceitam pagar tecnologia da Monsanto para grãos transgênicos.* Jornal Zero Hora, Porto Alegre, 28.01.2004.

Anhang 1 – Formular zur explorativen Studie mit Biosojaproduzenten 2003 und 2005

1. Seit wann und warum bauen Sie Soja an?

2. Was wird, außer Soja noch in Ihrem Betrieb produziert?

3. Warum und wie haben Sie damit angefangen, ökologische Soja zu produzieren?

4. Wie baut man ökologische Soja an?

5. Welche Vorteile und Nachteile bringt die ökologische Sojaproduktion?

6. Wie sieht es mit der Produktivität bei der ökologischen Soja aus im Vergleich zur konventionellen?

7. Wie sieht es mit den Produktionskosten bei der ökologischen Soja aus im Vergleich zur konventionellen?

8. Ist die ökologische Sojaproduktion arbeitsintensiver als die konventionelle?

9. Glauben Sie, dass es möglich wäre, ökologische Soja in großen Grundflächen zu produzieren?

10. Was hat sich in Ihrem Betrieb verändert, nachdem Sie angefangen haben, ökologische Soja zu produzieren?

11. Welche Auswirkungen hat Ihrer Meinung nach die ökologische Sojaproduktion auf die Umwelt?

12. Was denken Sie über die gentechnisch veränderte Soja?

Angaben zu Alter, Größe der Landfläche, sozioökonomischer Situation, Ausbildung und Größe der Familie.

Anhang 2 – Leitfragen der Gespräche mit Vertretern von Genossenschaften, Bauerngewerkschaften und der Agrarberatung

1. Leitfragen für das Gespräch mit Vertretern der Genossenschaften:

1.1. Was sind für Sie die größten Ursachen der Verarmung, Verschuldung und Aussichtslosigkeit kleiner Bauern in dieser Region?

1.2 Was sieht die Genossenschaft als Perspektive für die Entwicklung der Landwirtschaft in der Region?

1.3. Welche Rolle spielt die Sojaproduktion für die von Ihnen vertretene Genossenschaft?

1.4. Welche Position hat der Vorstand der Genossenschaft in der Debatte über die Gensoja und die Biosoja?

1.5 Glauben Sie, dass die Agrarökologie eine Alternative zur Reduzierung der Betriebskosten, Bewahrung der Ressourcen und zu einer besseren Entlohnung der Bauernarbeit sein kann? Warum?

2. Leitfragen für das Gespräch mit Agrarwissenschaftlern:

2.1. Was sind für Sie die größten Ursachen der Verarmung, Verschuldung und Aussichtslosigkeit kleiner Bauern in dieser Region?

2.2. Was für eine Perspektive sehen Sie für die Entwicklung der Landwirtschaft in der Region?

2.3. Welche Rolle spielt ihrer Meinung nach die Sojaproduktion für die regionale Entwicklung?

2.4. Welche Position haben Sie in der Debatte über die Gensoja und die Biosoja?

2.5. Glauben Sie, dass die Agrarökologie eine Alternative zur Reduzierung der Betriebskosten, Bewahrung der Ressourcen und zu einer besseren Entlohnung der Bauernarbeit sein kann? Warum?

3. Leitfragen für das Gespräch mit Vertretern der EMATER:

3.1 Was sind für Sie die größten Ursachen der Verarmung, Verschuldung und Aussichtslosigkeit kleiner Bauern in dieser Region?

3.2. Was sieht die Regierung als Perspektive für die Entwicklung der Landwirtschaft in der Region?

3.3. Welche Rolle spielt die Sojaproduktion für die regionale Entwicklung?

3.4. Welche Position hat die Regierung in der Debatte über die Gensoja und die Biosoja?

3.5. Glauben Sie, dass die Agrarökologie eine Alternative zur Reduzierung der Betriebskosten, Bewahrung der Ressourcen und zu einer besseren Entlohnung der Bauernarbeit sein kann? Warum?

4. Leitfragen für das Gespräch mit Vertretern von Bauerngewerkschaften:

4.1. Was sind für Sie die größten Ursachen der Verarmung, Verschuldung und Aussichtslosigkeit kleiner Bauern in dieser Region?

4.2. Was sieht die von Ihnen vertretene Gewerkschaft als Perspektive für die Entwicklung der Landwirtschaft in der Region?

4.3. Nach Ihrer Organisation, welche Rolle spielt die Sojaproduktion für die regionale Entwicklung?

4.4. Welche Position hat die Bauerngewerkschaft in der Debatte über die Gensoja und die Biosoja?

4.5. Glauben Sie, dass die Agrarökologie eine Alternative zur Reduzierung der Betriebskosten, Bewahrung der Ressourcen und zu einer besseren Entlohnung der Bauernarbeit sein kann? Warum?

Anhang 3 – Formular zur Feldforschung mit Bauern 2005

Wir bitten um Ihre Mitwirkung bei der Feldforschung zur Doktorarbeit über den technischen Fortschritt in der Landwirtschaft im nordwestlichen Grenzgebiet des Bundeslands Rio Grande do Sul. Ihre Beteiligung ist sehr wichtig für diese Forschung, denn so können wir besser die Situation verstehen und Vorschläge für die Zukunft erarbeiten. Wir verpflichten uns dazu, dass Ihre Angaben vertraulich behandelt und ausschließlich zu dieser Forschung genutzt werden. Es geht also nicht um die Einschätzung Ihrer Person. Es ist wichtig, dass die Fragen nach ihrer Reihenfolge beantwortet werden. Wenn mehrere Antworten passen, bitte nach Prioritäten einordnen.

Vielen Dank für Ihre Mitwirkung.

1. Gemeinde:______________________

2. Geschlecht: ( ) männlich ( ) weiblich

3. Alter: _______

4. Religion:

( ) Katholisch ( ) Evangelisch ( ) Russisch-Orthodox

( ) andere:_________________

5. Welcher Abstammung ist/sind Ihre Familie/Vorfahren?

( ) deutscher ( ) italienischer ( ) russischer ( ) polnischer

( ) afrikanischer ( ) portugiesischer ( ) spanischer ( ) indigener

( ) anderer:_______

6. Ausbildung: ( ) Grundschule unvollendet ( ) Grundschulabschluss

( ) Sekundarstufe unvollendet ( ) Sekundarstufenabschluss

( ) Universitätsstudium unvollendet ( ) Universitätsabschluss

7. Funktion im Betrieb:

( ) Eigentümer/in ( ) Mitarbeiter/in ( ) Angestellter/e ( ) Rentner/in

( ) andere:_______

8. Haben Sie Kinder? ( ) Ja ( ) Nein

Wenn ja, wie viel? ( ) 1 ( ) 2 ( ) 3 ( ) 4 ( ) 5 ( ) mehr als 5

9. Größe der Familie (Personen): ( ) 1 ( ) 2 ( ) 3 ( ) 4 ( ) 5 ( ) 6 ( ) 7 ( ) > 7

10. Rentner/innen in der Familie? ( ) keine ( ) 1 ( ) 2 ( ) 3 ( ) > 3

11. Grundeigentum: ( ) eigenes ( ) gepachtet ( ) eigenes und gepachtet

( ) kein eigenes

12. Größe der Grundfläche in Hektar:

( ) < 10 ( ) 10-20 ( ) 20-30 ( ) 30-40 ( ) 40-50 ( ) >50

13. Arbeitsweise:

( ) Familienwirtschaft ( ) Lohnarbeitsbetrieb ( ) saisonbedingter Lohnarbeitseinsatz

14. Jährlicher Nettoertrag in Reais: ( ) < 1000 ( ) 1000-2000 ( ) 2000-3000

( ) 3000-4000 ( ) 4000-5000 ( ) 5000-6000 ( ) 6000-7000 ( ) >7000

15. Was bewirtschaften Sie?

( ) Soja, Mais, Weizen

( ) Obst und Gemüse

( ) Tierzucht

( ) Soja, Mais, Weizen, Obst, Gemüse und Tierzucht

( ) Soja, Mais, Weizen, Obst und Gemüse

( ) Soja, Mais, Weizen und Tierzucht

16. Für wen produzieren Sie?

( ) eher für den Eigenkonsum ( ) eher für den Markt

17. Tauschen Sie Produkte mit den Nachbarn? ( ) Ja ( ) Nein

Wenn ja, welche?____

18. Nehmen Sie an sozialen Aktivitäten teil? ( ) Ja ( ) Nein

Wenn ja, an welchen?______________________________

19. An welchen sozialen Gruppen nehmen Sie teil?

( ) Kirche ( ) Familie ( ) Klub ( ) Sportverein

( ) andere:______________

20. An welchen ökonomischen Gruppen nehmen Sie teil?

( ) Genossenschaft ( ) Gewerkschaft ( ) ökonomischer Verein

( ) andere:____________

21.Welche Zugänge haben Sie zur Informationen? (nach Prioritäten einordnen)

( ) Radio ( ) Fernsehen ( ) Zeitung ( ) Vorträge

( ) Gespräche mit Verwandten und Freunden

( ) andere:____________________

22. Wie ist Ihr Zugang zur Agrarberatung?

( ) keiner ( ) selten ( ) manchmal ( ) regelmäßig

23. Warum arbeiten Sie weiterhin in der Landwirtschaft?

( ) habe keine andere Alternative

( ) ich war schon immer Bauer

( ) ich mag es, auf dem Land zu arbeiten

( ) ich kann die Arbeitszeit und die Arbeitsintensität selbst bestimmen

( ) kann meine eigenen Lebensmittel produzieren

( ) andere Meinung:_________________________

24. Wenn Sie einen Arbeitsplatz in der Stadt bekommen könnten, würden Sie ihn annehmen?

( ) Ja ( ) Nein ( ) Vielleicht

Warum?

---

25. Wie viel Stunden arbeiten Sie pro Woche?

( ) < 10 ( ) 10-20 ( ) 20-30 ( ) 30-40 ( ) 40-50 ( ) 50-60 ( ) 60-70 ( ) 70-80 ( ) > 80

26. Gibt es Perioden im Jahr, in denen Sie nicht im eigenen Betrieb arbeiten?

( ) Ja ( ) Nein

27. Gibt es Perioden im Jahr, in denen Sie als Lohnarbeiter arbeiten?

( ) Ja ( ) Nein

28. Gibt es Perioden im Jahr, in denen Sie überhaupt nicht arbeiten?

( ) Ja ( ) Nein

29. Arbeiten Ihre Kinder mit Ihrer Familie in der Landwirtschaft?

( ) Ja ( )Nein ( ) Teilweise

30. Was verstehen Sie unter Arbeit?

( ) eine notwendige Tätigkeit zum Überleben

( ) eine Strafe, die es nicht geben sollte

( ) ein Mittel, um Reichtum zu schaffen

( ) eine Aktivität, die den Menschen würdigt

( ) eine Beziehung zur Natur

( ) andere Meinung:________________________________

31. Was denken Sie über die Hacke?

( ) sie stellt die Beschwerlichkeit der Arbeit dar

( ) ein Werkzeug, dass ich gerne benutze

( ) etwas Überflüssiges, seitdem es Herbizide gibt

( ) eine Alternative zum Herbizideinsatz

( ) ein notwendiges Werkzeug für die landwirtschaftliche Arbeit

( ) andere Meinung:____________________________________

32. Was bedeutet für Sie der Einsatz von Technik in der Landwirtschaft?

( ) ein Mittel zur Erhöhung der Produktivität

( ) ein Mittel zur Verringerung der Betriebskosten

( ) ein Mittel zur Reduzierung/Erleichterung der Arbeit

( ) ein Mittel zur Erhöhung der Konkurrenzfähigkeit

( ) mehr Abhängigkeit von Inputs und Erhöhung der Betriebskosten

( ) andere Meinung:____________________________________

33. Was sind für Sie die Folgen „moderner" Technik in der Landwirtschaft?

( ) Erhöhung der Produktivität und Verringerung der Betriebskosten

( ) Reduzierung der Arbeit

( ) Erleichterung der Arbeit

( ) Erhöhung der Betriebskosten und der Abhängigkeit von Agrarkonzernen

( ) Schädigung der Umwelt

( ) andere Meinung:____________________________________

34. Welche Techniken setzen Sie in ihrem Betrieb ein? (Mehrfachnennungen möglich)

( ) nicht selbst erzeugtes Saatgut

( ) chemische Düngemittel

( ) eigener Traktor

( ) Herbizid

( ) Fungizid

( ) Insektizid

( ) eigener Mähdrescher

( ) Fruchtfolge

( ) biologisches Düngemittel

( ) Gründüngung

( ) Blattdüngung

( ) biologische Kontrolle der Schädlinge

( ) biologische Kontrolle der Krankheiten

( ) biologische Methode und Naturmethode zur Kontrolle von Unkräutern

( ) direkte Aussaat

( ) Kontrolle der Erosion

( ) Bewässerung

35. Was ist für Sie der entscheidende Grund, um technische Innovationen im Betrieb einzusetzen?

( ) Erhöhung der Produktivität

( ) technische Beratung

( ) Probleme mit den Arbeitskräften

( ) bessere Preise/Zugang zu Krediten

( ) Erleichterung der Arbeit

( ) andere Meinung:____

36. Welche Rolle spielt die Bauerngewerkschaft beim Einsatz von Technik?

( ) Sie beeinflusst, weil sie Betriebsmittel zur Verfügung stellt

( ) Sie beeinflusst, indem sie Aufklärungskampagnen in der Gemeinde durchführt

( ) Sie beeinflusst, weil sie die Bauern berät

( ) Sie beeinflusst, weil sie die Bauern mobilisiert

( ) Sie hat keinen Einfluss auf meine Entscheidung

37. Welche Rolle spielen die Genossenschaften beim Einsatz von Technik?

( ) Sie beeinflussen, weil sie Bauern mit Betriebsmitteln versorgen und die Produktion aufkaufen

( ) Sie beeinflussen, indem sie Forschungsergebnisse verbreiten

( ) Sie beeinflussen, weil sie den Bauern allgemeine Beratung anbieten

( ) Sie beeinflussen, weil sie den Bauern technische Beratung anbieten

( ) Sie haben keinen Einfluss auf meine Entscheidung

38. Welche Rolle spielen EMATER (Verein für Agrarberatung in Rio Grande do Sul) und das kommunale Sekretariat für Landwirtschaft beim Einsatz von Technik?

( ) Sie beeinflussen, weil sie Betriebsmittel zur Verfügung stellen

( ) Sie beeinflussen, indem sie Aufklärungskampagnen in der Gemeinde durchführen

( ) Sie beeinflussen, weil sie die Bauern beraten

( ) Sie beeinflussen, weil sie über die öffentliche Kreditvergabe maßgeblich mitbestimmen

( ) Sie haben keinen Einfluss auf meine Entscheidung

39. Welche Rolle spielen die Agrartechniker, Agronomen und Tierärzte beim Einsatz von Technik?

( ) Sie beeinflussen, weil sie Betriebsmittel und Technik empfehlen

( ) Sie beeinflussen, weil sie Forschungsergebnisse verbreiten

( ) Sie beeinflussen, weil sie die Bauern beraten

( ) Sie beeinflussen, weil sie die Agrarkonzerne vertreten

( ) Sie haben keinen Einfluss auf meine Entscheidung

40. Was halten Sie vom Herbizid Roundup (Glyphosat)?

( ) ein Produkt, durch dessen Einsatz die Betriebskosten verringert werden

( ) gut, weil man weniger zu hacken braucht

( ) die einzige Alternative zur effektiven Unkrautbekämpfung

( ) schadet der Gesundheit und der Umwelt

( ) ein Produkt, dessen Einsatz die Betriebskosten erhöht

( ) andere Meinung:______________________________

41. Warum bauen Sie Soja an?

( ) ist rentabel

( ) Tradition

( ) Förderung durch Regierungen/Genossenschaften

( ) weniger Arbeit

( ) sicherer Verkauf

( ) andere Meinung:______________________________

42. Welche Soja bauen Sie an?		
( ) herkömmliche	( ) gentechnisch modifizierte	( ) ökologische
Warum? ( ) Tradition ( ) einfacher/ weniger Arbeit ( ) weniger Risiken ( ) ist rentabler	Warum? ( ) weniger Betriebskosten ( ) einfacher/weniger Arbeit ( ) ist rentabler ( ) Nachbarn bauen sie an	Warum? ( ) bessere Preise ( ) weniger Betriebskosten ( ) weniger Risiken ( ) gegen Herbizideinsatz

( ) sicherer Markt ( ) anderer Grund: ____________________	( ) Neugier ( ) anderer Grund: ____________________	( ) wegen der Gesundheit ( ) anderer Grund: ____________________

43. Welche durchschnittliche Produktivität erreichen Sie mit Ihrem Sojaanbau? (*)

( ) 20-30 Sack/ha ( ) 30-40 Sack/ha ( ) 40-50 Sack/ha

* In 60 kg-Säcken gemessen (wie es die Bauern in der Region rechnen).

44. Wie sieht es mit den Betriebskosten Ihrer Sojaplantage aus (ohne Arbeit dazu rechnen)*?

( ) 5 ( ) 6 ( ) 7 ( ) 8 ( ) 9 ( ) 10 ( ) 11 ( ) 12 ( ) 13

( ) 14 ( ) 15 ( ) >15

* In 60 kg-Säcken gemessen (wie es die Bauern in der Region rechnen).

45. Was denken Sie über die Gensoja?

( ) verringert die Betriebskosten

( ) reduziert/erleichtert den Arbeitseinsatz

( ) ist zu riskant

( ) führt zur Erhöhung des Herbizideinsatzes

( ) lohnt sich nicht

( ) andere Meinung:____

46. Ist Ihr Mann/Ihre Frau derselben Meinung von der Gensoja? ( ) Ja ( ) Nein

47. Was halten Sie von der Biosoja?

( ) verringert die Betriebskosten

( ) eine Alternative für Kleinbauern

( ) ist zu kompliziert

( ) lohnt sich nicht

( ) man muss mehr arbeiten

( ) andere Meinung:_______________________________________

48. Ist Ihr Mann/Ihre Frau derselben Meinung von der Biosoja? ( ) Ja ( ) Nein

49. Sprechen Sie mit Verwandten, Nachbarn und Freunden über Gensoja und Biosoja?

( ) Ja ( ) Nein

50. Was halten Sie von der Entscheidung der brasilianischen Regierung, den Anbau von Gensoja zu erlauben?

( ) ist richtig ( ) ist falsch

51. Wie denken Sie über die Umwelt?

( ) ist eine Ressource, die man dazu nutzen soll, um Geld zu verdienen

( ) zunächst muss man an das Einkommen denken, danach an die Umwelt

( ) sollte für die künftigen Generationen bewahrt werden

( ) sollte bewahrt werden, damit keine Produktionsprobleme auftreten

( ) sollte bewahrt werden, um die Lebensqualität auf dem Land zu verbessern

( ) andere Meinung:_______________________________________

52. Gab es in Ihrer Familie Vergiftungsprobleme durch Pestizide?

( ) Ja ( ) Nein

53. Was ist für Sie das größte Problem in der Landwirtschaft?

( ) niedrige Preise für Agrarprodukte

( ) Mangel an geeigneter Agrarpolitik

( ) Verschuldung der Bauern

( ) hohe Betriebskosten

( ) Unkräuter und Schädlinge

( ) andere Meinung:_______________________________________

Anhang 4 – Tabellenliste

Tabelle 17: Welche Soja angebaut wird		
Sojaanbau	**Zahl**	**%**
Bauen Gensoja an	124	70,9
Bauen keine Gensoja an	51	29,1
Total	175	100,0
Quelle: Andrioli, A. Feldforschung 2005.		

Tabelle 18: Meinung zur Entscheidung der brasilianischen Regierung, den Anbau von Gensoja zu erlauben			
Position der Regierung	**Zahl**	**%**	**% der Angaben**
Richtig	133	76,0	79,6
Falsch	34	19,4	20,4
Total	167	95,4	100,0
Keine Angabe	8	4,6	
Total	175	100,0	
Quelle: Andrioli, A. Feldforschung 2005.			

Tabelle 19: Bauern, die Biosoja anbauen und warum			
Biosoja	**Zahl**	**%**	**% der Biosojaproduzenten**
Bessere Preise	2	1,1	66,7
Weniger Betriebskosten	1	0,6	33,3
Total	3	1,7	100,0
Bauen keine Biosoja an	172	98,3	
Total	175	100,0	
Quelle: Andrioli, A. Feldforschung 2005.			

Tabelle 20: Bauern, die herkömmliche Soja anbauen und warum			
Herkömmliche Soja	**Zahl**	**%**	**% der herkömmlichen Sojaproduzenten**
Weniger Risiken	20	11,4	31,7
Sichere Vermarktung	15	8,6	23,8
Tradition	13	7,4	20,6
Ist rentabler	8	4,6	12,7
Ist einfacher/weniger arbeitsintensiv	4	2,3	6,3
Weniger Betriebskosten	3	1,7	4,8
Total	63	36,0	100,0
Bauen keine herkömmliche Soja an	112	64,0	
Total	175	100,0	
Quelle: Andrioli, A. Feldforschung 2005.			

Tabelle 21: Technischer Einsatz im Betrieb

Technik	Einsatz	%	Total
Nicht selbst erzeugtes Saatgut	160	92,5%	173
Chemisches Düngemittel	153	88,4%	173
Direkte Aussaat	152	87,9%	173
Herbizid	139	80,3%	173
Fruchtfolge	129	74,6%	173
Kontrolle der Erosion	123	71,1%	173
Biologisches Düngemittel	110	63,6%	173
Gründüngung	83	48,0%	173
Fungizid	81	46,8%	173
Eigener Traktor	76	43,9%	173
Insektizid	76	43,9%	173
Biologische Methode und Naturmethode zur Kontrolle von Unkräutern	44	25,4%	173
Blattdüngung	40	23,1%	173
Biologische Kontrolle der Schädlinge	39	22,5%	173
Eigener Mähdrescher	37	21,4%	173
Biologische Kontrolle der Krankheiten	22	12,7%	173
Bewässerung	14	8,1%	173
Keine Angabe	2	1,1%	2
Total	175	100%	175

Quelle: Andrioli, A. Feldforschung 2005.

Tabelle 22: Durchschnittliche Produktivität im Sojaanbau

Durchschnittliche Produktivität	Zahl	%	% der Angaben
Weniger als 20 Sack/Hektar	15	8,6	9,7
20 bis 29 Sack/Hektar	20	11,4	13,0
30 bis 39 Sack/Hektar	56	32,0	36,4
40 bis 49 Sack/Hektar	56	32,0	36,4
50 Sack/Hektar oder mehr	7	4,0	4,5
Total	154	88,0	100,0
Keine Angabe	21	12,0	
Total	175	100,0	

Quelle: Andrioli, A. Feldforschung 2005.

Tabelle 23: Durchschnittliche Betriebskosten im Sojaanbau

Durchschnittliche Betriebskosten	Zahl	%	% der Angaben
Weniger als 10 Sack/Hektar	4	2,3	3,7
10 a 19 Sack/Hektar	51	29,1	47,2
20 a 29 Sack/Hektar	50	28,6	46,3
30 Sack/Hektar oder mehr	3	1,7	2,8
Total	108	61,7	100,0
Keine Angabe	67	38,3	
Total	175	100,0	

Quelle: Andrioli, A. Feldforschung 2005.

Tabelle 24: Nettoeinkommen der Sojaproduzenten		
Varianten	**Zahl der Bauern**	**Nettoeinkommen**
Durchschnitt	-	16,70 Sack/Hektar
Mindesteinkommen	-	-28 Sack/Hektar
Höchsteinkommen	-	37 Sack/Hektar
25% der Befragten	26	10 Sack/Hektar oder weniger
50% der Befragten	52	17 Sack/Hektar oder weniger
25% der Befragten	26	24,75 Sack/Hektar oder mehr
Total der Befragten	104	
Keine Angabe	71	

Quelle: Andrioli, A. Feldforschung 2005.

Tabelle 25: Welche Soja angebaut und was als jeweils entscheidender Faktor dafür angesehen wird

Entscheidender Faktor	Welche Soja		Total
	Keine Gensoja	Gensoja	
Erhöhung der Produktivität	20	52	72
	27,7%	72,2%	100,0%
	41,7%	42,9%	42,6%
Technische Beratung	4	11	15
	26,7%	73,3%	100,0%
	8,3%	9,1%	8,9%
Probleme mit den Arbeitskräften		5	5
		100,0%	100,0%
		4,1%	3,0%
Bessere Preise/Zugang zu Krediten	17	32	49
	34,7%	65,3%	100,0%
	35,4%	26,4%	29%
Erleichterung der Arbeit	5	21	26
	19,2%	80,8%	100,0%
	10,4%	17,4%	15,4%
Sonstige	2		2
	100,0%		100,0%
	4,2%		1,2%
Total	48	121	169
	28,4%	71,6%	100,0%
	100,0%	100,0%	100,0%
Keine Angabe			6
Total			175

Quelle: Andrioli, A. Feldforschung 2005.

Tabelle 26: Meinung zur Biosoja			
Meinung	**Zahl**	**%**	**% der Angaben**
Eine Alternative für Kleinbauern	58	33,1	40,6
Man muss mehr arbeiten	33	18,9	23,1
Lohnt sich nicht	21	12,0	14,7
Verringert die Betriebskosten	15	8,6	10,5
Ist zu kompliziert	12	6,9	8,4
Bessere Preise	4	2,3	2,8
Total	143	81,7	100,0
Sind nicht darüber informiert	15	8,6	
Keine Angabe	17	9,7	
Total	175	100,0	

Quelle: Andrioli, A. Feldforschung 2005.

Tabelle 27: Meinung zur Biosoja und Folgen „moderner“ Technik in der Landwirtschaft

Folgen	Meinung zur Biosoja							Total
	Verringert die Betriebskosten	Eine Alternative für Kleinbauern	Man muss mehr arbeiten	Ist zu kompliziert	Lohnt sich nicht	Bessere Preise	Sind nicht darüber informiert	
Reduzierung der Arbeit	4	9	8		4		4	29
	13,8%	31%	27,6%		13,8%		13,8%	100,0%
	28,6%	15,3%	24,2%		19,1%		26,7%	17,1%
Erleichterung der Arbeit	4	15	13	4	8	1	7	52
	7,7%	28,8%	25%	7,7%	15,4%	1,9%	13,5%	100,0%
	28,6%	25,4%	39,4%	33,3%	38,1%	25,0%	46,7%	32,3%
Schädigung der Umwelt	3	11	3	1	2	1	1	22
	13,6%	50%	13,6%	4,6%	9%	4,6%	4,6%	100,0%
	21,4%	16,9%	9,1%	8,3%	9,5%	25,0%	6,7%	13,3%
Erhöhung der Produktivität und Verringerung der Betriebskosten	1	10	4	4	4		1	24
	4,2%	41,7%	16,7%	16,7%	16,7%		4,2%	100,0%
	7,1%	16,9%	12,1%	33,3%	19,0%		6,7%	15,2%
Erhöhung der Betriebskosten und der Abhängigkeit von Agrarkonzernen	1	13	5	2	3	1	2	27
	3,7%	48,1%	18,5%	7,4%	11,1%	3,7%	7,4%	100,0%
	7,1%	22,0%	15,2%	16,7%	14,3%	25,0%	13,3%	17,1%
Andere	1	1				1		3
	33,3%	33,3%				33,3%		100,0%
	7,1%	1,7%				25,0%		1,9%
Total	14	59	33	12	21	4	15	158
	8,9%	37,3%	20,9%	7,6%	13,3%	2,5%	9,5%	100,0%
	100,0%	100,0%	100,0%	100,0%	100,0%	100,0%	100,0%	100,0%

Quelle: Andrioli, A. Feldforschung 2005.

Tabelle 28: Besitzverhältnisse der Bauern

Grundeigentum	Zahl	%
Eigenes	148	84,6
Gepachtet	11	6,3
Eigenes und gepachtet	15	8,6
Kein eigenes	1	0,6
Total	175	100,0

Quelle: Andrioli, A. Feldforschung 2005.

Tabelle 29: Arbeitsweise im Betrieb

Arbeitsweise	Zahl	%
Familienwirtschaft	162	92,6
Saisoneller Lohnarbeitseinsatz	9	5,1
Lohnarbeitsbetrieb	4	2,3
Total	175	100,0

Quelle: Andrioli, A. Feldforschung 2005.

Tabelle 30: Größe der Grundfläche		
Größe in Hektar	**Zahl**	**%**
Weniger als 10	40	22,9
10 bis 19,9	68	38,9
20 bis 29,9	33	18,9
30 bis 39,9	6	3,4
40 bis 50	7	4,0
Mehr als 50	21	12,0
Total	175	100,0
Quelle: Andrioli, A. Feldforschung 2005.		

Tabelle 31: Kinder in den Bauernfamilien		
Kinder	**Zahl**	**%**
Ja	160	91,4
Nein	15	8,6
Total	175	100,0
Quelle: Andrioli, A. Feldforschung 2005.		

Tabelle 32: Größe der Bauernfamilien		
Familienmitglieder	**Zahl**	**%**
Bis 2	18	10,3
3 bis 4	80	45,7
5 bis 6	52	29,7
7 oder mehr	25	14,3
Total	175	100,0
Quelle: Andrioli, A. Feldforschung 2005.		

Tabelle 33: Arbeitsplatz der Familienmitglieder		
Arbeitsplatz	**Zahl**	**%**
Nur im eigenen Betrieb	73	41,7
In der Stadt	43	24,6
Auf dem Land	37	21,1
Studieren	22	12,6
Total	175	100,0
Quelle: Andrioli, A. Feldforschung 2005.		

Tabelle 34: Wöchentliche Arbeitszeit der Bauern			
Arbeitszeit (in Stunden pro Woche)	**Zahl**	**%**	**% der Angaben**
Weniger als 20	5	2,9	3,0
20 bis 40	37	21,1	22,3
41 bis 60	64	36,6	38,6
Mehr als 60	60	34,3	36,1
Total	166	94,9	100,0
Keine Angabe	9	5,1	
Total	175	100,0	
Quelle: Andrioli, A. Feldforschung 2005.			

Tabelle 35: Welche Soja angebaut wird und Größe der Familie					
Welche Soja	**Zahl der Familienmitglieder**				**Total**
	Bis 2	3 bis 4	5 bis 6	7 oder mehr	
Bauen keine Gensoja an	4	20	15	12	51
	7,84	39,22	29,41	23,53	100,00
	21,05	24,39	30,61	48,00	29,14
Bauen Gensoja an	15	62	34	13	124
	12,10	50,00	27,42	10,48	100,00
	78,95	75,61	69,39	52,00	70,86
Total	19	82	49	25	175
	10,86	46,86	28,00	14,29	100,00
	100,00	100,00	100,00	100,00	100,00

Quelle: Andrioli, A. Feldforschung 2005.

Tabelle 36: Welche Soja angebaut wird und wöchentliche Arbeitszeit der Bauern			
Arbeitszeit (in Stunden pro Woche)	**Welche Soja**		**Total**
	Bauen keine Gensoja an	Bauen Gensoja an	
Weniger als 20	2	3	5
	40,0%	60,0%	100,0%
	4,1%	2,6%	3,0%
20 bis 40	8	29	37
	21,6%	78,4%	100,0%
	16,3%	24,8%	22,3%
41 bis 60	24	40	64
	37,5%	62,5%	100,0%
	49,0%	34,2%	38,6%
Mehr als 60	15	45	60
	25,0%	75,0%	100,0%
	30,6%	38,5%	36,1%
Total	49	117	166
	29,5%	70,5%	100,0%
	100,0%	100,0%	100,0%

Quelle: Andrioli, A. Feldforschung 2005.

Tabelle 37: Welche Soja angebaut wird und Zahl der Rentner			
Zahl der Rentner	**Welche Soja**		**Total**
	Bauen keine Gensoja an	Bauen Gensoja an	
0	27	59	86
	31,4%	68,6%	100,0%
	52,9%	47,6%	49,1%
1	14	34	48
	29,2%	70,8%	100,0%
	27,5%	27,4%	27,4%
2	9	27	36
	25,0%	75,0%	100,0%
	17,6%	21,8%	20,6%
3	1	2	3
	33,3%	66,7%	100,0%
	2,0%	1,6%	1,7%
4		2	2
		100,0%	100,0%
		1,6%	1,1%
Total	51	124	175
	29,1%	70,9%	100,0%
	100,0%	100,0%	100,0%

Quelle: Andrioli, A. Feldforschung 2005.

Tabelle 38: Meinung zur Biosoja und Zahl der arbeitenden Familienmitglieder

Meinung zur Biosoja	Zahl der arbeitenden Familienmitglieder			Total
	1 bis 2	3 bis 4	5 oder mehr	
Verringert die Betriebskosten	2	11	1	14
	14,3%	78,6%	7,1%	100,0%
	3,3%	14,7%	4,5%	8,9%
Eine Alternative für Kleinbauern	24	24	11	59
	40,7%	40,7%	18,6%	100,0%
	39,3%	32,0%	50,0%	37,3%
Man muss mehr arbeiten	14	16	3	33
	42,4%	48,5%	9,1%	100,0%
	23,0%	21,3%	13,6%	20,9%
Ist zu kompliziert	5	5	2	12
	41,7%	41,7%	16,7%	100,0%
	8,2%	6,7%	9,1%	7,6%
Lohnt sich nicht	11	9	1	21
	52,4%	42,9%	4,8%	100,0%
	18,0%	12,0%	4,5%	13,3%
Bessere Preise	3	1		4
	75,0%	25,0%		100,0%
	4,9%	1,3%		2,5%
Sind nicht darüber informiert	2	9	4	15
	13,3%	60,0%	26,7%	100,0%
	3,3%	12,0%	18,2%	9,5%
Total	61	75	22	158
	38,6%	47,5%	13,9%	100,0%
	100,0%	100,0%	100,0%	100,0%

Quelle: Andrioli, A. Feldforschung 2005.

Tabelle 39: Meinung zur Biosoja und Zahl der Rentner in der Bauernfamilie

Meinung zur Biosoja	Zahl der Rentner					Total
	0	1	2	3	4	
Verringert die Betriebskosten	8	3	2	1		14
	57,1%	21,4%	14,3%	7,1%		100,0%
	10,4%	7,0%	6,1%	33,3%		8,9%
Eine Alternative für Kleinbauern	27	17	12	2	1	59
	45,8%	28,8%	20,3%	3,4%	1,7%	100,0%
	35,1%	39,5%	36,4%	66,7%	50,0%	37,3%
Man muss mehr arbeiten	17	10	5		1	33
	51,5%	30,3%	15,2%		3,0%	100,0%
	22,1%	23,3%	15,2%		50,0%	20,9%
Ist zu kompliziert	8	1	3			12
	66,7%	8,3%	25,0%			100,0%
	10,4%	2,3%	9,1%			7,6%
Lohnt sich nicht	10	4	7			21
	47,6%	19,0%	33,3%			100,0%
	13,0%	9,3%	21,2%			13,3%
Bessere Preise	2	1	1			4
	50,0%	25,0%	25,0%			100,0%
	2,6%	2,3%	3,0%			2,5%
Sind nicht darüber informiert	5	7	3			15
	33,3%	46,7%	20,0%			100,0%
	6,5%	16,3%	9,1%			9,5%
Total	77	43	33	3	2	158
	48,7%	27,2%	20,9%	1,9%	1,3%	100,0%
	100,0%	100,0%	100,0%	100,0%	100,0%	100,0%

Quelle: Andrioli, A. Feldforschung 2005.

Tabelle 40: Meinung zur Biosoja und Größe der landwirtschaftlichen Betriebe								
Betriebsgröße (in Hektar)	**Meinung zur Biosoja**							**Total**
	Verringert die Betriebskosten	Eine Alternative für Kleinbauern	Man muss mehr arbeiten	Ist zu kompliziert	Lohnt sich nicht	Bessere Preise	Sind nicht darüber informiert	
Weniger als 10	5	9	5	2	7	1	5	34
	14,7%	26,5%	14,7%	5,9%	20,6%	2,9%	14,7%	100,0%
	35,7%	15,3%	15,2%	16,7%	33,3%	25,0%	33,3%	21,5%
10 bis 19,9	5	22	14	6	6	2	7	62
	8,1%	35,5%	22,6%	9,7%	9,7%	3,2%	11,3%	100,0%
	35,7%	37,3%	42,4%	50,0%	28,6%	50,0%	46,7%	39,2%
20 bis 29,9	3	11	11	2	3		1	31
	9,7%	35,5%	35,5%	6,5%	9,7%		3,2%	100,0%
	21,4%	18,6%	33,3%	16,7%	14,3%		6,7%	19,6%
30 bis 39,9		3			1			4
		75,0%			25,0%			100,0%
		5,1%			4,8%			2,5%
40 bis 50	1	1	2		1	1		6
	16,7%	16,7%	33,3%		16,7%	16,7%		100,0%
	7,1%	1,7%	6,1%		4,8%	25,0%		3,8%
Mehr als 50		13	1	2	3		2	21
		61,9%	4,8%	9,5%	14,3%		9,5%	100,0%
		22,0%	3,0%	16,7%	14,3%		13,3%	13,3%
Total	14	59	33	12	21	4	15	158
	8,9%	37,3%	20,9%	7,6%	13,3%	2,5%	9,5%	100,0%
	100,0%	100,0%	100,0%	100,0%	100,0%	100,0%	100,0%	100,0%

Quelle: Andrioli, A. Feldforschung 2005.

Tabelle 41: Meinung zur Biosoja und Zahl der Familienmitglieder								
Größe der Familie (in Personen)	**Meinung zur Biosoja**							**Total**
	Verringert die Betriebskosten	Eine Alternative für Kleinbauern	Man muss mehr arbeiten	Ist zu kompliziert	Lohnt sich nicht	Bessere Preise	Sind nicht darüber informiert	
Bis 2		8	6	1		1		16
		50,0%	37,5%	6,3%		6,3%		100,0%
		13,6%	18,2%	8,3%		25,0%		10,1%
3 bis 4	7	28	17	4	11	2	4	73
	9,6%	38,4%	23,3%	5,5%	15,1%	2,7%	5,5%	100,0%
	50,0%	47,5%	51,5%	33,3%	52,4%	50,0%	26,7%	46,2%
5 bis 6	3	17	6	4	7	1	8	46
	6,5%	37,0%	13,0%	8,7%	15,2%	2,2%	17,4%	100,0%
	21,4%	28,8%	18,2%	33,3%	33,3%	25,0%	53,3%	29,1%
7 oder mehr	4	6	4	3	3		3	23
	17,4%	26,1%	17,4%	13,0%	13,0%		13,0%	100,0%
	28,6%	10,2%	12,1%	25,0%	14,3%		20,0%	14,6%
Total	14	59	33	12	21	4	15	158
	8,9%	37,3%	20,9%	7,6%	13,3%	2,5%	9,5%	100,0%
	100,0%	100,0%	100,0%	100,0%	100,0%	100,0%	100,0%	100,0%

Quelle: Andrioli, A. Feldforschung 2005.

Tabelle 42: Produktion in den landwirtschaftlichen Betrieben

Produkte	Wird produziert	Wird nicht produziert	Total
Soja	161	14	175
	92,0%	8,0%	100,0%
Mais	141	34	175
	80,6%	19,4%	100,0%
Kühe	114	61	175
	65,1%	34,9%	100,0%
Schweine	99	76	175
	56,6%	43,4%	100,0%
Geflügel	83	92	175
	47,4%	52,6%	100,0%
Weizen	69	106	175
	39,4%	60,6%	100,0%
Zuckerrohr	57	118	175
	32,6%	67,4%	100,0%
Rind	53	122	175
	30,3%	69,7%	100,0%
Obst und Gemüse	52	123	175
	29,7%	70,3%	100,0%
Fisch	22	153	175
	12,6%	87,4%	100,0%
Tabak	15	160	175
	8,6%	91,4%	100,0%
Getränke	13	162	175
	7,4%	92,6%	100,0%
Gebäck	12	163	175
	6,9%	93,1%	100,0%
Blumen	7	168	175
	4,0%	96,0%	100,0%

Quelle: Andrioli, A. Feldforschung 2005.

Tabelle 43: Gründe für den Sojaanbau

Gründe	Zahl	%	% der Angaben
Sichere Vermarktung	61	34,9	38,1
Tradition	44	25,1	27,5
Weniger Arbeit	25	14,2	15,7
Ist rentabel	23	13,2	14,4
Förderung durch Regierungen/Genossenschaften	2	1,1	1,3
Andere	5	2,9	3,1
Total	160	91,4	100,0
Keine Angabe	15	8,6	
Total	175	100,0	

Quelle: Andrioli, A. Feldforschung 2005.

Tabelle 44: Warum die Bauern weiterhin in der Landwirtschaft arbeiten

Gründe	Zahl	%	% der Angaben
Haben keine andere Alternative	70	40,0	40,7
Waren schon immer Bauern	49	28,0	28,5
Mögen es, auf dem Land zu arbeiten	34	19,4	19,8
Können ihre eigenen Lebensmittel produzieren	7	4,0	4,1
Können ihre Arbeitszeit und Arbeitsintensität selbst bestimmen	5	2,9	2,9
Andere	7	4,0	4,1
Total	172	98,3	100,0
Keine Angabe	3	1,7	
Total	175	100,0	

Quelle: Andrioli, A. Feldforschung 2005.

Tabelle 45: Über die Annahme eines Arbeitsplatzes in der Stadt		
Annahme	**Zahl**	**%**
Nein	113	64,6
Ja	49	28,0
Vielleicht	13	7,4
Total	175	100,0
Quelle: Andrioli, A. Feldforschung 2005.		

Tabelle 46: Jahresperiode, in denen nicht im landwirtschaftlichen Betrieb gearbeitet wird			
Gibt es eine solche Periode?	**Zahl**	**%**	**% der Angaben**
Nein	127	72,6	73,8
Ja	45	25,7	26,2
Total	172	98,3	100,0
Keine Angabe	3	1,7	
Total	175	100,0	
Quelle: Andrioli, A. Feldforschung 2005.			

Tabelle 47: Was die Bauern unter dem Begriff Arbeit verstehen		
Arbeit	**Zahl**	**%**
Eine notwendige Tätigkeit zum Überleben	130	74,3
Eine Aktivität, die den Menschen würdigt	27	15,5
Ein Mittel, um Reichtum zu schaffen	8	4,6
Eine Beziehung zur Natur	8	4,6
Eine Strafe, die es nicht geben sollte	2	1,1
Total	175	100,0
Quelle: Andrioli, A. Feldforschung 2005.		

Tabelle 48: Entscheidender Grund zur technischen Innovation und Betriebsgröße							
Gründe	**Größe der Betriebe (in Hektar)**						**Total**
	Weniger als 10	10 bis 19,9	20 bis 29,9	30 bis 39,9	40 bis 50	Mehr als 50	
Erhöhung der Produktivität	13	28	15	3	2	10	71
	18,4	39,5	21,13	4,3	2,9	14,1	100,00
	34,21	41,79	50	50,00	28,57	47,62	40,24
Technische Beratung	4	8	1			2	15
	26,66	53,33	6,66			13,33	100,00
	10,52	11,94	3,33			9,52	8,28
Probleme mit den Arbeitskräften	1		1			3	5
	20,00		20,00			60,00	100,00
	2,63		3,33			14,29	2,96
Bessere Preise/Zugang zu Krediten	13	19	8	1	3	5	49
	26,53	38,77	16,33	2,04	6,12	10,20	100,00
	34,21	28,36	26,67	16,67	42,86	23,81	27,81
Erleichterung der Arbeit	5	12	5	2	1	1	26
	19,23	46,15	19,23	7,69	3,85	3,85	100,00
	13,16	17,91	16,67	33,33	14,29	4,76	15,38
Andere	2						2
	100,00						100,00
	5,26						1,18
Total	38	67	30	6	7	21	169
	22,49	39,64	17,75	3,55	4,14	12,43	100,00
	100,00	100,00	100,00	100,00	100,00	100,00	100,00
Quelle: Andrioli, A. Feldforschung 2005.							

Tabelle 49: Entscheidender Grund zur technischen Innovation und Größe der Familie

Gründe	Zahl der Familienmitglieder				Total
	Bis 2	3 bis 4	5 bis 6	7 oder mehr	
Erhöhung der Produktivität	5	31	24	12	72
	6,94	43,05	33,33	16,66	100,00
	26,76	39,25	51,06	50,00	40,24
Technische Beratung	2	9	3	1	15
	13,33	60	20	6,66	100,00
	10,53	11,4	6,38	4,17	8,28
Probleme mit den Arbeitskräften	1	2	2		5
	20,00	40,00	40,00		100,00
	5,26	2,53	4,26		2,96
Bessere Preise/Zugang zu Krediten	6	24	13	6	49
	12,24	46,49	26,53	12,24	100,00
	31,58	30,39	27,66	25,00	27,81
Erleichterung der Arbeit	5	11	5	5	26
	19,23	42,31	19,23	19,23	100,00
	26,32	13,92	10,64	20,83	15,38
Andere		2			2
		100,00			100,00
		2,53			1,18
Total	19	79	47	24	169
	11,24	46,75	27,81	14,20	100,00
	100,00	100,00	100,00	100,00	100,00

Quelle: Andrioli, A. Feldforschung 2005.

Tabelle 50: Entscheidender Grund zur technischen Innovation und Zahl der arbeitenden Familienmitglieder

Gründe	Zahl der arbeitenden Familienmitglieder				Total
	1 bis 2	3	4	5 oder mehr	
Erhöhung der Produktivität	25	16	17	13	71
	35,2	22,53	23,95	18,31	100,00
	37,89	34,78	51,52	54,17	40,24
Technische Beratung	3	6	5	1	15
	20	40	33,33	6,66	100,00
	4,55	13,04	15,15	4,17	8,28
Probleme mit den Arbeitskräften	3			2	5
	60,00			40,00	100,00
	4,55			8,33	2,96
Bessere Preise/Zugang zu Krediten	19	19	8	3	49
	38,77	38,77	16,33	6,12	100,00
	28,79	41,3	24,24	12,50	27,81
Erleichterung der Arbeit	15	4	2	5	26
	57,69	15,38	7,69	19,23	100,00
	22,73	8,70	6,06	20,83	15,38
Andere	1	1			2
	50,00	50,00			100,00
	1,52	2,17			1,18
Total	66	46	33	24	169
	39,05	27,22	19,53	14,20	100,00
	100,00	100,00	100,00	100,00	100,00

Quelle: Andrioli, A. Feldforschung 2005.

Tabelle 51: Entscheidender Grund zur technischen Innovation und wöchentliche Arbeitszeit					
Gründe	Durchschnittliche Arbeitszeit (in Stunden pro Woche)				Total
	Weniger als 20	20 bis 40	41 bis 60	Mehr als 60	
Erhöhung der Produktivität	2	14	22	29	67
	3	20,9	32,83	43,28	100,00
	40,00	37,83	36,07	50,00	39,75
Technische Beratung		2	8	4	14
		14,29	57,14	28,57	100,00
		5,41	13,12	6,90	8,07
Probleme mit den Arbeitskräften	1	2	2		5
	20,00	40,00	40,00		100,00
	20,00	5,41	3,28		3,11
Bessere Preise/Zugang zu Krediten	1	14	18	16	49
	2,04	28,57	36,73	32,65	100,00
	20,00	37,84	29,51	27,59	29,19
Erleichterung der Arbeit	1	5	8	9	23
	4,35	21,74	34,78	39,13	100,00
	20,00	13,51	13,11	15,52	14,29
Andere			2		2
			100,00		100,00
			3,28		1,24
Total	5	37	61	58	161
	3,11	22,98	37,89	36,02	100,00
	100,00	100,00	100,00	100,00	100,00

Quelle: Andrioli, A. Feldforschung 2005.

Tabelle 52: Welche Soja und Folgen „moderner" Technik in der Landwirtschaft							
Welche Soja	Folgen						Total
	Reduzierung der Arbeit	Erleichterung der Arbeit	Schädigung der Umwelt	Erhöhung der Produktivität und Verringerung der Betriebskosten	Erhöhung der Betriebskosten und der Abhängigkeit von Agrarkonzernen	Andere	
Bauen keine Gensoja an	14	17	7	1	7	4	50
	28	34	14	2	14	8	100
	36,667	30,357	29,167	4,1667	24,138	100	28,73
Bauen Gensoja an	23	39	17	23	22		124
	18,55	31,45	13,71	18,55	17,74		100,00
	63,33	69,64	70,83	95,83	75,86		71,26
Total	30	56	24	24	29	4	174
	17,24	32,18	13,79	13,79	16,67	2,30	100,0
	100,00	100,00	100,00	100,00	100,00	100,00	100,0

Quelle: Andrioli, A. Feldforschung 2005.

Tabelle 53: Welche Soja angebaut wird und entscheidender Grund zur technischen Innovation			
Gründe	**Welche Soja**		**Total**
	Bauen keine Gensoja an	**Bauen Gensoja an**	
Erhöhung der Produktivität	20	52	72
	27,78	72,22	100,0%
	41,7%	43%	40,2%
Technische Beratung	4	11	15
	26,66%	73,33%	100,0%
	8,4%	9,1%	8,3%
Probleme mit den Arbeitskräften		5	5
		100,0%	100,0%
		4,1%	3,0%
Bessere Preise/Zugang zu Krediten	17	32	49
	34,69%	65,31%	100,0%
	35,43	26,4%	27,8%
Erleichterung der Arbeit	5	21	26
	19,2%	80,8%	100,0%
	10,4%	17,4%	15,4%
Andere	2		2
	100,0%		100,0%
	4,2%		1,2%
Total	48	121	169
	28,4%	71,6%	100,0%
	100,0%	100,0%	100,0%
Quelle: Andrioli, A. Feldforschung 2005.			

Tabelle 54: Meinung zur Hacke		
Meinung	**Zahl**	**%**
Ein notwendiges Werkzeug für die landwirtschaftliche Arbeit	53	30,3
Ein Werkzeug, das sie gerne benutzen	40	22,9
Ein Werkzeug, das die Beschwerlichkeit der Arbeit darstellt	35	20
Etwas Überflüssiges, seitdem es Herbizide gibt	27	15,4
Eine Alternative zum Herbizideinsatz	18	10,3
Andere	2	1,1
Total	175	100,0
Quelle: Andrioli, A. Feldforschung 2005.		

Tabelle 55: Welche Soja angebaut wird und Meinung zur Hacke			
Meinung	Welche Soja		Total
	Bauen keine Gensoja an	Bauen Gensoja an	
Ein Werkzeug, das die Beschwerlichkeit der Arbeit darstellt	11	24	35
	31,4%	68,6%	100,0%
	21,6%	19,3%	20%
Ein Werkzeug, das sie gerne benutzen	16	24	40%
	40%	60%	100,0%
	31,4%	19,3%	22,9%
Etwas Überflüssiges, seitdem es Herbizide gibt	4	23	27
	14,8%	85,2%	100,0%
	7,8%	18,5%	15,4%
Eine Alternative zum Herbizideinsatz	3	15	18
	16,7%	83,3%	100,0%
	5,9%	12,1%	10,3%
Ein notwendiges Werkzeug für die landwirtschaftliche Arbeit	15	38	53
	28,3%	71,7%	100,0%
	29,4%	30,6%	30,3%
Andere	2		2
	100,0%		100,0%
	3,9%		1,1%
Total	51	124	175
	29,1%	70,9%	100,0%
	100,0%	100,0%	100,0%
Quelle: Andrioli, A. Feldforschung 2005..			

Tabelle 56: Meinung zum Herbizid Roundup (Glyphosat)			
Meinung	Zahl	%	% der Angaben
Schadet der Gesundheit und der Umwelt	64	36,6	37
Gut, weil man weniger zu hacken braucht	62	35,4	35,8
Ein Produkt, durch dessen Einsatz die Betriebskosten verringert werden	20	11,4	11,6
Die einzige Alternative zur effektiven Unkrautbekämpfung	15	8,6	8,7
Ein Produkt, dessen Einsatz die Betriebskosten erhöht	6	3,4	3,5
Andere	6	3,4	3,5
Total	173	98,9	100,0
Keine Angabe	2	1,1	
Total	175	100,0	
Quelle: Andrioli, A. Feldforschung 2005.			

Tabelle 57: Unterhaltung mit Nachbarn, Verwandten und Freunden über Gensoja und Biosoja			
Gespräche	Zahl	%	% der Angaben
Ja	150	85,7	87,7
Nein	21	12,0	12,3
Total	171	97,7	100,0
Keine Angabe	4	2,3	
Total	175	100,0	
Quelle: Andrioli, A. Feldforschung 2005.			

Tabelle 58: Produkte, die mit den Nachbarn getauscht werden		
Produkte	**Zahl**	**%**
Keine	131	74,9
Saatgut	31	17,7
Lebensmittel	4	2,3
Fleisch	3	1,7
Lebensmittel und Saatgut	2	1,1
Gemüse	3	1,7
Zuckerrohr	1	0,6
Total	175	100,0
Quelle: Andrioli, A. Feldforschung 2005.		

Tabelle 59: Einfluss der Genossenschaften auf die Entscheidung zum technischen Einsatz			
Rolle der Genossenschaften	**Zahl**	**%**	**% der Angaben**
Sie haben keinen Einfluss auf die Entscheidung	70	40,0	42,9
Sie beeinflussen, weil sie Bauern mit Betriebsmitteln versorgen und die Produktion aufkaufen	24	13,7	14,7
Sie beeinflussen, weil sie den Bauern technische Beratung anbieten	23	13,1	14,1
Sie beeinflussen, indem sie Forschungsergebnisse verbreiten	27	15,4	16,5
Sie beeinflussen, weil sie den Bauern allgemeine Beratung anbieten	18	10,3	11
Andere	1	0,6	0,6
Total	163	93,1	100,0
Keine Angabe	12	6,9	
Total	175	100,0	
Quelle: Andrioli, A. Feldforschung 2005.			

Tabelle 60: Teilnahme an sozialen Aktivitäten		
Teilnahme	**Zahl**	**%**
Ja	139	79,4
Nein	36	20,6
Total	175	100,0
Quelle: Andrioli, A. Feldforschung 2005.		

Tabelle 61: An welchen sozialen Aktivitäten die Bauern teilnehmen			
Soziale Aktivitäten	**Zahl**	**%**	**% der Angaben**
Versammlungen	122	69,7	86,5
Versammlungen und Demonstrationen	14	8,0	9,9
Demonstrationen	5	2,9	3,5
Total	141	80,6	100,0
Keine Teilnahme	34	19,4	
Total	175	100,0	
Quelle: Andrioli, A. Feldforschung 2005.			

Tabelle 62: Zugang zu Informationen

Reihenfolge	Radio		Fernsehen		Zeitung		Vorträge		Gespräche	
	Zahl	%	Zahl	%	Zahl	%	Zahl	%	Zahl	%
Keine Angabe	12	6,9	32	18,3	114	65,1	140	80,0	137	78,3
1	129	73,7	40	22,9	2	1,1	8	4,6	3	1,7
2	31	17,7	94	53,7	8	4,6	9	5,1	6	3,4
3	1	,6	6	3,4	46	26,3	5	2,9	14	8,0
4	2	1,1	3	1,7	4	2,3	8	4,6	13	7,4
5					1	0,6	5	2,9	2	1,1
Total	175	100,0	175	100,0	175	100,0	175	100,0	175	100,0

Quelle: Andrioli, A. Feldforschung 2005.

Tabelle 63: Zugang zur Agrarberatung

Zugang	Zahl	%	% der Angaben
Keiner	38	21,7	22,1
Selten	29	16,6	16,9
Manchmal	58	33,1	33,7
Regelmäßig	47	26,9	27,3
Total	172	98,3	100,0
Keine Angabe	3	1,7	
Total	175	100,0	

Quelle: Andrioli, A. Feldforschung 2005.

Tabelle 64: Einfluss der Bauerngewerkschaft auf die Entscheidung zum technischen Einsatz

Rolle der Bauerngewerkschaft	Zahl	%	% der Angaben
Sie hat keinen Einfluss auf meine Entscheidung	98	56,0	60,9
Sie beeinflusst, weil sie die Bauern berät	27	15,4	16,8
Sie beeinflusst, weil sie die Bauern mobilisiert	18	10,3	11,2
Sie beeinflusst, indem sie Aufklärungskampagnen in der Gemeinde durchführt	16	9,1	9,9
Andere	2	1,1	1,2
Total	161	92,0	100,0
Keine Angabe	14	8,0	
Total	175	100,0	

Quelle: Andrioli, A. Feldforschung 2005.

Tabelle 65: Teilnahme an ökonomischen Gruppen		
Gruppen	**Zahl**	**%**
Gewerkschaft	117	66,9
Genossenschaft	113	64,6
Ökonomischer Verein	18	10,3
Andere	1	0,6

Quelle: Andrioli, A. Feldforschung 2005.

Tabelle 66: Einfluss der EMATER und des kommunalen Sekretariats für Landwirtschaft auf die Entscheidung zum Technikeinsatz

Rolle der EMATER und des kommunalen Sekretariats für Landwirtschaft	Zahl	%	% der Angaben
Sie haben keinen Einfluss auf meine Entscheidung	83	47,4	51,6
Sie beeinflussen, weil sie die Bauern beraten	31	17,7	19,2
Sie beeinflussen, indem sie Aufklärungskampagnen in der Gemeinde durchführen	20	11,4	12,4
Sie beeinflussen, weil sie über die öffentliche Kreditvergabe maßgeblich mitbestimmen	14	8,1	8,7
Sie beeinflussen, weil sie Betriebsmittel zur Verfügung stellen	12	6,9	7,4
Andere	1	,6	,6
Total	161	92,0	100,0
Keine Angabe	14	8,0	
Total	175	100,0	

Quelle: Andrioli, A. Feldforschung 2005.

Tabelle 67: Einfluss der Agrartechniker, Agronomen und Tierärzte auf die Entscheidung zum Technikeinsatz

Rolle der Agrartechniker, Agronomen und Tierärzte	Zahl	%	% der Angaben
Sie haben keinen Einfluss auf meine Entscheidung	69	39,4	41,6
Sie beeinflussen, weil sie die Bauern beraten	33	18,9	19,9
Sie beeinflussen, weil sie Betriebsmittel und Technik empfehlen	26	14,9	15,7
Sie beeinflussen, weil sie die Agrarkonzerne vertreten	20	11,4	12,0
Sie beeinflussen, weil sie Forschungsergebnisse verbreiten	17	9,8	10,2
Andere	1	0,6	0,6
Total	166	94,9	100,0
Keine Angabe	9	5,1	
Total	175	100,0	

Quelle: Andrioli, A. Feldforschung 2005.

Tabelle 68: Entscheidender Faktor zur technischen Innovation und Zugang zur Agrarberatung

Entscheidender Faktor	Zugang zur Agrarberatung			
	Keiner	Selten	Manchmal	Regelmäßig
Erhöhung der Produktivität	11	9	26	25
	15,5	12,7	36,66	35,2
	30,56	33,33	45,61	52,18
Technische Beratung	4	2	4	5
	26,7	13,3	26,7	33
	11,11	7,41	7,02	10,9
Probleme mit den Arbeitskräften			3	2
			60,00	40,00
			5,26	4,35
Bessere Preise/Zugang zu Krediten	14	8	19	8
	29,8	12,8	40,4	17
	38,9	22,22	33,33	17,4
Erleichterung der Arbeit	7	10	4	5
	26,92	38,46	15,38	19,23
	19,44	37,04	7,02	10,87
Andere			1	1
			50,00	50,00
			1,75	2,17
Total	36	27	57	46
	21,69	16,27	34,34	27,71
	100,00	100,00	100,00	100,00

Quelle: Andrioli, A. Feldforschung 2005.

Tabelle 69: Meinung zur Biosoja und Zugang zur Agrarberatung

Zugang zur Agrarberatung	Meinung zur Biosoja							Total
	Verringert die Betriebskosten	Eine Alternative für Kleinbauern	Man muss mehr arbeiten	Ist zu kompliziert	Lohnt sich nicht	Bessere Preise	Sind nicht darüber informiert	
Keiner	2	10	7	4	4		6	33
	6,1%	30,3%	21,2%	12,1%	12,1%		18,2%	100,0%
	14,3%	17,5%	21,2%	33,3%	19,0%		40,0%	21,2%
Selten	3	6	10	1	3		4	27
	11,1%	22,2%	37,0%	3,7%	11,1%		14,8%	100,0%
	21,4%	10,5%	30,3%	8,3%	14,3%		26,7%	17,3%
Manchmal	6	22	11	6	9		2	56
	10,7%	39,3%	19,6%	10,7%	16,1%		3,6%	100,0%
	42,9%	38,6%	33,3%	50,0%	42,9%		13,3%	35,9%
Regelmäßig	3	19	5	1	5	4	3	40
	7,5%	47,5%	12,5%	2,5%	12,5%	10,0%	7,5%	100,0%
	21,4%	33,3%	15,2%	8,3%	23,8%	100,0%	20,0%	25,6%
Total	14	57	33	12	21	4	15	156
	9,0%	36,5%	21,2%	7,7%	13,5%	2,6%	9,6%	100,0%
	100,0%	100,0%	100,0%	100,0%	100,0%	100,0%	100,0%	100,0%

Quelle: Andrioli, A. Feldforschung 2005.

Tabelle 70: Vergiftungsprobleme in der Familie und Einsatz von Herbiziden, Fungiziden und Insektiziden

Technik	Herbizide			Fungizide			Insektizide		
Vergiftungsprobleme	Ja	Nein	Total	Ja	Nein	Total	Ja	Nein	Total
Einsatz	37	101	138	23	58	81	24	52	76
	26,8%	73,2%	100,0%	28,4%	71,6%	100,0%	31,6%	68,4%	100,0%
	90,2%	78,3%	81,2%	56,1%	45,0%	47,6%	58,5%	40,3%	44,7%
Kein Einsatz	4	28	32	18	71	89	17	77	94
	12,5%	87,5%	100,0%	20,2%	79,8%	100,0%	18,1%	81,9%	100,0%
	9,8%	21,7%	18,8%	43,9%	55,0%	52,4%	41,5%	59,7%	55,3%
Total	41	129	170	41	129	170	41	129	170
	24,1%	75,9%	100,0%	24,1%	75,9%	100,0%	24,1%	75,9%	100,0%
	100,0%	100,0%	100,0%	100,0%	100,0%	100,0%	100,0%	100,0%	100,0%

Quelle: Andrioli, A. Feldforschung 2005..

Tabelle 71: Entscheidender Faktor zur technischen Innovation und Vergiftungsprobleme in der Familie

Entscheidender Faktor	Vergiftungsprobleme		Total
	Ja	Nein	
Erhöhung der Produktivität	23	48	71
	32,4%	67,6%	100,0%
	59,0%	37,6%	42,81%
Bessere Preise/Zugang zu Krediten	8	41	49
	16,33%	83,7%	100,0%
	20,5%	32,1%	28,1%
Erleichterung der Arbeit	4	22	26
	15,4%	84,6%	100,0%
	10,3%	17,2%	15,6%
Technische Beratung	2	12	14
	14,3%	85,7%	100,0%
	5,1%	9,4%	8,4%
Probleme mit den Arbeitskräften	2	3	5
	40,0%	60,0%	100,0%
	5,1%	2,3%	3,0%
Andere		2	2
		100,0%	100,0%
		1,6%	1,2%
Total	39	128	167
	23,4%	76,6%	100,0%
	100,0%	100,0%	100,0%

Quelle: Andrioli, A. Feldforschung 2005.

Tabelle 72: Vergiftungsprobleme in der Familie und Meinung zur Hacke

Meinung	Vergiftungsprobleme		Total
	Ja	Nein	
Ein notwendiges Werkzeug für die landwirtschaftliche Arbeit	11	41	52
	21,2%	78,8%	100,0%
	26,8%	31,3%	30,2%
Ein Werkzeug, das sie gerne benutzen	10	29	39
	25,6%	74,4%	100,0%
	22,8%	22,8%	22,7%
Ein Werkzeug, das die Beschwerlichkeit der Arbeit darstellt	11	24	345
	31,4%	68,6%	100,0%
	26,8%	18,4%	20,4%
Etwas Überflüssiges, seitdem es Herbizide gibt	7	19	26
	26,9%	73,1%	100,0%
	17,1%	14,5%	15,1%
Eine Alternative zum Herbizideinsatz	3	15	18
	16,7%	83,3%	100,0%
	7,3%	11,5%	10,5%
Andere		2	2
		100,0%	100,0%
		1,5%	1,2%
Total	41	131	172
	23,8%	76,2%	100,0%
	100,0%	100,0%	100,0%

Quelle: Andrioli, A. Feldforschung 2005.

Tabelle 73: Vergiftungsprobleme in der Familie und Position zur Entscheidung der brasilianischen Regierung, den Anbau von Gensoja zu erlauben

Entscheidung der Regierung	Vergiftungsprobleme		Total
	Ja	Nein	
Richtig	35	96	131
	26,7%	73,3%	100,0%
	89,7%	76,2%	79,4%
Falsch	4	30	34
	11,8%	88,2%	100,0%
	10,3%	23,8%	20,6%
Total	39	126	165
	23,6%	76,4%	100,0%
	100,0%	100,0%	100,0%

Quelle: Andrioli, A. Feldforschung 2005.

Tabelle 74: Gensojaanbau und Geschlecht

Gensojaanbau	Männer	Frauen	Total
Bauen keine Gensoja an	28	23	51
	54,90	45,10	100,00
	23,73	40,35	29,14
Bauen Gensoja an	90	34	124
	72,58	27,42	100,00
	76,27	59,65	70,86
Total	118	57	175
	67,43	32,57	100,00
	100,00	100,00	100,00

Quelle: Andrioli, A. Feldforschung 2005.

Tabelle 75: Gensojaanbau und Herbizideinsatz			
Gensojaanbau	**Herbizideinsatz**		**Total**
	Ja	**Nein**	
Bauen keine Gensoja an	36	14	50
	72,00	28,00	100,00
	25,90	41,18	28,90
Bauen Gensoja an	103	20	123
	83,74	16,26	100,00
	74,10	58,82	71,10
Total	139	34	173
	80,35	19,65	100,00
	100,00	100,00	100,00
Quelle: Andrioli, A. Feldforschung 2005.			

Anhang 5 – Abbildungsverzeichnis

Anhang 6 – Tabellenverzeichnis

Anhang 7 – Abkürzungsliste

ABRASEM: Associação Brasileira de Sementes e Mudas (Brasilianischer Verband der Saatgut- und Setzlingsproduzenten)

ABRASOJA: Associação Brasileira dos Produtores de Soja (Nationaler Verband der Sojaproduzenten)

AGCO: Allis-Gleaner Corporation (Hersteller von Landmaschinen)

ARSTRG: Associação Regional dos Sindicatos dos Trabalhadores Rurais da Grande Santa Rosa (Verein der Bauerngewerkschaften in der Region Santa Rosa)

ASCAR: Associação Sulina de Crédito e Assistência Rural (Südbrasilianischer Verein für Kredit und Agrarberatung)

ASTRF: Associação Regional dos Sindicatos dos Trabalhadores Rurais Fronteiriços (Verband der Bauerngewerkschaften des Grenzgebietes)

BIP: Bruttoinlandsprodukt

BNCC: Banco Nacional de Crédito Cooperativo (Nationale Bank für genossenschaftliche Kredite)

BSP: Bruttosozialprodukt

CIBRAZÉM: Companhia Brasileira de Armazéns (Brasilianische Lagerungsgesellschaft)

CNA: Confederação Nacional da Agricultura (Nationale Konföderation der Landwirtschaft)

CONAB: Companhia Nacional de Abastecimento (Nationale Versorgungsgesellschaft)

CONTAG: Confederação Nacional dos Trabalhadores na Agricultura (Nationale Konföderation der Arbeiter in der Landwirtschaft)

COOPERMIL: Cooperativa Mixta São Luiz Ltda. (Genossenschaft mit Sitz in Santa Rosa)

COTRIJUÍ: Cooperativa Tritícola Regional Serrana Ltda. (Genossenschaft mit Sitz in Ijuí).

COTRIMAIO: Cooperativa Tritícola Alto Uruguai Ltda. (Genossenschaft mit Sitz in Três de Maio)

COTRIROSA: Cooperativa Tritícola Santa Rosa Ltda. (Genossenschaft mit Sitz in Santa Rosa)

CUT: Central Única dos Trabalhadores (Brasilianischer Gewerkschaftsdachverband)

DETR/CUT: Departamento Estadual dos Trabalhadores Rurais da CUT (Abteilung für Landarbeiter des brasilianischen Gewerkschaftsdachverbandes CUT im Bundesland Rio Grande do Sul).

DNA – Desoxyribonucleic Acid (Desoxyribonukleinsäure)

DNS: Desoxyribonukleinsäure

ECOCERT: Internationale Kontrollstelle für ökologische Produkte mit Sitz in Frankreich

EMA: Empreendimentos Agrícolas (Agrarunternehmen)

EMATER: Associação Riograndense de Empreendimentos de Assistência Técnica e Extensão Rural (Verein für Agrarberatung in Rio Grande do Sul)

EMBRAPA: Empresa Brasileira de Pesquisa Agropecuária (Brasilianisches Agrarforschungsinstitut)

FAG: Frente Agrária Gaúcha (Agrarfront von Rio Grande do Sul)

FAO: Food and Agriculture Organization of the United Nations (Ernährungsorganisation der Vereinigten Nationen)

FARSUL: Federação da Agricultura do Estado do Rio Grande do Sul (Landwirtschaftsverband von Rio Grande do Sul)

FECOAGRO: Federação das Cooperativas Agropecuárias do Rio Grande do Sul (Föderation der landwirtschaftlichen Genossenschaften von Rio Grande do Sul)

FECOTRIGO: Federação das Cooperativas de Trigo e Soja do Estado do Rio Grande do Sul (Föderation der Weizen- und Sojagenossenschaften von Rio Grande do Sul)

FEDERARROZ: Federação dos Arrozeiros do Estado do Rio Grande do Sul (Föderation der Reisproduzenten von Rio Grande do Sul)

FEPAGRO: Fundação Estadual de Pesquisa Agropecuária (Staatliche Stiftung für Agrarforschung von Rio Grande do Sul)

FETAG: Federação dos Trabalhadores na Agricultura no Estado do Rio Grande do Sul (Föderation der Arbeiter in der Landwirtschaft von Rio Grande do Sul)

FETRAF: Federação dos Trabalhadores na Agricultura Familiar (Föderation der Arbeiter in der Familienlandwirtschaft)

FUNDACEP: Fundação Centro de Experimentação e Pesquisa Fecotrigo (Agrarforschungszentrum der FECOTRIGO)

GVO: Gentechnisch veränderte Organismen

GURT: Genetic Use Restriction Technology (Techniken zur eingeschränkten Nutzung von Gene)

IBAMA: Instituto Brasileiro do Meio Ambiente e dos Recursos Naturais Renováveis (Brasilianisches Institut für Umwelt und erneuerbare natürliche Ressourcen).

IBGE: Instituto Brasileiro de Geografia e Estatística (Brasilianisches Bundesamt für Statistik und Geographie)

IBOPE: Instituto Brasileiro de Opinião Pública e Estatística (Brasilianisches Institut für Meinungsforschung und Statistik)

INCRA: Instituto Nacional de Colonização e Reforma Agrária (Nationales Institut für Ansiedlung und Agrarreform)

IWF: Internationaler Währungsfonds

MASTER: Movimento dos Agricultores Sem Terra (Bewegung der landlosen Bauern)

MDA: Ministério do Desenvolvimento Agrário (Bundesministerium für Agrarentwicklung)

MNP: Movimento Nacional dos Produtores (Nationale Bewegung der Produzenten)

MPA: Movimento dos Pequenos Agricultores (Bewegung der Kleinbauern)

MST: Movimento dos Trabalhadores Rurais Sem Terra (Bewegung der landlosen Landarbeiter)

NRC: National Research Council (Nationaler Forschungsrat der Vereinigten Staaten von Amerika)

OLVEBRA: Indústria e Comércio de Óleos Vegetais (Pflanzenölindustrie und -handel)

PCR: Primeiro Comando Rural (Erstes ländliches Kommando)

PR: Paraná (Bundesland Paraná)

PT: Partido dos Trabalhadores (Arbeiterpartei)

RR: Roundup Ready (Herbizidresistente Gensojasorte des Herstellers Monsanto)

RS: Rio Grande do Sul (Bundesland Rio Grande do Sul)

SICREDI: Sistema de Crédito Cooperativo (Kreditgenossenschaft)

SINDAG: Sindicato Nacional da Indústria de Defensivos Agrícolas (Nationaler Verband der Pflanzenschutzmittelindustrie)

SLC: Schneider & Logemann e Cia. Ltda. (Hersteller von Landmaschinen)

SNCR: Sistema Nacional de Crédito Rural (Nationales Agrarkreditsystem)

TRIPS: Trade Related Aspects of Intellectual Property Rights (Abkommen über handelsbezogene Aspekte der Rechte des geistigen Eigentums)

UDR: União Democrática Ruralista (Ländliche Demokratische Union)

UNIJUÍ: Universidade Regional do Noroeste do Estado do Rio Grande do Sul (Regionale Universität des Nordwestens des Bundesstaates Rio Grande do Sul)

UNITEC: Cooperativa de Técnicos do Noroeste do Estado do Rio Grande do Sul (Genossenschaft der Agrartechniker für den Nordwesten des Bundesstaates Rio Grande do Sul)

UNO: United Nations Organisation (Organisation der Vereinten Nationen)

USDA: United States Department of Agriculture (Landwirtschaftsministerium der Vereinigten Staaten von Amerika)

WHO: World Health Organization (Weltgesundheitsorganisation)

WTO: World Trade Organization (Welthandelsorganisation)

Arbeit, Bildung & Gesellschaft
Labour, Education & Society

Herausgegeben von Prof. Dr. György Széll, Prof. Dr. Heinz Sünker, Dr. Anne Inga Hilsen und Dr. Francesco Garibaldo

Bd. 1 György Széll (ed.): Corporate Social Responsibility in the EU & Japan. 2006.

Bd. 2 Katja Maar: Zum Nutzen und Nichtnutzen der Sozialen Arbeit am exemplarischen Feld der Wohnungslosenhilfe. Eine empirische Studie. 2006.

Bd. 3 Daniela De Ridder: Vom urbanen Sozialraum zur kommunikativen Stadtgesellschaft. 2007.

Bd. 4 Heinz Sünker / Ingrid Miethe (Hrsg.): Bildungspolitik und Bildungsforschung: Herausforderungen und Perspektiven für Gesellschaft und Gewerkschaften in Deutschland. 2007.

Bd. 5 Anja Bastigkeit: Bildungsbiographie und elementarpädagogische Bildungsarbeit. 2007.

Bd. 6 Antônio Inácio Andrioli: Biosoja versus Gensoja. Eine Studie über Technik und Familienlandwirtschaft im nordwestlichen Grenzgebiet des Bundeslandes Rio Grande do Sul (Brasilien). 2007.

www.peterlang.de

Peter Lang · Europäischer Verlag der Wissenschaften

Helge Beyer

Kosten-Nutzen-analytische Beurteilung der Auswirkungen der GAP-Reform 2003 auf den EU-Getreidesektor

Frankfurt am Main, Berlin, Bern, Bruxelles, New York, Oxford, Wien, 2005.
XVIII, 179 S., zahlr. Abb. und Tab.
Europäische Hochschulschriften: Reihe 5, Volks- und Betriebswirtschaft.
Bd. 3129
ISBN 3-631-53894-4 · br. € 39.–*

Vor dem Hintergrund zunehmender Marktungleichgewichte, steigender Budgetbelastungen und welthandelspolitischer Anforderungen hat der Europäische Rat von Luxemburg am 26.06.2003 eine Reform der Gemeinsamen Agrarpolitik (GAP) beschlossen. Kernpunkte der Reform bei Getreide sind die Entkopplung, Option zur Regionalisierung sowie Kürzungen der einzelbetrieblichen Direktzahlungen. Im Rahmen dieser Arbeit werden die Wohlfahrts- und Verteilungswirkungen der GAP-Reform 2003 auf den EU-Getreidemärkten analysiert und beurteilt. Die Ergebnisse der Untersuchung weisen im Vergleich zur Fortsetzung der Agenda 2000 auf nur moderate gesamtwirtschaftliche Auswirkungen hin. Insgesamt führt die Reform im Zeitraum von 2005 bis 2010 zu einem Wohlfahrtsgewinn im Getreidesektor in Höhe von ca. 1,1 Mrd. Euro.

Aus dem Inhalt: Rahmenbedingungen auf den Welt- und EU-Getreidemärkten · GAP-Reform im Rahmen der Halbzeitbewertung der Agenda 2000 · Theoretische Konzeption der Kosten-Nutzen-analytischen Bewertung der GAP-Reformmaßnahmen · Kosten-Nutzen-analytische Bewertung der GAP-Reformmaßnahmen für den EU-Getreidesektor · Vergleichende Beurteilung der GAP-Reformmaßnahmen · Schlussfolgerungen

Frankfurt am Main · Berlin · Bern · Bruxelles · New York · Oxford · Wien
Auslieferung: Verlag Peter Lang AG
Moosstr. 1, CH-2542 Pieterlen
Telefax 0041 (0)32/376 17 27

*inklusive der in Deutschland gültigen Mehrwertsteuer
Preisänderungen vorbehalten

Homepage http://www.peterlang.de